机械设备维修问答丛书

数控机床管理与维护问答

第2版

中国机械工程学会设备与维修工程分会
"机械设备维修问答丛书"编委会　组编
杨申仲　主　编

机械工业出版社
CHINA MACHINE PRESS

本书是"机械设备维修问答丛书"之一，由中国机械工程学会设备与维修工程分会组织修订编写。

本书共分 7 章，以问答形式介绍了数控机床的运行与发展，数控机床的机械结构，数控机床的技术性能及精度检验，机床的数控系统，数控机床的伺服驱动、接口及标准化，数控机床的故障诊断及维修，以及数控机床的管理维护与技术改造等知识。

本书取材广泛，由现行的专业技术标准及数控机床高效管理运行、维护、维修工作实践汇编而成。

本书可供广大设备管理、维护维修、操作人员参考，也可供相关专业工程技术人员参考使用。

图书在版编目（CIP）数据

数控机床管理与维护问答/中国机械工程学会设备与维修工程分会，"机械设备维修问答丛书"编委会组编；杨申仲主编 . —2 版 . —北京：机械工业出版社，2019.10

（机械设备维修问答丛书）

ISBN 978-7-111-63761-5

Ⅰ . ①数… Ⅱ . ①中… ②机… ③杨… Ⅲ . ①数控机床 – 设备管理 – 问题解答②数控机床 – 维修 – 问题解答 Ⅳ . ①TG659-44

中国版本图书馆 CIP 数据核字（2019）第 207047 号

机械工业出版社（北京市百万庄大街 22 号 邮政编码 100037）

策划编辑：沈 红 责任编辑：沈 红
责任校对：王明欣 封面设计：张 静
责任印制：李 昂

北京汇林印务有限公司印刷

2020 年 1 月第 2 版第 1 次印刷
169mm × 239mm · 22.25 印张 · 511 千字
标准书号：ISBN 978-7-111-63761-5
定价：79.00 元

电话服务 网络服务
客服电话：010-88361066 机 工 官 网：www.cmpbook.com
　　　　　010-88379833 机 工 官 博：weibo.com/cmp1952
　　　　　010-68326294 金 书 网：www.golden-book.com
封底无防伪标均为盗版 机工教育服务网：www.cmpedu.com

序

由中国机械工程学会设备与维修工程分会主编，机械工业出版社 1964 年 12 月出版发行的《机修手册》（8 卷 10 本），深受设备工程技术人员和广大读者的欢迎。为了满足广大设备管理和维修工作者的需要，经机械工业出版社和中国机械工程学会设备与维修工程分会共同商定，从《机修手册》中选出部分常用的、有代表性的机型，充实新技术、新内容，以丛书的形式重新编写。

从 2000 年开始，中国机械工程学会设备与维修工程分会，组织四川省设备维修学会、中国第二重型机械集团公司、中国航天工业总公司第一研究院、兵器工业集团公司、沈阳市机械工程学会、陕西省设备维修学会、陕西鼓风机厂、上海市设备维修专业委员会、上海重型机器厂、天津塘沽设备维修学会、大沽化工厂、大连海事大学、广东省机械工程学会、广州工业大学、山西省设备维修学会、太原理工大学、北京化工大学、江苏省特检院常州分院等单位进行编写。

从 2002 年到 2010 年已经陆续出版了 26 本，即《液压与气动设备维修问答》《空调制冷设备维修问答》《数控机床故障检测与维修问答》《工业锅炉维修与改造问答》《电焊机维修问答》《机床电器设备维修问答》《电梯使用与维修问答》《风机及系统运行与维修问答》《发生炉煤气生产设备运行与维修问答》《起重设备维修问答》《输送设备维修问答》《工厂电气设备维修问答》《密封使用与维修问答》《设备润滑维修问答》《工程机械维修问答》《工业炉维修问答》《泵类设备维修问答》《锻压设备维修问答》《铸造设备维修问答》《空分设备维修问答》《工业管道及阀门系统维修问答》《焦炉机械设备安装与维修问答》《压力容器设备管理与维护问答》《压缩机维修问答》《中小型柴油机使用与维修问答》《电动机维修问答》等。

根据工业经济持续发展趋势，结合企业对设备运行中出现的新情况、新问题，针对第 1 版量大面广的《液压与气动设备维修问答》《压力容器管理与维护问答》《工业管道及阀门维修问答》《工厂电气设备维修问答》《工业锅炉维修与改造问答》《泵类设备维修问答》《空调制冷设备维修问答》《数控机床故障检测与维修问答》等进行了修订。

我们对积极参加组织、编写和关心支持丛书编写工作的同志表示感谢，也热忱欢迎从事设备与维修工程的行家里手积极参加丛书的编写工作，使这套丛书真正成为从事设备维修人员的良师益友。

中国机械工程学会
设备与维修工程分会

前　　言

目前，随着工业经济的持续发展，数控机床的应用日益普及及所显示出来的巨大效益，已成为装备制造业技术进步的主力。

在新时期到来时，现代机电控制技术已有了新的发展，CIMS（计算机集中制造系统）的出现代表了高新技术在装备制造行业已由单机机电一体化设备走向数字化、网络化、智能化。

为此，对数控机床的管理、维护、监测、修理与改造，已普遍引起制造业的重视。由于数控机床是新技术高端产品，涉及机械、电气、液压、气动、光学与计算机技术等许多专业知识领域；同时数控机床所产生的故障涉及的因素较多，因而对其运行管理及维护维修工作也带来一定的难度。本书是将多年来在数控机床管理、维护、维修及改造方面的实践经验，结合当前国内外数控机床故障诊断、状态监测、维护修理与技术改造的动态，以问答形式编写而成的。更侧重于一些带有普遍性的故障和出现故障后如何排除及给出思路。本书由中国机械工程学会设备与维修工程分会组织修订，以适应新时代形势的需要。

本书共分7章，即数控机床的运行与发展，数控机床的机械结构，数控机床的技术性能及精度检验，机床的数控系统，数控机床的伺服驱动、接口及标准化，数控机床的故障诊断及维修，数控机床的管理维护与技术改造等内容。

本书取材广泛，由现行的专业技术标准及数控机床高效管理运行、维护、维修工作实践等资料汇集而成。可供广大设备维护、操作和管理人员，以及专业工程技术人员参考使用。

本书在编写过程中，得到北京信息科技大学机电系统测控北京市重点实验室的指导和帮助，在此表示衷心感谢。

编　者

目　　录

第2章 数控机床的机械结构

第3章　数控机床的技术性能及精度检验

第4章　机床的数控系统

第5章　数控机床的伺服驱动、接口及标准化

第6章　数控机床的故障诊断及维修

第 7 章 数控机床的管理维护与技术改造

第1章　数控机床的运行与发展

1-1　数控机床是在什么背景下产生并发展起来的？

答： 数控机床是机电一体化的高技术产品。它的产生是 20 世纪中期计算机技术、微电子技术和自动化技术高速发展的结果，是在制造业要求产品高精度、高质量、高生产率、低消耗和中小批量、多品种产品生产实现自动化生产的结果。

装备制造业是国民经济的支柱产业之一，但在实现多品种、小批量产品自动化生产方面曾遇到困难。多品种小批量生产的自动化经历了漫长的道路。因为机械制造业属于离散型生产，它与化工生产、电力生产等连续型生产类型截然不同。在机械加工中，产品是经过一道道工序、多次换刀与一系列动作逐步累加而成形的。通过成组技术力求把中、小批量产品转换成大批大量生产的形式，组成流水生产作业，在一定程度上可以使机械加工生产由离散型转化为连续型。但要把这种连续型生产实现柔性自动化，只有在数控机床诞生以后，把计算机技术引入金属切削加工之中，才从根本上解决了"柔性制造"（flexable manufacturing）、自动化生产的实际问题。因此数控机床的产生是机械制造业领域中的一场重大的技术革新。

经过半个世纪的不断改进、开拓与发展，数控机床已形成品种齐全、种类繁多、性能完善与外观造型完美的自动化生产装备，而且正在迈向更高的层次——智能化工厂。

1-2　世界上第一台数控机床产生于何时？

答： 世界上第一台三坐标数控机床产生于 1952 年，诞生地点是美国麻省理工学院（MIT）。

20 世纪 50 年代初，美国柏尔森（Parsons Co.）公司在密执安那州的一个小型飞机工业制造厂，对直升机的变截面螺旋桨桨叶曲面的检测样板生产，采用了数字加工技术，获得了 ±0.0015in 的加工精度。当时，控制是依靠电子计算机实现刀具沿加工路径的精确制导。1952 年，帕森斯公司与 MIT 合作研制成功的三坐标数控铣床，其数控系统是"数字脉冲乘法器"装置。

1954 年，在 Parsons 专利基础上，由美国本迪克斯公司（Bendix Co.）所生产出来的数控机床才是世界上第一台工业实用性的数控机床。

由 MIT 与 Parsons 公司所研制成功的数控机床大约由 2000 多个电子管组成的数控系统，占地面积约 60m^2。插补装置采用脉冲乘法器，伺服机构是一台可控的小型电动机去通过改变液压马达斜盘角度而改变液力发动机的速度。在当时来看，这台数控系统与1946 年美国宾夕法尼亚大学所研制的第一台电子计算机（ENIAC）要小得多。

数控系统实际上从 1958 年才摆脱了电子管装置而采用晶体管，之后进入了小规模集成电路。20 世纪 70 年代才采用了小型计算机数控系统，由 NC 装置改称为 CNC 装置。目前的数控系统，它由大规模与超大规模集成电路构成，体积已大为减小，因而可以进入机床内部，形成机电一体化的高技术产品。

此外，以 PC（个人计算机）为基础、开放型数控系统目前也正在开发与完善中。它将使机床的数控系统更加柔性化，使之适合于不同用途与不同类型的数控机床，为数控机床的迅猛发展打下基础。

1-3　目前国内外数控机床的现状如何？

答：从数控机床产生至今已过去了半个多世纪。在这几十年中，数控机床的产量不断增长、品种不断完善、数控系统的功能不断增加、可靠性不断地提高及数控驱动系统的性能不断改进与提高。

目前许多企业已大大地提高了数控机床在全部拥有的主要生产设备的比例。同时，许多数控机床均处于关键生产部门与工序上。通常认为在一个企业其产品质量保证体系的指标中，数控机床的拥有量是十分关键的。

60 多年前诞生的三坐标数控铣床至今，已发展到数控车床、数控镗床、数控钻床、数控磨床、数控线切割机床、数控冲床、数控齿轮加工机床、数控电加工机床等上百个品种的数控加工设备。

从我国一些引进国外先进设备较多、较集中的行业来看，用好、管好、推广好这些高端设备，许多企业在人员培训和开发新技术应用推广工作方面做出不少成绩。目前我国制造行业已经在三个层次上拥有相当数量的数控机床。在最高层次方面除少量的国产高档数控系统外，主要是进口的全功能高档数控装备。在中档层次上，既有国外引进的，也有国产的。在低层次方面，则以国内单板机、单片机或 STD 总线机加步进电动机构成的普通型数控系统为主体加上研制、开发的一些简易数控系统来改造普通机床。

国外数控机床的现状有三个特点：第一是拥有数量较多，通常占主要生产设备的 20% 以上；第二是大型数控机床，如落地式镗铣床、大型龙门镗铣床及三坐标测量机等较多；第三是更新换代较快，许多新开发的数控机床已陆续装备在生产线上。

目前，国内外的不少的机械制造厂拥有自己具有代表性的柔性制造系统（FMS）及计算机集成制造系统（CIMS），国外在智能化工厂方面更具有一些特色，如日本 FANUC 公司拥有的智能化工厂（FA）已在实际生产中应用多年并取得较好的经济效益。

1-4　数控技术今后将朝着哪些方面发展？

答：从发展方向来看，数控技术今后将朝着以下几个方面发展。

（1）CNC（计算机数字控制机床）装置向进一步提高生产率方向发展　为了提高数控系统的运算速度，必须提高时钟频率（由 5MHz 提到目前的 20MHz），同时使 CPU 的位数得到响应。因此许多数控系统由 16 位机已发展到 32 位微处理器（如 FAUNC 的 0MC 系统、FS－15 系统、FAGER 的 8050 系统、SIEMENS 的 880 系统），提高了运算速度及处理能力，这种采用了 32 位微处理器及 32 位数据总线的多 CPU 系统，使系统内部各部分之间的数据交换速度较原来的 16 位 CPU 的系统大为提高。目前正在开发应用主 CPU 为 64 位机的新型系统（如 FANUC FT－1，FM－1 及 FS15 等系统及 SI－EMENS 的

800 系列中的 840C 系统），增强了插补运算和快速进给的功能。而 64 位简化指令集（RISC）微处理器高速系统的产生，使得处理速度成倍增加，可实现至今感到困难的复杂形状工件的高速、高精度加工。例如：当指令为 1mm 微小程序段时，加工速度达 120m/min，每 1mm 程序段处理时间为 0.5ms，即每秒钟可处理 2000 个移动 1mm 的程序段。

在内含的 PLC 方面，由于 CPU 位数的提高，使通信能力大为加强，因此可以完成更多的辅助功能。

（2）充分利用 PC 机的资源，将其功能集成到 CNC 中　　CNC 发展极为迅速，新技术层出不穷。一般来说，硬件的生命周期只有一年多到两年，就已推出新型号；软件的资源也越来越丰富，因此，充分利用 PC 机上的资源，将其功能集成到 CNC 中去，已成为世界上很多数控设备生产厂发展的方向。例如：FANUC MMC – Ⅲ 就是将 PC 功能引入到 CNC 装置的产品。因此，这个系统可用 C 语言建立应用软件，来满足特殊机床的要求。

利用 PC 机的资源及操作系统，简化了应用软件的开发，并可以控制加工单元和提供连接不同局域网络的接口。

另外，通过系统的 I/O LINK 软件同 PC 的计算机功能连接到系统中的 CNC 及 PLC 装置上。如 FANUC SYSTEM MODEL D MATE MINI 是通过 FANUC I/O LINK 将 386 TMSX 微机处理器的计算机功能提供给 CNC 及 PLC 装置。

（3）开发小型具有专门高功能的 CNC 及其配套装置　　现在数控系统功能越来越完善，小型而具有专用功能的 CNC 及其配套装置仍然有很广阔的市场。

这些专用的高功能的 CNC 装置能高目标地实现其具有的功能，如对 CNC 装置能控制两个轴，消除伺服的跟随误差，并实现加速/减速时小的机械冲击，降低定位所需的周期时间，并能通过 I/O link 连接到 CNC、PLC 及单元控制器上。

在配套装置上，利用无线电进行传输数据，则大大减少了连接。

PLC 结构更加紧凑，输入输出能力增强，编程容量扩大，并可以通过 △/O link 连接到 CNC 单元控制器。

（4）开发新型的交流伺服系统及电动机　　伺服系统是数控系统的重要组成部分，先进的高性能的 CNC 装置，只有通过高性能的伺服系统及电动机才能体现出来，因此，开发新型的交流伺服系统及电动机已成为发展数控技术的一个关键。

20 世纪 90 年代伺服系统和电动机生产，转向交流数字式伺服系统，该系统的框图如图 1-1 所示。

为了高速地重复进行高精度的轮廓加工，全数字伺服控制系统的伺服电动机位置修正时间将达到最短。在 AC 伺服电动机方面，将采用以下新技术，例如：

1）采用有限元分析最佳磁路，并选用强力的 Nd 钢磁铁，使最大输出转矩增加 30% 以上。

2）油冷式 AC 主轴电动机，可获得在低速旋转时大的转矩。这种电动机采用油冷，其循环是通过导管进入电动机机套，由于没有风扇，噪声低，可达 70dB 以下，而且振动低。油冷电动机可限制电动机的热传导到机床上，最适用于高速度、高精度加工的机

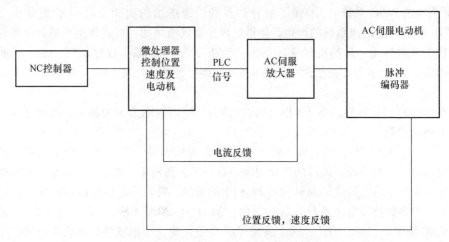

图 1-1　交流数字式伺服系统框图

床。同时，电动机在减轻重量及缩小体积方面取得较大的发展，日本 MI－TI 大范围国家科研开发项目之一的先进工业机器人项目，开发最紧凑的伺服电动机，现在已经完成了减轻重量及缩小体积为常用类型电动机的 1/10；同时，还发展了这种电动机用的极小型化的驱动电路。

（5）数控相关的技术开发　与数控有密切相关的技术，主要有机器人、超精密加工技术、激光技术、全电子塑料注射机，以及电火花线切割机床和 CNC 钻床，而且这些方面已取得了很多令人瞩目的成就，其中最突出的是工业机器人及超精密加工技术。工业机器人的发展目前已形成品种齐全、性能优良的工业机器人生产基地，并开发了视觉传感器、离线编程系统等技术，其目的是使制造设备自动化。用在半导体激光器上，使得能高速实现跟踪不同类型的焊缝。

R－J 控制器，能控制两台 S－420 工业机器人的控制器，具有干涉检验功能、避免了工业机器人之间的相互干涉，可使多台工业机器人安装在小空间，如汽车的焊接车间内。EYE－120 是一种新型高速、高精度视觉系统，采用了 32 位 CPU 及一个新型高速摄像处理器，能减少周期时间，该系统用的采用机器人的工作位置更为精确的超精密技术在伺服系统上获得成功，如 FANUC nano CNC＋nano 系统，可以控制 1nm 单位的运动，这是一种超精密工艺的思想，用一个带有气浮丝杆和气浮滑板的无摩擦工作台与之配合，确保 1nm 单位的运动。总之，对数控相关技术研究，反过来给数控系统提出了更高的要求，又推动了数控技术的发展。

（6）提高数控系统的可靠性和可维修性　由于功能提高带来的系统复杂性增加，很可能影响或降低系统的可靠性。为此，在今后数控技术的发展中，许多厂家都采取了措施，保证数控系统的平均无故障率进一步提高。如 FANUC 16 系统采取了 RISC 指令集运算芯片，避免了在插补运算高速运行中的多 CPU 结构，SIEMENS 808 系统采用了专用集成芯片的可靠性检测和特殊工艺。

在模块化结构中更广泛地推进了标准化及通用化程序，大大地避免了工艺生产中的不可靠因素。

为了提高系统的自动化监控及维修性能，许多系统在开发中已设计出具有良好效果的刀具监控系统、主轴监控系统，在传感器应用和开发方面下了很大功夫。图1-2表示出当代加工中心和高水平数控机床应具备的测量——监视系统。此外，在数控系统中，无论在硬件配置与插件板的装卸及软件中所建立的自诊断系统（diagnosis system）将大为发展，推进构成能满足专家系统中心必需的数据库，朝更加智能化方向改进。从而大大地降低了系统的维修周期和维修费用。

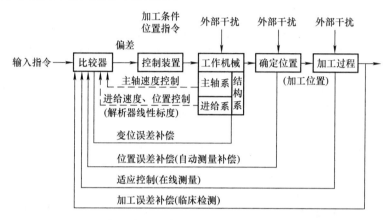

图1-2 加工中心本身应具备的测量——监视系统图

（7）提高和加强数控系统的通信能力，使之更易进入FMS和CIMS工艺控制网络 由于大型工业体系要力求采用新技术，可实现FMS和CIMS系统以推进工业自动化的综合水平，因此数控系统在今后开发中，应提高和加强接口数据交换能力和通信能力，如RS232和RS422高速、远距、串行接口，已实现对伺服计算机的数据交换。DNC接口已设计成易于进入广泛采用的MAP工业控制网络，以实现FMS和CIMS联络通信能力。

1-5 在数控机床发展过程中，突破了哪些关键性技术？

答：数控机床产生至今的半个世纪中，回顾它所走过的历程，在数控机床中的确有一些关键性技术的突破，归纳起来有以下几个方面：

（1）计算机技术的突破与发展 由于数控机床带有专用的计算机装置，而且在机械结构、液压与气动装置等方面的专门化设计与制造、监测与自诊断系统的特殊配置、显示与操作的特制系统，才使它与普通机床有本质上的区别。其中，引入计算机技术是至关重要的环节。

（2）数控程序编制的自动化编程技术的不断开拓与发展 数控机床的数控装置是按预先编制完善的程序而进行工作的。如果没有编程自动化技术的开拓与支持，显然数控机床将无法启动与正常工作。或者至少关停机时间多而工作时间短，造成机床负荷率和利用率的下降。

编程就是把要加工成形的零件图样作为基本资料，按尺寸、公差、表面粗糙度、几何形状要求，相对位置精度要求等技术条件，结合工艺过程、工艺参数、机床的运动和刀具的位移等约束条件，按照数控系统的程序段格式、标准与规范，按特定的语言记录在程序上的全过程。

编程的方法有两种：①手工编程。从零件图样分析及工艺处理、数值计算、书写程序单、纸带制作和检验，均由人工编写。据统计分析，采用手工编程，一个零件的编程时间与机床加工时间之比，平均约为 30∶1，这样低的效率已远远不能满足要求。因此为了提高效率，必须采用自动编程。②自动编程。它用计算机或程序编辑机代替手工编程。给计算机输入零件加工源程序，计算机自动地进行计算和编写零件加工程序单，以及自动地输出打印加工程序单并将程序记录到控制介质上。自动编程需要有自动化编程语言，其中 APT 语言是最典型的一种数控语言。世界第一台 NC（数字控制）机床在 MIT 研制成功后，为了充分发挥 NC 机床的加工能力，MIT 设计了一种专门用于机械零件数控加工的自动编程语言 APT。APT 语言用专用语句书写源程序，将其输入计算机，由 APT 处理程序经过编辑和运算，输出刀具中心轨迹；然后再经过后置处理，把通用的刀位数据转换成 NC 机床所要求 NC 程序段格式。从 20 世纪 70 年代开始出现的图像数控编程技术有效地解决了几何造型、零件几何形状的显示、交互设计、修改及刀具轨迹生成、走刀过程的仿真显示、验证等，从而推动了 CAD 和 CAM 向一体化方向发展。图像数控编程系统实质上就是一个集成化的 CAD/CAM 系统。随着 CAD/CAM 技术的不断发展，加上与 CNC 技术的一体化也推动了 NC 技术的发展，如 NUBRS 插补，以及出现计算机集成制造系统的技术。

（3）软件的应用　1970 年，在芝加哥展览会上，首次展出了 CNC 数控系统，最早的 CNC 是由小型机组成的。同时英特尔公司发明了微处理器；1974 年，美、日等国相继研制出以微处理器为核心的 CNC，由于它具有许多的优点，这种 CNC 系统得到了飞速的发展。它采用计算机存储器里的程序完成数控要求的功能。其全部或部分控制功能由软件实现。数控系统软件完成管理和控制两种工作。管理工作包括输入、I/O 处理、通信、显示和诊断等。控制工作包括译码、刀具补偿、速度处理、插补、位置控制等。采用半导体存储器存储加工零件程序，还可以代替打孔的零件纸带程序进行加工，这种程序容易显示、检查、修改和编辑，因而减少系统的硬件配置，提高系统的可靠性。另外，采用软件控制大大增加了系统的柔性，降低系统的制造成本。常用的 CNC 软件结构有前后台型软件结构和中断型软件结构。目前 NC 系统的软件还外延到 CAD/CAM。通过 CAD/CAM 生成的软件直接送到 CNC 系统控制机床的运动。

（4）硬件不断地更新换代　数控的发展阶段是根据电子元件的发展阶段划分的。20 世纪 50 年代初世界上第一台数控系统是由电子管组成的，系统占空间体积大、运算速度慢。1958 年美国德克萨斯仪器公司发明了集成电路，从此微电子技术突飞猛进。根据摩尔定律，微处理器性能（按芯片上的晶体管数量定义）；不断缩小特征尺寸，以增加芯片上晶体管的数量，从而也提高了电路的处理速度。20 世纪 60 年代每块晶片（10cm^2）有 10 个晶体管，1998 年 3 月英特尔宣布一块硅片上可达 7.02×10^8 个晶体管，即集成电路发明后 40 年，晶体管的尺寸只有原来的 100 万分之一。由于微电子技术的发展，对数控技术起着极大的推动作用。日本 FANUC 公司在 1956 年采用电子管开始搞

NC；1959 年就采用锗晶体管组成 NC；1963 年采用硅晶体管研制出 FS220、FS240 等。1969 年又采用中小规模 IC 更新了 FS220、FS240 等。20 世纪 70 年代开始采用 LSI 推出了 FS5、FS7、FS3、FS6、FS0、FS18、FS16、FS20、FS21、FS15 等一系列 CNC 系统。从 4 位的单片机（FS7）到 16 位的 8086（FS6）、32 位的 80486（FS0）；1996 年，FANUC 采用最新专用芯片 352Pin 的微电子工艺 BGA（ball grid array）封装及采用 MCM（multi chip module）工艺生产的微处理器推出小型化高性能的 i 系列数控系统。大小只有原有系统的 1/4，大大减少了占有的空间，提高了系统的可靠性，也提高了性能。

（5）系统的规范化与标准的制定　　随着 NC 成为机械自动化加工的重要设备，在管理和操作之间，都需要有统一的术语、技术要求、符号和图形，统一的标准，以便于世界性的技术交流和贸易。NC 技术的发展，形成了多个国际通用的标准，即 ISO 国际标准化组织标准、IEC 国际电工委员会标准和 EIA 美国电子工业协会标准等。最早制定的标准有 NC 机床的坐标轴和运动方向、NC 机床的编码字符、NC 机床的程序段格式、准备功能和辅助功能、数控纸带的尺寸、数控的名词术语等。我国在发展数控产业化的同时也等效地采用了这些标准。由于这些标准的建立，对 NC 技术的发展起了规范和推动的作用。而 NC 技术的发展也要求 NC 标准不断更新。例如：1980 年颁布的 ISO 2806 对于 DNC 定义为 "direct numerical control（直接数控）"。其概念为："此系统使一群数控机床与公用零件程序或加工程序存储器发生联系。一旦提出请求，它立即把数据分配给有关机床"。在 1994 年颁布的 ISO 2806 定义 DNC 为 "distributed numerical control（分布式数控）"。这样，其概念也发生了本质的变化，其意义为 "在生产管理计算机和多个数控系统之间分配数据的分级系统。"标准的变化，说明技术的内涵发生了变化。随着新技术的发展，新的标准也不断出现。由于数字伺服装置越来越广泛地得到应用，不同的制造厂家生产出的数字伺服装置却很难互相兼容。这就需要有统一的标准接口。1995 年 11 月，IEC 颁布了 CEI/IEC 1491 "工业机械电气装置——控制器和传动装置间实时通信的串行数据链" 简称 SERCOS 标准。它使设计有统一标准接口的数控与数字伺服装置成为可能。这种接口具有开放的性能。为了推动先进制造技术的发展，缩短新产品上市的时间和降低开发与安装费用，最近 ISO 组织基于用户的需要和对下一个 5 年信息技术的预测，又在酝酿推出新标准《CNC 控制器的数据结构》。它把 AMT（先进制造技术）的内容集中在两个主要的级别和它们间的连接。即第一级 CAM，为车间和它的生产机械；第二级是上一级，为数据生成系统，由 CAD、CAP、CAE 和 NC 编程系统及相关的数据库组成。

（6）伺服系统技术迅猛发展使数据装置得以配套，构成完整的控制系统　　伺服装置是数控系统的重要组成部分。伺服技术的发展建立在控制理论、电动机驱动及电力电子等技术的基础上。20 世纪 50 年代初，世界第一台 NC 机床的进给运动采用液压驱动。由于液压系统单位面积产生的力大于电气系统（约为 20∶1），惯性低、反应快，因此当时很多 NC 系统的进给伺服为液压系统。当时的富士通公司从 MIT 吸收了第一台 NC 技术后，开始用伺服阀电液系统作为进给驱动系统，然后在 1959 年很快就推出了电气液压脉冲马达进给系统。20 世纪 70 年代初期，由于石油危机，加上液压对环境的污染及系统笨重、效率低等原因，美国 GETTYS 公司开发出直流大惯量伺服电动机，静力矩和起动力矩大，性能良好；1974 年 FANUC 公司很快引进并在 NC 机床上应用。从此，开环系统逐渐由闭环系统取代；液压伺服系统逐渐由电气伺服系统取代。

1）电伺服也经过了从直流伺服到交流伺服的过程，对于电动机，其输出转矩 T 的大小与励磁磁感应强度 B_1 和电枢磁感应强度 B_2 的大小及 B_1、B_2 之间夹角 θ 的正弦成比，即

$$T = k(B_1 \cdot B_2 \cdot \sin\theta)$$

式中，k 为比例系数。

直流电动机由于电刷的位置在几何中心线上，所以 $\theta = 90°$，控制简单，可以输出较大的力矩，因此得到了广泛的应用。但是直流电动机电刷容易磨损，需要经常更换，这就给维修造成困难，于是又开发了交流伺服电动机。由于交流电动机 $\theta \neq 90°$，为了提高性能，采用现代伺服控制理论和数字信号处理器，可以对交流感应电动机结构的主轴电动机进行矢量控制以得到 $\theta \approx 90°$。对于交流同步结构的伺服电动机，采用控制磁场夹角的方法以得到 $\theta \approx 90°$。

2）采用电伺服技术的初期阶段，指令的控制为模拟控制，这种控制方法噪声大，漂移大。由于数字控制可以克服上述缺点，因此越来越多地得到应用。

传统设计和制造的 NC 机床受制于标准驱动装置及控制器，因此在 20 世纪 80 年代末出现了直线伺服电动机。它由两个非接触元件组成，电磁力直接作用于移动元件而无须机械连接，没有机械滞后或螺距周期误差，精度完全依赖于反馈系统和分级的支承。由全数字伺服驱动，其刚性高、频响好，因而可获得高速度。但由于其推力还不够大，另外其存在发热、漏磁及造价高等问题，也影响了它的广泛使用。

3）伺服技术的发展与电力电子技术的发展有关，20 世纪 50 年代初使用的功率电子器件为电子管、闸流管，体积大、寿命短、效率低。60 年代后，又相继出现了晶闸管（可控硅整流器）、功率晶体管、功率场效应管（MOSFET）、绝缘栅三极管（IGBT）、智能功率模块（IPM）等，把功率放大、触发控制、驱动、保护电路集成在一起。这些器件的出现，大大提高了系统的控制性能及集成度、可靠性。

（7）可编程序控制器（PLC）的应用与不断改进，使数控机床的功能得以完善

在 20 世纪 70 年代以前，NC 控制器与机床强电顺序控制主要靠继电器进行。20 世纪 60 年代出现了半导体逻辑元件，1969 年美国 DEC 公司研制出世界第一台可编程序控制器 PLC，1987 年 IEC 把它定义为："可编程序控制器是一种数字运算电子系统，专为在工业环境下运用而设计。它采用可编程序的存储器，用于存储执行逻辑运算、顺序控制、定时、计数和算术运算等特定功能的用户指令，并通过数字式或模拟式的输入和输出，控制各类机械或生产过程。可编程序控制器及其辅助设备都应按易于构成一个工业控制系统，且它们所具有的全部功能易于应用的原则设计"。PLC 很快就显示出其优越性，设计的图形与继电器电路相似，形象直观，可以方便地实现程序的显示、编辑、诊断、存储和传送。PLC 没有那种接触不良、触点熔焊、磨损、线圈烧断等，因此，很快在

NC 机床中得到应用。

（8）插补运算技术的开拓与发展 数控机床之所以能加工出具有复杂轮廓曲线、曲面的机器零部件，其根本原因及关键是数控装置中的核心部分——插补器。刀具所走过的路径，始终是在插补器的运算与控制下进行的。对于具有复杂轮廓曲线、曲面的零件而言，构成曲线、曲面上的每个点的元素事先并不知道其确切的坐标点。但是构成曲线、曲面上的节点是可以通过图形上各种点、线、面的关系而求得的。因此，问题的关键就在于如何对求出两节点之间的曲线密化，使其构成圆滑的曲线、曲面。显然，具有特征方程所描述的曲线是按给定的数学关系进行密化，插补器必须完成两节点之间的线段密化运算，且运算的结果还要有适当的装置将其输出，而这个输出值又要为控制器所接受。

由此可见，插补器的设计与插补技术的开拓与发展是数控装置的核心部分。数控的功能也往往与插补功能密切相关。

1-6 现代设备的特点是什么？

答：设备是现代化生产企业的生命线和生产支柱，先进的设备是保障生产良性发展的基础。但要发挥设备最大功效、提高设备利用率及实现经济效益的最大化，就必须提高企业设备管理整体水平和做好设备运行工作。只有在不断创新设备管理模式的基础上，将先进的设备管理理念与企业的实际情况相结合，才能充分发挥设备的应有性能。

现代化工业生产设备越来越大型化、复杂化，并且要求连续生产，如发生故障停机将造成严重损失，甚至产生极大不良后果。现代化工业生产对设备的依赖程度越来越高，对设备管理人员、现场操作人员全面掌握设备技术状态的要求越来越高；现代化工业生产设备与产品质量、安全环保、能耗等关系越来越密切。因此，加强对现代设备管理具有特别重要的意义。

现代设备的特点如下：

随着科学技术的迅速发展，科技新成果不断地应用在设备上，使设备的现代化水平迅速提高，且朝着大型化、高速化、精密化、电子化、自动化等方向发展。

（1）大型化 大型化即指设备的容量、规模和能力越来越大。例如：我国石油化工工业中乙烯生产装置的最大规模，20 世纪 50 年代年产只有 6 万 t，目前建成的大型装置年产量已达百万吨，"十三五"拟建年总产量达千万吨；原单台起重机械最大起重量为 400t，现已建成的最大单台起重机的起重量可达 1250t；冶金工业的宝山钢铁集团的高炉容积为 4063m^3；发电设备国内已能生产 75 万 kW 的水电成套设备和 100 万 kW 的火电成套设备；三峡电站水电成套机组已达 70 万 kW（26 台）。设备的大型化带来了明显的经济效益。

（2）高速化 高速化即设备的运转速度、运行速度及化学反应速度等大大加快，从而使生产效率显著提高。例如：纺织工业国产气流纺纱机的转速达 6×10^4r/min，现在可达 10×10^4r/min 以上。电子计算机方面，国产"神威·太湖之光""天河二号"计算机运算速度已达9亿亿次/s，近年"天河二号"超级计算机进一步完善，其运算速度将达10亿亿次/s。

（3）精密化　设备的精密化是指最终加工精度和表面质量越来越高。例如：制造业中的加工设备在20世纪50年代加工的精度为1mm，20世纪80年代提高到了0.05mm。到2005年其加工精度又比20世纪80年代提高了5倍。目前主轴的回转精度达0.001~0.01mm，加工零件圆度误差小于0.1mm的机床已在生产中得到广泛使用。

（4）电子化　由于自动控制与计算机科学的高度发展，以机电一体化为特色的新一代设备，如数控机床、加工中心，柔性制造系统等已广泛用于工业生产。

（5）自动化　自动化是指对产品生产的自动控制、包装、设备工作状态的实时监测、报警、反馈处理。在我国汽车制造业已拥有多条锻件、铸件生产自动线；冶金工业中有连铸、连轧、型材生产自动线；某钢铁集团二连铸单元采用了四级计算机系统进行控制和管理。

以上情况表明，现代设备为了适应现代经济发展的需要，广泛地应用了现代科学技术成果，并正向着性能更高级、技术更加综合、结构更加复杂、作业更加连续、工作更加可靠的方向发展，为经济发展、社会进步提供了更强大的创造物质财富的能力。

1-7　当前设备发展新动向有哪些内容？

答：1. 当前设备发展新动向

现代设备给企业和社会带来了很多好处，如提高产品质量，增加产量和品种，减少原材料消耗，充分利用生产资源，减轻工人劳动强度等；从而创造了巨大的财富，取得了良好的经济效益。但是，现代设备也给企业和社会带来一系列新问题和新动向。

（1）购置设备费用越来越大　由于现代设备技术先进、结构复杂、设计和制造费用昂贵，大型、精密设备的价格一般都达数十万元之多，高级的进口设备价格更加昂贵，有的高达数百万美元。在现代企业里设备投资一般要占固定资产总额的60%~75%。

（2）设备正常运转成本日益增大　现代设备的能源、资源消耗很大，运用费用也高，同时设备维护保养、检查修理费用也十分可观。我国冶金企业的维修费一般占生产成本的10%~15%。

（3）故障停机造成经济损失巨大　由于现代设备的工作容量大、生产效率高、作业连续性强，一旦发生故障停机造成生产中断，就会带来巨额的经济损失。

（4）发生事故带来严重后果　设备往往是在高速、高负荷、高温、高压状态下运行，设备承载的压力大，设备的磨损、腐蚀也大大增加。一旦发生事故极易造成设备损坏、人员伤亡、环境污染，并导致灾难性的后果。

（5）社会化协作发展迅猛　设备从研究、设计、制造、安装调试到使用、维修、改造、报废，各个环节往往要涉及不同行业的许多单位、企业；同时改善设备性能、提高素质、优化设备效能、发挥设备投资效益，不仅需要企业内部有关部门的共同努力，而且也需要社会上有关行业、企业的协作配合。设备工程已经成为一项社会系统工程。

2. 设备工程持续的发展

（1）设备工程理论的应用扩展　设备工程管理以设备的一生为研究对象，企业对设备实行自上而下的纵向管理及各个有关部门之间的横向管理，这些都是系统理论的体现。通过对系统进行分析、评价和综合，从而建立一个以寿命周期费用最经济为目标的系统，保证用最有效的手段达到系统预定的目标。

设备工程管理已成为多学科的交叉，包括运筹学、后勤工程学、系统科学、综合工程学、行为科学、可靠性工程、管理科学、工程经济学、人机工程学等。

（2）全员生产维修　全员生产维修是近年来我国设备战线上广泛应用的设备管理体制，是一种以使用者为中心的设备管理和维修制度，其理念即为全效率、全系统、全员参加。

（3）加快更新改造，提高设备技术素质　加快设备更新改造，也是设备管理中的当务之急。其主要内容为合理和设备配置及合理的设备折旧、技术改造和更新等。

设备更新与改造是提高生产技术水平的重要途径。有计划地进行设备更新改造，对充分发挥老企业的作用，提高劳动生产率具有重大意义。近几年来，设备更新在世界工业发达国家日益受到重视，其主要特点是更新规模越来越大，更新速度越来越快，效果也越加显著。由于设备长期使用，磨损严重，结构落后，必然带来生产率低、消耗高、产品质量差、各项经济指标不高等问题。因此要实现现代化，必须加快设备的更新改造，提高设备技术素质。

（4）节能减排成为设备管理的主要环节　节能减排已影响或危及政治、经济、文化等各个方面，低能耗、低排放、少排污是设备的设计和制造的主要指标之一，能源的消耗主要来自设备。因此在现代设备管理中，节能减排这一工作显得更为重要。

1-8　如何做好数控设备状态管理工作？

答： 数控设备状态管理是指正确使用和精心维护设备，这是设备管理工作中的重要环节。设备使用期限的长短、生产效率和工作精度的高低，固然取决于设备本身的结构和精度性能，但在很大程度上也取决于对它的使用和维护情况。正确使用设备可以保持设备的良好技术状态，防止发生非正常磨损和避免突发性故障，延长使用寿命，提高使用效率；而精心维护设备则对设备起到"保健"作用，可改善其技术状态，延缓劣化进程，消灭隐患于萌芽状态，从而保障设备的安全运行。为此，必须明确工厂与使用人员对设备使用维护的责任与工作内容，建立必要的规章制度，以确保设备使用维护各项措施的贯彻执行。

1. 数控设备状态管理工作

包括制定设备完好标准、设备使用基本要求、设备操作维护规程，设备的日常维护与定期维护，设备点检，设备润滑，设备的状态监测和故障诊断，制定区域维修责任制，开展群众性设备维护竞赛和评比活动，制订设备事故紧急预案及设备事故处理等。

2. 数控设备的技术状态

数控设备的技术状态是指设备所具有的作业能力，包括：性能、精度、效率、运动参数、安全、环保、能源消耗等所处和状态及其变化情况。设备是为满足生产工艺要求或为完成工程项目而配备的，设备技术状态良好与否，不仅体现着它在生产活动中存在的价值与对生产的保证程度，而且是企业生产活动能否正常进行的基础。设备在使用过程中，由于生产性质、加工对象、工作条件及环境等因素对设备的影响，使设备在设计制造时所确定的功能和技术状态将不断发生变化；预防和减少故障发生，除应由员工严格执行操作维护规程、正确合理使用设备外，还必须加强对设备使用维护的管理，以及定期进行设备状态检查。

1-9　数控机床完好标准有什么要求？

答：数控机床完好标准见表1-1。

表1-1　数控机床完好标准检查表

序号	检查内容	定分	考核得分
1	机床精度和性能达到设计出厂要求或满足工艺要求[①]	10	
2	机床运动机构各级速度运动平稳可靠，机构动作正常，主轴端温度不应超过60℃，温升不应超过30℃[②]	10	
3	机床直线坐标、回转坐标上运动部件进给速度和快速运动平稳可靠，高速无振动，低速无明显爬行现象	10	
4	机床整机运动中噪声不应超过83dB（A）	10	
5	主轴正反转、起动、停止、锁刀、松刀和吹气等动作，以及变速操作（包括无级变速）灵活、可靠、正确	10	
6	机床刀库机械手换刀和托板交换试验动作灵活可靠，刀具配置达到设计要求（最大重量、长度和直径），机械手的承载量和换刀时间应符合要求	10	
7	机床数字控制的各个指示灯、控制按钮、纸带阅读器、数字输入、输出设备和风扇等动作灵活可靠，显示准确[③]	10	
8	机床安全、保险、防护装置齐全，功能可靠，动作灵活准确[⑤]	10	

（续）

序号	检查内容	定分	考核得分
9	机床液压、润滑、冷却系统工作正常，密封可靠，冷却充分，润滑良好，动作灵活可靠，各系统无渗漏，油质符合要求，定期清洗换油④	10	
10	设备内外清洁，内滑动面无损伤（拉、研、碰伤），外部无黄袍、无油垢、无锈蚀，随机附件齐全，防护罩完整⑥	10	
小 计		100	

注：1. 第7项、第8项为主要项目。

2. 导轨、滑板、刀架导轨副，转塔刀架支座与滑板，立柱与镶钢导轨，横梁与镶钢导轨等，无拉伤、研伤、碰伤，相互接触面磨合正常。

3. 机床精加工精度检测项目及功能试验、数控系统动态试验，在完好检查时，可根据实际产品工艺要求选择主要项目进行测试。

4. 设备考核定分为100分，每台数控机床考核得分按每小项累计分值，凡考核总分达到85分及以上，且主要项目合格即为完好设备，如在1天之内当场整改达到标准要求，仍可得分。

① 主要精度性能达到国家标准，进行工件加工试验，在中速稳定温度试验，试件的检测表面粗糙度达到设计要求。

② 机床空运转试验达到出厂标准。

  a. 机床功能试验动作灵活可靠和平稳。

  b. 主轴转速进行启动、正转、反转、停止（包括制动）连续试验7次，运转正常。

  c. 主轴从低、中、高转速变换试验，转速的指令值与显示值（或实测值）允差±5%。

  d. 任选一种进给量进行启动和停止进给的连续操纵试验，在 X、Z 轴的全部进程上进给和快速进给，其快速行程大于1/2全行程，正、负方向连续操作7次，其允许值差符合出厂要求。测试伺服电动机电流波动值合格。

  e. 在 X、Z 轴的全部行程上做低、中、高进给量的变换试验。

  f. 用手摇脉冲发生器或单脉冲移动横梁滑板试验。

  g. 机床操纵面板上的各按钮开关各做7次功能试验。

  h. 有锁紧机构的运动部件，在全部行程上的任意位置做锁紧试验。

  i. 转塔刀架进行正、负方向转位、夹紧试验。

  j. 有自动装夹换刀机构的机床，应进行自动装夹换刀试验。

  k. 卡盘夹紧、松开试验。

  l. 机床对刀、检测装置准确试验。

③ 数控系统试验到达出厂标准。

  a. 数控装置的各项指示灯、光电阅读机、通风系统等的试验。

  b. 用数控指令进行机床功能试验，其动作的灵活性和功能可靠性包括主轴变速、进给机构、转塔刀架的转位夹紧，根据所采用的灵活性和功能试验进给超调，手动数据输入。位置显示机床基准点、程序、序号指示和检索程序暂停和消除直线、圆弧插补，直线、锥度螺纹、圆弧切削循环，以及丝杠导程补偿，故障诊断和显示，人机对话菜单式填空格，图形显示，刀具切削过程动态模拟等功能。

④ 液压、润滑、冷却系统密封、润滑、冷却性能试验，调整方便，动作灵活可靠，润滑良好，冷却充分，各系统无渗漏，油路畅通，油标醒目，油质符合要求。

⑤ 安全防护装置齐全，运行可靠。

  a. 主机起停互锁可靠，警示标志明显。

  b. 活动安全防护罩与机床工作循环连锁可靠。

  c. 空运转时机床整机噪声不超过83dB（A）。

  d. 电气接地安全、电源稳压装置等良好可靠。

⑥ 机床附属装置、随机附件齐全，辅助功能正常，对运屑器装置进行运转试验，运转时间不少于30min，其功能正常可靠。

1-10　数控机床是以什么工作原理对机械零件进行连续轮廓成形加工的?

答:数控机床是一种高技术含量的自动控制技术所装备的金属切削机床,它的核心部分是数控系统,用它来实现数字控制。数控装置是以微处理器为核心,用总线连接有关部件,带有集成于一体(或独立)的 PLC 装置,通过驱动、伺服、位检等环节对机床实现加工过程的控制。

数控系统包括数控装置、可编程序控制器,主轴驱动及进给装置,伺服电动机与位置检测装置等。

1)现代的数控系统是以微计算机为基础,以微处理器为标志的数控系统。第一代数控系统是以分立元器件为基础构成的专用计算机控制系统;第二代即为中,小型计算机数控(CNC);第三代则以微处理器为基础,以超大规模集成电路(VLSI)为标志构成微机数控系统(MNC)。为方便起见,均称为"NC"系统。

当前,常用的各种微机数控系统皆以 1974 年出现的微处理器作为基础,它使机床 NC 系统由硬件连接过渡到软件连接。引起了机床内部结构的巨大变化,一些原来由机械承担的功能已转化为电气功能。

采用微机数控后,使数控机床可靠性有了明显的提高,故障发生率大为下降,因为硬连接减少、焊点、接插件触点及外部连线显著减少。同时灵活性也加强了,由于 MNC 硬件是通用、标准化的,对于不同用途的机床控制要求,仅需改变可编程只读存储器中的系统控制程序即可,而且又采取了模块化结构,更便于系统的扩展。此外,也实现了机电一体化,即采用了 VLSI 之后,使数控装置体积缩小;采用可编程接口,又将 S、M、T(主轴转速控制、辅助机能及刀具参数用量)等顺控部分的逻辑电路与 NC 装置合而为一,使全部控制箱进入机床内部,减少了空间和占地面积;不仅减少管理费用,而且本身的成本也大为降低。

2)数控机床加工零件的工作过程如图 1-3 所示。首先按产品零件图进行工艺分析;确定加工方案;工装选择与设计;确立合理的程序原点(对刀点)、进给路线及切削用量。编程中的数学处理包括按零件几何尺寸、加工路线,计算刀具中心运动轨迹取得刀

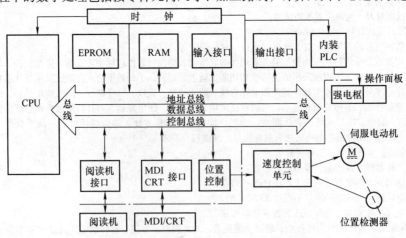

图 1-3　微机数控系统结构、工作原理图

位数据。根据机床插补功能及被加工零件轮廓的复杂程度决定计算工作量,计算量小的可手工计算完成,若量大则要依靠自动编程系统进行计算。目的是获得零件轮廓相邻几何元素交点或切点的坐标值,进而得出几何元素的起点、终点、圆弧的圆心坐标值等,之后可编写加工程序单。上述加工数据可通过光电阅读机、键盘或计算机接口等三种方式输入给数控机床。加工时可将程序一段一段地输入(即一边加工一边输入);也可以先把程序全部输入,由数控系统中的存储器存储,等加工时再将程序一段一段调出。无论哪种输入,都必须以一个程序段为单位,由系统程序及编译程序进行处理,不仅将刀位数据还应将加工速度 F 代码及其他辅助代码(S 代码表示主轴转速,T 代码表示刀具号及 M 代码表示切削液等)按语法规则进行解释成计算机所能认可的数据形式,并以一定的格式存放在内存专用区。此外,对刀补(长度与半径补偿)及进给速度(合成速度分解成沿各坐标的分速度及自动增减速等)做处理;再完成加工中的插补运算(由主 CPU 担任)。数据由存储区间调入时,依靠控制总线通过地址总线取址,并将数据沿数据总线输入 CPU 运算;结果仍沿总线返回,并分别送至相关输出接口。输出信号也要通过一系列电路处理(分配、中断和缓冲),才能使伺服电动机驱动进给;主轴按转速回转或停止;CRT 显示程序执行过程及位置环与速度环的反馈信号往返经总线由 CPU 进一步随机处理并输出。全部过程均在时钟频率的统一速率下,有条不紊地进行。

3)按加工工艺,机械零件的加工可分为两大类,即旋转体零件加工和箱体零件加工。通常,刀具相对工件的切削运动是按照零件图样编排加工程序,依照工艺规程中的工件装夹方式和机床刀具相对于工件的切削运动予以保证的。旋转体(图 1-4a)多在车床、磨床上加工。箱体零件(图 1-4b)则在铣、镗、钻等机床上加工。当零件被加工面含有斜、锥或曲面时,数控机床则依靠预先编排好的程序指令,以数值计算方法密化起始点至终止点间给出的数学特征方程式或离散点之间的小线段,以插值方法完成刀具应走的轨迹达到工艺要求。这个过程叫作"插补",完成"插补"功能的装置叫作"插补器"。在车削时,通过 2 轴联动可形成斜面或曲面。但在箱体零件上加工曲面时,至少要有三个坐标相配合运动,如图 1-5a 的零件,为 $X-Y$ 两坐标联动在车床上形成曲面回转体;而图 1-5b 零件除在 $X-Y$ 两个坐标上联动外,还要 Z 轴配合才可能加工出马鞍形。由此可见,有些曲面可以用 2 轴联动加工出来,有些则要 3 轴联动或 3 轴以上联动。

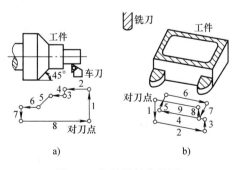

图 1-4　机械零件分类图

a)带有锥面的旋转体零件　b)箱体零件

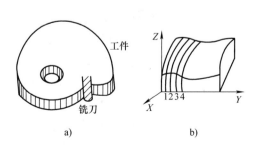

图 1-5　多轴联动加工图

a)两坐标联动　b)两个以上坐标联动

4）从数学的观点来看，有一些曲线或曲面可以用特征方程式表达，如圆、双曲线、摆线、渐开线、抛物线、悬链线等，其方程式可以很准确地将曲线描述出来。但是，有一些随机曲线或曲面只能给出一些离散点的坐标值，而无法用特征方程式描述。这时，就采用牛顿–莱布尼兹数值计算法或样条法插值，以求得定义域之间的密化点。

从数控的观点来看，无论哪类曲线或曲面，都要以二进制的逻辑代数为基础，以开关电路为依托，实现全过程控制。也就是说开关电路的"闭合"或"开启"两种状态可以用"0"或"1"代表。这些开关电路被称为"门"电路，是一系列的开关晶体管组成各类触发器进而构成集成电路来完成，如十翻二的运算、加"1"运算、译码及逻辑推理运算等等功能。

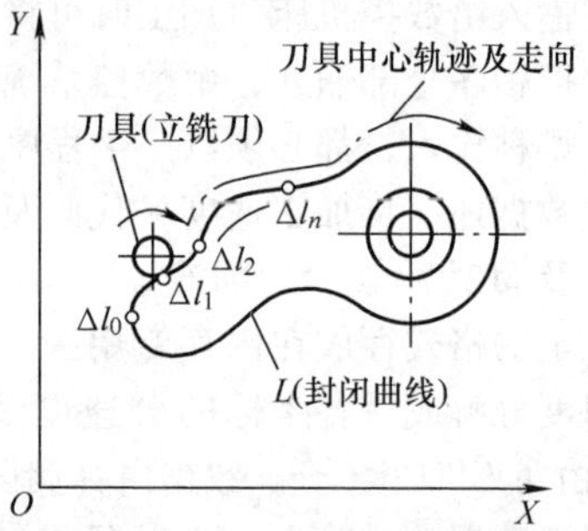

软件应能完成输入数据的处理功能，即：数据输入、校验、换码、十进制/二进制转换，绝对值/增量值转换、插补和速度控制前的预备性运算及插补运算和速度运算等。

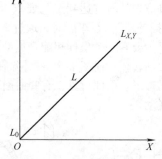

图1-6　数控加工基本原理图

例如：加工某一有任意曲线 L 的零件，如图1-6所示，其加工过程如下。

刀具在 $X-Y$ 平面内沿 L 曲线（即零件的轮廓线）而运动，刀具中心对零件被加工后表面的垂直距离应为刀具半径与吃刀量 t 之和，显然，刀具沿 L 工作进给一周后，即可得到符合图样要求的零件。

1-11　脉冲数字乘法器的工作原理是什么？

答： 脉冲数字乘法器是一种可以完成零件轮廓连续加工与终点判别的开环式数控系统。

它的工作原理以直线插补为例说明如下：当加工直线 L 时，其起点为 L_0、终点为 $L_{X,Y}$，如图1-7所示。直线的斜率为 Y/X，设脉冲当量为 1mm/脉冲时，数字乘法器就是将直线坐标转换成相应的脉冲数目。同时必须将这些脉冲按 Y/X 的斜率分别计算 X 坐标和 Y 坐标，才能加工出合乎要求的直线。

当加工开始时，先把终点的 X、Y 值输入到 T_X、T_Y 寄存器中去，由计数器对其分别计数。如果计数器每循环周期为 16 个脉冲时，经过 2 分频，将在 P_4 上得到 8 个脉冲；4 分频将在 P_3 上得到 4 个脉冲；8 分频后则在 P_2 得到 2 个脉冲。同理，16 分频后将在 P_1 端输出上得到 1 个脉冲。特别要强调的是：它们在时间上并不重合。再根据 X、Y 寄存器中各触发器状态的控制，就可能在 X、Y 两个坐标上的分配器输出中得到完全符合 Y/X 的斜率，如图1-8所示。

图1-7　用数字乘法器对直线 L 插补示意图

在一个计数循环中，ΔY 输出 6 个脉冲，在 2 个计数循环中，Y 轴步进电动机将会得到 2×6 个脉冲。如果有 m 个计数循环，则 y 轴步进电机就会获得 $m\times6$ 个脉冲。因此，有时称它为脉冲数字乘法器。举例说明：假定分频器位数为 4 位（实际应用位数比这要多），加工直线终点坐标值 X_e 及 Y_e 分别为 10 和 6，即 $[X_e]_二 = 1010$，$[Y_e]_二 = 0110$。在一程序间隔内，所得的 S_x 和 S_y 插补脉冲时间分布如图 1-9a 所示，按此分配脉冲走出的轨迹如图 1-9b 所示的粗线。

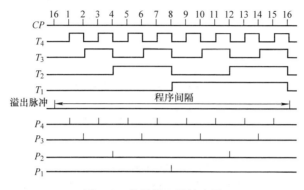

图 1-8　分频器 P 端输出图

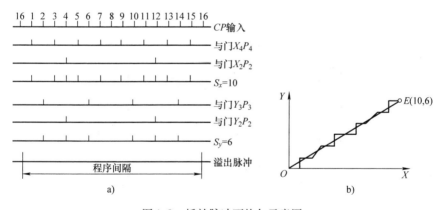

图 1-9　插补脉冲不均匀示意图

从图 1-9a 可以看出，S_x 和 S_y 两序列插补脉冲在时间上分布是不均匀的，用这种不均匀的脉冲控制步进电动机将会降低步进电动机的最高工作频率，同时影响步进电动机运动的均匀性，从而降低了伺服系统的精度；另一方面因为直线插补获得的实际加工轨迹是一条逼近理想直线的折线，由于插补脉冲分布不均，引起了折线与实际直线偏差增大。改善插补脉冲分布不均的措施可以采用"均化电路"，又称"中和电路"。它将每个程序段的脉冲输入数扩大 4 倍，之后把插补器输出的插补脉冲分别经二级分频后输出。得出如图 1-10 所示的比较结果，可以明显地看出设置与不设置中和电路，对输出脉冲均匀或不均匀的影响。中和电路的框图如图 1-11 所示。

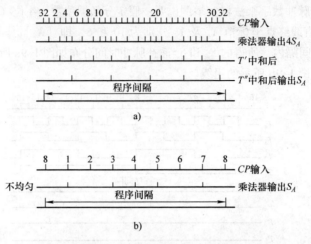

a)

b)

图 1-10　中和电路输出比较结果

a) 设置二级分频中和电路的脉冲输出分布图　b) 没有设置中和电路的脉冲输出分布图

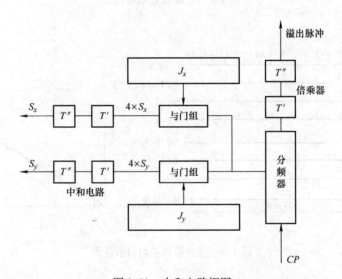

图 1-11　中和电路框图

1-12　数控机床按数控系统的特点可分成几类？

答： 数控机床按数控系统的特点进行分类，可分成以下三大类。

（1）点位控制的数控机床　如对孔加工的数控机床，由于仅要求获得精确的孔系坐标定位精度，而无须考虑由一个孔至另一孔是按照什么轨迹运动的，这类机床的数控系统就可采用点位检测系统。这种系统结构比较简单且价格低廉，如坐标镗床、坐标钻床及压力机等。

这种系统的特点在于系统高速运行后，为了确保精确地定位，一般会采用 3 级减速装置，减少惯性对定位误差的影响。

（2）直线控制的数控机床 这类机床不仅要求具有准确的定位功能，而且要求从某一坐标点至另一坐标点具有直线运动，以及进给起动后要求能够控制位移速度。这类机床在两点间运动时要参与切削，所以是工作进给，也就是说要选用不同的刀具与进给速度及切削量。这一类数控机床包括数控镗铣床、数控车床、数控加工中心等。

为了能在刀具磨损或换刀后仍可获得合格零件，此类机床的数控系统常备有刀具半径补偿功能、刀具长度补偿功能与主轴转数控制功能。

（3）轮廓控制的数控机床 这一类数控机床占比较大，它可以加工具有曲线、曲面等的复杂零件。它常具有两坐标及两坐标以上同时控制的功能。

这类机床绝大多数都具有两坐标或两坐标以上的联动功能，不仅有刀具半径及长度补偿功能，还有机床轴向运动误差补偿及丝杠、齿轮的间隙误差补偿等一系列的功能。

按同时控制的轴数有 2 轴控制、2.5 轴控制及 3 轴、4 轴和 5 轴联动等。其 2.5 轴控制是指两个轴联动而另一个轴具有点动控制或直线控制的功能。

这类机床包括：数控铣床、可加工曲面的数控车削中心及数控柔性单元机床等。

1-13 数控机床是由哪些部分构成的？

答：一般来说，数控机床由下列几个部分组成，如图 1-12 所示。

（1）主机 它是数控机床的主体，包括床身、立柱、主轴、进给机构等机械部件。

（2）CNC 装置 它是数控机床的核心，包括硬件（印制电路板、CRT 显示器、键盘、纸带阅读机等）及软件。

（3）驱动装置 它是数控机床执行机构的驱动部件，包括主轴与进给驱动单元、主轴与进给电动机等。

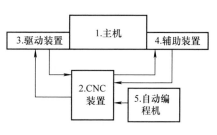

图 1-12 数控机床构成示意框图

（4）辅助装置 它是必需的配套部件，如液压或气动装置、排屑装置、交换工作台、数控转台及分度头等，还包括刀具及监控、检测装置。

（5）自动编程机 它是自动编程装置的硬件及相应的软件，还包括其他的一些附属装置如穿孔机、打印机、存储器装置等。

上述各部分的功能是：主机完成切削加工的主要任务；驱动装置使主轴和进给伺服机构以最短的传动链，完成高速（具有高动态刚度）驱动；CNC 装置完成点位、直线或轮廓控制，而且有多轴联动功能、多种插补功能、各种转换功能、各种选择功能、人机对话功能及自诊断功能，CRT 显示器实现图形、文字、数据、字符、轨迹的显示与动态跟踪模拟功能、联网及上下级通信功能等；各种辅助装置能完成液压、气动、换刀、工作台交换、转位、排屑、分度等功能；编程机可以实现以规定的编程语言自动编程、检校、穿孔、制卡、打印、存储等一系列功能。

1-14　数控机床程序编制的目的是什么？其步骤是如何实施的？

答： 现代的数控机床在应用时，程序编制不仅是首先需要解决的问题，而且也是安全、可靠使用数控机床的保证。为实现加工零件的高质量并同时使数控机床的功能得到合理地应用与充分地发挥，程序编制是关键环节之一。

在程序编制之前，应首先了解数控机床的规格、性能、CNC 装置所具备的功能及编程指令格式。同时，在编制时应对零件工作图的技术要求、特性、几何形状、尺寸与精度及工艺要求做出仔细分析。之后，按数控机床规定的代码与程序格式，将工件的尺寸、刀具运动中心轨迹、位移量、切削参数及辅助功能（如主轴正、反转，换刀，冷却液开、闭等）编制成加工程序。

程序编制的步骤与实施要求如下：

1）对零件图进行工艺分析，包括明确加工需求和内容，确定加工路线与方案，选择数控机床类型、规格与尺寸，设计工装，确定进给路线及切削量。

2）正确选择对刀点，因为它是"程序原点"，也是"程序终点"。

3）明确刀位点的位置，如车刀是刀尖或刀尖圆弧中心点，钻头是钻尖点，立铣刀是刀具轴线与刀具底面的交点。所以刀位点是刀具定位的基准点。

4）明确机床的"机械原点"（或称为零点），它是机床固有点。如 3 轴的数控铣床其机械原点是指 X、Y、Z 3 轴在极限位置的交点，如图 1-13 所示。

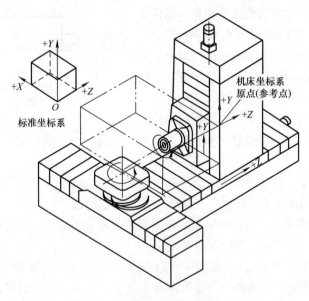

图 1-13　机床坐标的零点示意图

5）"对刀"操作是指"刀位点"与"对刀点"的重合操作。在实际操作中应使用千分表或对刀仪进行找正。

6）数学处理步骤，是按零件几何尺寸、加工路线，计算刀具中心运动轨迹，获取刀位数据。尤其对复杂零件，其轮廓曲线、曲面与控制系统的插补功能不一致时（如对渐开线、阿基米德螺旋线等非圆曲线），就要用直线段或圆弧段去逼近，这往往需要经过复杂地计算，而这些复杂的数值计算应采用计算机辅助去完成。

7）编制零件加工程序单，制作控制"介质"（信息载体）与程序的校验工作。

编写零件加工程序单时，要按数控系统的程序指令及规定的格式、逐段地编写加工程序单。编程人员只有对数控机床的性能、程序指令及代码非常熟悉时，才有可能编写出正确的零件加工程序单。

编写好程序单之后，要将程序单上的程序制作在控制介质上，之后才能对程序进行输入及校核程序编制的正确性等工作。

1-15　数控机床程序编制的方法有几种？各有什么特点？

答：数控机床程序编制（简称"编程"）的方法有两种，即手工编程与自动编程。

（1）手工编制程序　指编程步骤，若均以人工完成时则称为"手工编程"。

手工编程是用在简单零件加工时，因程序段不多，以手工编写可以完成的同时，控制介质也不长。但是当遇到复杂零件加工时，则手工编程难以满足要求。

（2）自动编制程序　使用计算机（或编程机），即编程步骤的全过程均由计算机（或编程机）去完成时，即称为"自动程序编制"。

对自动编程机必须输入需要的信息，才能使编程机完成编程的工作。输入方式有语言输入方式、图形输入方式与语音输入方式三种。第一种是以数控语言编写成程序后输入计算机（或编程机）。第二种是用图形输入设备（如数字化仪）及图形菜单将零件加工信息直接输入计算机（或编程机）。第三种方式是语言编程（采用语音识别器），将操作人员的声音转变成加工程序。

自动编程机分为在线编程与离线编程两种，主要是从编程系统与数控系统紧密性的程度不同而划分的。在线编程机往往具有人机对话系统（conversational system）。离线编程机可为多台数控机床编制程序，其功能多而强。

随着数控机床的不断开拓与改进，目前有许多自动编程功能已移植到数控系统的功能之中，而且也可做到不占用机床工作时间，即当机床自动加工某一工件时，操作人员可以在系统中对另一工件编制程序。

自动编程的程序所需要的规定语言，经过研究所扩展可以综合规格化，也就是有专用软件去转换这些规范相异的数控语言。

1-16　在编程中对数控机床的坐标轴及运动方向有什么规定？

答：在编程中对数控机床的坐标轴及运动方向是按 GB/T 19660 进行命名与规范化的。目的在于使编程人员能在未知刀具究竟是向工件移近还是工件向刀具移近的情况下来确定机床的操作，即规定了刀具相对于静止的工件坐标系运动。对于钻、镗加工的数控机床仅用其三个主要直线运动。钻入或镗入工件的方向是 Z 坐标的负方向，Z 坐标按传递切削力的主轴所在的位置规定。若主轴始终平行于坐标系中的某个坐标，则该坐标即为 Z 坐标；其增大刀具与工件距离的方向为正方向。规定水平方向为 X 坐标，它平行于工件的装夹面，这是刀具或工件定位平面内运动的主坐标。在刀具旋转的铣、钻、镗床等中，若 Z 坐标处于水平时，应从主要刀具主轴向工件方向看时，$+X$ 运动方向指向右方；若 Z 坐标垂直时，对于单立柱机床，应由主要刀具主轴向立柱方向看时，$+X$ 运动方向指向右方。对于桥式龙门机床，应由主轴向左侧立柱方向看时，$+X$ 运动方向指向右方。$+Y$ 坐标运动方向，应按 Z 坐标与 X 坐标的运动方向，按右手定则笛卡儿直角坐标系去确定。旋转 A、B 和 C 相应地表示其轴线平行于 X、Y 和 Z 坐标的旋转运动。$+A$、$+B$ 及 $+C$ 相应地表示在 X、Y 和 Z 坐标正方向按右螺旋前进方向为准，如图 1-14 所示。

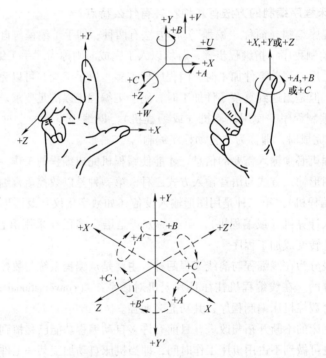

图 1-14　右手直角笛卡尔坐标系统图

除此之外，对于附加坐标（平行于 X、Y 与 Z），可指定命名为 U、V 及 W。如还有第三组运动，则分别可定为 P、Q 及 R。若有第二组平行或不平行 A、B 及 C 的旋转运动，则可指定命名为 D 及 E 等。

1-17　绝对坐标系统与增量坐标系统有什么不同？

答： 绝对坐标系统的含义为刀具（或机床）运动位置的坐标值是相对于固定的坐标原点给出的。如图 1-15a 所示。图中 A、B 点的坐标值均以固定坐标原点计算的。其值为 $X_A = 10$、$Y_A = 12$、$X_B = 30$、$Y_B = 37$。

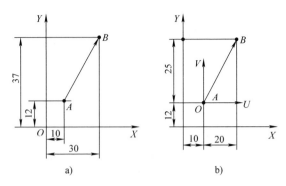

图 1-15　两种不同坐标系标注尺寸对比图

a）绝对坐标系统图　b）相对坐标系统图

如果刀具（或机床）运动位置的坐标值是相对于前一位置给出，而不是按固定坐标原点给出时，则称为增量坐标系统（或相对坐标系统）。常使用编程代码的第二坐标名称，即 U、V 及 W 表示。图 1-15b 的 B 点坐标值是相对于 A 点给出的，因此其值为 $U_B = 20$，$V_B = 25$。此时的 $U - V$ 坐标系统被称为增量坐标系统（或相对坐标系统）。

[案例 1-1]　举例说明用在直线插补时，采用绝对值编程或增量编程在程序中的差别。

（1）采用绝对值编程

N001　G92　X28　Y20　LF

N002　G90　G00　X16S－T－M03　LF

N003　G01　X－8　Y8　F－LF

N004　X0　Y0　LF

N005　X16　Y20　LF

N006　G00　X28　M02　LF

（2）采用增量值编程

N001　G91　G00　X－12　Y0　S－T－M03　LF

N002　G01　X－24　Y－12　F－LF

N003　X8　Y－8　LF

N004　X16　Y20　LF

N005　G00　X12　Y0　M02　LF

对以上采取的两种不同程序方式予以简要说明：第一种方式首先确定坐标原点，用 G92 确定。N001 即为确定的坐标原点，X28 与 Y20 是表示目前刀具所在点与原点之间的距离与方向。从原点看到刀具所在点的坐标为 $X = 28$，$Y = 20$。N002 是要求刀具快速移动到 $X = 16$，Y 仍然是 20 的那一点上去。G90 表示绝对坐标，主轴给定转速 S ____，刀具代码也应给出具体数值。主轴顺时针旋转。LF 是 Line End 的缩写，表示程序结束。N003 是要求加工一直线终点坐标为 $X = -8$，$Y = 8$，进给速度由 F ____ 决定。N004 仍然是加工直线，终点为 $X = 0$，$Y = 0$，N005 含意相同，最后 N006 要求刀具快退至原位，之后程序结束。

用增量值编程，N001 写的是 G91，就代表增量值。$X-12$，$Y0$ 所表示的是增量值，负号表示与坐标轴正方向相反的方向。

通过这两程序看出数控机床编程有一个重要特点，就是在数字之前总有一个文字，如 N001、G01、M02、$X28$、…。这就是文字地址。

1-18　数控机床编程中，使用的程序代码有哪些？

答：在数控机床程序编制中，经常使用的程序指令代码有"G""M"。经常使用的功能代码有"S""F"及"T"等。

现将这些常用的指令及功能代码的含义介绍如下：

（1）G 指令　G 指令是"准备功能指令"，由字母 G 和后面紧跟的 2 位数字组成。从 G00～G99 共有 100 个指令。

该指令的作用主要是指定数控机床的运动方式，并为数控系统插补运算做好准备。因此在程序段中 G 指令一般位于坐标指令的前面。

常用的 G 指令有 G01（直线插补），G02、G03（圆弧插补），G00（快速点定位），G17、G18、G19（坐标平面选择），G40、G41、G42（刀具半径补偿），G92（预置寄存）及 G90、G91（绝对尺寸及增量尺寸编程指令）。

有关 G 指令的详细规定与含义见表 1-2。

在代码中有两种代码必须有一些了解：一个是准备工作码（H 代码），另一个是辅助功能代码（M 代码）。

表 1-2　准备功能 G 代码

代码	功能保持到被取消或被同样字母表示的程序指令所代替	功能仅在所出现的程序段内有作用	功能
G00	a		点定位
G01	a		直线插补
G02	a		顺时针方向圆弧插补
G03	a		逆时针方向圆弧插补
G04		*	暂停
G05	#	#	不指定
G06	a		抛物线插补
G07	#	#	不指定
G08		*	加速
G09		*	减速
G10～G16	*	*	不指定

（续）

代码	功能保持到被取消或被同样字母表示的程序指令所代替	功能仅在所出现的程序段内有作用	功能
G17	c		XY 平面选择
G18	c		ZX 平面选择
G19	c		YZ 平面选择
G20 ~ G32	#	#	不指定
G33	a		螺纹切削，等螺距
G34	a		螺纹切削，增螺距
G35	a		螺纹切削，减螺距
G36 ~ G39	#	#	永不指定
G40	d		刀具补偿/刀具偏置注销
G41	d		刀具补偿—左
G42	d		刀具补偿—右
G43	# (d)	#	刀具偏置—正
G44	# (d)	#	刀具偏置—负
G45	# (d)	#	刀具偏置 +/+
G46	# (d)	#	刀具偏置 +/-
G47	# (d)	#	刀具偏置 -/-
G48	# (d)	#	刀具偏置 -/+
G49	# (d)	#	刀具偏置 0/+
G50	(d)	#	刀具偏置 0/-
G51	(d)	#	刀具偏置 +/0
G52	(d)	#	刀具偏置 -/0
G53	f		直线偏移，注销
G54	f		直线偏移 X
G55	f		直线偏移 Y
G56	f		直线偏移 Z
G57	f		直线偏移 XY
G58	f		直线偏移 XZ
G59	f		直线偏移 YZ
G60	h		准确定位 1（精）
G61	h		准确定位 2（中）

（续）

代码	功能保持到被取消或被同样字母表示的程序指令所代替	功能仅在所出现的程序段内用作用	功能
G62	h		快速定位（粗）
G63		#	攻螺纹
G64 ~ G67	#	#	不指定
G68	#（d）	#	刀具偏置，内角
G69	#（d）	#	刀具偏置，外角
G70 ~ G79	#	#	不指定
G80	e		固定循环注销
G81 ~ 89	e		固定循环
G90	j		绝对尺寸
G91	j		增量尺寸
G92		#	预置寄存
G93	k		时间倒数，进给率
G94	k		每分钟进给
G95	k		主轴每转进给
G96	I		恒线速度
G97	I		每分钟转数（主轴）
G98 ~ G99	#	#	不指定

注：1. 本表依据的标准已作废，仅供参考。

2. #号：如选做特殊用途，必须在程序格式说明中说明。

3. 如在直线切削控制中没有刀具补偿，则 G43 ~ G52 可指定做其他用途。

4. 在表中左栏括号中的字母（d）表示：可以被同栏中没有括号的字母 d 所注销或代替。亦可被有括号的字母（d）所注销或代替。

5. G45 ~ G52 的功能可用于机床上任意两个预定的坐标。

6. 控制机上没有 G53 ~ G59、G63 功能时，可以指定做其他用途。

在 G 代码与 M 代码中有不指定和永不指定两类尚未定义的代码。不指定是暂时尚未指定，以后很可能指定定义；永不指定的代码就把指定的权利给了机床制造厂家。

不论 G 代码，还是 M 代码均用两位数来表示；G00 ~ G99，M00 ~ M99。共有 200 个代码。有些机床厂家的 G 代码出现了三位数，这也是一种必然的结果，机床功能越来越多，代码必然也会增加。使用机床前分析机床厂随机提供的编程资料是非常必要的。即使对 G 代码、M 代码非常熟悉的人也要研究这些随机资料，看一看是否有一些新的规定，避免编程中存在语法错误。

（2）M指令　M指令也叫辅助功能指令。它由字母M和其后的两位数字组成，从M00~M99共100个指令。M指令主要是用于机床加工操作的工艺指令。下面介绍常用的M辅助功能指令，如M00程序停止，M01计划停止，M02程序结束，M03、M04、M05分别为主轴顺、逆时针旋转及停止，M06换刀，M07 2号冷却液开，M08 1号冷却液开，M09注销M07、M08、M50及M51，M10、M11夹紧、松开，M30纸带结束。其他M辅助功能指令，见表1-3。

表1-3　辅助功能 M 代码

代码	功能开始时间		功能保持到被注销或被适当程序指令代替	功能仅在所出现的程序段内有作用	功能
	与程序段指令运动同时开始	在程序段指令运动完成后开始			
M00		#		#	程序停止
M01		#		#	计划停止
M02		#		#	程序结束
M03	#		#		主轴顺时针方向
M04	#		#		主轴逆时针方向
M05		#	#		主轴停止
M06	#				#
M07	#		#		2号切削液开
M08	#		#		1号切削液开
M09		#	#		切削液关
M10	#	#	#		夹紧
M11	#	#	#		松开
M12	#	#	#	#	不指定
M13	#		#		主轴顺时针方向，切削液开
M14	#		#		主轴逆时针方向，冷却推开
M15	#			#	正运动
M16	#			#	负运动
M17、M18	#	#	#	#	不指定
M19		#	#		主轴定向停止
M20~M29	#	#	#	#	永不指定
M30		#		#	纸带结束
M31	#	#		#	互锁旁路
M32~M35	#	#	#	#	不指定

（续）

代码	功能开始时间		功能保持到被注销或被适当程序指令代替	功能仅在所出现的程序段内有作用	功能
	与程序段指令运动同时开始	在程序段指令运动完成后开始			
M36	#		#		进给范围 1
M37	#		#		进给范围 2
M38	#		#		主轴速度范围 1
M39	#		#		主轴速度范围 2
M40 ~ M45	#	#	#	#	如有需要作为齿轮换档，此外不指定
M46 ~ M47	#	#	#	#	不指定
M48	#	#	#	#	换刀
M49	#		#		进给率修正旁路
M50	#		#		3 号切削液开
M51	#		#		4 号切削液开
M52 ~ M54	#	#	#	#	不指定
M55	#		#		刀具直线位移，位置 1
M56	#		#		刀具直线位移，位置 2
M57 ~ M59	#	#	#		不指定
M60		#		#	更换工作
M61	#		#		工件直线位移，位置 1
M62	#		#		工件直线位移，位置 2
M63 ~ M70	#	#	#	#	不指定
M71	#		#		工件角度位移，位置 1
M72	#		#		工件角度位移，位置 2
M73 ~ M89	#	#	#	#	不指定
M90 ~ M99	#	#	#	#	永不指定

注：1. #号表示：如选做特殊用途，必须在程序说明中说明。

　　2. M90 ~ M99 可指定为特殊用途。

1-19　数控编程中零件加工程序结构与程序段格式是怎样的？

答：

数控编程中零件加工程序与程序段格式如下：

（1）程序结构　程序是由若干个程序段组成。在程序开头处写有程序编号。程序结束时，写有程序结束指令。例如：

O0600

N1　G92　X0　Y0　Z1.0；

N2　S300　M03；

N3　G90　G00　X-5.5　Y-6；

N4　Z-1.2　M08；

N5　G41　G01　X-5.5　Y-5.D03　F2.4；

N6　Y0；

N7　G02　X-2.　Y3.5　R3.5；

N8　G01　X2.　Y3.5；

N9　G02　X2.　Y-3.5　R3.5；

N10　G01　X-2.　Y-3.5；

N11　G02　X-5.5　Y0　R3.5；

N12　G01　X5.5　Y5.；

N13　G40　G00　X-5.5　Y6.M09；

N14　Z1.　M05；

N15　X0　Y0；

N16　M30.

以上程序由 16 个程序段构成。程序的开头 O0600 是程序编号，程序结束时写有 M30 表示程序终了（指令）。

（2）程序段格式　程序段格式有字地址可变程序段格式及分隔符固定顺序程序段格式等。

1）字地址程序段格式，这种格式是在国内外被广泛采用的字地址可变程序段格式。即程序段的长度是可变的。

字地址程序段格式的特点是每个程序段由若干个字组成。每个字由英文字母开头，其后紧跟数字（有的数字前面有符号）。它代表控制系统的一个具体指令。字母代表字的地址。因此，这种程序段格式称为字地址程序段，其一般格式为：

程序段序号字　字……字　程序段结束符号

例：N3　G90　G00　X-5.5　Y-3.0

此例可看出由五个字组成程序段，字 N3 代表程序段的顺序号，G90 表示绝对尺寸编程，G00 为快速移动点定位，X-5.5 及 Y-3.0 表示 X、Y 轴移动方向及移动量。程序段的结束必须写有程序段结束符号。可见这种格式直观明了，易写、易检查修改。

2）分隔符固定顺序格式，该程序段的特点是用分隔符将字分开，每个字的顺序及代表的功能是固定不变的。如在数控线切割机床上常用的"3B"或"4B"格式指令，表示为：B X B Y B J G Z。

其中，B 代表分隔符，其他每个字的意义表示为：①X 代表坐标值；②Y 代表坐标值；③J 代表计数长度；④G 代表计数方向；⑤Z 代表加工指令。

以上各字的功能固定不变。这种格式使数控机床的数控装置设计与制造得到简化，因此常用于功能不多且较固定的系统中。

1-20　数控自动编程系统主要由哪些硬件及软件构成？

答： 数控自动编程系统的硬件及软件构成如下：硬件包括计算机、打印机、绘图机、穿孔机（或由磁卡、磁带、光盘及磁泡盒）等外围设备组成；软件包括程序系统及数控语言。

整个数控自动编程的过程完全由计算机自动完成，编程人员仅需对其提出源程序单，即可送入计算机，经过翻译、数学计算等处理便可输出零件加工程序单。需要时可绘出零件进行中心轨迹图；穿孔纸带由穿孔机制成。

数控语言是一套特定的基本符号、字母、数字及由其描述被加工零件的语法和词法规则，它力求接近日常车间用语，因此其直观、简便，易懂、易改，方便使用。用它所描述的零件形状、大小和尺寸，以及几何元素间的相互关系和进给路线、工艺参数等的清单称为"源程序"。

1-21　国内外具有代表性的数控语言有哪些？各有什么特点？

答： 数控语言有：

1）从世界上第一台数控机床诞生起，为了充分发挥机床的加工能力，专家们设计了一种专门用于机械零件数控加工用的自动编程语言，定名为 APT 语言（即 Automatically Programmed Tools）。随后不断发展，形成 APT Ⅱ、APT Ⅲ、APT Ⅳ 等不同版本。

由于 APT 语言系统全面，处理时需要计算机，所以各国机械加工部门皆按自行需要发展和开拓了具有许多特点的编程系统，如美国的 ADAPT、AUTOSPOT，英国的 2C、2CL、2PC，德国的 EXAPT – 1、– 2、– 3，法国的 IFAPT – P、– C、– CP 及日本的 FAPT、HAPT 等自动编程语言系统。

2）我国自 20 世纪 60 年代中期开始研究自动编程系统，70 年代已研究成功多种功能的自动编程语言。如 SKC、ZCX、CKY 等。后来又研制出解决复杂曲面编程功能的 CAM –251 高级功能的数控自动编程系统。

APT 语言的零件程序由 APT 处理识别的语言和语句及数据组成，它有 1000 多种后置处理（Post Processor）程序，也就是利用这些信息来完成必要的数学计算，再产生给予数控机床的各种指令，从而完成零件的机械加工。

APT 处理程序大多用 FORTRAN 语言编写。

3）我国 20 世纪 70 年代开发的一些数控编程系统，受硬件条件的限制，多采用小型计算机处理。后来开发了微机数控编程系统，它可以处理和解决任意平面零件及定向解析曲面、自由曲面及组合曲面的编程，并能处理刀具干涉，产生无刀具干涉现象的进给轨迹。

该系统可采用 IBM PC/XT 微型机及兼容机处理程序，因此便于推广和应用。系统功能有人机对话、图形显示，可及时发现错误和修改错误。该系统配有多种后置处理程序，而且可以快速产生用户所要求的任意的数控系统的后置处理程序，因此，适合在多种不同类型的数控机床上使用。

该系统还具有与数控机床直接通信的功能，即采用了类似 APT 语言直观、简明的定义语句，轮廓编程语句，辅助机能语句，宏指令语句，坐标及图形变换语句及点位编程语句等。

1-22　德国 EXAPT 自动编程语言具有什么特点？其应用如何？

答：从图 1-16 所示机械零件制造的全过程来看，除了第 10 项"刀具轨迹"和第 11 项"后置处理"之外，还有一些与实际生产有关的加工技术与工艺问题应该考虑。因此，要实现数控编程过程的全自动化，必须要有包括处理加工技术在内的自动编程系统，而 EXAPT（Extended Subset of APT）即为这类语言的代表。

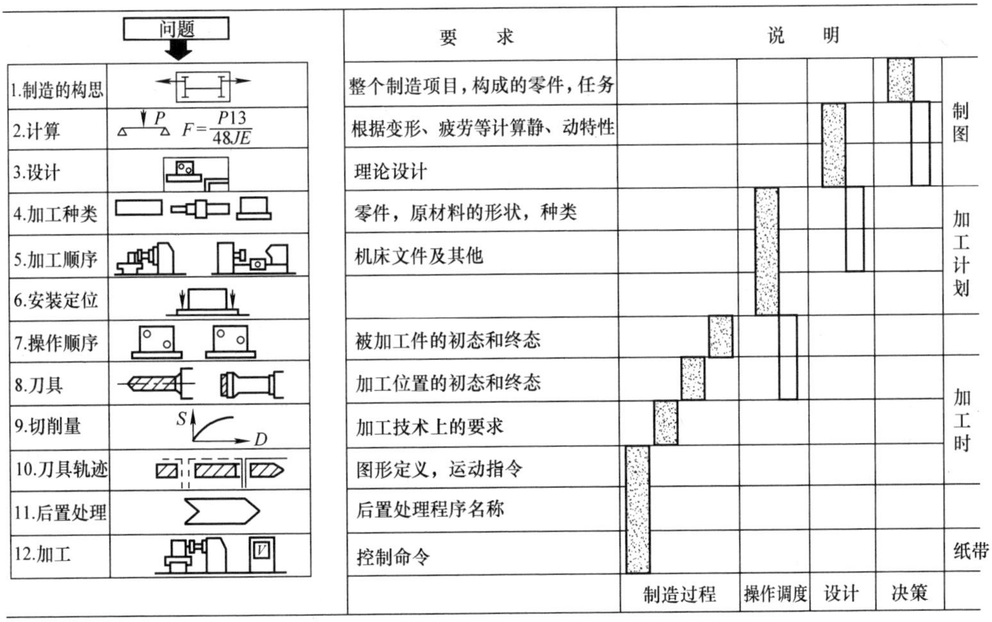

问题	要求	说明				
1.制造的构思	整个制造项目，构成的零件，任务					制图
2.计算　$F=\dfrac{P13}{48JE}$	根据变形、疲劳等计算静、动特性					制图
3.设计	理论设计					制图
4.加工种类	零件，原材料的形状，种类					加工计划
5.加工顺序	机床文件及其他					加工计划
6.安装定位						加工计划
7.操作顺序	被加工件的初态和终态					加工时
8.刀具	加工位置的初态和终态					加工时
9.切削量	加工技术上的要求					加工时
10.刀具轨迹	图形定义，运动指令					加工时
11.后置处理	后置处理程序名称					加工时
12.加工	控制命令					纸带
		制造过程	操作调度	设计	决策	

图 1-16　零件制造过程图

1）最初，由德国亚琛（Aachen）工科大学根据欧洲数控用户的编程要求，进行了广泛调研，从 1964 年开始研制，1966 年完成了用于点位控制的自动编程语言 EXAPT‐1；1969 年完成了用于车削加工 EXAPT‐2，之后又实现用于 $2\dfrac{1}{2}$ 坐标铣削加工的 EXAPT‐3，并成立了 EXAPT 自动编程促进会。

EXAPT 吸取了 APT 语言中描述图形的部分机能，并把重点转移到工艺和加工方法上。与 APT 相比，它只能处理形状简单的零件，适宜于钻床、车床和三坐标以下的铣床使用，但工艺自动化水平却比 APT 提高了许多。

2）EXAPT 的特点如下：图 1-17 为 EXAPT 系统的流程图。编程人员首先要针对待

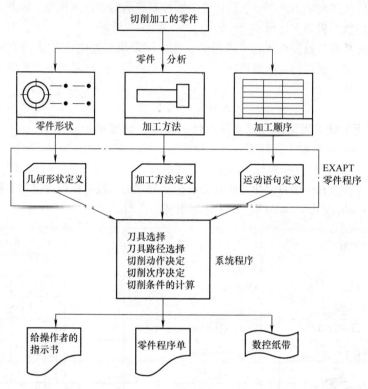

图 1-17　EXAPT 系统流程图

加工的零件编制 EXAPT 零件源程序，它包括描述零件形状、加工顺序和加工方法的各种语句——几何定义语句、运动语句、加工定义语句等。然后输入计算机，计算机内的系统程序处理这个零件源程序，从而得出数控零件程序单、数控纸带和操作说明等。这个过程与 APT 语言相似。EXAPT 语言的突出之点在于，在描述加工方法的时候，由于它具有自动选择刀具、自动确定进给速度和主轴速度、自动安排加工顺序等机能，因而其加工定义语句就简单得多。例如：对多工步作业的切削加工，只要把该切削加工的最终状态定义下来即可。以需要铰孔的孔加工为例，孔的加工顺序工艺应包括打中心孔、预钻孔、扩孔、铰孔、倒角等一系列过程，如图 1-18 所示。在一般的编程语言中，每个工步都要用语句来描述，而且各个工步中用什么刀具、刀具的尺寸、进给速度、主轴转速等必须由工艺师或编程人员确定。但在 EXAPT 语言中，只要用一句描述最后状态的语句：铰孔/直径 d，吃刀量 t，计算机就能自动得出描述上述过程的全部数控程序，包括相应的加工顺序流程、切削率数据等。

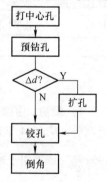

图 1-18　需铰孔的
孔加工过程图

　　EXAPT 数据库是一个比较完善的切削率数据系统，它具有完备的切削加工数据。

这些数据来源于熟练工人长期积累的操作经验，或是各种必要的表格和经验公式。这些数据按照一定格式记录在计算机的外存储器中。给某组数据集起一个名字，并称具有某名字的数据集为文件（FILE）。对文件内的数据可以增减、更新、调用，则为文件的管理机能。编程时，这些文件同 EXAPT 系统程序一起输入计算机。调用文件内的数据，首先要找到文件名，计算机是很容易做到这一点的。

3）EXAPT 数据库包括下列四个文件，如图 1-19 所示。

① 刀具文件（TOOL FILE），该文件给出了刀具尺寸、刀具材料、使用状态等表征刀具特性的数据。

② 材料文件（MATERIAL FILE），该文件提供了确定车削、铣削、钻孔等过程中切削量数据自动选定功能。

③ 加工文件（MACHINING FILE），该文件提供有关钻孔、车削、铣削等加工工艺数据。

④ 机床文件（MACHINING TOOL FILE），该文件给出了不同数控机床的转矩、转速和进给速度范围等数据。

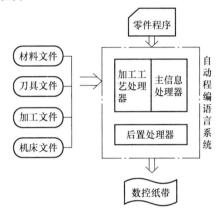

图 1-19 EXAPT 的处理
程序和数据库

数据库是 EXAPT 实现加工工艺自动化的保证。EXAPT 系统使用的加工数据都应该自动地在文件中找到。因此，文件中的信息必须很完善，以保证每一加工工序的正确执行。

表 1-4 给出了孔加工的刀具信息，它们经过数字化处理后，记录在计算机外存储器中，成为刀具文件的几个条目。

由于利用 EXAPT 自动编程语言进行自动编程时，已将 EXAPT 系统程序及相应文件一起输入了计算机，故在编程过程中，当系统程序执行加工定义语句时，就利用文件数据自动编排加工过程。因此对用户带来了极大的方便，尤其是利用工艺经验制成的文件，保证了机床合理的工作状态。

表 1-4 孔加工的刀具文件的几个条目

名称	代码	参数			刀具编码号
		刀具直径 d	刀具长度 l	刀具切削部形状 u	
中心钻	CDR				T01
钻头	DRL				T03

（续）

名称	代码	参数			刀具编码号
		刀具直径 d	刀具长度 l	刀具切削部形状 u	
丝锥	TAP				T05
铰刀	REM				T04
镗刀	BOR				T08 T10　T06
强力切削刀具	FOE				T14
铣刀	MIL				T20

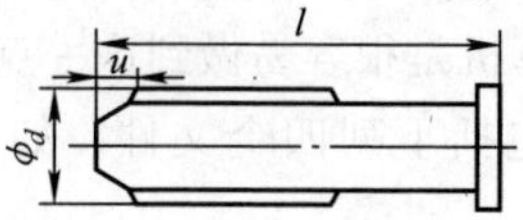

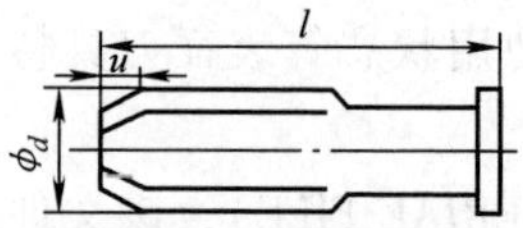

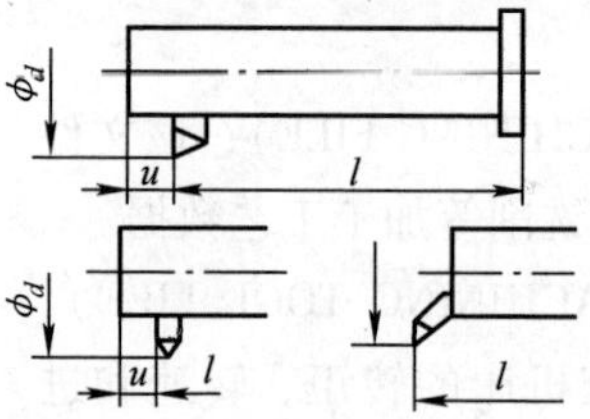

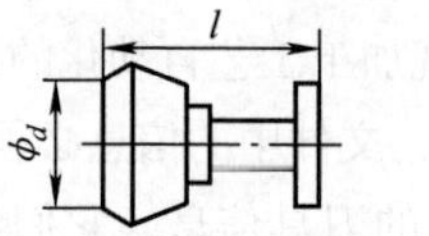

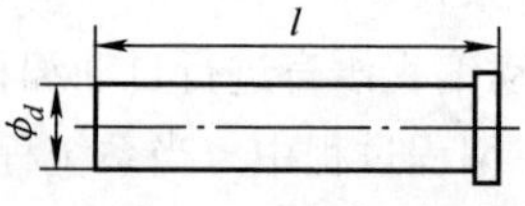

1-23　为什么数控图形编程是计算机辅助设计（CAD）与计算机辅助制造（CAM）集成化、智能化的桥梁？其设计原理如何？

答： 作为 CAD/CAM 集成化、智能化之间的数控图形编程，简单地说就是根据 CRT 显示器上显示的图形（零件工序图），在系统软件的支持下自动完成零件数控加工程序的编制。显然 CAD 可以作为系统中零件加工轮廓图形识别、CAD 参数化、特征造型的关键部分，设计与制造按车、铣、磨加工工序的特点，信息转换接口实现特征识别并建立各种工艺数据库和知识库，这肯定会使数控编程走向集成化与智能化方向发展。因此，可以认为数控图形编程是 CAD/CAM 的桥梁。

1）图形编程的流程框图，如图 1-20 所示。

目前，在工艺过程设计和数控编程中，为了使数控机床在较合理的工作状态下进行切削加工，越来越多地采用人工智能和专家系统。对人工智能的知识和经验，主要采用规则、过程、框架等表示。此种表达方式自然有其所长和不足，其不足尤其在直观性方

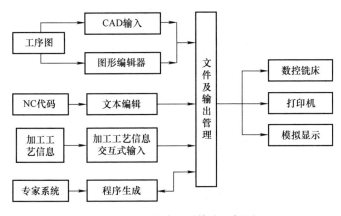

图 1-20　图形编程系统流程框图

面，如应用要求清晰、简单、方便；另外构造知识库的规则方面还不能满足需求，如知识修改时易产生不一致性，因此表达显得十分困难。为了解决上述问题，对于数控铣削加工图形编程系统首先提出采用规则原理和概念模拟的方法，用超级概念模型、概念模型、规则和框架来表示数控加工过程中的知识和系统行为。实质上，它是按人们对机构加工过程自然形成的认识、概念来描述编程系统的知识及行为的，是程序语言、数据库、人工智能技术相结合的产物。

2）按规划原理，在图形编程系统的研究中，将数控铣削加工的工艺问题进行分解，为每一个分解出的子问题构造一个规划，对每一个规划都利用它的初始状态来得到它的目标状态，并在功能上与其他问题分开。图形编程系统的总任务就是根据由 CAD 系统所生成的铣削工序图，或用键盘、鼠标及触屏在显示器上得出加工轮廓自动生成数控加工代码。它的初始状态是零件的设计信息和有关的零件加工知识，目标状态是 NC 指令单。实际中解决这些问题需要一系列操作，它的状态空间是十分复杂的。按规划原理，可以很自然地把这个复杂的问题分解成若干个子问题，如加工特征识别、加工顺序安排、生成数控代码等。每个子问题都包含了若干个具体操作或可以再分解为更简单的子问题，这些子问题组成的系列构成了一个求解问题的规划。如果把所有子问题全部分解成了本原问题，即系统执行某个具体操作就可以直接解决问题，就说该规划被执行了。规划的执行导致问题的最后解决，也即由初始状态变为目标状态。图 1-21 中处于"树"节点的规划称为基本规划（或本原问题），它不再精细化，可以直接解决系统的子问题。在图形编程系统中，规划的设计就是求解问题的策略设计。图 1-21 中，将铣削加工的数控编程问题分解为加工特征识别、加工路径规划和 NC 代码生成等三个子问题，而每个子问题又可再分为几个子问题，直至处于最基本的状态，即可方便地得到答案。

模拟是对应用领域自然形成的认识和概念来描述、构造系统，使所考虑系统的描述远离机器表示和处理过程，而是更抽象、更概念化、更自然和更直接地接近人们应用领域的认识。在图形编程系统中，像零件、加工特征、面、环、轮廓、腔槽和孔等都认为是概念，这些人们对应用域的直观概念可用概念模拟方法建立概念模型。如图 1-22 所示

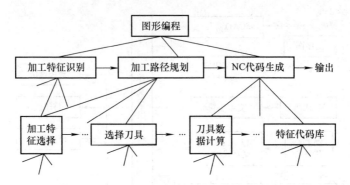

图 1-21　图形编程问题求解规划树框图

的机械零件概念模型，便是人们感知到的概念相对应的一组符号结构和符号结构操作符，它精确地反映了所考虑的应用域的两个方面：静态方面（其结构特性为层次式）和动态方面（其行为特性为加工操作）。

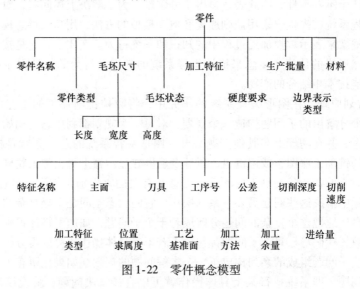

图 1-22　零件概念模型

3）一般建立一个专家系统主要包括三个问题：

① 知识获取，即如何将人类专家的专门知识和推理方式提取出来。

② 知识表示，即如何将已取得的知识转化为适当的逻辑结构和数据结构，存储在计算机内。

③ 知识利用，即怎样设计推理机构，以利用知识去解决问题。

专家系统主要用于解决数控加工的图形编程问题，由工艺知识库（或规则库）、工艺数据库（或动态数据库）和推理机（或控制策略）三大部分组成，它是图形编程系统得以实现自动编程的关键部分。由于知识取决于具体的应用领域，因此在获取和维护知识方面保持灵活性是必要的，系统在增、删知识方面应方便易行。在图形编程系统中，规划被认为是一种超级概念，设计的规划模型也被称为超级概念模型。

工艺数据库包括：加工特征数据库、切削用量数据库、加工刀具参数数据库和加工机床参数数据库等。

工艺知识库用来存储关于图形编程问题求解的知识，如加工方法的选择、加工顺序的安排、机床选择、刀具选择和切削用量的选择等工艺知识。这些知识经过整理形成规则，并存在工艺知识库，因此，工艺知识库也叫"规则库"。

推理机负责控制执行问题求解过程。通常采用正向推理的控制策略，它使知识库中的规则知识和动态数据库中的加工零件工艺信息进行工艺决策，以及选择加工机床和刀具，进而完成工艺过程安排和数据控制代码生成等项工作。

1-24 数控机床维修包括哪些内容？

答：数控机床是机电一体化的高技术装备。它的维修内容比传统机床要多，不仅限于机械磨损、振动、故障与损坏，而且也不仅限于强电线路与元器件的维修，它还从内容上涉及机、电、液、气与计算机、自动控制等许多方面。但就其维修与诊断方面的重点而言，则是侧重在微电子系统与机械、液压、气动乃至光学等方面装置的交接节点上。以机电一体化装备中最具有代表性的数控机床故障诊断与维修来说，从故障的检测到故障的排除难度最大、工作量最多，涉及了多学科交叉最广的数控装置、PLC 可编程序装置及驱动系统等的微电子硬、软件部分。此外，这些部分往往比机械、气动和光学装置更易受外界随机因素的干扰或影响，造成工作不能正常进行而呈现故障状态，如电源电网系统的波动影响、环境温度与介质微尘的影响、振动与背景噪声比的影响等。

从故障诊断与状态监测的手段上看，数控系统不仅由于种类繁多、结构各异、形式多变，给测试、监控带来许多困难；而且，由于采用数字控制方式后所产生的本质变化而不可能完全应用传统的测试手段与测试方法。因此需要认真研讨、研制更新、更多的诊断、监测与维修仪器、仪表及装置。

数控机床在许多企业中均担负着重点工序、关键零部件的加工任务。因其本身价格昂贵，则不允许在加工中途出故障，所以日常维护工作比传统机床的要求要高。因为维修的概念，不仅是修理更重要的是维护，所以只有做到在维护上一丝不苟，才有可能预防故障的产生，也才能真正达到设备与系统的可靠性。

此外，维修与设备的改造密切相关，尤其当数控系统老化以后，仅依靠维修是不够的。事实证明，使用 10 年或 15 年以上的系统，测故换件均需投入很大精力与较多的费用；而改造则使设备获得再生。这也就是跨入 21 世纪后维修技术发展的新阶段——"再制造"（Remanufactuing）阶段。

对数控设备的维修要求从事维修的技术人员其有丰富的科技知识与技能，因数控设备是一种知识密集型产品，无论是使用、日常维护、生产管理与维修改造，涉及的面较广，且科技领域相互交叉。因此要经常进行人员培训、总结维修经验和教训，提高维护和修理技术水平。

1-25　数控机床的控制系统在维修中有何特点？

答：数控机床的数控装置、伺服驱动装置、位置与速度检测装置等组成的控制系统在维修中与传统机床相比均有较高的难度。

1）自从 20 世纪中期以来，机床由天轴式集体驱动转变为单台电动机或多台电动机驱动一台机床，使主轴转速、进给系统传动均发生很大的变化，首先表现在转速的提高、切削中负荷加大等方面。

在机械传动中，无论是相对转动的回转副零部件或是相对移动的往复式运动副零部件，都存在着摩擦、磨损的物理现象。由此可见，机械传动副的间隙因摩擦、磨损产生的动态变化，势必成为机械故障的主要方面。如何监测和诊断机床在动态下的故障预报、预测和判断就成了机械故障检测和维修的主要内容。

20 世纪中期，世界上第一台 NC 机床在美国出现，也就是说将计算机技术引入机制领域，从根本上改变了离散型生产自动化的面貌。长期以来，连续型生产的自动化比较易于实现，而离散型生产尽管采用了刚性自动化生产线实现了大批量的生产自动化问题，但对占地面积庞大、能耗过高、产品品种更换困难等问题都没有从根本上解决。

2）计算机引入制造系统后，CNC 系统成为机床中的一个组成环节。而在微电子系统方面故障的发生突出地表现在数域检测，它与频域、时域的检测具有不同的性质和本质上的区别。

从故障诊断、状态监测和维修的手段上看，机械故障对轴承的监测在噪声分析、振动频率变化等方面，如 FFT（快速函数分析仪）等分析仪器，由此可知主要是机械传动副的故障。

机电一体化装备的故障主要是微电子系统的硬件、软件故障，因此必须采用许多新的仪器。微电子故障诊断方面现已大量采用硬件、软件相结合的计算机诊断系统，内容不仅不断更新，手段上也不断优选劣汰，如 BW4040EX 在线故障诊断仪已能迅速将故障定位在元件板上。从监测来看，刀具的状态监测传感器已发展到很高水平，许多高技术手段已在 NC 机床上得到具体应用。

3）由于数控机床控制系统的数字化，使其故障检测与维修已从"时域"转入"数据库"。检测时，传统的模拟电路、仪器已不适用。尤其是 20 世纪 70 年代初以来，中、大规模和超大规模集成电路（包括微处理器在内）的发展，使得数字设备、数字计算机和其他采用数字集成电路和设备的研制、生产和检修中的测量问题日益突出（尤其是国内的引进仪器设备的数控系统），因而发展了数据域（data domain）测量技术。由于该测量方法主要针对二进制数据，不同于过去常用的频率范畴的频域测量和时间范畴的时域测量，所以称为"数据库"测量，所用的测量仪器与设备称为数据域测量仪器与设备。

美国 John Markus 编的《电子学辞典》对"数据库"的解释是：用数据流、数据格式、设备结构和状态空间概念来表征的数字系统特性。一个可分解的典型数据流由许多（二进）位的信息组成。数据格式是指如何用"位"的组合图形来组成有意义的数据字，不同格式有不同形式的数字脉冲。例如：一个 16 位长的数据字可能有以下几种组成形式，即 16 位串行、16 位并行、8 位并行（一个字节）再跟一个 8 位并行，这些格式分别叫位串行、字串行、字节串行等。数据域信息可以用种种代码传送，美国标准信息交换（ASCII）代码是常用的一种，用示波器是难以观测到这种信息的。

4）数据库信息或信号的主要特性是：①数字信号几乎总是多线的。②在执行一个程序时，许多信号只出现一次，或者某信号不止出现一次，但关键情况只出现一次；如在一页传送的文体中，字母"a"可能多次出现，但在错误的位置只出现一次。③有些信号重复出现，但不是周期性的。④因为激励几乎都是不可控的，就不可能回答"经典"的时域问题，即"在时间 t 闭合开关（或出现脉冲沿）后要发生什么?"而且，典型情况是在一个庞大的正确数据流中出现一个错误，实际只有在错误出现后才能认识它。这种情况显然需要捕获并存储造成错误的原因，它出现在错误之前——负的时间信号，因为这些信号出现在时间 t 的触发之前。⑤一个数字数据流内的记录是由唯一的布尔表达式或数据字实现的，因而测量仪器需有能对数字函数的触发事件进行触发，并由此事件引出显示。⑥数字信号的速度变化范围甚广，在高速中央处理器中涉及两个脉冲的潜在重叠时，需要几十微微秒的时间分辨力；如监视一个算法执行时，所需要的就是注视数据字流，但检测到算法中的一个错误时，就要分析错误的原因，因而检测分析仪器应具有比工作速度高得多的速度。

5）数据库测量的主要对象，在硬件方面主要是数字电路（包括微处理器和各种数字集成电路），这与普通模拟电路有明显的差别。首先，传统的模拟电路测量所遇到的元器件通常不超过三四个节点，测量的量值较为简单，多为电阻、电抗、阻抗、电压、电流等。其虽元器件多，但使用的仪器较简单，如电压表、信号发生器、欧姆表、阻抗电桥、示波器和频率计等。对包括微处理器和其他大规模集成电路的数字电路来说，传统的方法对于它们的快速检测已无多大用处，因为集成电路不但是多节点的器件，而且它本身就是一个整体电路，也就显示出一个整体的性能。一个集成电路可能有几十条引发线（管），包括几个、十几个甚至几十个独立的输入和输出。要全面检验一个集成电路的性能，就必须解决同时性问题。若要同时观测这样多的输入和输出信号，一般示波器已无能为力。其次，数字电路的检测和模拟电路的检测的另一主要区别在于由集成电路组成的电路的复杂性。了解这样的电路的全部工作常常是一个非常费时、费事的过程。因而在测量中，各波形间的时间关系及电路中任一点的三种状态（"0""1"和"不定"即高阻）值的检测都是十分重要的。

1-26　维修数字电路中，有几种测试技术方案?

答：数字系统的维护和可靠性研究受到工业界和科学界的极大重视。当前，系统的复杂性的增加更说明它的重要性。维护这种系统的费用是很大的，它在系统总成本中所占的比例还在继续增长。

例如：一台数控加工中心机床，它将数控铣床、数控镗床、数控钻床的功能组合起来，再附加一个自动换刀装置和一个有一定容量的刀库，这样可以进行多道工序的连续加工。由于其工作效率高，因而在设备发生了预料不到的故障动作时，会使生产蒙受极大损失。

在许多数字系统中，设计时就考虑到数字系统的故障诊断和故障定位，制成了高可靠性系统，如存在实际故障的情况下仍不失效的容错系统、能诊断自身故障的自我检查系统及容易测试的系统等。但是即使再可靠的设备也有出故障的情况，因而对其如何进行测量、获得所需要的数据，从而确定故障。目前，在数字系统测试研究领域中，主要有以下几种测试技术及方案应用于维修数字电路中。

（1）存储程序式自动测试设备（ATE）系统　一种方法是在被测电路或部件（被测对象 UUT）上加由计算机或者由自动测试设备（ATE）产生的测试码。另一种方法是将二进制测试码加到 UUT 上，以及一个与 UUT 具有同样功能的参考部件上，并比较两者的输出。在更完善的计算机控制的测试系统中，测试程序自动地产生适当的输入码，计算机可自动地分析和处理输出信号。这种测试设备系统的典型结构如图 1-23所示。

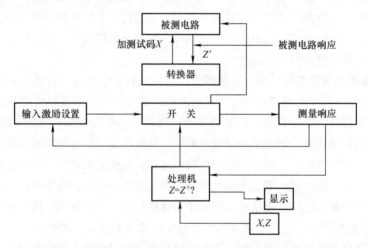

图 1-23　存储程序式自动测试设备（ATE）系统的典型结构

其中，X 是所加的测试码，Z' 是从被测对象得到的响应。Z 是已知的 UUT 的正确响应。处理机比较 Z 和 Z'。根据这种比较结果，ATE 可确定 UUT 是否有故障（故障检测）。如果有故障，可以确定故障的位置（故障定位）。一般有关故障位置的更准确信息，只有向被测对象内部发出探测信号才能得到。比较完善的 ATE 系统，可通过显示器把准确定位所要探测的信号点通知测试操作员。测试产生的中心问题是求得测试点 X及计算正常的电路响应 Z 和对每个故障的电路响应，以便有效地进行故障检测与定位。

（2）典型的测试码自动产生（ATPG）系统　这种系统的流程图如图 1-24 所示。该系统首先输入需要产生测试码的电路描述，包括被测的故障和初始状态信息，然后再产生测试码，模拟、分析电路响应并形成辞典。它说明各种故障情况下电路对测试码的影响，以便修复。对每个测试码都要重复上述过程。

1-27　特征分析技术如何在故障检测仪器中得到广泛使用？

答：特征分析技术在许多故障检测仪器中得到广泛的使用，并不断得到改进，尤其是现在国际上的一些厂家将逻辑分析仪器和特征分析结合，或在一些微系统分析中包含特征分析技术，从而使得这些数域分析仪器能具有加速特征校验、组合特征功能和故障对比检测功能，以便确定有故障的元器件。

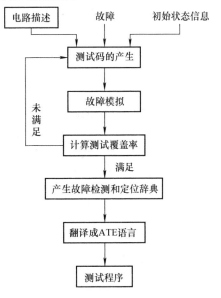

图 1-24　测试码自动产生的 ATPG 系统流程图

　　组合功能是指用一次组合特征比较检验一个集成电路总线和节点组是否正确。换言之，一个"组合特征"是各个节点特征之和，好的"组合特征"证明此组合中各个节点的特征正确，错误的"组合特征"表明其中包含一个或更多特征有错误，检验同时存储一组特征（如一个集成电路的所有特征）在特征存储器中，以便于参照文件资料等。

　　故障对比检测是先从一个正常地被检测仪器设备导出所需的特征，存储在可编程只读存储器（PROM）中，可为每种被检测的仪器设备准备出所需的可编程只读存储器。检测有故障的仪器设备时，只需把测得的特征与有关可编程只读存储器内容进行比较就可以了。

1-28　逻辑分析技术在数域分析中占有什么地位？

答：逻辑分析技术在数域分析中占有重要地位。它是根据数字流的前后逻辑状态（触发时）进行分析，寻找事件的原因。当它用于数域测试仪器上时，主要有如下：

　　1）多通道输入，至少有 8 个并行输入通道，目前已有多达 128 个通道的产品，从而能够同时测试微处理器、计算机和数字设备的地址总线和数据总线的数据和信息。

　　2）具有存储器的功能，这是一般示波器所不具备的。各通道均按程序存入存储器。它可把数据一次存储起来，并可多次重复显示。

　　3）触发功能丰富。它不但可与内部时钟或外部时钟信号同步，而且还可以实现利用输入数据组合的组合触发。

　　4）能够观测触发前和触发后的数据。因为出现事件（故障的原因）通常在前面，因而观测触发前的数据对于寻找事件的原因是非常有用的。

　　5）显示方式多。既可以显示时间波形图，又可以显示状态表；可用二进制、八进制、十六进制（有的还可用十进制）来表示。具有反汇编功能，可用记号显示状态表。有的逻辑分析仪还有显示地址映象的功能，即把逻辑分析仪器存储器的全部内容作为"点"的图形在显示屏上一次显示出来。它是检验程序和获得软件特征的简明方法。

　　6）采用菜单驱动方式。逻辑分析仪在不断地改进中，现已做出磁盘、示波器、线路内仿真器和特征分析仪综合型，与微型计算机一起使用的高性能型及适用于现场使用的小型廉价型。逻辑分析仪最明显的发展方向是向多功能发展。

1-29　数域测试仪器在多功能方向发展中起什么作用？

答：数域测试仪器由于正在向多功能方向发展，因而在国际市场上，数域分析仪器智能越来越高。此外，由于规定了 IEEE88 接口总标准，使得仪器和计算机能灵活组成自动测试系统以用于所需的测试维修。

1）在实际工作中，维修对象是各异的控制系统，其中复杂程度高的数控系统是很难维修的。但若能利用数据分析仪器的智能性和接口总线的标准性特点，则可以按需要组成特有的故障诊断系统，并利用计算机进行管理、分析和处理维修工作。

图 1-25 给出了某种按要求设计的测试系统配置。

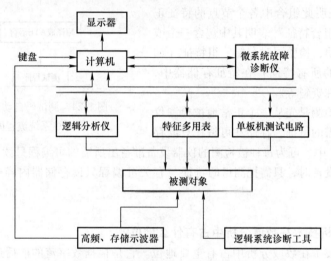

图 1-25　某种特定测试系统的配置图

2）该系统的最大优点如下：①实行计算机管理、分析；②实行多功能综合测试；③该系统实际是一个复杂的计算机系统，它有操作系统、通信设备、数据库、误差分析系统及高级语言的编译程序和连接程序等。

3）该系统具有以下功能：①对器件故障定位采用动态逻辑数据采集，计算机软件分析判定器件功能。②运用特征分析关键点信号比，逐个区域诊断，并对 ROM、RAM 进行测试、仅汇编读出。③对各仪器正常运行状态进行测试存档。④编制检测程序，通过分析选择程序并存入计算机，提高故障快速的判断及准确能力。

系统主要分为计算机部分、数据采集部分、特征分析部分、附加维修部分，每一部分均可独立操作、互不依靠，又可以在计算机管理下联机工作，从而构成了维修系统。

目前数域测试分析技术的发展，都是把数域测试仪器与微处理机结合构成智能的分析系统，使维修人员能准确地在集成数字电路板上找出失效的 IC，如 BW4040EX、（Tektronix 的）DAS9100、HP－5005B 等测试仪。

1-30　数控机床故障判断与分析方法应如何掌握?

答: 对数控机床的故障正确判断与分析是维修工作中至关重要的问题。为使整个排除故障的时间缩短,就必须要求维修工程技术人员按一定的测试步骤和故障排除维修程序科学地、合理地展开工作。

(1) 首先要充分掌握出现故障的数控机床结构与工作状况,尤其要注意掌握和了解该机床的数控系统结构与特点　维修工作的基础是彻底掌握维修对象的基本结构与组成。数控装置功能各异,结构与特点各有侧重,如车削数控的"T"系统与铣削的"M"系统就不相同,且按各自工艺特点,其配置差别很大。对于不同的设计与生产厂家,产品结构上差别更大,从大板块结构到小插件模块化结构对维修的影响也各不相同。总之,只有在掌握和充分了解该系统结构的前提下,才有可能对故障源科学分析与正确判断。

(2) 维修工作的基本条件

1) 人员条件,从事机床数控维修的工程技术人员首先要具备高度的责任心与良好的职业道德,同时知识面要广。至少应学习过计算机技术、模拟与数字基础电路知识、自动控制与电力拖动技术的基本知识,或经过数字电路的测试方法与测试仪器的培训;更应懂得一些机械加工工艺、机床结构与机械传动、液压传动的基础知识。

2) 工作条件:①准备好常用备品、配件,并随时可以得到微电子元器件或其他机械、液压、气动元器件的支援与供应。②具备必要的维修工具、测试仪器、仪表及微机,最好有便携式在线故障检测仪。③具备充分和必要的资料、线路图册、维修保养手册、设备说明书(包括数控与伺服操作手册等),接口、调整与诊断、参数设置记录手册与资料,位检及传感器件手册与资料,PLC 说明书与用户程序单,总器件手册与表格等。④收集现场信息是维修工作的重要组成部分。对故障出现前的操作与机床运行情况更应了解并听取操作人员的介绍,对现场检查与初步测试要有记录。

(3) 对数域测试仪器的选用与配置　对于出现故障的机床经分析后,如果排除了机械、液压、气动等部分的故障源之后,应侧重检查数控装置、PLC 装置、伺服驱动位检等装置与环节。首先应从故障出现的情况、现象与产生故障后的机床状态对软件故障进行分析,以免对硬件的不必要拆卸与损坏。

因此,除了按规定检测程序和查找办法在大范围内对故障定位外,主要还应依靠必要的测试手段的配置与选用。

有条件的企事业单位,对数控机床及数控设备的维修,必要时可采用以下维修测试仪器:①逻辑分析仪,它可以测量被测系统的运行情况,但系统出现故障运行停止时,仪器将无法工作。②微机开发系统,即配有专用软件与硬件工具——仿真器,可在系统的控制下对被测系统中的 CPU 进行仿真。③特征分析仪,它可对被测电路在一定信号激励下而运行起来,从而测出故障系统的起动、停止、时钟与多项数据,按被测点的波形特性,比较特征值确定故障源。④故障检测仪,它比较适合于车间维修的需要,使用方便、操作简单、价格低廉及现场维修。

(4) 故障分析方法与测试的基本思路　在数控机床故障出现后,应分段定位故障源。通过科学的分析方法,选择适用的、技术上可行的步骤或检测程序,最终将故障定位在元器件级。其中关键是诊断与测试，包括外围线路的检测。初步判别故障的思路是按出现故障现象及该故障性质是否属于一般机床报警，如操作有误、编程有误、工作台移动超程等；还是再现故障，包括机床各种约束条件中有一些得不到满足而使机床报警停机，如压缩空气压力不足、液压系统有故障造成压力下降、电压不稳定或接地电阻值过高等；之后再查找数控系统、PLC系统、检测系统的故障及外围故障。

（5）系统地、科学地分析与判断故障源　对故障的判别既要系统地、科学地分析，又要按故障特征，并应用检测手段进行测试　例如：从故障现象说明故障出自软件（如参数混乱或丢失）则要查找设备进厂时随机带来的参数设置表或参数记录卡，避免盲目地动手拆卸无关的部分；再如：按现象分析报警提示，调出某部分的程序及判别故障点所在的位置。通常，采取接口信号变化情况的检测来判断和定位故障源，因为各部位的交叉点即在接口处，无论是数控系统、PLC系统或位置检测环节有不正常的故障出现时，往往在接口信号的测试中会捕捉到异常信号。

1-31　数控装置的故障一般应怎样处理？

答：对数控装置故障处理有以下三个方面的要求。

（1）对数控装置故障的常规处理

1）现场人员应做好数控装置故障的详细记录，尤其应对出现故障时的数据装置工作方式做详细的记录，如现象、部位、报警内容及报警号；还有面板上各种开关及工作键的状态等。

2）及时与维修专业部门联系，并维护现场；禁止盲目拆卸及非维修人员的调试，以防止造成更多的、更大的故障与损失。

3）维修专业人员在获得详细报告后，做好现场检测、维修、调试工作准备，包括工具及资料的准备。

（2）对故障的判断应是综合判断　如采用直观法，即对硬件报警功能的利用与妥善处理；充分利用软件报警功能，如存储器报警、设定错误报警、程序错误报警、误操作报警、过热报警、伺服部分报警、各种行程开关报警、连接松动报警等，并分析这些报警及判断故障出现的部位。

另外，还可以利用状态显示的诊断功能，如系统与机床之间的接口输入/输出信号状态，或PLC与CNC之间的接口信号状态，也就是说利用CRT显示器画面的状态显示，检查CNC装置是否将信号输出给机床，或机床的开关信号是否已输入给CNC装置，以便将故障区分开，即故障究竟是在机床一侧还是在数控一侧，这样可以有效地缩小机床检查范围。

（3）在故障处理时要及时核对机床参数　系统参数的变化会影响机床的性能，甚至发生机床停止工作的现象。在数控系统的设计与制造中虽然已考虑到系统可靠性问题，但也不能绝对排除外界的干扰，而这些干扰就有可能引起存储器内个别参数设置的变化。

检测时要尽量利用印制电路板上的检测端子，而这些端子是专供检测波形与电路电压用的，可帮助判断该部分线路是否工作正常。在动手检测之前，应充分了解和熟悉这些线路的逻辑关系。也可充分利用已有的备件进行同类置换，判断故障原因，并予以排除。

1-32　数控机床机械部分发生故障时应如何处理?

答:针对数控机床机械部分的修理时，凡与常规机床机械部分相同的故障可用常规机床机械故障处理规定对待。但由于数控机床多采用电气控制，使得机械结构简化，所以机械故障率有明显降低，常见的故障却又是多种多样的。每台机床都有说明书及机械维修资料，在维修时应仔细参考。

带有共性的机械部分故障有以下几个方面:

(1) 进给传动链故障的处理　由于数控机床的传动链大多采用滚动摩擦副，所以这方面的故障大多表现为运动品质下降而造成，如反向间隙增大，造成定位精度达不到要求、机械爬行及轴承噪声变大（尤其有机械硬碰撞之后易产生）等。这部分的维修常与运动副的预紧力、松动环和补偿环节的调整有密切关联。

(2) 主轴部件故障的处理　这部分故障多与刀柄的自动拉紧装置、自动变档装置及主轴运动精度下降等有关。但由于数控机床采取了电气自动调速后取消了机械变速箱装置，故结构上的简化使相应故障也大为减少。

(3) ATC 刀具自动交换装置故障的处理　据统计 ATC 刀具自动交换装置故障占数控机床机械故障的一半以上。主要故障现象有刀库运动故障、定位误差超差、机械手夹持刀柄不稳定、机械手运动动作不准及误差较大等。这些故障都会导致换刀动作紧急停止，致使整机因不能实现 ATC 刀具自动交换而停机。

(4) 位置检查用行程开关压合故障的处理　数控机床配备了许多限位运动的行程开关，由于使用一段时间后，运动部件的运动特性发生了变化，以及压合行程开关的机械可靠性与本身的品质、特性也都会影响整机的运行。一旦故障现象在这些部位出现就需要很好地检查、更换或调整。

(5) 配套附件可靠性下降产生故障的处理　数控机床的配套附件包括:冷却装置、排屑装置、防护装置（其中有切削液防护罩、导轨防护罩等）、主轴冷却恒温箱及液压油箱、气动泵及恒压气柜等。这些部件的损坏或动作不灵都会产生故障，使机床停止运行。因此，对这些部位的检查不应忽略，如有的加工中心换刀动力依靠压缩空气，若气泵供压不够或贮气柜漏气使气压下降，都会使机床换刀动作暂停;机床的运动条件不满足也会产生报警而停机。只要排除了这些因素使机床运行条件得到满足，就会取消报警转入正常工作。

1-33　遇到驱动伺服系统产生故障时，应怎样处理?

答:数控机床的驱动伺服系统包括进给驱动及主轴驱动，对主轴驱动系统又分直流与交流两类不同的装置。

(1) 进给驱动系统故障的处理　根据统计，这部分的故障率约占数控机床全部故障率的 1/3 左右。故障现象大致分以下几类。

1) 软件报警现象包括:伺服进给系统出错报警（大多是速度控制单元故障引起或是主控印制电路板内与位置控制或伺服信号有关部分发生故障）、检测元件（如测速发电机、旋转变压器或脉冲编码器等）故障或检测信号引起故障及过热报警（包括伺服单元过热、变压器过热及伺服电动机过热）等情况。

2）硬件报警现象包括：高压报警（电网电压不稳定）、大电流报警（晶闸管损坏）、电压过低报警（大多为输入电压低于额定值的85%或电源线联结不良）、过载报警（机械负载过大）、速度反馈断线报警、保护开关动作有误等。这些故障在处理中应按具体情况分别对待，通过采用针对性的措施就会顺利排除故障转入正常运行。

3）无报警显示的故障现象包括：机床失控、机床振动、机床过冲（参数设置不当）、噪声过大（电动机方面有故障）、快进时不稳定等现象，而这些故障要从检查速度控制单元、参数设置、传动副间隙、异物浸入等入手。

（2）主轴驱动系统故障的处理　主轴驱动系统的故障有以下几个方面：

1）直流主轴控制系统的故障包括：主轴停止旋转（触发线路故障）、主轴速度不正常（测速发电机故障或数/模转换器有故障）、主电动机振动或噪声过大故障（相序不对或电源频率设定有错误）、过电流报警、速度偏差过大（负荷过大或主轴被制动）等。

2）交流主轴控制系统的故障包括：电动机过热故障（负载超标、冷却系统过脏、冷却风扇损坏或电动机与控制单元间接线不良等）、交流输入电路及再生回路熔丝烧断（这类故障原因较多，如阻抗过高、浪涌吸收器损坏、电源整流桥损坏、逆变器用的晶体管模块损坏、控制单元印制电路板损坏，电动机加、减速频率过高等）、主电动机振动、噪声过大、电动机速度超标或达不到正常转速等故障。

同样，对待这些故障也必须先从检测开始，查找与分析故障原因，进而找出故障源，并针对这些故障采取措施排除故障。如电动机振动就必须先确认是在何种情况下产生的这种现象，如果在减速中产生，则故障应发生在再生回路，此时就要检查该回路的熔丝是否已熔断，或该回路的晶体管是否有损坏。若在恒速下产生，则应先查看反馈电压是否正常，之后切断指令，查看电动机停转过程中是否有异常噪声；如有，则确定故障发生在机械部分，否则就在印制电路板上。若反馈电压不正常，则应先查看振动周期是否与速度有关；若有关，则应检查主轴与主轴电动机的连接方面是否有故障，主轴及装在交流主轴电动机尾部的脉冲发生器是否损坏；若不是，则可能故障产生在印制电路板上，需要查看电路板或重新调整。也可能产生在机械方面，属于机械故障。

总之，对待驱动伺服系统方面的故障处理，要有耐心、精细的检查、测试与分析等，当然经验积累多了也就比较易于判断了。

1-34　新的数控机床到达工作现场后，应如何做好安装调试的各项工作？

答：首先要看新的数控机床是属于小型还是大型。通常小型机床安装比较简单。由于大型数控机床考虑运输和包装等问题，不得不将整体机床分解成几大部分，所以到达工作现场后必须重新组装与仔细调整，工作量较大且比较复杂。因此，数控机床开箱验收及开机调试也必须认真、仔细地对待，避免出差错造成损失。

通常，数控机床安装调试，必须经过以下各工作步骤。

1）初就位工作。机床到达之前就应按机床厂提供的基础图打好机床安装基础，并预留地脚螺栓预置孔。按装箱清单清点备品、配件、资料及附件。对随机文件要有专人进行专项保管（特别是数控机床参数设置明细表等文件）。按说明书把机床各大部件在现场地基上就位，对各紧固件必须对号入座。

2）机床的连接工作。机床各部件组装前，先去除安装连接面、导轨及各运动部件面上的防锈涂料，做好各部件外表面的清洁工作。

然后把机床各部件组装成整机，如将立柱、数控柜、电气柜装在床身上，刀库机械手装到立柱上，在床身上安装接长床身等。组装时要使用原来的定位销、定位块和定位元件，使安装位置恢复到机床拆卸前的状态，以利于下一步的精度调试。

部件组装完成后进行电缆、油管和气管的连接。机床说明书中有电气接线图和气、液压管路图，应据此把有关电缆和管道按标记一一对号接好。连接时特别要注意清洁工作和可靠的接触及密封，并检查有无松动和损坏。电缆插上后一定要拧紧紧固螺钉，保证接触可靠。油管、气管连接中要特别防止异物从接口中进入管路，造成整个液压系统故障；管路连接时，每个接头都要拧紧，否则在试车时，尤其在一些大的分油器上如有一根管子渗漏油，往往需要拆下一批管子，返修工作量很大。电缆和油管连接完毕后，要做好各管线的就位固定，以及防护罩壳的安装，以保证整齐的外观。

3）数控系统的连接与调整，包括：开箱检查、外部电缆连接、电源连接、设定的确认、输入电流、电压、频率及相序的确认及机床参数的确认等。

4）通电试车。

5）机床精度及功能调试。

6）试运行。

7）组织机床验收工作。

1-35　对新机床数控系统的连接与调整应进行哪些项目？

答：对新机床的数控系统的连接与调整应进行以下各项内容，并注意以下有关问题。

（1）数控系统的开箱检查　对于数控系统，无论是单个购入或是随机床配套购入均应在到货后进行开箱检查。

检查包括：系统本体和与之配套的进给速度控制单元，以及伺服电动机、主轴控制单元和主轴电动机。检查它们的包装是否完整无损，实物和订单是否相符。此外还应检查数控柜内各插接件有无松动，接触是否良好。

（2）外部电缆的连接　外部电缆连接是指数控装置与外部 MDI/CRT 单元、强电柜、机床操作面板、进给伺服电动机动力线与反馈线、主轴电动机动力线与反馈信号线的连接及与手摇脉冲发生器等的连接，并应使这些连接符合随机提供的连接手册的规定。最后还应进行地线连接，地线要采用一点接地型，即辐射式接地法，如图 1-26 所示。

这种接地法要求将数控柜中的信号地、强电

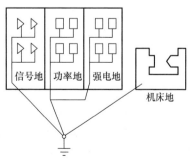

图 1-26　一点接地法示意图

地、机床地等连接到公共接地点上，而且数控柜与强电柜之间应有足够粗的保护接地电缆，如截面积为 $5.5 \sim 14mm^2$ 的接地电缆。而总的公共接地点必须与大地接触良好，一般要求接地电阻小于 $4 \sim 7\Omega$。

（3）数控系统电源线的连接 应先切断控制柜电源开关，再连接数控柜电源变压器原边的输入电缆。还应检查电源变压器与伺服变压器的绕组抽头连接是否正确，尤其是引进的国外数控系统或数控机床更需如此，因为有些国家的电源电压等级与我国不同。

（4）设定的确认 由于数控系统内的印制电路板上有许多用短路棒短路的设定点，则需要对其适当设定以适应各种型号机床的不同要求。一般来说，用户购入的整台数控机床，这项设定已由机床制造厂完成，用户只需要确认即可。但对于单体购入的 CNC 系统，用户则需要自行设定。确认工作应按随机说明书要求进行。一般有三点：

第一，先确认控制部分印制电路板上的设定：确认主板、ROM 板、连接单元，附加轴控制板和旋转变压器或感应同步器控制板上的设定。它们与机床返回基准点的方法、速度反馈用检测元件、检测增益调节及分度精度调节有关。

第二，要确认速度控制单元印制电路板上的设定，无论是直流或交流速度控制单元皆有一些设定点，用于选择检测元件种类、回路增益及各种报警等。

第三，要确认主轴控制单元印制电路板上的设定，上面有用于选择主轴电动机电流极限与主轴转速等的设定点（除数字式交流主轴控制单元上已用数字设定代替短路棒设定，所以只有通电时才能进行设定与确认，其他交、直流主轴控制单元上均有）。

（5）输入电源电压、频率及相序的确认 这方面要按以下三点进行：

第一，检查确认变压器的容量是否能满足控制单元与伺服系统的电耗。

第二，检查电压波动是否在允许范围之内。

第三，对采用晶体管控制元件的速度控制单元与主轴控制单元的供电电流，一定要严格检查相序，否则会使熔丝熔断。

（6）确认直流电源的电压输出端是否对地短路 各种数控系统内部都有直流稳压电源单元，为系统提供所需的 +5V、±15V、+24V 等直流电压。因此，在系统通电前，应检查这些电源的负载是否有对地短路现象，这可以用万用表来确认。

（7）数控柜通电，检查各输出电压 在接通电源之前，为了确保安全，可先将电动机动力线断开，这样在系统工作时不会引起机床运动。同时应根据维修说明书的介绍对速度控制单元做一些必要的设定，不致因断开电动机动力线而造成报警。

接通电源之后，首先检查数控柜中各个风扇是否旋转，借此也可确认电源是否已接通。

检查各印制电路板上的电压是否正常，各种直流电压是否在允许的波动范围之内。一般来说，对 +5V 电源要求较高，波动范围在 ±5%，因为它是供给逻辑电路用的。

（8）确认数控系统各种参数的设定 系统（包括 PLC）参数设定目的是使数控装置与机床连接时，能够使机床处于最佳工作状态具备最好的工作性能。即使数控装置属于同一类型、同一型号，其参数设置也随机床而异。显示参数的方法有多种，但大多数可通过 MDI/CRT 单元上的"PARAM"键来显示已存入系统存储器的参数。机床安装调试完毕时，其参数显示应与随机附带的参数明细表一致。

（9）确认数控系统与机床侧的接口　现代数控机床的数控系统都具有自诊断功能。在 CRT 显示器上可以显示出数控系统与机床可编程序控制器（PLC）时，即反映出从 NC 到 PLC、从 PLC 到机床（MT 侧），以及从 MT 侧到 PLC 侧和从 PLC 侧到 NC 侧的各种信号状态。至于各信号的含义及相互逻辑关系，随每个 PLC 的梯形图而异。用户可根据机床厂提供的顺序程序单（即梯形图）说明书（内含诊断地址表），通过自诊断画面确认数控机床与数控系统之间接口信号是否正确。

（10）纸带阅读机光电放大器的调整　当发现读带信息有错误时，则需要对放大器输出波形进行检查调整。调整时，可用黑色环形 40m 长的纸带试验（其上有孔、无孔交错排列），把开关置位于手动方式，用示波器测量光电放大器印制电路板上的同步孔；设置 "ON" 和 "OFF" 时间比为 6∶4。再用示波器测量 8 个信号孔检测端子上的波形，使其符合要求即可。

1-36　对新购进的数控机床如何进行精度及功能调试？

答： 进行精度及功能调试工作主要有：

1）新购进的数控机床在安装时，首先要对机床主床身的水平度进行精确调整。利用固定床身的地脚螺栓与垫铁找好水平。水平找好后再移动机床床身上的主立柱、溜板、工作台等运动部件，并仔细观察各运动部件在各坐标全行程内的水平状况，且调整到允差范围之内。

2）完成上述工作后，应使机床使用 G28、Y0 或 G30、Y0、Z0 等程序自动移动到刀具交换位置，并以手动方式调整装刀机械手与卸刀机械手相对于机床主轴的位置。此时，可用校对检验棒进行检测。有误差时，就调整机械手行程，或修改换刀位置点的设定值，即改变数控系统内的参数设定。调整好以后，必须紧固各调整螺钉及刀具库的地脚螺栓。这时才可以试装几把刀柄（注意：重量应在允许值范围以内），进行多次从刀库到主轴的往复运动并交换刀具。交换动作必须准确无误，不产生冲击，并保证不会掉刀。

3）对带有 APC 装置的机床应将工作台移动至交换位置，调整好托盘站与工作台的相对位置，使工作台自动交换时平稳、可靠、动作无误、准确到位。再在工作台上加额定负载的 70%～80% 工作物进行重复，并多次交换；当反复试验无误后，再紧固调整螺钉与地脚螺栓。

4）在数控系统与机床联机通电试车时，虽然数控系统已经确认，工作正常无任何报警，但为了预防万一，应在接通电源的同时，做好按压急停按钮的准备，以备随时切断电源。例如：伺服电动机的反馈信号线接反了或断线，均会出现机床 "飞车" 现象，这时就需要立即切断电源，检查接线是否正确。在正常情况下，电动机首先通电的瞬时，可能会有微小转动，但系统的自动漂移补偿功能会使电动机轴立即返回。此后，即使电源再次断开、接通，电动机轴也不会转动。可以通过多次通、断电源或按急停按钮的操作，观察电动机是否转动，从而也确认系统是否有自动漂移补偿功能。

5）在检查机床各轴的运转情况时，应用手动连续进给移动各轴，通过 CRT 或 DPL

（数字显示器）的显示值检查机床部件移动方向是否正确。如方向相反，则应将电动机动力线及检测信号线反接才行。然后检查各轴移动距离是否与移动指令相符；如不符，应检查有关指令、反馈参数及位置控制环增益等参数设定是否正确。

随后，再用手动进给以低速移动各轴，并使它们碰到超程开关，用以检查超程限位是否有效，数控系统是否会在超程时发出报警。

6）最后还应进行一次返回基准点动作。机床的基准点是以后机床进行加工的程序基准位置，新数控机床进行验收时，要对机床的几何精度进行检查，包括：工作台的平面度、各坐标方向移动时工作台的平行度及相互垂直度。

7）必须仔细检测主轴孔的径向圆跳动及主轴的轴向窜动量是否在允差范围内，主轴在 Z 坐标方向移动的直线度及主轴回转轴心线对工作台面的垂直度是否符合要求。

1-37　数控机床开机调试有哪些步骤要求？

答：新购买的数控机床在安装好以后能否正确、安全地开机，调试是很关键的一步。这一步的正确与否在很大程度上决定了这台数控机床能否发挥正常的经济效益及它本身的使用寿命，这对数控机床的用户都是重要的问题。现将在数控机床的开机、调试过程中应注意的步骤要求作为参考。

[案例 1-2] 数控机床开机、调试的宗旨是安全、快速。目的是为了节省开机调试的时间、少走弯路、减少故障，以及防止意外事故的发生；正常地发挥数控机床的经济效益。

具体顺序如下：

1. 通电前的外观检查

（1）机床电器检查　打开机床电控箱，检查继电器、接触器、熔断器、伺服电动机速度控制单元插座、主轴电动机速度控制单元插座等有无松动，如有松动应恢复正常状态；有锁紧机构的接插件一定要锁紧。有转接盒的机床一定要检查转接盒上的插座及接线有无松动；有锁紧机构的一定要锁紧。

（2）CNC 电箱检查　打开 CNC 电箱门，检查各类插座，包括各类接口插座、伺服电动机反馈线插座、主轴脉冲发生器插座、手摇脉冲发生器插座、CRT 插座等，如有松动要重新插好，有锁紧机构的一定要锁紧。

按照说明书检查各个印制电路板上的短路端子的设置情况，一定要符合机床生产厂所设定的状态，确定有误的应重新设置。一般情况下无须重新设置，但用户一定要对短路端子的设置状态做好原始记录。

（3）接线质量检查　检查所有的接线端子。包括：强、弱电部分在装配时机床生产厂自行接线的端子及各电动机电源线的接线端子。每个端子都要用旋具紧固一次，直到用旋具拧不动为止（弹簧垫圈要压平），且各电动机插座一定要拧紧。

（4）电磁阀检查　所有电磁阀都要用手推动数次，以防止长时间不通电造成的动作不良。如发现异常，应做好记录，以备通电后确认修理或更换。

（5）限位开关检查　检查所有限位开关动作的灵活性及固定是否牢固。发现动作不良或固定不牢的应立即处理。

（6）操作面板上按钮及开关检查　检查操作面板上所有按钮、开关、指示灯的接线，发现有误应立即处理。检查 CRT 单元上的插座及连接线。

（7）地线检查　要求有良好的地线。测量机床地线、CNC 装置的地线，接地电阻不能大于 1Ω。

（8）电源相序检查　用相序表检查输入电源的相序。确认输入电源的相序与机床上各处标定的电源相序应绝对一致。

有二次接线的设备，如电源变压器等，必须确认二次接线的相序的一致性，要保证各处相序的绝对正确。

2. 机床总电压的接通

（1）接通机床总电源　检查 CNC 电箱、主轴电动机冷却风扇、机床电器箱冷却风扇的转向是否正确，润滑、液压等处的油标指示及机床照明灯是否正常。各熔断器有无损坏，如有异常应立即停电检修；无异常可以继续进行。

（2）测量强电各部分的电压　特别是供 CNC 及伺服单元用的电源变压器的一次侧、二次侧电压，并做好记录。

（3）观察有无漏油　特别是供转塔转位、卡紧、主轴换档及卡盘卡紧等处的液压缸和电磁阀，如有漏油应立即停电修理或更换。

3. CNC 电箱通电

1）按 CNC 电源通电按钮，接通 CNC 电源。观察 CRT 显示，直到出现正常画面为止。如果出现 ALARM 显示，应该寻找故障并排除，并重新接电检查。

2）打开 CNC 电箱，根据有关资料给出的测试端子的位置测量各次侧电压，有偏差的应调整到给定值，并做好记录。

3）将状态开关置于适当的位置，如 FANUC 系统应放置在 MDI 状态，并选择到参数页面，逐条逐位地核对参数，且这些参数应与随机所带参数表符合。如发现有不一致的参数，应搞清各个参数的意义后再决定是否修改，如齿隙补偿的数值可能与参数表不一致，这可以在进行实际加工后随时修改。

4）将状态选择开关放置在 JOG 位置，将点动速度放在最低档，分别进行各坐标正、反方向的点动操作；同时用手按与点动方向相对应的超程保护开关，验证其保护作用的可靠性。然后，再进行慢速的超程试验，验证超程撞块安装的正确性。

5）将状态开关置于 ZRN（回零）位置，完成回零操作。无特殊说明时，一般数控机床的回零方向是在坐标的正方向，仔细观察回零动作的正确性。有些机床在设计时就规定不首先进行回零操作，而是参考点返回的动作不完成就不能进行其他操作。因此遇此情况时，应首先进行本项操作，然后再进行 4）项操作。

6）将状态开关置于 JOG 位置或 MDI 位置，进行手动变档（变速）试验。验证后将主轴调速开关放在最低位置，进行各档的主轴正、反转试验，观察主轴运转情况和速度显示的正确性；然后再逐渐升速到最高转速，观察主轴运转的稳定性。

7）进行手动导轨润滑试验，使导轨有良好的润滑。

8）逐渐变化快移超调开关和进给倍率开关，随意点动刀架，观察速度变化的正确性。

4. MDI（手动数据输入）试验

1）将机床锁住开关（MACHINE LOCK）放在接通位置，用手动数据输入指令，进行主轴任意变档、变速试验。测量主轴实际转速，并观察主轴速度显示值，调整其误差应限定在 ±5% 之内（此时对主轴调速系统应进行相应的调整）。

2）进行转塔或刀座的选刀试验。

输入指令按：

T0100 INPUT START

T0300 INPUT START

T0900 INPUT START

进行其目的是检查刀座或正转、反转和定位精度的正确性。

3）功能试验。用手动方式输入数据指令 G01、G02、G03，并指令适当的主轴转速、F 码、移动尺寸等；同时调整进给倍率开关（FEED OVERRIDE），观察功能执行情况及进给率变化情况。

4）给定螺纹切削指令 G32，而不给主轴转速指令，观察执行情况。如不能执行则为正确，因为螺纹切削要靠主轴脉冲发生器的同步脉冲。然后增加主轴转动指令，观察螺纹切削的执行情况。（除车床外，其他机床不进行该项试验。）

5）根据订货的情况不同，循环功能也不同，可根据具体情况对各个循环功能进行试验。为防止意外情况发生，最好先将机床锁住进行试验，然后再放开机床进行试验。

5. EDIT（编辑）功能试验

将状态选择开关置于 EDIT 位置，自行编制一简单程序，尽可能多地包括各种功能指令和辅助功能指令。其中移动尺寸以机床最大行程为限，同时进行程序的增加、删除和修改。

6. 自动（AUTO）状态试验

将机床锁住，用（5）编制的程序进行空运转试验，验证程序的正确性。然后放开机床分别将进给倍率开关、快移超调开关、主轴速度超调开关进行多种变化，使机床在上述各开关的多种变化的情况下进行充分运行后，再将各超调开关置于 100% 处；机床充分运行时，还应观察整机的工作情况是否正常。

7. 外围设备试验

1）用 PPR 或 FACIT4070 将参数和程序穿制成纸带，参数纸带要妥善保存，以备后用。

2）将程序纸带用光电读入机送入 CNC，确认后再用程序运行一次。验证光电读入机工作的正确性。

至此，一台数控机床才算开机调试完毕。

1-38 什么是计算机辅助制造（CAM）？其要求、结构与特点是什么？

答：计算机辅助制造是把计算机引入到生产过程的各个阶段，人机结合，实施监视、控制和管理，以提高生产效率，确保产品质量，进一步提高生产过程的自动化的水平。

根据机械加工的特点，计算机辅助制造系统应具有如下特性：

（1）适应性　或者叫柔性，即系统能适应较大范围内加工对象品种的变化。

（2）灵活性　系统在结构上具有灵活性，可以由小到大逐步的发展，且在发展过程中尽量节省一次性的大规模投资。

（3）可靠性　尤其对于复杂的大系统，可靠性要求高。

（4）高效率　CAM在管理和控制中的一系列特点使它具有很高的生产率，这也是体现CAM优点的要点。提高效率的主要目标是减少零件在车间的停留时间和上机等待时间。

（5）经济效益　在短期内CAM系统的经济性也许反映不出来，但随着生产的延续就会显现。

CAM的结构适合采用分级结构，这样可以把一个庞大而复杂的任务分解，成为了一个个较小的问题，并逐步解决。

图1-27是一个分级结构的CAM系统，图中计算机分两级。下面一级称基础级，由微型、小型计算机构成的控制装置、顺序控制器及数控装置等组成。它们一般结构简单，只带有较少的适合操作工人使用的外围设备，如光电输入机、专用键盘、磁盒等，并安置在现场，主要用来控制各种生产机械执行切削加工、零件传送、装配和检验等工作。上面一级计算机可称为上级机或协调机，通常采用小型或中型计算机构成，备有比较完善的外部设备，如控制台打字机、快速打印机、CRT图形设备、磁盘等，并安置在专设的机房内使用，主要执行工程计算、数控程序制备、最优化调度等工作。

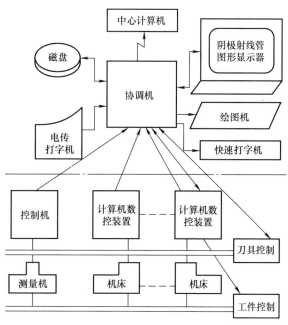

图1-27　计算机分级结构示意图

由于工作分散到基层较小型的计算机中，各计算机之间既有相对的独立性又互相联系。因此分级结构方式与过去的把大量工作集中到一台计算机的集中控制相比，具有更大的灵活性和可靠性。在CAM的研制过程中，可以在条件成熟的地方，使用小型或微型计算机实现对一二个对象的控制；从中总结经验，逐步丰富和扩充；打好基础后，再向上级机发展，像搭积木一样来建造CAM系统。

当一台计算机出故障时，只有和该机有关的一部分任务受到影响，不会造成全面停工。而且，当构成系统的时候，我们可以设计软件使各计算机之间互相监视和支持。例如：一台控制机出现故障，协调机或相邻的计算机可以立刻检测出这个故障，并应急地把故障机的工作暂时接替下来；虽然控制能力有所降低，但不致造成生产中断。待到故障修理好后再恢复运行，这样系统的可靠性可进一步提高。

如果几个这样的两级系统组合起来，其上再用中心计算机（大型或中型机）加以集中管理，就构成三级结构的 CAM 系统。它同金字塔一样，越到下面越大，包含的硬件越多，研制起来相对要容易一些。越往上则信息的存储量和运算量越大，所需的软件也越丰富、复杂，研制难度也越大。

[案例 1-3]　图 1-28 是某企业的 CAM 系统分级结构的各部分内容。最顶层是全系统的中心管理部分，以中心计算机管理全厂的生产计划和经营管理。以下按生产过程划分三项主要任务：生产的管理和控制、工程分析与设计、财政管理等。它们所包括的各项工作，有的可用终端设备直接利用中心计算机执行，如财务计划等；有些则另设中型或小型机协调执行。底层是基础级，其工作也有类似情况，有些如加工计划或数控程序制备等可在上级机中作为一项独立任务执行；有些则另设小型机或微型机控制装置来执行。

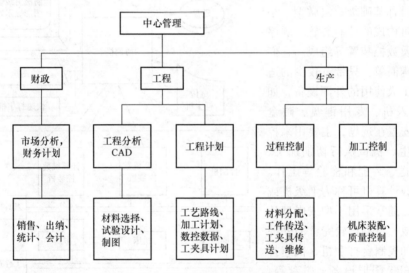

图 1-28　CAM 系统分级结构的内容

（1）CAM 系统的类型

1）工程计划，制订工艺路线和加工计划，制备数控程序和夹具等。

2）加工控制，控制机械对零件进行加工、装配或检验。

3）过程控制，材料、零件和工夹具的调度和传送，设备维修；加工过程的协调和最优化。

（2）CAM 开发方向　目前，CAM 系统一般都根据工厂或车间的实际情况与 CAD 结合起来，从以下两个方向进行开发：

1）用于管理的 CAM 系统。

2）机械加工中的 CAM。

用计算机控制机械对零件进行加工是 CAM 的基础，并向管理和自动编制程序等方向扩充机能。在机械加工的生产方式方面，大批量的继续采用自动生产线，而中小批量的则主要借助于各种数控机床。

（3）CAM 系统机能　普通的数控机床不能适应在 CAM 系统中使用，在 CAM 系统中的数控系统应具备如下的机能：

1）能与上级机交换信息，构成分级结构系统，以便实施管理和控制。

2）具有监控机能，适于自动工作或无人操作。

3）具有通用性，而且可靠性要求比通常的数控装置高。

（4）CAM 系统机加工　其使用的数控装置一般都是用微型或小型计算机构成的装置，其主要形式有三种：

1）CNC 如前所述，其具有功能丰富、通用性强、结构灵活等许多优点。在指令相容的情况下，它可以方便地和上级机交换信号；可以用软件对故障实施自动诊断，迅速查找故障；可根据需要设计辅助软件以扩充机能等。这些特点使 CNC 装置在 CAM 系统中得到广泛使用。

CNC 装置控制的机床有两类：一类是分立数控机床，如钻床、铣床、车床、自动换刀镗铣床（加工中心）等，它们已在生产中广泛使用；另一类是近来正在研制的数控自动加工站。这种加工站可使一个零件的全部加工过程自动化，完成多工序、多工位的加工，而且其结构具有柔性，可适应较多品种的加工对象。

2）群控系统也是计算机控制机械加工的一种形式。CAM 概念下的群控系统具有更广泛的含义，群控在结构上具有分级结构的形式，基础级是各种 CNC 数控机床或自动加工站。群控系统本身可以在一台独用的计算机控制下工作，也可以在一台同时管几条群控线的中心计算机的控制下工作。

群控的高级形式是多站加工系统（multistation manufacturing system），又称柔性制造系统（flexible manufacture system）。系统把 CNC、装卸和传送设备、工件、刀具和软件系统联合起来，全部置于中心计算机控制下，以实现加工过程的最优化，把加工站的短准备时间、低操作费用，适应各种加工指令的通用性和长的使用寿命融为一体。

这种系统通常根据“零件成组工艺”的概念设计。将相似并且同一特征的零件组成一组，使用同一类的计划和加工指令。

这种系统由 10 个加工站构成：3 个测量机、5 个加工中心、2 台磨床。全部用传送线联系。使用空气轴承和直线电动机推进的料斗。系统至 1976 年止已使用了 3 年，它生产 12～15 种铣床上的大型零件。系统的主要技术指标是：4～8h 的零件运行时间（从进入系统到加工完离开系统）；每个零件有 70% 的上机时间（在通常情况下只有 5%）；机械应用指数达 85%（指上机后切削时间，通常批量生产只有 30%，用传送线时可达 60%），生产率因而提高 300%。这个系统每 20～40h，按当时情况校验一次，按月制订的最优生产计划。

3）适应控制可以检测过程信息，使机床自动在优化的条件下工作。因此对于自动化或无人化的 CAM 系统，发展适应控制机床是必需的，而且计算机的存在已为适应控制提供了条件。

1-39　什么是成组技术（group technology）？它在实现计算机控制机械加工中起什么作用？

答：成组技术是使机械加工实现计算机控制的基本技术之一。它根据零件的特征或其他指标，用典型化的图解方法描述零件。描述的形式便于在计算机的数据库中存放，而同类零件具有相同的加工性，可以在 CAD/CAM 系统中进行类似的处理。成组技术的定义是"一个适用于各种制造部门的组织原则，它建立在使用分类系统对特定零件和部件进行系统分类的基础上。组合到一类中的所有零部从属于共同的计划和加工，特别在中小批量生产的情况下，可获得高的生产率"。因为只有用成组技术把机械零件数字化，用编码方法将零件分类，CAD/CAM 才有一个共同的基础，根据成组技术对各种零件进行分类的系统称零件分类系统。分类可根据零件的几何形状、加工流程或者其他的"共性"来进行。用几何图形的分类系统基于这样的设想：所有的机械零件都由各种基本图形如圆柱体、环、锥体、立方体等构成。基本图形进一步扩展成圆槽、键槽、螺纹等零件单元。进而由各种零件单元按不同的组合方式构成零件族。同一零件族在设计、加工和制订生产计划时有相似的规律。有了零件分类系统，可以使计算机集成生产系统的各阶段工作统一到一个规则上来，简化和加速零件的设计、加工步骤，并实现标准化。完全消除图样的作用，使处理过程全部在计算机中进行。

1）目前，世界上已发展了几十种分类和编码系统，各有其特色。这里简单介绍一种由美国 CAM – Ⅰ公司研制的自动程序设计系统（CAM – Ⅰ automated process planning system，CAPP）的编码。它已被洛克希德公司采用，主要对象为各类飞机零件。这个系统的零件代码由 9 位十进制数组成，开头 5 位描写产品加工形状的特征，后面 4 位（辅助代码）表示生产情报。

现以第一位代码为例，说明它的编码方式。如图 1-29 所示，第一位代码根据特定的定义和尺寸比，按零件的大致形状分为三种：①无偏心轴类零件；②有偏心轴类零件；③非轴类零件。前两种零件中，根据长度 L 和直径 D 的比值（L/D）分成五类，分别用数字 0~4 表示；第三种零件则根据长 A（最长边尺寸）、宽 B、高 C（最短边尺寸）的比值区分为三类，分别用数字 6~8 表示。此外，数字 5 和 9 根据企业的需要用来表示特殊产品。

2）零件的编码是一种非常细致的工作，要做大量的调查研究和比较。以图 1-30a 所示的零件（图中尺寸单位为英寸，采用上下限精度标示法）为例，其编码为 101000115。各位代码的含义如图 1-30b 所示。

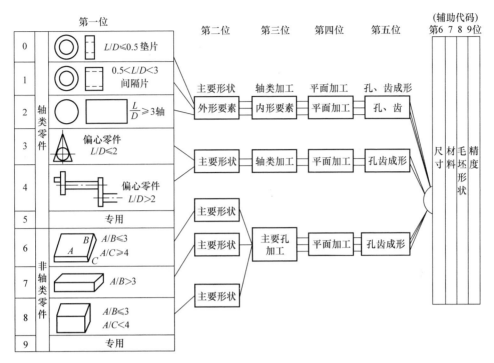

图 1-29 CAPP 分类法示意图

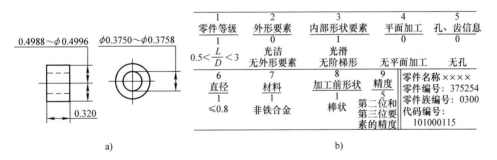

a)

b)

图 1-30 零件编码举例
a) 零件标注 b) 各位代码的含义

第2章 数控机床的机械结构

2-1 为什么传统机床的机械结构不能满足数控机床的要求？

答： 一般数控机床是由床身、导轨、工作台、刀架与主轴箱组成。它们运行后所产生的定位误差与几何偏差均取决于它们的结构刚度。而且在加工中，这些误差不可能进行人为干预、调整或给予补偿。因此，必须把切削力和移动载荷所引起的弹性变形控制在最小限度之内，以保证所要求的加工精度与表面质量。当设计机床各主要构件时，应根据各个受力构件作用力的大小来确定相应的结构与构件尺寸。

为了提高数控机床主轴的刚度，不但常采用三支承结构，而且还选用刚性好的双列短圆柱滚子轴承和向心推力轴承，以减小主轴径向及轴向变形。

加强床身、立柱等主构件肋板结构，尤其对于大型机床的大件刚度有明显影响，一般立柱在增加十字形肋板后使扭转刚度提高约 10 倍。

同时，应该指出数控机床由于在基本功能和性能上与传统机床相比，有了很大的提高和增加，且简化了某些传统的机械结构。因此在结构上不可能不改进，以适合新的要求，如在自动化程度上、大功率与高精度上、高切削速度与工艺复合化上，在功能集成与机床可靠性上都与传统机床有很大不同。因此，数控机床随着数控系统的发展，机械结构也在日新月异地改进和变化。

2-2 数控机床在机械结构方面有哪些主要特点与要求？

答： 数控机床机械结构的主要特点与要求有以下六个方面。

（1）具有较传统机床高得多的刚度与良好的抗振性能 一般在同样频率的条件下，静刚度越大，动刚度也越大，两者成正比关系；而阻尼越大，则动刚度也越大。

因此，提高机床结构动刚度的措施，应从提高机床系统的综合刚度入手。机床系统的综合刚度由机床各零部件的刚度综合而成。在同一载荷下，由于载荷对各零部件的作用点的方向不同，变形比例也有差别。如表 2-1 以龙门铣床为例，列出了主要大件的变形比例 ε。

表 2-1 龙门铣床主要大件的变形比例 ε （%）

大件名称		变形比例 ε	
		X 向	Z 向
主轴及主轴箱系统	主轴	17 ~ 10	15 ~ 12
	主轴套筒	21 ~ 13	55 ~ 34
	主轴箱	13 ~ 8	12 ~ 7
横梁系统		32 ~ 22	3 ~ 2
框架系统		17 ~ 47	15 ~ 45

注：试验机床规格：工作台宽度 4500mm，横梁高度为 1m（约是最大高度的 10%）时，取变形比例数小值；横梁高度为 4m（约是最大高度的 90%）时，取变形比例数的大值。

上述机床刚度的基本理论同样适用于数控机床。典型机床的受力与变形分析、动刚度的动态特性分析，以及为提高机床静刚度和动刚度所采取的措施原则也同样适用于同类的数控机床。但为满足数控机床高速度、高精度、高生产率、高可靠性和高自动化程度的要求，与普通机床相比，数控机床应有更高的静、动刚度，以及更好的抗振性。

通常，采取以下措施来提高数控机床的刚度：

1）提高静刚度与固有频率。

2）改进机床结构的阻尼特性。

3）采用新材料与新型结构。

在机床刚度中，传动部件的刚度对机床工作性能有重要影响。传动部件刚度不足，将因摩擦自振引发运动部件的爬行或传动件的抖动现象；以及在工作台、主轴箱或刀盘刀架做微量进给时，将降低微量进给的灵敏度。

（2）减少机床热变形的影响　可以从机床布局与结构设计方面改进，使之更趋向合理，如热对称结构、倾斜床身结构、斜滑板结构、热平衡措施、控制温升、热位移补偿、强制冷却等。

（3）机床传动系统的机械结构大为简化　原因是数控机床的主轴驱动与进给驱动系统大多采用了交直流主轴电动机和伺服电动机驱动。

（4）应用了高效率与无间隙的传动装置与元件　由于采取这些装置和元件能使数控机床在高进给速度下工作平稳，并可获得高的定位精度，而这些装置必须符合高寿命、高刚度、高灵敏度、无间隙、低摩擦阻力的要求。目前常采用的传动装置有滚珠丝杠、静压蜗杆、螺母条和预载荷双齿轮、齿条。

（5）低摩擦因数导轨　因机床的导轨是数控机床机械结构中的关键部件之一，机床的可靠性、高精度与寿命长短皆取决于导轨的质量，对数控机床更是如此。目前在数控机床上多采用滚动导轨、塑料滑动导轨、静压导轨等。

（6）开拓与实现工艺复合化与功能集成化的新颖机床结构　尤其在典型工艺复合化的加工中心上，由于功能的集成化程度高，更应采取新颖结构，如在刀具自动交换装置上采用机械手结构；工作台的鼠牙盘结构；多坐标联动中采取的双导程精密蜗杆副任意分度机构、主轴箱的摆动机构及进给机构；立卧两用加工中心的主轴箱翻转90°机构；车削数控中心用的车铣横向进给机构及涉及机床"革命"性变化多连杆互动支承加工（数控）机构等。

2-3　数控机床比传统机床有哪些更高的性能与刚度要求？

答： 由于数控机床比传统的普通机床在功能与性能上均提高了许多，如有些国家规定数控机床的刚度系数要比普通机床高出50%以上，而且对传动链的缩短使某些传统机械结构发生重大变化，其中主要有以下方面：

（1）大功率与高精度　由于数控机床必须将粗、精加工集于一身，既能保证高生产率进行大的吃刀量与大进给量，又能够进行粗加工、半精加工和精加工，同时还要求把成批加工出来的零件的误差分布即散布误差控制在一定范围内。

图2-1为德国Traub公司数控机床的考核生产率的试件。用$\phi100mm$的毛坯切成。

主电动机功率较过去提高 50% ~ 100%。而主要部件和基础件的精度也较相同规格的普通机床高，有些项目要求达到同类级精密机床的要求。如日本 MITSUI SEIKI 生产的 VS5 型立式加工中心，主轴电动机功率高达 11kW，最高转速达 4500r/min，主轴最大转矩达 60.5N·m。加工 45 钢每分钟切削量达 450cm³，机床定位精度高达 ±0.005mm/全行程，重复定位精度 ±0.002mm。

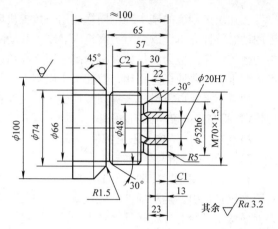

图 2-1　Traub 公司数控机床试件

（2）高速度　刀具材料技术的发展为数控机床向高速化发展创造了条件。高速化的趋势在中、小型数控机床上尤为明显。现在加工中心和数控机床的主轴转速和进给速度已远高于同规格的普通铣床、镗床和普通机床。数控机床主轴最高转速比同类同规格的普通机床高 1 倍以上，进给速度也比普通机床要高。特别是快速移动速度，普通机床一般为 2 ~ 4m/min，而在数控机床上 10 ~ 15m/min 已是很普遍的了。为满足轻金属小型零件加工的要求，中、小型数控机床的主轴转速和进给速度还在向更高的速度发展。

（3）工艺复合化　"工艺复合化"简单地说，就是"一次装夹多工序加工"。在这方面，最典型的机床是加工中心和车削中心。在加工中心上，工件一次装夹后，能完成铣、镗、钻、攻螺纹等多道工序的加工，而且能加工在工件的一面、两面或四面上的所有工序。五面加工中心还可加工除安装基面的底面外的其他各面。切削中心（turning center）除能加工以主轴中心为基准的外圆、内孔和端面外，还能在外圆和端面上进行铣削、钻孔、攻螺纹和曲面加工等。

（4）功能集成化　加工中心上的 ATC 和 APC 已是这类机床的基本的或常见的装置。随着数控机床向柔性化和无人化发展，功能集成化的水平更高地体现在工件自动定位、机内对刀、刀具破损监控、机床与工件精度检测和补偿等功能上。

（5）可靠性　由于数控机床应能在高负荷下长时间无故障地连续工作，因而对机床元部件和控制系统的可靠性提出了很高的要求。故可靠性对于用数控机床组成的 FMC 和 FMS 尤其显得重要。

2-4　在数控机床中应采取哪些特殊结构从而提高抗振能力？

答：为了提高数控机床的抗振能力，通常应采用以下一些特殊结构：

（1）改变机床结构阻尼特性的特殊结构

1）大件中充填泥芯和混凝土等阻尼材料，在振动时利用摩擦来消耗振动能量。

2）在大件表面采用阻尼涂层，即表面涂以具有较高内阻尼和有较高弹性的滞留弹性材料（如沥青基制成的胶泥减振剂、高分子聚合物和油漆腻子等）。涂层厚度越大，阻尼越大。这种方法常用于钢板焊接的大件结构。

（2）低摩擦因数导轨 常用塑料滑动导轨，即采用铸铁—塑料或镶钢—塑料滑动导轨。

1）聚四氟乙烯导轨软带，即以聚四氟乙烯为基体，加入青铅粉、二硫化碳和石墨等填充混合烧结，且做成带状。这种导轨称之为贴塑导轨，其摩擦性、耐磨性、减振性及工艺性好。广泛用在中小型数控机床的运动导轨上，进给速度为 15m/min 以下。

2）环氧型耐磨涂层，它是以环氧树脂和二硫化碳为基体，加入增塑剂、混合成膏状，还有固化剂等配成。

将导轨涂层面构成粗糙表面，以保证有良好的黏附力。与塑料导轨推配的金属导轨面用溶剂清洗后，涂上一层薄薄的硅油，或者专用的脱模剂。按配方加入固化剂，调好后涂在导轨面上；然后把相应的金属轨面放上，并把形成油腔的模板也放上，固化 24h，即可将两导轨分离，涂层硬化两三天后就可以进行一步加工。这种导轨称之为涂塑导轨或注塑导轨。

（3）特殊结构的传动带 数控机床中常用的传动带为多楔带与齿形带。这些特殊结构的传动带可以保证定位准确。

1）多楔带也称为复合 V 带，其楔角为 40°，负载主要靠强力层传递。这层中有多根钢丝绳或涤纶绳，具有伸长率小和较大的抗拉强度及抗弯疲劳强度。这种带的基底及缓冲楔部分采用橡胶或聚氨酯，并综合了 V 带和平带的优点，它运转时振动小、发热少、运动平稳及重量轻，因此在 40m/s 的线速度下使用。此外，多楔带与带轮接触好，负载分配均匀，即使瞬时过载也不会打滑，且传递功率比 V 带大 20%～30%，因此能够满足加工中心主轴传动的要求。另外，它在高速大转矩下也不会打滑。但由于楔形带安装时需要较大的张紧力，因此会使主轴和电动机承受较大的经向负载。

多楔带常见的三种规格：J 形齿距为 2.4mm、L 形齿距为 4.8mm 及 M 形齿距为 9.5mm。

2）齿形带，又称为同步齿形带。按齿形不同又可分为梯形同步齿形带和圆弧同步齿形带（图 2-2），其结构与材质与楔形带相同，但齿面上覆盖了一层尼龙帆布，用以减少传动齿与带轮的啮合摩擦。

梯形同步齿形带在传递功率时，由于应力集中在齿根部位，使功率传递能力下降。同时，由于与带轮是圆弧形接触，当带轮直径较小时，因齿变形影响了与带轮的啮合；不但受力情况不好，而且速度很高时还会产生较大的噪声与振动。这对主传动来说是不利的。因此，在加工中心的主传动中很少采用，一般仅在转速不高的运动或小功率的动力传动中使用。

圆弧同步齿形带克服了梯形同步齿形带的缺点，均化了应力，改善了啮合。因此在加工中心中，无论是主传动还是伺服进给传动，当需要用传动带传动时，总是会先考虑采用圆弧同步齿形带。

同步齿形带传动还兼有带传动与链传动的优点：不打滑，不需要较大张紧力，可减少或消除轴的静态径向力；传动效率高达 98%～99.5%；可用于 60～80m/s 的高速传动。但是在高速使用时，由于带轮必须设置轮缘，因此要考虑轮齿的排气，以免产生异

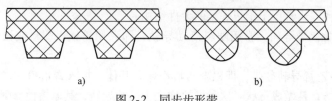

图 2-2　同步齿形带
a）梯形同步齿形带　b）圆弧同步齿形带

常响声。

　　同步齿形带的规格是以相邻两齿的节距来表示（与齿轮的模数相似），主轴功率为 3～10kW 的加工中心多用节距为 5mm 或 8mm 的圆弧同步齿形带，型号为 3M 或 8M。

　　（4）弹性联轴器　它具有较好的阻尼减振特点，可以吸收部分振动能量，减少通过振点的振幅，降低轴段扭振应力。

2-5　为什么近年来用新材料与焊接结构取代铸铁和铸造结构来制造机床的主要部件？

答：具体体现在：

　　1）在新材料方面，近年来采用聚合物混凝土（如丙烯酸树脂混凝土、树脂混凝土等）取代过去常用的铸铁材料取得了机床大件抗振与提高其刚性的良好效果，尤其对精密机床（如磨床、精密机床）更为适用。

　　2）在结构方面，有采取钢板焊接件代替铸件的趋势，并开始从用于单件、小批生产的重型和超重型机床上，逐步发展到有一定批量的中型机床应用。究其原因，除环境保护、劳动力缺乏等因素外，主要是焊接技术（包括板料切割及其装备）有了深入的发展，抗振措施已十分有效；而轧钢技术的发展，又提供了多种型钢。此外，焊接结构有其突出的优点，主要是制造周期短，省去了制作木模和铸造工序，不易出废品；焊接件在设计上自由度大，便于产品更新、扩大规格和改进结构；焊接件已可以达到与铸件相同甚至更好的结构特性。

　　3）机床厂通过用有限元法计算了数控机床的焊接床身和铸造床身的刚度，并在同样的试验条件下做了对比，结果见表 2-2。

表 2-2　焊接床身与铸造床身刚度对比　　　　　　　　　（单位：N/μm）

床身结构	P_y/Y	P_x/X
焊接床身	3156	1891
铸造床身	1881	1372

　　从计算结果看，焊接床身的刚度高于铸造床身。这是因为两种床身的隔板和加强肋布置不同，钢板焊接结构容易采用最有利于提高刚度的隔板和加强肋布置形式，能充分发挥壁板和加强肋的承载及抵抗变形的作用。另外，焊接床身采用钢板，其弹性模量 E 为 2×10^5 MPa，而铸铁的弹性模量 E 仅为 1.2×10^5 MPa，两者几乎相差 1 倍。因此，采用钢板焊接床身有利于增大固有频率。

2-6　数控机床在机械结构设计中对刚度与抗振性能规范要求是什么?

答:数控机床的高刚度和高抗振性只是相对于普通机床而言,且各国通过切削试验和采用测定机床动柔度(动刚度的倒数)的频率响应来鉴定机床动态特性方面已做了大量试验探索工作。

我国机床行业制定了《金属切削机床样机性能试验规范总则》,其中规定了静刚度试验、抗振性切削试验和激振试验的检测项目。

刚度试验用以分析各部件刚度对机床综合刚度的影响,分析各部件的结构刚度(变形形态)及其制造、装配质量,发现机床结构薄弱环节并了解机床中是否存在某些重量和刚度过高的构件,以合理改善结构。抗振性切削试验常用"无颤振切削宽度"(极限切削宽度)的大小来评价抗振性,这种方法也常在生产厂验收机床时采用。用激振试验通过快速傅里叶分析仪(FFT)处理得出机床各阶模态参数——固有频率、阻尼比和振型,并在荧光屏上以动态的形式显示出振型来。用这种测量频率特性的方法鉴定机床,能具体地测定出动态薄弱环节,同时为改进刚度与抗振性等特性提供了依据。

2-7　对数控机床的构件合理布局与截面尺寸应如何设计?

答:合理设计和考虑对数控机床构件的布局与截面尺寸,对提高结构刚度有十分重要的作用。如床身与立柱等大型构件内腔肋板结构布局、热源对称布局、自动补偿布局等。

对数控切削中心床身的合理布局,是针对机床在各种不同的工作条件下的薄弱环节去改善结构而进行的。这样可有效地减少床身所承受的弯曲载荷和转矩负载。加大主轴的支承轴径,尽量缩短主轴端部的受力悬伸段,可以减少主轴的弯矩,有利于提高主轴的刚度。再如车床的倾斜床身所承受的转矩,在截面尺寸不变的情况下只相当于一般不倾斜床身的三分之一。这样就提高了床身刚度。

主轴箱在框式主柱上的布局若采用嵌入式结构,则整机刚度远比传统式的侧挂箱体布局为高。

床身和立柱内腔的加强肋布局与截面尺寸设计对床身和立柱刚度提高很有效。如日本三井精机 HS 和 HR 系列精密强力切削数控加工中心的床身结构,由两条 V 形斜加强肋支承导轨布局,并在截面尺寸上精确计算,使机床具有良好的动、静刚度。

有些数控机床在立柱构件的加强肋布局设计上,采取斜方层壁结构(如 XK-716 型立式加工中的立柱)和对交线交叉斜加强肋布局,有效地提高了立柱构件的抗扭与抗弯强度。

铣、镗类数控机床常在设计中采用设置卸荷装置来平衡载荷以补偿有关零部件的静力变形,尤其在主轴箱或滑枕上用重锤或液压缸来平衡。一般重型机床横梁和滑枕的平衡与卸荷装置,也可用在数控机床上。

数据机床构件在布局及尺寸设计计算中,必须要考虑采用其他措施时的综合影响,如加强肋布局与混凝土填充,或焊接板布局设计与增加大型构件阻尼措施的相互综合效果。

2-8　为什么机床的热特性是影响机床加工精度与稳定性的重要因素之一？

答：由于在金属切削加工过程中，机床主轴的高转速与快速进给大切削量导致产生炽热切屑，形成机床—刀具—工件整个工艺系统的热传导与热变形，所以它成为影响机床加工精度与机床结构稳定性的重要因素，必须给予高度重视。

在热传导过程中存在着机床热源与机床各部分构件之间的温差，其中热源有切屑，运转时的电动机、液压系统、气动系统、传动链各环节的摩擦热量，以及机床外部的辐射热等。另外，机床构件的材料不一样、尺寸不同，这也构成温差变形的重要因素之一。

图 2-3 中的实线表示机床静态（即冷态）时的刀具与工件的相对位置，当机床开机工作一段时间后，主轴箱内传动件所产生的热量使立柱向上伸长而变形，产生了 ΔY_1；在液压泵及其他传动元件发热的影响下，床身沿纵向产生中间凸起变形，由于机床床身纵向伸长使支承丝杠的轴承向左移动，又产生偏差 ΔX_1；除此之外，由于电动机产生的不均匀热量使立柱倾斜造成 ΔY_2。综合这一系列的变形，致使元件上被加工孔的位置精度与轴线垂直度均受到影响。

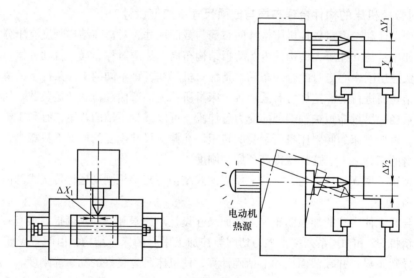

图 2-3　热传导温差致使机床变形示意图

2-9　采取什么措施可减少机床的热变形？

答：通常采取以下措施：

（1）减少发热源及发热量　机床内部发热是产生热变形的主要热源，应当尽可能地将热源从主机中分离出去。目前大多数数控机床的电动机、变速箱、液压装置及油箱等都已外置。对无法外置的热源，如主轴轴承、丝杠副、高速运动导轨副等，则尽力改善其摩擦特性与润滑条件，以减少内部发热量。

主轴部件是直接影响加工精度的关键部件，而主轴上的轴承通常又是一个很大的内部热源。因此，在数控机床上除了采用精密滚动轴承并对其进行油雾润滑外，还可采用静压轴承；主轴轴承外增冷却套，通过循环油冷或水冷对主轴进行强制冷却等。这些措施皆可有利于温升的降低。此外，在数控机床的主轴箱内应尽可能避免采用摩擦离合器等发热元件；若必须用则要分级搭接，使主轴分段降速，以减少发热量。

数据机床大切削量加工产生的切屑也是一个不可忽视的热源，故应有良好的排屑装置，以便尽快带走热量。同时，在工作台或导轨上装设隔热板，使热量隔离在机床床身之外。切削液冷却了刀具与工件之后带走的热量也会随液体散落在机床各处，产生局部升温。因此，排液装置也应在结构设计中力求尽快排出。同时严格控制切削液的温升。

液压系统中的油池也是数控机床上一大热源，因此除移走油池之外，还应仔细调节液压泵的供油量，所以对需要经常变化供油量的液压系统，应尽量采用变量泵。另外，可对液压油增加冷却风扇或外置油冷专用装置对液压油进行循环冷却。

（2）控制温升 在采取一系列减少热源的措施之后，热变形的情况将有所改善，但想完全消除机床内外热源是不可能的。因此，必须通过良好的散热与冷却来控制温升，以减少热源的影响。其中有效的方法是在机床发热部位进行强制冷却。尤其对于多坐标轴的数控机床，由于它在几个方向上都要求有较高的精度，难以用补偿的方法去减少热变形的影响。这时，利用冷冻机对润滑液进行强制冷却可收到良好效果。但冷冻机的冷却能力必须适当选择，否则会造成负影响。此外，还可以采取热平衡的措施，如对低温区加热，使机床各点温度均匀、趋向一致，减少翘曲变形。一般在数控机床正式加工前先开机预热，若设置有加热器，则可减少预热时间，这有利于提高生产率。

（3）改善机床结构 如果在相同发热条件下，则机床的结构将成为抗热变形的主要因素。如采用对称设计原则的数控机床，抗热变形会取得良好效果。因此，过去数控机床采取的单立柱结构设计可能会被双立柱结构取代。因为双立柱结构受热后主轴线除产生垂直方向平移外，其他方向变形很小，而垂直方向的轴线位移可采用一个坐标的修正量进行补偿。

对数控机床主轴箱，应在结构设计时力求主轴的热变形发生在刀具切入的垂直方向上（图2-4），这样就使主轴热变形对加工直径的影响降低到最低程度。

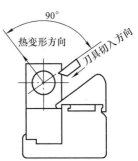

图 2-4 减少热变形影响图

数控机床中的丝杠是在预加载荷大、转速高且散热条件差的情况下工作的，最易产生发热。而受热后的丝杠伸长会造成严重后果，尤其在开环系统中，会使数控机床丧失定位精度。有些机床用预拉伸的办法去抵消丝杠伸长的影响。如在加工丝杠时，使螺距值略小于名义值，机床装配时对丝杠预拉伸，使螺距达到预定名义值。当丝杠受热，丝杠中的拉应力补偿了热应力，既减少了丝杠的伸长量，又增加了丝杠的刚度。

对于以上措施仍达不到消除热变形影响的机床，可通过测量结果，由数控系统发出补偿脉冲加以修正。如在主轴箱上测量出主轴轴承前端的热位移，由 CNC 装置进行补偿。

（4）采用热变形调节元件　在数控转塔车床刀架上装置如图 2-5 所示的特殊热调节元件，可从补偿前后的热变形量显著减少而得到补偿。工作原理是采用热膨胀系数很小的铟钢制成热调节液压缸套筒，它与刀杆组成整体，一端固定连接，另一端可相对移动；当发热主轴偏移时，变速箱中润滑油也被加热流进液压缸使刀杆受热伸长，则沿主轴变形反方向自动进行补偿。

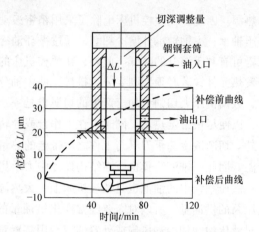

图 2-5　数控转塔车床刀架上的特殊热调元件补偿热变形曲线图

2-10　在减少运动件摩擦与消除传动间隙方面，对数控机床的机械结构应采取哪些措施？

答：数控机床的运动精度与定位精度不仅受到机床零部件的加工精度、装配精度、刚度与热变形的影响，而且还与运动件的摩擦特性有密切关系。

1）数控机床工作台（或溜板）的位移量是以脉冲当量作为其最小单位，通常要求其不但能高速运动而且还经常能低速运动。为了使工作台等大惯量构件对数控系统的指令做出准确响应，就必须采取相应的措施。

目前使用的滑动导轨、滚动导轨与静压导轨在摩擦特性方面存在着明显的差别。它们的摩擦力和运动速度关系如图 2-6 所示。对一般滑动导轨，若启动时作用力克服不了较大的摩擦力，此时大惯量的工作台等构件就不能立即做出响应，作用力只能使传动链各环节的一系列零部件（如电动机、齿轮、丝杠及螺母等）产生变形并贮存了能量。当作用力超过静摩擦力时，弹性变形恢复，使工作台突然向前运动。这时由静摩擦力变为动摩擦力，其数值就明显减小，

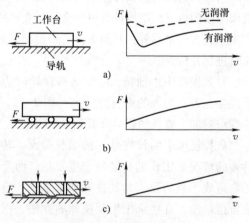

图 2-6　摩擦力与运动速度关系图

使工作台产生加速运动。由于工作台的惯性，使它冲过了平衡点而使工作台偏离了给定的位置。由图 2-6b、c 可见，由于滚动导轨和静压导轨的静摩擦力较小，而且很接近于动摩擦力，还由于润滑油的作用，使它们的摩擦力随着速度的提高而增大，这就有效地避免了低速爬行，从而提高了定位精度和运动平稳性。因此数控机床普遍采用滚动导轨

和静压导轨。

2）滚动导轨块是近二十年来发展起来的新型支承元件。由标准导轨块构成的滚动导轨具有效率高、灵敏性好、寿命长、润滑简单及装拆方便等优点，因此广泛应用于数控机床及其他机械。图 2-7 是在数控机床上应用滚动导轨块的实例。它的圆柱形的滚动体在导轨块内循环，并可以承受很大的载荷，而且能够方便地通过螺钉调节其预紧力。

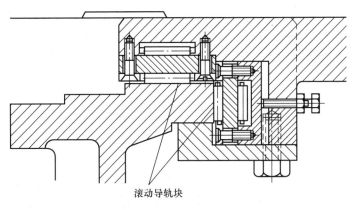

滚动导轨块

图 2-7　数控机床用的滚动导轨块

由于滚动导轨和静压导轨降低了摩擦力，相应地减小了进给系统所需要的驱动转矩，因此可以使用较小功率的驱动电动机。在轮廓控制系统中，由于减小了电动机尺寸和惯性矩，这就显著地改善了动态特性。

3）在点位直线或轮廓控制的数控机床上加工零件时，它经常受到变化的切削力，如果传动装置有间隙或刚性不足，则过小的摩擦阻力反而是有害的，因为它将会产生振动。针对这一情况，除了提高传动装置刚度之外，还可以采用滑动–滚动混合导轨，以改善系统的阻尼特性。

除了滚动导轨和静压导轨以外，又出现了塑料导轨。由于它具有更为良好的摩擦特性和耐磨性，因此目前数控机床上所使用的滚动导轨有逐渐被塑料导轨代替的趋势。

在进给系统中用滚珠丝杠代替滑动丝杠也可以收到同样的效果，目前数控机床几乎无例外地采用了滚珠丝杠传动。

4）数控机床（尤其是开环系统的数控机床）的加工精度在很大程度上取决于进给传动链的精度。除了减少传动齿轮和滚珠丝杠的加工误差之外，另一个重要措施是采用无间隙传动副。对于滚珠丝杠螺距的累积误差，通常采用脉冲补偿装置进行螺距补偿。还可采用双伺服驱动技术，实现数控轴无间隙传动，提高系统的传动刚度。

2-11　数控机床在机械结构设计时，如何保证提高机床的使用寿命与精度的稳定？

答： 为了加快数控机床投资的回收，务必经常使机床保持很高的开动率（比一般通用机床高 2～3 倍），因此必须提高机床的寿命和精度稳定，在保证尽可能地减少电气和机械故障的同时，要求数控机床在长期使用过程中不丧失精度。必须在设计时就充分考虑数控机床零部件的耐磨性，尤其是机床的导轨、进给丝杠及主轴部件等影响精度的主要零件的耐磨性。此外，保证数控机床各部件的良好润滑也是提高寿命的重要条件，同时按要求对机床进行定期维护保养。

2-12　数控机床机械结构设计中如何体现减少辅助时间？

答：在数据机床的单件加工时间中，辅助时间（非切削时间）占有较大的比重，要进一步提高机床生产率就必须采取措施最大限度地压缩辅助时间。目前已经有很多数控机床采用了多主轴、多刀架及带刀库的自动换刀装置等，来减少换刀时间。对于多工序的自动换刀数控机床，除了减少换刀时间之外，还大幅度地压缩多次装拆工件的时间。几乎所有的数控机床都具有快速运动的性能，使空行程时间缩短。

　　数控机床是一种自动化程度很高的加工设备，在改善机床的操作方面已经增加了新的功能；在设计时应充分注意提高机床各部分的互锁能力，以防止事故的发生；尽可能改善操作者的观察、操作和维护条件，并设有紧急停车装置，这样就进一步避免发生意外事故；此外，在数控机床上必须留出最有利的工件装夹位置，以改善装拆工件的操作时间。对于切屑量较大的数控机床，其床身结构必须有利于排屑。图 2-8 是数控机床床身底部的油盘制成倾斜式，便于切屑的自动集中和排出。对于切屑能力较大的斜置床身的数控机床，采用反车的加工方式，使大量切屑直接落入自动排屑装置，并迅速被运输带从床身上排出，其结构如图 2-9 所示。

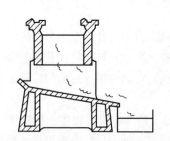

图 2-8　底部的油盘倾斜式排屑装置

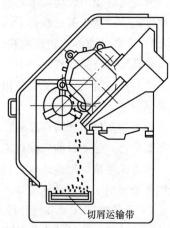

切屑运输带

图 2-9　反车排屑结构

　　近年来，由于微处理机的发展，使数控装置日趋小型化。数控机床发展的趋势是把数控装置安装到机床上，甚至把强电和弱电部分安排在一起。不少数控机床将显示器、读带机、伺服系统、控制电源及接口都按需要分散地安装在机床本体的合适部位，实现机电一体化设计，并且尽可能地把所有操作集中在一个面板上。

2-13　数控机床主运动变速传动机构及主轴机械结构的要求有哪些？

答： 数控机床的主传动系统是指将主轴电动机的原动力通过该系统转变成可供切削加工用的切削力矩与切削速度。为了适应各种材料的切削加工要求及不同的加工方法，主轴传动系统要有较宽的调速范围及相应的输出力矩。同时，由于主轴部件将直接装夹刀具对工件进行切削，因而对加工质量、表面粗糙度和刀具寿命皆有很大的影响，并要求它能提高工件的加工精度和表面质量。主轴传动系统要求有良好的运行参数及动力参数，才能体现其高精度、高速度、高刚度、小振动、小的热变形及低噪声的优势。

尤其对数控加工中心，要求 ATC 刀具交换机构从主轴取、装刀具时能可靠地锁紧与松开，同时要求数控机床主轴转角位置准确。

2-14　数控机床的主传动可以分成哪几种类型？

答： 为适应不同加工需要，目前主传动大致可分为四类：

1）由电动机直接带动主轴旋转，中间无传动环节。这种方式具有结构紧凑、占用空间小、转换效率高的特点。缺点是转速变化与转矩输出和电动机输出特性完全一致，因而范围覆盖小，限制了其使用范围。

2）电动机至主轴传动中经过一级变速（目前多用传动带完成）。优点是结构简单、安装调试方便，在一定程度上满足了转速与转矩输出的要求。不足是调速范围仍受电动机约束。

3）经过二级变速（目前多用齿轮、液压拨叉和离合器完成）。优点是可满足机床对输出转速与转矩较宽范围的要求。不足是结构复杂，要有变速机构、润滑系统及温控系统，成本高，制造、安装、维修比较困难。

4）近年来出现的内装电动机，即主轴与电动机转子合为一体，转速高达 20000r/min。优点是结构紧凑、重量轻、惯量小，适合快速起动、停止，并改善了主轴起、停响应特性，振动及噪声小，便于控制。不足是电动机运转产生的热量直接影响主轴，主轴的热变形又严重影响了机床加工精度，因此冷却装置和温控系统是该类主轴结构的最重要装置，使其制造、维修困难，成本较高。

2-15　数控机床主运动传动系统的运行参数有哪些？动力结构参数有哪些？

答： 数控机床主运动传动系统的运行参数主要是转速变速输出特性与回转精度。动力结构参数主要是静刚度、抗振性、热稳定等。

（1）主运动传动系统的运行参数

1）转速方面对主轴通常要求有较宽的调速范围，而且主轴在低速区需要较大的恒转矩输出，从某一转速起至最高转速则为恒功率输出，即这个工作区内任何一种转速皆能传递全部功率，而转矩则随转速的增高而减少。恒转矩与恒功率输出的交界点为"计算转速"，即该点为传动系统全功率输出的最低点转速（图 2-10），图 2-10 是一级变速时的主轴输出特性，图中 T_n 为输出转矩曲线，在小于 n_j 转速时为一水平线，因此是恒转矩输出。图中 P 为功率输出曲线，大于 n_j 时为一水平线，因此是恒功率输出。对于多级变速的主轴结构而言，其每一级速度皆有自己的 n_j，因此主轴的功率输出特性图中将由若干类似的曲线叠加而成。由于数控机床主轴电动机的调速比，目前水平已达到 1∶100，因此有二级变速足够使用，所以在主轴箱结构上已比普通机床大为简化，制造维修都方便而且优化。这在机床主运动结构上是一个很大的进步。

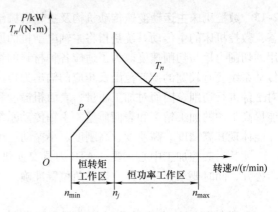

图 2-10　计算转速图

2）在回转精度方面，将主轴回转运动时线速度为零的点的连线叫作主轴回转中心线，回转中心线的空间位置在埋想情况卜应当不变。而实际上，由于多种原因的影响，这条回转中心线在空间的位置是瞬息万变的，故称理想空间位置线与实际位置线之差为主轴的回转误差，其误差范围即为主轴的回转精度。回转误差的形式通常是径向误差、角度误差与轴向误差，三者很少单独存在。当纯径向误差与角度误差存在时构成径向圆跳动，而当纯轴向误差与角度误差存在时构成端面圆跳动。两种误差出现的周期可分为周期性与随机性两种。由于主轴的回转误差一般是一个空间的旋转矢量，它并不是在所有的情况下都表示为被加工件所得到的加工形状，有时是椭圆形、鸡心形或棱线形，主要是根据周期误差频率与误差形式而定。

周期性误差主要造成被加工工件的形状误差和波纹度，其值大约为空载测得值的 70% ~ 80%，而随机误差则主要影响被加工工件的表面粗糙度。

3）主轴回转精度的测量分为三种，即静态测量、动态测量和间接测量。目前我国在生产中沿用传统的静态测量法，图 2-11 用一个精密的检验棒插入主轴锥孔中，使千分表触头触及检测棒圆柱表面，以低速转动主轴进行测量。千分表最大值和最小值的读数差，即认为是主轴的回转误差值。端面误差一般以包括主轴所在平面内的直角坐标系的垂直度数据综合表示。

动态测量时使用传感器及标准球。间接测量时，用小切削量加工有色金属试件，之后在圆度仪上测试、评价。出厂时普通数控机床用静态测量时，当 $L = 300$mm，其允差 < 0.02mm。加工时对零件的不平衡量要严格限制在 0.4mm/s 以下。

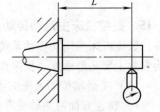

图 2-11　静态测量法

（2）动力结构参数

1）静态方面，静刚度是指数控机床主轴抵抗静态外力引起变形的能力，在主传动系统中主轴及主轴轴承的综合静刚度对机床性能与加工精度都有很大影响，因此在设计中要对主轴直径、支承间距、主轴外伸悬伸量、轴承的径向刚度和角刚度、传动环节各零部件所处的位置、传动力及切削力相对作用方向等进行认真计算与选择。

2）抗振性方面，主轴传动系统不但要具有一定的静刚度，而且要求其具有足够抑制各种干扰（如断续切削、加工余量不均匀、工件硬度不均、运动部件不平衡等）所引起振动的能力。

主轴动刚度取决于主轴系统当量静刚度、阻尼比及固有频率等参数，而动刚度或柔度是抗振力的衡量指标。

3）热稳定方面，如前所述，发热源因素较多，热变形会引起传动效率降低和噪声的增加。衡量热稳定的标准是达到热平衡的时间及温升。当主传动系统在工作状态下，发热量和接收到的热量等于散到周围介质、环境、其他零部件去的热量时，即为热平衡状态（一般测试以5℃/h时作为界限），因此尽量使达到热平衡值的时间短与温升值较低为目标，这是最佳方案。因为这时更接近工作状态，主轴也易于调整、加工出来的尺寸也就趋于稳定。

2-16　与数控机床主运动直接相关的关键零部件有哪些？

答： 数控机床主运动直接关联的关键零部件有主轴轴承、主轴定向装置、换刀装置及清洁、润滑、冷却装置等。

其中主轴轴承大多采用滚动轴承，包括：向心球轴承、角接触球轴承、圆锥滚子轴承、推力轴承和圆柱滚子轴承等。选用时主要考虑轴承的极限转速、刚度、阻尼特性和轴承的温升等因素。一般都采用2个或3个角接触球轴承组合或用角接触球轴承与圆柱滚子轴承组合构成支承系统，这些轴承经过预紧后，可得到较高的刚度。除非要求有很大的刚性时才采用圆柱滚子轴承和双向推力球轴承的组合，此时在极限转速上受限制。

图2-12及图2-13分别表示了卧式与立式数控加工中心的主轴轴承结构。图中在轴承间增加隔套，是用来提高刚度和精度的。

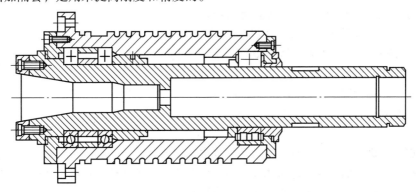

图 2-12　一种卧式加工中心主轴轴承结构

2-17　主轴传动系统中变速用的传动带有哪几种？

答： 数控机床主轴传动系统中变速常用的传动带为多楔带和齿形带。

传动带是一种传统的传动方式，常见类型有 V 带、平带、多楔带和齿形带。由于加工中心换刀系统要求主轴准确定向，因此常用多楔带和齿形带；而在加工中心的伺服进给传动中，有时也用齿形带。

多楔带又称复合 V 带，横向断面呈多个楔形（图 2-14），楔角为 40°。传递负载主要靠强力层。它具有伸长率小和较大的抗拉强度和抗弯疲劳强度，综合了 V 带和平带的优点，运转时振动小，发热少，运转平稳，重量轻，因此可在 40m/s 的线速度下使用。此外，多楔带与带轮的接触好，负载分布均匀，即使瞬时超载，也不会产生打滑，而传动功率比 V 带大 20% ~ 30%。因此能够满足加工中心主传动要求的转速、大转矩和不打滑的条件。楔带安装时需要较大的张紧力，使得主轴和电动机承受较大的径向负载，这是多楔带的一大缺点。

齿形带又称为同步齿形带，按齿形不同又可分为梯形齿同步带和圆弧形齿同步带两种。其中梯形的多用在转速不高或小功率动力传动中，而圆弧形的多用在数控加工中心等要求较高的数控机床主运动传动系统中。

同步齿形带的最大优点是不会打滑，且无须很大的张紧力，因此大大减轻了轴的静态径向拉力，传动效率高达 98% ~ 99.5% 左右。用在高速传动时，在 60 ~ 80m/s 以上的齿形同步带为了考虑轮齿槽的排气，以免引起噪声，往往在设计带轮时附有轮缘装置。同时对于直径较小的带轮在应用梯形同步带时要考虑齿形变形，引起带轮齿的啮合状态不佳，受力情况不好，而且功率集中在梯形齿的根部，引起强度和寿命降低，所以在选择齿形上必须进行综合考虑。

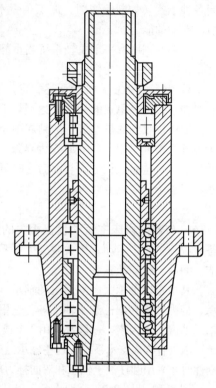

图 2-13　一种立式加工中心
主轴轴承结构

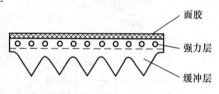

图 2-14　多楔带断面示意图

面胶
强力层
缓冲层

2-18　在数控机床的机械结构中，常用哪些主轴变速装置？

答：数控机床主轴的变速，除采用交、直流电动机无级调速外，在机械结构的主轴变速装置中常采用液压拨叉变速及电磁离合器变速机构。

（1）液压拨叉变速机构　液压拨叉是一种用一只或几只小液压缸拨动移动齿轮块的变速机构。一只简单的二位液压缸即能实现双联齿轮块变速。对于三联或三联以上的齿轮块必须使用差动液压缸做多位移动。图 2-15 是这种三位液压拨叉的作用原理示意图。通过改变不同的通油方式，可以使三联齿轮块获得三个不同的变速位置。这套机构除了液压缸与活塞杆之外，还增加了套筒 4。当液压缸 1 通压力油，而液压缸 5 卸压时（图 2-15a），活塞杆 2 便带动拨叉齿轮块 3 向左移动到极限位置，此时拨叉带动（三联）齿轮块 3 向左移至左端终点。当液压缸 5 通压力油，而液压缸 1 卸压时

（图 2-15b），活塞杆 2 和套筒 4 一起向右移动，在套筒 4 碰到液压缸 5 的端部后，活塞杆 2 继续右移到极限位置，此时（三联）齿轮块 3 被拨叉移到右端。当压力油同时进入左右液压缸 1 和 5 时（图 2-15c），由于活塞杆 2 两端直径不同，使活塞杆向左移动。在设计活塞杆 2 和套筒 4 的截面直径时，应使套筒 4 的圆环面上的向右推力大于活塞杆 2 的向左推力，因而套筒 4 仍然压向液压缸 5 的右端，使活塞杆 2 紧靠在套筒 4 的右端，此时拨叉和（三联）齿轮块 3 被限制在中间位置。

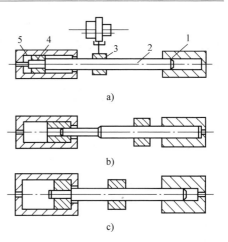

图 2-15　三位液压拨叉原理示意图

1、5—液压缸　2—活塞杆

3—齿轮块　4—套筒

　　液压拨叉变速必须在主轴停车后才能进行，但停车时拨叉带动齿轮块移动又可能产生"顶齿"现象。因此在这种主运动系统中通常增设一台微电动机，它在拨叉移动齿轮块的同时，带动各传动齿轮做低速回转，以便使齿轮顺利啮合。这种液压拨叉系统必须将数控系统送来的换档信号先转换成电磁阀的机械动作，之后才能将压力油配至相应的液压缸上去。

　　（2）电磁离合器变速机构　电磁离合器是应用电磁效应接通或切断运动的元件，由于它便于实现自动操作，并有现成的系统产品可供选用，因而它已成为自动装置中常用的执行元件。电磁离合器用于数控机床的主传动时，能简化变速机构，并通过若干只安装在各传动轴上的离合器的吸合和分离的不同组合来改变齿轮的传动路线，从而实现主轴的变速。

　　1）图 2-16 是数控镗铣床主轴箱中使用的无集电环摩擦片式电磁离合器。齿轮 1 通过螺钉固定在连接件 2 的端面，根据不同的传动结构，运动既可以从齿轮 1 输入，也可以从套筒 3 输入。连接件 2 的外周开有六条直槽，并与外摩擦片 4 上的六个花键齿相配，这样就把齿轮 1 的转动直接传递给外摩擦片 4。套筒 3 的内孔和外圆都带有花键，而且和挡环 6 用螺钉 11 连成一体。内摩擦片 5 通过内孔花键套装在套筒 3 上，并一起转动。当线圈 8 通电时，衔铁 10 被吸引右移，把内摩擦片 5 和外摩擦片 4 压紧在挡环 6 上，通过摩擦力矩把齿轮 1 与套筒 3 结合在一起。无集电环

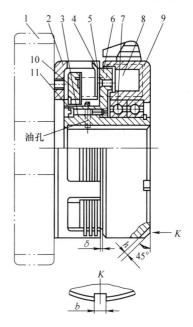

图 2-16　无滑环式摩擦片

电磁离合器结构图

1—齿轮　2—连接件　3—套筒　4—外摩擦片

5—内摩擦片　6—挡环　7—滚动轴承

8—线圈　9—铁心　10—衔铁

11—螺钉

电磁离合器的线圈8和铁心9是不转动的，在铁心9的右侧均匀分布着六条键槽，用斜键将铁心固定在变速箱的箱壁上。当线圈8断电时，外摩擦片4上的弹性爪使衔铁10迅速恢复到原来位置，内、外摩擦片互相分离，运动被切断。这种离合器的优点在于省去了电刷，避免了磨损和接触不良所带来的故障，因此比较适用于高速运转的主运动系统。由于采用摩擦片来传递转矩，所以允许不停车变速。但也带来了另外的缺点，这就是变速时将产生大量的摩擦热；还由于线圈和铁心是静止不动的，这就必须在旋转的套筒上安装滚动轴承7，因而增加了离合器的径向尺寸。此外，这种摩擦离合器的磁力线（图中的虚线）通过钢质的摩擦片，在线圈断电之后会有剩磁，增加了离合器的分离时间。

2）图 2-17 是啮合式电磁离合器（亦称为牙嵌式电磁离合器），它的特点是在摩擦面上做成一定的齿形，以提高所能传递的力矩。当线圈1通电后，带有端面齿的衔铁2被吸引和磁轭8的端面齿互相啮合。衔铁2又通过渐开线齿形花键与定位环5相连接，再通过螺钉7传递给齿轮（图中未示出）。隔离环6是为了防止磁力线从传动轴构成回路，而削弱电磁吸力。衔铁2和定位环5采用渐开线花键连接，保证了衔铁与传动轴的同轴度，使端面齿可能更好地啮合。采用螺钉3和压力弹簧4的结构能使离合器的安装方式不受限制，不管衔铁是水平还是垂直、是向上还是向下安装都能保证合理的齿面间隙。

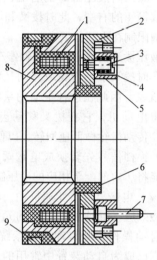

图 2-17　牙嵌式电磁
离合器结构图
1—线圈　2—衔铁　3、7—螺钉
4—压力弹簧　5—定位环　6—隔离环
8—磁轭　9—旋转集电环

与其他形式的电磁离合器相比，啮合式电磁离合器能够传递更大的转矩，因而相应地减少了它轴向与径向尺寸，使主轴箱结构更加紧凑。啮合过程无滑动是其另一优点，这样不但使摩擦热减少，而且可以在有严格传动比要求的传动链中使用。但这种离合器有旋转集电环9，电刷与集电环之间有摩擦，影响了变速的可靠性，而且不能在很高的转速下工作。此外，离合器必须在低于 1 ~ 2r/min 的转速下变速，它给自动操作带来了不便。因此，根据以上特点，啮合式电磁离合器较适合在要求温升小和结构紧凑的数据机床上使用。

2-19　为什么在数控机床上要设置主轴准停机构？主轴准停机构有几种方式？

答：数控机床（主要是数控加工中心、数控镗铣床等）为了完成 ATC（刀具自动交换）的运作过程，必须设置主轴准停机构。由于刀具装在主轴上，切削时切削转矩不可能仅靠锥孔的摩擦力来传递，因此在主轴前端设置一个凸键，当刀具装入主轴时，刀柄上的键槽必须与凸键对准，才能顺利换刀，为此，主轴必须准确停在某固定的角度上。由此可知主轴准停的目的就是实现 ATC 过程的重要环节。

通常主轴准停机构有两种方式的装置，即机械式与电气式。机械式采用机械凸轮机构或光电盘方式进行粗定位，然后有一个液动或气动的定位销插入主轴上的销孔或销槽实现精确定位，完成换刀后定位销退出，主轴才开始旋转。采用这种方法定向比较可靠准确，但结构复杂。另一种当前常用的方式是用磁力传感器检测定向的电气式，这种方法如图 2-18 所示，在主轴上安装一个旋转编码器与主轴一起旋转，在距离发磁体旋转外轨迹 1 ~ 2mm 处固定一个磁传感器，它经过放大器并与主轴控制单元相连接，当主轴需要定向时，便可停止在调整好的位置上。此种方式结构简单，而发磁体的线速度可达到3500m/min 以上。由于设有机

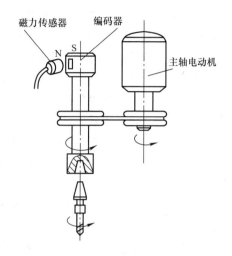

图 2-18　主轴磁力传感器
定向方式示意图

械摩擦接触，而且定位精度也能够满足一般换刀要求，所以应用很广泛。因此，在各类不同的数控机床上，装用哪种主轴准停机构，应由机床的使用条件来确定，才能在使用时方便可靠、调整简单及便于安装维修。

2-20　什么是数控机床主轴的拉刀装置？它有什么作用？

答：主轴拉刀装置是加工中心及数控镗铣床带有 ATC 装置的特有机构。作用是按装在主轴上的刀具自动拉紧，不至于脱落损坏工件和机床。在换刀时又能自动松开，顺利地卸下刀具，由机械手将刀具带走。这个过程是 ATC 装置完成换刀操作的一个重要环节。

　　拉刀装置的工作原理如下：当刀具被送到主轴孔后，刀柄后部的拉钉便处于主轴中心的拉杆前端，当顶住拉杆的松刀液压缸接到刀具已放入轴孔的信号时，液压缸推杆便向上移动，拉杆在碟形弹簧的作用下也向上移动，拉杆前端圆周上的钢球在主轴锥孔的逼迫下缩小钢球分布直径，同时把拉钉向上拉，因弹簧的作用力一直作用在拉杆上，所以拉钉一直被紧紧拉住。这时力量达 10kN 以上。当松刀液压缸接到机械手准备好要取走主轴上的刀具时，松刀液压缸的推杆向下运动，克服弹簧力，把拉杆向下推去，直到主轴孔直径变大的地方，拉杆的钢球或拉钩可以向外扩张，机械手就可以把刀具从主轴上取走。动作的全部过程是按控制系统中的 PLC 所编好的程序进行，到位信号由安装在各个位置的行程开关送到控制系统。拉杆一般做成空心的，因为在每次换刀时要用压缩空气清洁主轴锥孔和刀具锥柄，以保证刀具在主轴锥孔内的安装无误。

　　一般主轴锥孔中上方的拉杆在碟形弹簧的作用力下使主轴轴承承受了一个很大的轴向拉力，为了减轻主轴轴承的载荷，可将拉杆的末端设计成卸荷结构，也就是设计成套筒分离式结构使拉力作用在套上，而不是作用在主轴轴承的轴向端面上。

2-21　数控机床对进给运动有什么要求?

答: 数控机床的进给运动是关键环节,因为无论是点位控制还是连续轮廓控制,被加工工件最终的坐标精度和轮廓精度都取决于进给运动的传动精度、灵敏度和稳定度。因此,对进给运动的传动设计和传动结构的组成有以下要求:

(1) 减少运动件的摩擦阻力　为了提高进给系统的快速响应特性,除了对伺服元件提出要求外,还必须减少运动件的摩擦阻力。进给系统虽有许多元件,但摩擦阻力主要来自丝杠与导轨。因此,丝杠与导轨结构的滚动化是减少摩擦的重要措施之一。

(2) 提高传动精度和刚度　在进给系统中直线进给系统(滚珠丝杠副)、圆周进给系统(蜗轮蜗杆)及支撑结构是决定其传动精度和刚度的主要部件,因而必须首先保证它们的加工精度,对于采用开环系统的更应如此。在传动链中加入减速齿轮,因而减少脉冲当量,从设计角度考虑还可以提高传动精度。采用合理的预紧可消除滚珠丝杠副的轴向传动间隙,预紧支承丝杠的轴承还可提高支承的结构刚度,以及消除齿轮、蜗轮等传动件的间隙,有利于提高传动精度。刚度不足的进给系统,将使工作台或溜板产生爬行和振动,对于采用液压缸驱动的进给系统,由于油液的压缩刚度很低,必须限制其液压缸的最大行程。

采取预紧措施后所留下的微量间隙,通常由数控系统发出补偿脉冲指令,以消除其反向时的误差。

(3) 减少运动惯量　进给系统中每个元件的惯量对伺服机构的启动和制动都有直接影响。尤其处于高速运转的零件,其惯性更不容忽视。因此在元件配置与选择上要合理并计算满足刚度和强度的前提下,尽可能减少其组合惯量,也就等于提高了进给传动的启、停性能。

2-22　什么是滚珠丝杠副? 其特点是什么?

答: 滚珠丝杠副是数控机床进给系统的重要传动部件,它可以将回转运动相互转换为直线运动。其工作原理如图 2-19 所示。

它的结构是在丝杠螺母上加工有弧形螺旋槽,当它们套装在一起的时候就形成了螺旋式轨道,在轨道内填满滚珠。当丝杠相对于螺母旋转时,两者发生轴向位移,而滚珠则沿着轨道流动。螺母螺旋槽的两端用轨道连接起来,使滚珠能做周而复始的循环运动,轨道的两端还起着挡珠的作用,以防滚珠从轨道掉出。

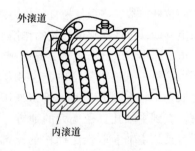

图 2-19　滚珠丝杠副工作原理

滚珠丝杠副的特点:

(1) 高传动效率　滚珠丝杠副的传动效率高达 90% ~96%,约为一般滑动丝杠副的 2~4 倍。所以以移动相同的负荷所需的动力就小得多。

(2) 运动平稳　由于滚珠丝杠的起动力矩和运动力矩基本相等,所以运动平稳、起动时无颤振，低速时无爬行。

（3）高寿命　机床上使用的滚珠丝杠寿命按累计行程距离计算可达250km。数控机床的滚珠丝杠，其尺寸主要由刚度要求来决定，而实际载荷远小于许用载荷，因此它的实际寿命将超过它的设计寿命。

（4）磨损小、精度保持性好　滚珠丝杠不仅在设计和制造上保证了很高的精度，而且由于磨损小而使它有良好的精度保持性。

（5）可预紧消隙、提高系统的刚度　经过适当的预紧能提高其反向传动精度和刚度。

但是滚珠丝杠和螺母等元件结构较为复杂，而且要求较高的加工精度和表面质量，因此价格较贵。还因为滚珠丝杠具有可逆传动特性，没有自锁能力，因此，在垂直升降系统或高速大惯量系统中必须要有锁紧装置或制动机构。

2-23　滚珠丝杠从结构上分类有哪几种形式？具体各有什么特点？

答：滚珠丝杠的结构型式繁多，归纳起来可按下列三个方面进行分类：

（1）螺纹轨道　螺纹轨道的截面形状和尺寸是滚珠丝杠最基本的结构特征，常用为单圆弧和双圆弧两种截面形状。

1）单圆弧截面形状如图 2-20a 所示，其形状十分简单，加工工艺性较好。滚珠半径 r_0 与轨道半径 R 的比值 r_0/R 常取 0.95 ~ 0.97。单圆弧截面形状的螺纹轨道的接触角 δ 随着轴向负载的大小而变化，这样造成丝杠和螺母的相对位置变化，从而影响传动精度。所以在施加较大的预紧力时，滚珠丝杠的刚度是很低的。

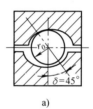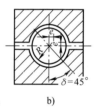

a)　　　　　　　　b)

图 2-20　滚珠丝杠截面形状

a）单圆弧　b）双圆弧

2）双圆弧截面形状如图 2-20b 所示，由两个不同圆心的圆弧组成，由于接触角取较大的数值（通常取 $\delta = 45°$），因此轴向刚度有很大提高，而且接触角不受轴向载荷变化的影响。因此双圆弧截面形状是目前普遍采用的轨道形状，同样取 $r_0/R = 0.95$ ~ 0.97。从几何关系可以计算出圆弧的偏心距 $e = (R - r_0)\sin45° = 0.707(R - r_0)$。双圆弧截面形状的另一个优点是两圆弧边缘之间形成小小的空隙，可容纳某些脏物，有助于防止滚珠的堵塞。双圆弧截面形状的磨削加工是采用专门的砂轮修正装置。为了改善磨削加工条件，通常还可以在两圆弧交接位置上方留出磨削沟槽。

（2）滚珠循环　滚珠的循环及其相应的结构对滚珠丝杠的加工工艺及工作可靠性和使用寿命都有很大影响。目前主要有外循环和内循环两种。

1）外循环滚珠丝杠螺母。滚珠在循环过程中有一部分与丝杠脱离接触的称为外循环滚珠螺母。由图 2-19 可见，由于一部分滚珠在循环过程中可以脱离丝杠，因此外循环也可以跨过好几圈螺旋槽，而不会在空间发生干涉。

① 图 2-21 是外循环插管式滚珠螺母，滚珠返回的弯管轨道的两端插入与螺纹表面

相切的孔内。按挡珠器的结构又分为三种形式：弧形弯杆式（图2-21a）、倾斜螺钉式（图2-21b）和舌形弯管式（图2-21c）。为了缩短返回轨道的长度并相应地减轻滚珠在轨道内的拥挤，通常在螺母全长上配置两个或三个轨道，把全部滚珠分成两个或三个封闭的循环回路。外循环插管式滚珠螺母的结构工艺性好，因此适宜于大量生产。

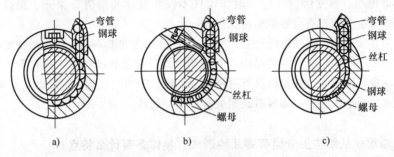

图 2-21　外循环插管式
a) 弧形弯杆式　b) 倾斜螺钉式　c) 舌形弯管式

② 图 2-22 是取消外露轨道的滚珠返回轨道，轨道两端钻两个通孔与螺纹轨道相连接，轨道被套筒内壁（螺母座可兼做套筒）盖住（图2-22a），或用拧紧在滚珠螺母上的盖板盖住（图2-22b），以防滚珠落出。从螺母内部装入的挡珠器靠它的舌部切断螺纹轨道，把滚珠从出珠孔引出螺母，并由外圆上的螺旋槽构成循环轨道。螺旋槽式滚珠螺

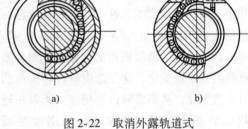

图 2-22　取消外露轨道式
a) 套筒内壁盖住　b) 盖板盖住

母的径向尺寸小，便于安装，而且有较好的加工工艺性。

③ 图 2-23 是端盖式外循环滚珠螺母，在螺母上钻出纵向的通孔作为滚珠的返回轨道，孔的两端用端盖把第一圈螺纹轨道的起点和最后一圈螺纹轨道的终点连接起来。这种螺母的结构较为紧凑、工艺性好，但滚珠在经过轨道的短槽时必须做急剧的拐弯，在润滑和防护不良的情况下，容易引起滚珠堵塞。由于在螺母的整个长度上不可能把滚珠分成若干通路单独循环，以致循环路线较长，更容易发生滚珠的堵塞。

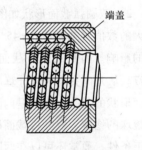

图 2-23　端盖式外循环滚珠螺母

2）内循环滚珠螺母。滚珠在循环过程中和丝杠始终不脱离接触的称为内循环滚珠螺母。图2-24是内循环滚珠螺母的结构。螺母外侧开有一定形状的孔，并装上一个接通相邻滚道反向器，通过反向器迫使滚珠翻过丝杠的齿顶而返回相邻轨道。通常在一个螺母上装有多个反向器，并沿螺母的圆周等分布置。图2-24a是扁圆镶块反向器螺母，图2-24b是圆柱凸键反向器螺母。内循环滚珠丝杠副的径

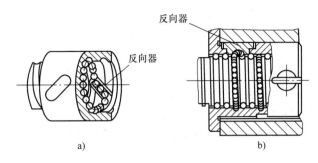

图 2-24　内循环滚珠螺母

a）扁圆镶块　b）圆柱凸键

向外形尺寸小，便于安装；反向器刚性好，固定牢靠，不容易磨损。还由于返回轨道短，每个循环回路中的滚珠数目少，不容易发生滚珠的堵塞。但内循环滚珠螺母不能做成大螺距的多头螺纹传动副，否则滚珠轨道将发生干涉。另外，反向器结构较复杂，如图 2-25 所示的圆柱凸键反向器，具有空间曲面的回珠槽，需要三坐标的铣床进行加工。

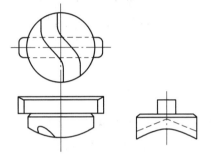

（3）轴向间隙　轴向间隙通常是指丝杠和螺母无相对转动时，丝杠和螺母之间出现的最

图 2-25　圆柱凸键反向器图

大轴向窜动。除了结构本身的游隙之外，在施加轴向载荷之后，还包括弹性变形所造成的窜动。

　　滚珠丝杠副通过预紧方法消除轴向间隙时应考虑以下情况：预加载荷能够有效地减小弹性变形所带来的轴向位移，但过大的预加载荷将增加摩擦阻力，降低传动效率，并使寿命大为缩短。所以，一般要经过几次调整才能保证机床在最大轴向载荷下，既消除了轴向间隙又能灵活运转。

　　一般常用双螺母结构消除间隙。

　　1）图 2-26 是双螺母齿差调隙式结构，在两个螺母的凸缘上都有圆柱外齿轮，而且齿数差 $z_2 - z_1 = 1$，两只内齿圈的齿数与外齿轮的齿数相同，并用螺钉和销钉固定在螺母座的两端。调整时先将内齿圈取出，根据间隙的大小使两个螺母分别在相同方向转过一个齿或几个齿，使螺母在

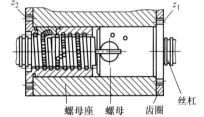

图 2-26　双螺母齿差调隙式图

轴向彼此移近了相应的距离。间隙消除量 Δ 可以用以下简单公式计算：

$$\Delta = \frac{nt}{z_1 z_2} \text{或} \ n = \frac{\Delta z_1 z_2}{t}$$

式中：n 为两螺母在同一方向转过的齿数；t 为滚珠丝杠的导程；z_1、z_2 为齿轮的齿数。

　　虽然齿差调隙式的结构较为复杂，但调整方便，并可以通过简单的计算获得精确的

调整量，它是目前应用较广的一种结构。

2）图 2-27 是双螺母垫片调隙式结构，其螺母本身的结构和单螺母相同，它通过修磨垫片的厚度来调整轴向间隙。这种调整方法具有结构简单，刚性好和装拆方便等优点，但它很难在一次修磨中调整完毕，调整的精度也不如齿差调隙式好。

3）图 2-28 是双螺母螺纹调隙式结构，用平键限制了螺母在螺母座内的转动。调整时，只要拧动圆螺母就能将滚珠螺母沿轴向移动一定距离，在消除间隙之后将其锁紧。这种调整方法具有结构简单、调整方便等优点，但调整精度较差。

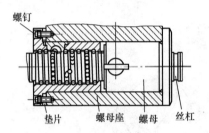

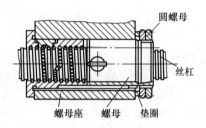

图 2-27　双螺母垫片调隙式图　　　　　　图 2-28　双螺母螺纹调隙式图

2-24　怎样选用滚珠丝杠副？

答： 在选用或设计滚珠丝杠副时首先要确定螺距 t、直径 D_0 和滚珠直径 d_0 这三个主要参数。在确定后两个参数时，采用与验算滚珠轴承相似的方法，即规定在最大轴向载荷 Q 的作用下，滚珠丝杠能以 $n = 33.3 \text{r/min}$ 的转速运转 500h 而不出现点蚀。

选用滚珠丝杠时，可以根据具体的使用条件和规格，从相关标准中选用。

（1）滚珠丝杠副的精度等级　滚珠丝杠有四个精度等级，即普通级 P、标准级 B、精密级 J 和超精级 C。一般的数控机床常用标准级 B；精密数控机床和自动换刀数控机床可以采用精密级 J。

（2）滚珠丝杠副的螺距 t　选用滚珠丝杠副时，螺距 t 是由数控机床加工精度的要求确定的，螺距越小，传动精度越高。但随着螺距的减小滚珠的直径将减小，这样滚珠丝杠承载能力将显著下降。此外，如果丝杠的名义直径不变，螺距越小，传动效率也越低。综合几个方面的因素，应当在满足机床加工精度的条件下尽量取较大的螺距。数控机床进给系统的滚珠丝杠副常用螺距 t 为 5mm、6mm、8mm、10mm 和 12mm 等。

（3）滚珠直径 d_0　滚珠直径 d_0 对承载能力有直接影响，应尽可能选用较大的数值。但在螺距 t 已经确定的情况下，为保证相邻两螺旋槽之间的凸起部分的宽度，通常取 $d_0 = 0.6t$，其最后的尺寸按滚珠标准来选用。

（4）滚珠丝杠直径 D_0　我国的系列标准中规定以滚珠中心圆的直径为滚珠丝杠的名义直径。D_0 可以按实际所需要承受的载荷来选取。但为了满足传动刚度和稳定性的要求，通常应大于丝杠长度的 1/30。在数控机床上一般取 30~80mm。

（5）滚珠的工作圈数 j 和工作滚珠总个数 N　在轴向载荷作用下滚珠丝杠将产生弹

性变形，因而在每一个循环回路中，各圈滚珠所承受的轴向载荷是不相同的，第一圈承受最大载荷，以后各圈逐渐减少，第三圈以后基本上已不承受载荷，因此工作圈数取 $j=2.5\sim3.5$ 圈较为合理。过多的工作圈数会给滚珠的循环增加阻力，甚至造成滚珠的堵塞。

滚珠的总个数 N 与承受载荷的能力有关，总个数太少将会增加每个滚珠所承受的载荷，使刚度下降，总个数太多将会出现堵塞现象。一般限制滚珠的总个数 $N<150$。如果必须超过以上数值，则可采用增加循环回路的方法予以解决。

2-25　数控机床进给传动系统中滚珠丝杠副安装与维护有什么要求？

答：滚珠丝杠副安装与维护要求如下：

（1）滚珠丝杠副的安装　数控机床的进给系统要获得较高的传动刚度，除了加强滚珠丝杠螺母本身的刚度之外滚珠丝杠正确的安装及其支承的结构刚度也是不可忽视的因素。螺母座、丝杠端部的轴承及其支承加工的不精确性和它们在受力之后的过量变形都会对进给系统的传动刚度带来影响。因此，螺母座的孔与螺母之间必须保持良好的配合，并应保证孔对端面的垂直度，螺母座应当增加适当的肋板，并加大螺母座和机床结构部件的接触面积，以提高螺母座的局部刚度和接触刚度。滚珠丝杠的不正确安装及支承结构的刚度不足还会使滚珠丝杠的使用寿命大为下降。

为了提高支承的轴向刚度，选择适当的滚动轴承也是十分重要的。国内目前主要采用两种组合方式。一种是把深沟球轴承和圆锥滚子轴承组合使用，其结构虽简单，但轴向刚度不足。另一种是把推力球轴承或推力角接触球轴承和深沟球轴承组合使用，其轴向刚度有了提高，但增大了轴承的摩擦阻力和发热，而且增加了轴承支架的结构尺寸。国外出现一种滚珠丝杠专用轴承，其结构如图 2-29 所示。这是一种能够承受很大轴向力的特殊推力调心滚子

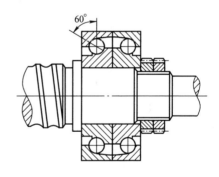

图 2-29　滚珠丝杠专用轴承结构

轴承，与一般推力角接触球轴承相比，接触角增大到 60°，增加了滚珠的数目并相应减小滚珠的直径。这种轴承比一般轴承的轴向刚度提高 2 倍以上，而且使用极为方便。产品成对出售，而且在出厂时已经选配好内外环的厚度，装配时只要用螺母和端盖将内环和外环压紧，就能获得出厂时已经调整好的预紧力。

在支承的配置方面，对于行程小的短丝杠可以采用悬臂的单支承结构。当滚珠丝杠较长时，为了防止热变形所造成丝杠伸长的影响，希望一端的轴承同时承受轴向力和径向力，而另一端的轴承只承受径向力，并能够做微量的轴向浮动。由于数控机床经常要连续工作很长时间，因而应特别重视摩擦热的影响。目前也有一种两端都用推力轴承固定的结构，在它的一端装有碟形弹簧和调整螺母，这样既能对滚珠丝杠施加预紧力，又能在补偿丝杠的热变形后保持近乎不变的预紧力。

（2）滚珠丝杠副的维护　　滚珠丝杠副和其他滚动摩擦的传动元件一样，只要避免磨料微粒及化学活性物质进入就可以认为这些元件几乎是在不产生磨损的情况下工作的。但如在轨道上落了脏物或使用肮脏的润滑油，不仅会妨碍滚珠的正常运转，而且使磨损急剧增加。对于制造误差和预紧变形量以微米计的滚珠丝杠副来说，这种磨损就特别敏感。因此有效的密封防护和保持润滑油的清洁就显得十分必要。

通常采用毛毡圈对螺母进行密封，毛毡圈的厚度为螺距的 2~3 倍，而且内孔做成螺纹的形状，使之紧密地包住丝杠，并装入螺母或套筒两端的槽孔内。密封圈除了采用柔软的毛毡之外，还可以采用耐油橡胶或尼龙材料。由于密封圈和丝杠直接接触，因此防尘效果较好，但也增加了滚珠丝杠副的摩擦阻力矩。为了避免这种摩擦阻力矩，可以采用由较硬质塑料制成的非接触式迷宫密封圈，其内孔做成与丝杠螺纹轨道相反的形状，并留有一定间隙。

对于暴露在外面的丝杠一般采用螺旋钢带、伸缩套筒、锥形套管及折叠式塑料或人造革等形式的防护罩，以防止尘埃和磨粒黏附到丝杠表面。这几种防护罩与导轨的防护罩有相似之处，其一端连接在滚珠螺母的端面；另一端固定在滚珠丝杠的支承座上。

近年来出现一种钢带缠卷式丝杠防护装置，其原理如图 2-30 所示。防护装置和螺母一起固定在溜板上，整个装置由支承滚子 1、张紧轮 2 和钢带 3 等零件组成。钢带的两端分别固定在丝杠的外圆表面。防护装置中的钢带绕过支承滚子，并靠弹簧和张紧轮将钢带张紧。当丝杠旋转时，溜板（或工作台）相对丝杠做轴向移动，丝杠一端的钢带按丝杠的螺距被放开，而另一端则以同样的螺距将钢带缠卷在丝杠上。由于钢带的宽度正好等于丝杠的螺距，因此螺纹槽被严密地封住。还因为钢带的正反两面始终不接触，钢带外表面黏附的脏物就不会被带到内表面去，使内表面保持清洁。

2-26　数控机床进给系统中对传动齿轮如何消除传动间隙？

答：数控机床进给系统中的传动齿轮除了本身要求很高的运动精度和工作平稳性以外，还必须尽可能消除配对齿轮之间的传动间隙。否则在进给系统每一次反向运行之后就会使运动滞后于指令信号，这将对加工精度产生很大影响。所以数控机床的进给系统必须采用各种方法去减少或消除齿轮传动间隙。常用方法如下：

（1）刚性调整法　　刚性调整法是指调整之后齿侧间隙不能自动补偿的调整方法。它要求严格控制齿轮的齿厚及齿距公差，否则传动的灵活性将受到影响。用这种方法调整的齿轮传动有较好的传动刚度，而且结构比较简单。

图 2-31 是最简单的偏心轴套式消除间隙结构。电动机 1 是通过偏心轴套 2 装到壳体上，通过转动偏心轴套就能够方便地调整两齿轮的中心距，从而消除齿侧间隙。

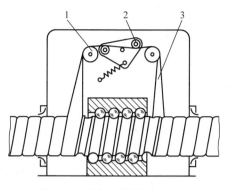

图 2-30　丝杠防护装置示意图
1—支承滚子　2—张紧轮　3—钢带

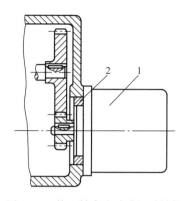

图 2-31　偏心轴套式消除间隙结构
1—电动机　2—偏心轴套

图 2-32 所示为用带有锥度的齿轮来消除间隙的结构。在加工齿轮 1 和 2 时，将假想的分度圆柱面改变成带有小锥度的圆锥面，使其齿厚在齿轮的轴向稍有变化（其外形类似于插齿刀）。装配时只要改变垫片 3 的厚度就能调整两只齿轮的轴向相对位置，从而消除了齿侧间隙。但如增大圆锥面的角度将会使啮合条件恶化。

图 2-33 所示为斜齿轮消除间隙的结构。宽齿轮 4 同，与两个相同齿数的薄片齿轮 1 和 2 啮合，薄片齿轮由平键和轴连接，互相不能相对回转。薄片齿轮 1 和 2 的齿形拼装在一起加工，并与键槽保持确定的相对位置。加工时在两薄片齿轮之间装入已知厚度为 t 的垫片 3。装配时，将垫片厚度增加或减少 Δt，然后再用螺母拧紧。这时两齿轮的螺旋线就产生了错位，其左右两齿面分别与宽齿轮 4 的齿面贴紧，并消除了间隙。垫片厚度的增减量 Δt 可以用以下公式计算：

$$\Delta t = \Delta \cot\beta$$

式中：Δ 为齿侧间隙；β 为斜齿轮的螺旋角。

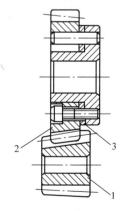

图 2-32　带锥度齿轮消除间隙结构
1、2—齿轮　3—垫片

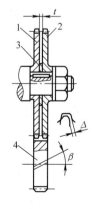

图 2-33　斜齿轮消除间隙结构
1、2—薄片齿轮　3—垫片　4—宽齿轮

垫片的厚度通常是由试测法确定，一般要经过几次修磨才能调整好。这种结构的齿轮承载能力较小，因为在正向或反向旋转时，分别只有一个薄齿轮承受载荷。

（2）柔性调整法 柔性调整法是指调整之后齿侧间隙可以自动补偿的调整方法。在齿轮的齿厚和齿距有差异的情况下，仍可始终保持无间隙啮合。这种调整法的结构比较复杂、传动刚度低。

图 2-34 是双齿轮错齿式消除间隙结构。两个相同齿数的薄片齿轮 1 和 2 与另一个宽齿轮啮合。两个薄片齿轮套装在一起，并可做相对回转。每个齿轮的端面均匀分布着四个螺孔，分别装上凸耳 4 和 8。齿轮 1 的端面还有另外四个通孔，凸耳 8 可以在其中穿过。弹簧 3 的两端分别钩在凸耳 4 和调节螺钉 5 上，通过螺母 6 调节弹簧 3 的拉力，调节完毕用螺母 7 锁紧。弹簧的拉力使薄片齿轮错位，即两个薄片齿轮的左右齿面分别紧贴在宽齿轮齿槽的左右齿面上，消除了齿侧间隙。与图 2-33 的结构相仿，

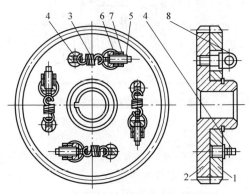

图 2-34 双齿轮错齿式消除间隙结构
1、2—薄片齿轮 3—弹簧 4、8—凸耳
5—螺钉 6、7—螺母

由于正向和反向旋转，且分别只有一片齿轮承受转矩，因此承载能力受到了限制。在设计时必须计算弹簧的拉力，使它能够克服最大转矩。

图 2-35 是用碟形弹簧消除斜齿轮齿侧间隙的结构。斜齿轮 1 和 2 同时与宽齿轮 6 啮合，螺母 5 通过垫圈 4 调节碟形弹簧 3，使它保持一定的压力。弹簧作用力的调整必须适当，压力过小，达不到消隙作用；压力过大，将会使齿轮磨损加快。为了使齿轮在轴上能左右移动，而又不允许产生偏斜，这就要求齿轮的内孔具有较长的导向长度，因而增大了轴向尺寸。

对于圆锥齿轮传动，也可以采用类似于圆柱齿轮的消除间隙方法。图 2-36 是压力弹簧消除间隙的结构。它将一个

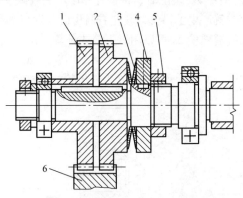

图 2-35 碟形弹簧消除斜齿轮齿侧间隙结构图
1、2—斜齿轮 3—碟形弹簧
4—垫圈 5—螺母 6—宽齿轮

大锥齿轮加工成锥齿轮 1 和 2 两部分，锥齿轮 1 的外圈上带有三个周向圆弧槽 8，锥齿轮 2 的内圈的端面带有三个凸爪 4，套装在圆弧槽 8 内。弹簧 6 的两端分别顶在凸爪 4 和镶块 7 上，使内、外齿圈的锥齿错位，从而起到消除间隙的作用。为了安装的方便，用螺钉 5 将内、外齿圈相对固定，安装完毕之后将螺钉卸去。

工作行程很长的大型数控机床通常采用齿轮齿条来实现进给运动。进给力不大

时，可以采用类似于圆柱齿轮传动中的双薄片齿轮结构，通过错齿的方法来消除间隙。当进给力较大时，通常采用双厚齿轮的传动结构。图 2-37 是这种消除间隙方法的原理图。进给运动由轴 2 输入，通过两对斜齿轮将运动传给轴 1 和轴 3，然后由两个直齿轮 4 和 5 去传动齿条带动工作台移动。轴 2 上两个斜齿轮的螺旋线的方向相反。如果通过弹簧在轴 2 上作用一个轴向力 F，使斜齿轮产生微量的轴向移动，这时轴 1 和 3 便以相反的方向转过微小的角度，使直齿轮 4 和 5 分别与齿条的两齿面贴紧，从而消除了间隙。

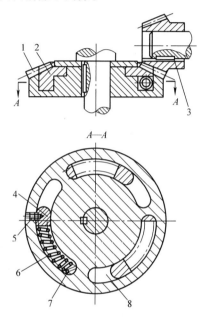

图 2-36　压力弹簧消除间隙结构图

1、2—锥齿轮　3—键　4—凸爪　5—螺钉

6—弹簧　7—镶块　8—圆弧槽

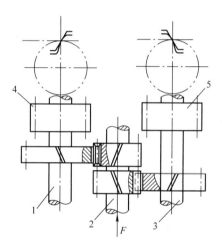

图 2-37　双厚齿轮消除间隙结构图

1、2、3—轴　4、5—直齿轮

2-27　在进给驱动中静压蜗杆副的机械结构有什么特点？

答：蜗杆副机构实际上是丝杠螺母机构的一种特殊形式。从图 2-38 的工作原理图中可以把蜗杆看成一个很短的丝杠，长径比很小。而螺母条则可看成一个很长的螺母沿轴线剖开后包角在 90°～120°的部分。

液体静压蜗杆副是在其啮合面间注入压力油，形成油膜，从而使啮合面变成液体摩擦。

静压蜗杆副传动由于既有纯液体摩擦的特点，又有蜗杆副机械结构上的特点，因此特别适宜在重型机床的进给传动系统上应用，其优点是：

1）摩擦阻力小，起动摩擦因数可小至 0.0005；功率消耗少，传动效率高，可达 0.94～0.98，且在很低速度下运动也很平稳。

2）使用寿命长。因齿面不直接接触，故不易磨损，且能长期保持精度。

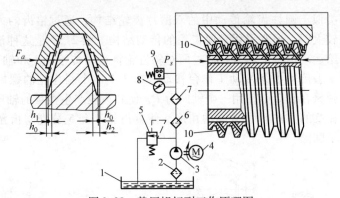

图 2-38　静压蜗杆副工作原理图

1—油箱　2—过滤器　3—液压泵　4—电动机　5—溢流阀　6—粗过滤器

7—精过滤器　8—压力表　9—压力继电器　10—节流器

3）抗振性能好。油腔内的压力油层有良好的吸振能力。

4）具有足够的轴向刚度。

5）其螺母条能无限接长，因此运动部件的行程可以很长，不像滚珠丝杠那样受限制。在数控机床上，这种机构常用的传动方案有两种：

① 蜗杆箱固定，即螺母条固定在运动件上。如图 2-39 所示，伺服电动机 4 和进给箱 3 置于机床床身或其他部件上，并通过联轴器 2 使蜗杆轴产生旋转运动。螺母条 1 与运动部件（如工作台）相连，以获得往复直线运动。

这种传动方案常应用于龙门式铣床的移动式工作台进给驱动机构。如 XK–2125 型龙门式数控镗铣床的蜗杆箱固定，而工作台上的螺母条为运动件。

② 螺母条固定，即蜗杆箱固定在运动件上。如图 2-40 所示，伺服电动机 4 和进给箱 3 与蜗杆箱 5 相连，使蜗杆旋转。螺母条固定不动，蜗杆箱与运动构件（如立柱、溜板等）相连，这样行程长度可大大超过运动件的长度。这种传动方案常应用于桥式镗铣

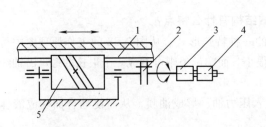

图 2-39　螺母条固定、蜗杆箱进给
移动传动方案图

1—螺母条　2—联轴器　3—进给箱

4—伺服电动机　5—蜗杆箱

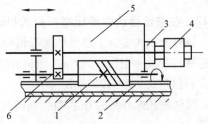

图 2-40　蜗杆箱固定、螺母条移动
进给传动方案图

1—蜗杆　2—螺母条　3—进给箱

4—伺服电动机　5—蜗杆箱　6—变速齿轮

床桥架进给驱动机构等。

2-28　什么是预加负载双齿轮－齿条传动副？

答：一般的齿轮齿条机构是机床上常用的直线运动机构之一，它效率高、结构简单，从动件易于获得高的移动速度和长行程，但位移精度和运动平稳性较差。为利用其结构上的优点，并能在重型数控机床上应用，除提高齿条本身精度或采用精度补偿措施外，还要消除反向死区，预加负载双齿轮－齿条无间隙传动机构就由此产生。图 2-41 所示是这种传动副机构示意图，它广泛用在长行程的数控机床进给传动中。

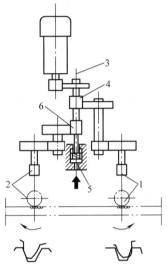

图 2-41　预加负载双齿轮－齿条无间隙传动机构
1、2—小齿轮　3—轴
4、6—斜齿轮　5—加载弹簧

　　在图 2-41 中可看出：进给电动机经一对减速齿轮传动轴 3 的两个螺旋方向相反的斜齿轮 4 和 6，再分别经 2 级减速传至与床身齿条相啮合的两个小齿轮 1 和 2。轴 3 端部有加载弹簧 5，调整螺母可使轴 3 上下移动。由于轴 3 上两个齿轮的螺旋方向相反，因而两个与床身齿条啮合的小齿轮 1 和 2 产生反向微量移动，从而改变了传动间隙。当螺母将轴 3 上调时，间隙调小，预紧力加大；反之则间隙大而预紧力减小。如靠液压预加负载时，其效果也一样。

2-29　数控机床进给系统的机电关系如何？

答：数控机床进给系统要求与机床类型、定位及轮廓精度要求、进给速度、切削力、加工能力、传动链中有关零部件摩擦特性及传动零部件的惯量大小等许多因素有关，可通过伺服机构的多种不同类型及进给系统控制类型的各异而直接产生不同效果。

　　归纳进给系统的机电之间的关系，可从图 2-42 中看出。图中说明，在响应过渡状态特性、稳定性、非线性等许多涉及系统精度方面的因素均成为衡量进给系统总体综合后的指标。这些对数控机床来说是十分重要的；同时与传统机床的要求相比更加严格，且显出其特殊之处。尤其在设计中要合理选择才能匹配。

2-30　数控机床进给方式应怎样分类？

答：数控机床的进给系统按驱动方式分类有液压伺服进给系统和电气伺服进给系统两类。由于伺服电动机和进给驱动装置的发展，目前绝大多数数控机床采用电气伺服方式。

　　如按反馈方式分类，则有三类，即闭环、半闭环及开环控制方式。其原理如图2-43所示，当反馈信号是由安装在工作台上的位置检测器取出后反馈到位置偏差检测器时，即构成闭环控制系统。在闭环系统中，由于伺服电动机的运动指令是由运动部件的实际位置与输入指令进行比较来修正的。能够把中间环节中的电气和机械传动所产生的误差

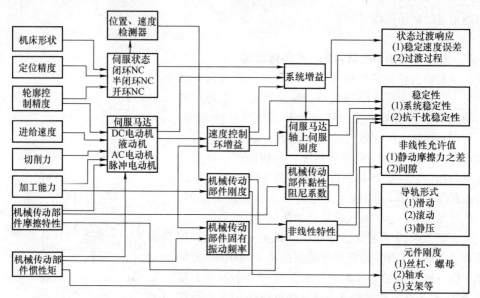

图 2-42　进给系统的机电关系图

排除在外，因此定位准确。但是，如果伺服刚度的匹配不恰当时，即整个系统的稳定性较差，将会产生"振荡"，使整个进给系统无法工作。因此一般只有在精度要求较高的加工中心上采用。不安装位置检测器的进给系统即为开环控制系统。

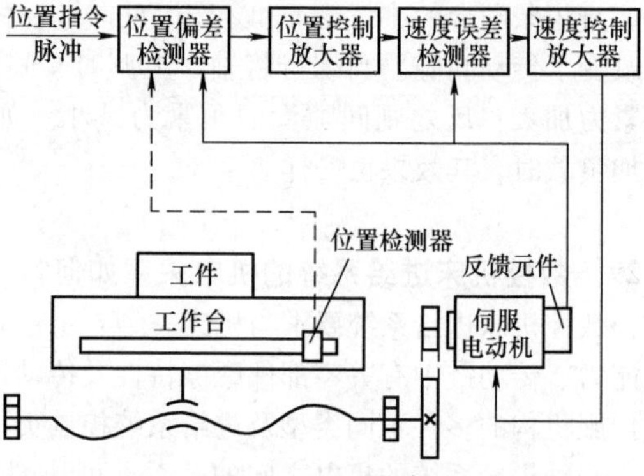

2-31　什么是数控机床的回转工作台？

答： 为了扩大可加工范围及提高生产

图 2-43　按反馈方式分类的进给系统示意图

效率，数控机床除了沿 X、Y 和 Z 三个坐标轴的直线进给运动之外，往往还带有绕 X、Y 和 Z 轴的圆周进给运动。通常数控机床的圆周进给运动由回转工作台来实现。数控铣床的回转工作台除了用来进行各种圆弧加工或与直线进给联动进行曲面加工外，还可以实现精确的自动分度，这对箱体零件的加工带来了便利。对于自动换刀的多工序数控机床来说，回转工作台已成为一个不可缺少的部件。

2-32　数控镗铣床上的回转工作台内部结构有什么特点？

答： 数控回转工作台主要用于数控镗床和铣床，其内部结构具有数控进给驱动机构的许多特点。

图 2-44 为自动换刀数控卧式镗铣床的回转工作台。这是一种补偿型的开环数控回转工作台，它的进给、分度转位和定位锁紧都由给定的指令进行控制。

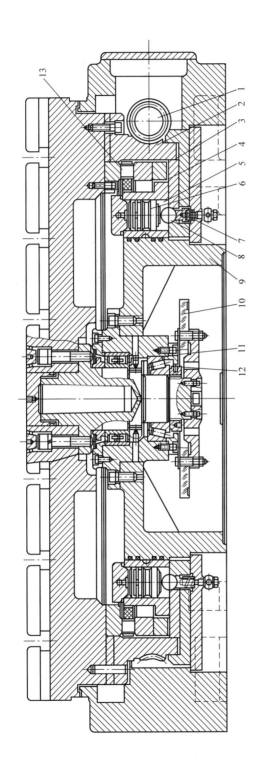

图 2-44　卧式数控镗铣床工作台结构图

1—蜗杆　2—蜗轮　3、4—夹紧瓦　5—液压缸　6—活塞　7—弹簧　8—钢球　9—底座　10—光栅
11—调心滚子轴承　12—圆锥滚子轴承　13—圆柱滚子轴承

工作台的运动由电液脉冲电动机通过减速齿轮（图2-44中未示出）和蜗杆1传给蜗轮2。为了消除蜗杆副的传动间隙，采用了双螺距渐厚蜗杆，并通过移动蜗杆的轴向位置来调整间隙。这种蜗杆的左右两侧具有不同的螺距，因此蜗杆齿厚从头到尾逐渐增厚。但由于同一侧的螺距是相同的，所以仍然保持着正常的啮合。

当工作台静止时，必须处于锁紧状态。为此，在蜗轮底部的辐射方向装有八对夹紧瓦3和4，并在底座9上均布着同样数量的小液压缸5。当小液压缸的上腔接通压力油时，活塞6便压向钢球8，撑开夹紧瓦，并夹紧蜗轮2。在工作台需要回转时，先使小液压缸的上腔接通回油路，在弹簧7的作用下，钢球8抬起，夹紧瓦将蜗轮放松。

回转工作台的导轨面由大型圆柱滚子轴承13支承，并由圆锥滚子轴承12及调心滚子轴承11保持准确的回转中心。

开环系统的数控回转工作台的定位精度主要取决于蜗杆副的传动精度，因而必须采用高精度的蜗杆副。除此之外，还可在实际测量工作台静态定位误差之后，确定需要补偿的角度位置和补偿脉冲的符号（正向或反向），记忆在补偿回路中，由数控装置进行误差补偿。

数控回转工作台设有零点，当它做回零运动时，先用挡块碰撞限位开关（图中未示出），使工作台降速，然后在无触点开关的作用下，使工作台准确地停在零位。数控回转工作台在做任意角度的转位和分度时，由光栅10进行读数，因此能够达到较高的分度精度。

2-33　什么是数控机床的分度工作台？它起什么作用？

答： 数控机床的分度工作台就是为了完成分度运动或者为了与其他坐标轴联动（俗称为数控转台）而连续转动作为一个旋转坐标轴出现的运动方式的工作台。

分度工作台按结构不同区分为两类：一种是定位销式分度工作台，另一种是鼠牙盘定位式分度工作台。

数控加工中心常用的数控转台，其生产已标准化，由专门的机床附件厂生产。

2-34　什么是数控机床的自动换刀系统？

答： 数控机床的出现对提高生产率、改进产品质量及改善劳动条件等已经发挥了重要的作用。为了进一步压缩非切削时间，数控机床正朝着一台机床在一次装夹中完成多工序加工的方向发展。在这类多工序的数控机床中，必须带有自动换刀装置。为了完成自动更换刀具的操作而设置的刀具存储装置及刀具交换装置等统称为数控机床的自动换刀系统。实际上，数控机床上的回转刀架就是一种最简单的自动换刀装置。所不同的是在多工序数控机床出现之后，逐步发展和完善了各类回转刀具的自动更换装置及扩大了换刀数量，以便有可能实现更为复杂的换刀操作。

自动换刀装置应当满足换刀时间短、刀具重复定位高精度、足够的刀具贮存量、刀库占地面积小及安全可靠等基本要求。

2-35　自动换刀装置有几种形式？它们的结构与工作过程如何？

答：各类数控机床的自动换刀装置的结构取决于机床的形式、工艺范围及刀具的种类和数量等。这种装置主要可以分为三种形式。

（1）回转刀架换刀　数控机床上使用的回转刀架是一种最简单的自动换刀装置。根据不同加工对象，可以设计成四方刀架和转塔刀架等多种形式。回转刀架上分别安装着四把、六把或更多的刀具，并按数控装置的指令换刀。

回转刀架在结构上必须具有良好的强度和刚性，以承受粗加工时的切削抗力。由于切削加工精度在很大程度上取决于刀尖位置，对于数控机床来说，加工过程中刀尖位置不进行人工调整，因此更有必要选择可靠的定位方案和合理的定位结构，以保证回转刀架在每次转位之后，具有尽可能高的重复定位精度（一般为 $0.001 \sim 0.005\,\mathrm{mm}$）。

图 2-45 为数控机床的转塔回转刀架，它适用于盘类零件的加工。在加工轴类零件时，可以换用四方回转刀架。由于两者底部的安装尺寸相同，更换刀架十分方便。

回转刀架的全部动作由液压系统通过电磁换向阀和顺序阀进行控制，它的动作分为四个步骤：

1）刀架抬起。当数控装置发出换刀指令后，压力油由 A 孔进入压紧液压缸的下腔，活塞 1 上升，刀架体 2 抬起使定位用活动插销 10 与固定插销 9 脱开。同时，活塞杆下端的端齿离合器与空套齿轮 5 结合。

2）刀架转位。当刀架抬起之后，压力油从 C 孔进入转位液压缸左腔，活塞 6 向右移动，通过连接板带动齿条 8 移动，使空套齿轮 5 做逆时针方向转动，通过端齿离合器使刀架转过 60°。活塞的行程应等于空套齿轮 5 节圆周长的 1/6，并由限位开关控制。

3）刀架压紧。刀架转位之后，压力油从 B 孔进入压紧液压缸的上腔，活塞 1 带动刀架体 2 下降。固定件 3 的底盘上精确地安装着六个带斜楔的圆柱固定插销 9，利用活动插销 10 消除定位销与孔之间的间隙，实现反靠定位。刀架体 2 下降时，定位活动插销 10 与另一个固定插销 9 卡紧，同时固定件 3 与固定件 4 的锥面接触，刀架在新的位置定位并压紧。这时，端齿离合器与空套齿轮 5 脱开。

4）转位液压缸复位。刀架压紧之后，压力油从 D 孔进入转位液压缸右腔，活塞 6 带动齿条复位。由于此时端齿离合器已脱开，齿条带动齿轮在轴上空转。

如果定位和压紧动作正常，推杆 11 与相应的触头 12 接触，发出信号表示换刀过程已经结束，可以继续进行切削加工。

（2）更换主轴头换刀　在带有旋转刀具的数控机床中，更换主轴头是一种比较简单的换刀方式。主轴头通常有卧式和立式两种，而且常用转塔的转位来更换主轴头，以实现自动换刀。在转塔的各个主轴头上，预先安装有各工序所需要的旋转刀具。当发出换刀指令时，各主轴头依次地转到加工位置，并接通主运动，使相应的主轴带动刀具旋转，而其他处于不加工位置上的主轴都与主运动脱开。

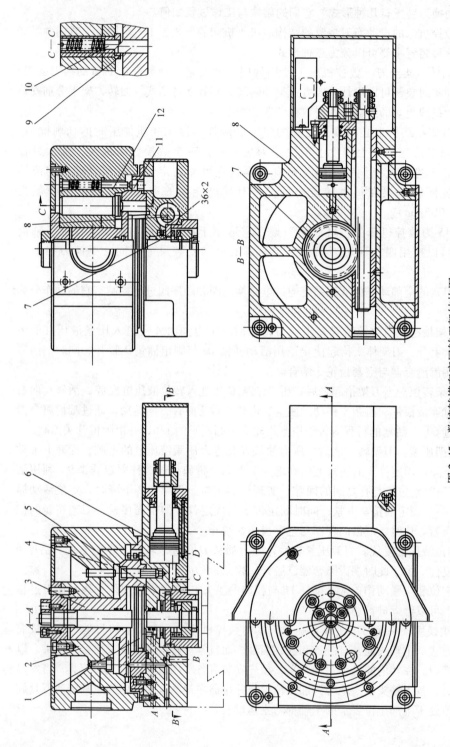

图 2-45　数控转塔车床回转刀架结构图

1、6—活塞　2—刀架体　3、4—固定件　5—空套齿轮　7—轴承　8—齿条　9—固定插销　10—活动插销　11—推杆　12—触头

图 2-46 为卧式八轴转塔头。转塔头上径向分布着八根结构完全相同的主轴 1，主轴的回转运动由齿轮 15 输入。当数控装置发出换刀指令时，先通过液压拨叉（图 2-46 中未示出）将被动齿轮 6 与齿轮 15 脱离啮合，同时在中心液压缸 13 的上腔通压力油。由于活塞杆和活塞 12 固定在底座上，因此中心液压缸 13 带着由两个推力轴承 9 和 11 支承的转塔刀架体 10 抬起与鼠牙盘 7 和 8 脱离啮合。然后压力油进入转位液压缸推动活塞齿条，再经过中间齿轮（图 2-46 中均未示出）使大齿轮 5 与转塔刀架体 10 一起回转 45°，将下一工序的主轴头转动工作位置。换位结束之后，压力油进入中心液压缸 13 的下腔使转塔头下降，鼠牙盘 7 和 8 重新啮合，实现了精确的定位。在压力油的作用下，转塔头被压紧，转位液压缸退回原位。最后通过液压拨叉拨动被动齿轮 6，使它与新换上的主轴齿轮 15 啮合。

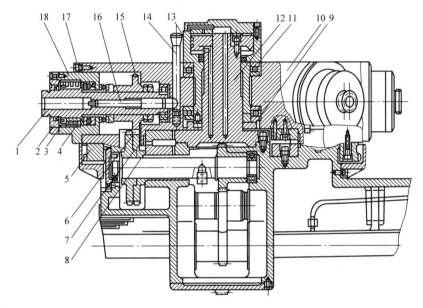

图 2-46 卧式八轴转塔头

1—主轴 2—端盖 3—螺母 4—套筒 5—大齿轮 6—被动齿轮 7、8—鼠牙盘 9、11—轴承
10—刀架体 12—活塞 13—中心液压缸 14—操纵杆 15—主轴齿轮 16—顶杆 17—螺钉 18—前轴承

为了改善主轴结构的装配工艺性，整个主轴部件装在套筒 4 内，只要卸去螺钉 17，就可以将整个部件抽出。主轴前轴承 18 采用锥孔双列圆柱滚子轴承。调整时先卸下端盖 2，然后拧动螺母 3，使内环做轴向移动，以便消除轴承的径向间隙。

为了便于卸出主轴锥孔内的刀具，每根主轴都有操纵杆 14。只要按压操纵杆，就能通过斜面推动顶杆 16 顶出刀具。

转塔主轴头的转位、定位和压紧方式与鼠牙盘式分度工作台极为相似。但因为在转塔上分布着许多回转主轴部件，使结构更为复杂。由于空间位置的限制，主轴部件的结构不可能设计得十分坚实，因而影响了主轴系统的刚度。为了保证主轴的刚度，主轴的数目必须加以限制，否则将会使结构尺寸大为增加。

　　转塔主轴头换刀方式的主要优点在于省去了自动松夹、卸刀、装刀、夹紧及刀具搬运等一系列复杂的操作，从而提高了换刀的可靠性，并显著地缩短了换刀时间。但由于上述结构上的原因，转塔主轴头通常只适用于工序较少、精度要求不太高的数控机床。

　　（3）带刀库的自动换刀系统　带刀库的自动换刀系统由刀库和刀具交换机构组成，目前它是多工序数控机床上应用最广泛的换刀方法。整个换刀过程较为复杂，首先把加工过程中需要使用的全部刀具分别安装在标准的刀柄上，在机外进行尺寸预调整之后，按一定的方式放入刀库；换刀时先在刀库中进行选刀，并由刀具交换装置从刀库和主轴上取出刀具。在进行刀具交换之后，将新刀具装入主轴，把旧刀具放回刀库。存放刀具的刀库具有较大的容量，它既可安装在主轴箱的侧面或上方，也可作为单独部件安装到机床以外，并由搬运装置运送刀具。

　　带刀库的自动换刀装置的数控机床主轴箱和转塔主轴头相比较，由于主轴箱内只有一个主轴，设计主轴部件时就有可能充分增强它的刚度，因而能够满足精密加工的要求。另外，刀库可以存放数量很大的刀具，能够进行复杂零件的多工序加工，这样就明显地提高了机床的适应性和加工效率。所以带刀库的自动换刀装置特别适用于数控钻床、数控铣床和数控镗床。但这种换刀方式的整个工作过程动作较多，既延长了换刀时间，又使系统变得更为复杂，因而降低了工作的可靠性。

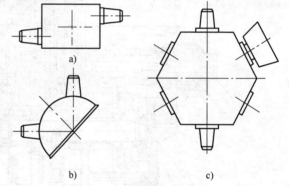

图 2-47　双、多主轴换刀转塔机构示意图

a)、b) 主轴换刀位置　c) 转塔换刀

　　图 2-47 是一种双主轴或多主轴的带刀库换刀系统，它兼有以上两种换刀方式的优点，图 2-47a、b 表示加工时另一根主轴处于换刀位置。图 2-47c 表示带刀库的转塔换刀装置。

2-36　按照刀库容量及取刀方式，刀库设计有哪几种形式？

答：刀库是自动换刀装置中最主要的部件之一，其容量、布局及具体结构对数控机床的设计有很大影响。根据刀库所需要的容量和取刀方式，可以将刀库设计成多种形式。图 2-48 列出了常用的几种。图 2-48a ~ d 所示为单盘式刀库，为适应机床主轴的布局，刀库的刀具轴线可以按不同的方向配置。图 2-48a ~ d 所示为刀具可做 90° 翻转的圆盘刀库，采用这种结构能够简化取刀动作。单盘

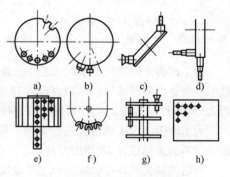

图 2-48　刀库设计的几种形式

a) ~ d) 90° 翻转　e) 鼓轮弹仓
f) 链式　g) 多盘　h) 格子

式刀库的结构简单，取刀也较为方便，因此应用最为广泛。但由于圆盘尺寸受限制，刀库的容量较小（通常装 15 ~ 30 把刀）。当需要存放更多数量的刀具时，可以采用图 2-48e ~ h 形式的刀库，它们充分利用了机床周围的有效空间，使刀库的外形尺寸不致过于庞大。图 2-48e 是鼓轮弹仓式（又称刺猬式）刀库，其结构十分紧凑，在相同的空间内，它的刀库容量较大，但选刀和取刀的动作较复杂。图 2-48f 是链式刀库，其结构有较大的灵活性，存放刀具的数量也较多，选刀和取刀动作十分简单。当链条较长时，可以增加支承链轮的数目，使链条折叠回绕，提高了空间利用率。图 2-48g 和 h 分别为多盘式和格子式刀库，它们虽然也具有结构紧凑的特点，但选刀和取刀动作复杂，较少应用。

　　在设计多工序自动换刀数控机床时，应当合理地确定刀库的容量。根据对车床、铣床和钻床所需刀具数的统计，绘成了如图 2-49 所示的曲线。曲线表明，在加工过程中经常使用的刀具数目并不很多，对于钻削加工，用 14 把刀具就能完成约 80% 的工件加工；即使要求完成 90% 的工件加工，用 20 把刀具也已足够。对于铣削加工，需要的刀具数量更少，用 4 把铣刀就能完成约 90% 的工件加工。从使用的角度来看，刀库的容量一般为 10 ~ 60 把即可。

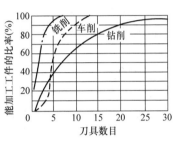

图 2-49　常用刀具数量统计曲线图

2-37　自动选刀有几种选择方式？

　　答：按数控装置的刀具选择指令，从刀库中挑选各工序所需的刀具的操作称为自动选刀。目前，刀具的选择方式主要有以下三种。

　　（1）顺序选择方式　刀具的顺序选择方式是将刀具按加工工序的顺序，依次放入刀库的每一个刀座内。每次换刀时，刀库按顺序转动一个刀座的位置，并取出所需要的刀具。已经使用过的刀具可以放回到原来的刀座内，也可以按顺序放入下一个刀座内。采用这种方式的刀库，不需要刀具识别装置，而且驱动控制也较简单，可以直接由刀库的分度机构来实现。因此刀具的顺序选择方式具有结构简单、工作可靠等优点。但由于刀库中的刀具在不同的工序中不能重复使用，因而必须相应地增加刀具的数量和刀库的容量，这样就降低了刀具和刀库的利用率。此外，人工的装刀操作必须十分谨慎，一旦刀具在刀库中的顺序发生差错，将会造成严重事故。

　　（2）刀具编码方式　刀具的编码选择方式采用了一种特殊的刀柄结构，并对每把刀具进行编码。换刀时通过编码识别装置，根据穿孔带的换刀指令代码，在刀库中寻找出所需要的刀具。由于每一把刀具都有自己的代码，因而刀具可以放入刀库中的任何一个刀座内，这样不仅刀库中的刀具可以在不同的工序中多次重复使用，而且换下来的刀具也不必放回原来的刀座，这对装刀和选刀都十分有利，刀库的容量也可以相应地减小。而且还可以避免由于刀具顺序的差错所造成的事故。

　　图 2-50 为编码刀柄的示意图。在刀柄尾部的拉紧螺杆 3 上套装着一组等间隔的编码环 1，并由锁紧螺母 2 将它们固定。编码环的外径有大小两种不同的规格，每个编码

环的高低分别表示二进制数的"1"和
"0"。通过对两种圆环的不同排列，可以得
到一系列的代码。如图2-50中所示的编码
环，就能够区别出127种刀具（2^7-1）。通
常全部为0的代码是不允许使用的，以避免
与刀座中没有刀具的状况相混淆。为了便于
操作者的记忆和识别，也可以采用二－八进
制编码来表示。

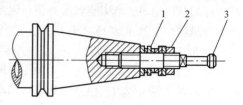

图2-50　编码刀柄示意图
1—编码环　2—锁紧螺母　3—拉紧螺杆

　　在刀库上设有编码识别装置，当刀库中带有编码环的刀具依次通过编码识别装置
时，编码环的高低就能使相应的触针读出每一把刀具的代码。如果读出的代码与穿孔带
上选择刀具的代码一致时，即发出信号使刀库停止回转。这时加工所需要的刀具就准确
地停留在取刀位置上，然后由机械手从刀库中将刀具取出。接触式编码识别装置的结构
简单，但可靠性较差、寿命较短，而且不能快速选刀。

　　除了上述机械接触识别方法之外，还可以采用非接触式的磁性或光电识别方法。

　　磁性识别方法是利用磁性材料和非磁性材料磁感应的强弱不同，通过感应线圈读取
代码。编码环分别由软钢和黄铜（或塑料）制成，前者代表"1"，后者代表"0"。将
它们按规定的编码排列，安装在刀柄的前端。当编码环通过线圈时，只有对应于软钢圆
环的那些绕组才能感应出高电位，而其余绕组则输出低电位。然后再通过识别电路选出
所需要的刀具。磁性识别装置没有机械接触和磨损，因此可以快速选刀，而且具有结构
简单、工作可靠、寿命长和无噪声等优点。

　　光电识别方法是近年来出现的一种新的方法，
其原理如图2-51所示。链式刀库带着刀座1和刀具
2依次经过刀具识别位置Ⅰ，在这个位置上安装了
投光器3，通过光学系统将刀具的外形及编码环投
影到由无数光敏元件组成的屏板5上形成了刀具图
样。装刀时，屏板5将每一把刀具的图样转换成对
应的脉冲信息，经过处理将代表每一把刀具的"信
息图形"记入存储器。选刀时，当某一把刀具在识
别位置出现的"信息图形"与存储器内指定刀具的
"信息图形"相一致时，便发出信号，使该刀具停
在换刀位置Ⅱ，由机械手4将刀具取出。这种识别
系统不但能识别编码，还能识别图样，因此给刀具
的管理带来了方便。但由于该系统的价格昂贵，限
制了它的广泛使用。

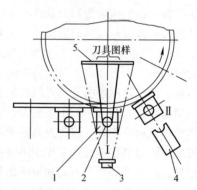

图2-51　光电识别原理图
1—刀座　2—刀具　3—投光器
4—机械手　5—屏板

　　（3）刀座编码方式　刀座编码方式是对刀库的刀座进行编码，并将与刀座编码相
对应的刀具一一放入指定的刀座中，然后根据刀座的编码选取刀具。由于这种编码方式
取消了刀柄中的编码环，使刀柄的结构大为简化。因此刀具识别装置的结构就不受刀柄

尺寸的限制，而且可以放置在较为合理的位置。采用这种编码方式时，当操作者把刀具误放入与编码不符的刀座内，仍然会造成事故。而且在刀具自动交换过程中必须将用过的刀具放回原来的刀座内，增加了刀库动作的复杂性。与顺序选择方式相比较，刀座编码方式最突出的优点是刀具可以在加工过程中重复多次使用。

　　刀座编码方式可分为永久性编码和临时性编码两种。一般情况下，永久性编码是将一种与刀座编号相对应的刀座编码板安装在每个刀座的侧面，它的编码是固定不变的。

　　另一种临时性编码，也称为钥匙编码，它与前者有较大区别。它采用了一种专用的代码钥匙，如图 2-52a，编码时先按加工程序的规定给每一把刀具系上表示该刀具号码的代码钥匙，在刀具任意放入刀座的同时，将对应的代码钥匙插入该刀座旁的钥匙孔内。通过钥匙把刀具的代码转记到该刀座上，从而给刀座编上了代码。

　　这种代码钥匙的两边最多可带有 22 个方齿，前 20 个齿组成了一个五位的二 － 十进制代码，四个二进制代码表示一位十进制数，以便于操作者的识别。这样，代码钥匙就可以给出从 1 ~ 99999 之间的任何一个号码，并将对应的号码打印在钥匙的正面。采用这种方法可以给大量的刀具编号。每把钥匙都带有最后两个方齿，只要钥匙插入刀座，就发出信号表示刀座已编上了代码。

　　编码钥匙孔座的结构如图 2-52b 所示，钥匙 1 对准键槽和水平方向槽子 4 插入钥匙孔座，然后顺时针方向旋转 90°，处于钥匙有齿部分 3 的接触片 2 被撑起，表示代码"1"，处于无齿部分的接触片 5 保持原状，表示代码"0"。刀库上装有数码读取装置，它由两排成 180° 分布的电刷组成。当刀库转动选刀时，钥匙孔座的两排接触片依次地通过电刷，一次读出刀座的代码，直到寻找到所需要的刀具。

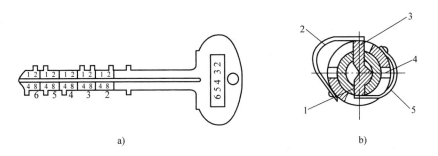

图 2-52　钥匙编码示意图
a）专用的代码钥匙　b）编码钥匙孔座
1—钥匙　2、5—接触片　3—有齿部分　4—槽子

　　这种编码方式称为临时性编码是因为在更换加工对象，取出刀库中的刀具之后，刀座原来的编码随着编码钥匙的取出而消失。因此这种方式具有更大的灵活性，各个工厂可以对大量刀具中的每一种用统一的固定编码，对于程序编制和刀具管理都十分有利。而且在刀具放入刀库时，不容易发生人为的差错。但钥匙编码方式仍然必须把用过的刀具放回原来的刀座中，这是它的主要缺点。

2-38　数控机床的自动换刀系统刀具交换方式有几种?

答: 在数控机床的自动换刀装置中,实现刀库与机床主轴之间传递和装卸刀具的装置称为刀具交换装置。刀具的交换方式通常分为由刀库与机床主轴的相对运动实现刀具交换和采用机械手交换刀具两类。刀具的交换方式和它们的具体结构对机床的生产率和工作可靠性有着直接影响。

1)由刀库与机床主轴的相对运动实现刀具交换的装置,在换刀时必须首先将用过的刀具送回刀库,然后再从刀库中取出新刀具。这两个动作不可能同时进行,因此换刀时间较长。图2-53所示的数控立式镗铣床就是采用这类刀具交换方式的实例。由图可见,该机床的格子式刀库的结构极为简单,然而换刀过程却较为复杂。它的选刀和换刀由三个坐标轴的数控定位系统来完成,因而每交换一次刀具,工作台和主轴箱就必须沿着三个坐标轴做两次来回地运动,因而增加了换刀时间。另外由于刀库置于工作台上,减少了工作台的有效使用面积。

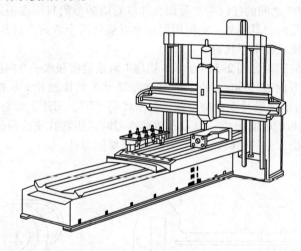

图2-53　相对运动交换刀具装置图

2)采用机械手进行刀具交换的方式应用得最为广泛,这是因为机械手换刀有很大的灵活性,而且可以减少换刀时间。在各种类型的机械手中,双臂机械手集中地体现了以上的优点。在刀库远离机床主轴的换刀装置中,除了机械手以外,还必须带有中间搬运装置。

双臂机械手常用的几种换刀装置机构如图2-54所示,它们分别是钩手(图2-54a)、抱手(图2-54b)、伸缩手(图2-54c)和叉(扠)手(图2-54d)。这几种机械手能够完成抓刀、拔刀、回转、插刀及返回等全部动作。为了防止刀具掉落,各机械手的活动爪都必须带有自锁机构。由于双臂回转机械手如图2-54a、b、c的动作比较简单,而且能够同时抓取和装卸机床主轴和刀库中的刀具,因此换刀时间可以进一步缩短。

图2-55是双刀库机械手换刀装置,其特点是用两个刀库和两个单臂机械手进行工作,因而机械手的工作行程大为缩短、有效地节省了换刀时间。还由于刀库分设两处使布局较为合理。

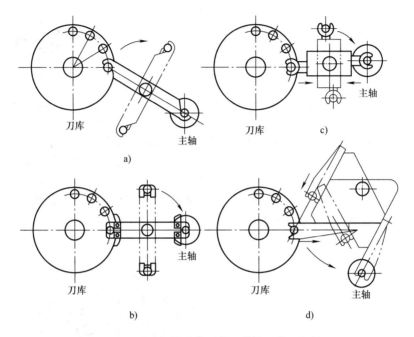

图 2-54　双臂机械手常用的几种换刀装置机构
a) 钩手　b) 抱手　c) 伸缩手　d) 叉手

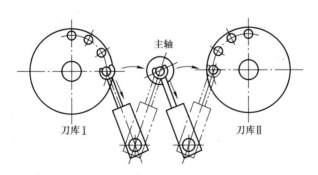

图 2-55　双刀库机械手换刀装置图

　　根据各类机床的需要，自动换刀数控机床所使用的刀具的刀柄有圆柱形和圆锥形两种。为了使机械手能可靠地抓取刀具，刀柄必须有合理的夹持部分，而且应当尽可能使刀柄标准化。图 2-56 所示是常用的两种刀柄结构。V 形槽夹持结构图 2-56a 适用于各种机械手，这是由于机械手爪的形状和 V 形槽能很好地吻合。使刀具能保持准确的轴向和径向位置，从而提高了装刀的重复精度。法兰盘夹持结构图 2-56b 适用于钳式机械手装夹，这是由于法兰盘的两边可以同时伸进钳口，因此在使用中间辅助机械手时能够方便地将刀具从一个机械手传递给另一个机械手，如图 2-57 所示。

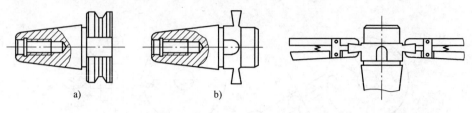

图 2-56　常用手柄结构图　　　　图 2-57　钳式机械手装夹

2-39　在数控加工中心上常用哪一种机械手作为刀具交换装置？

答： 由于各种加工中心的刀库与主轴的相对位置及形式距离的不同，所以各种加工中心相应的换刀机械手的运动过程也不尽相同。但是从手臂的类型来看，在加工中心主机上的换刀机械手用得最广泛的是回转式单臂双手的机械手。图 2-58、图 2-59、图 2-60 是三种不同方式的回转式单臂双手机械手。

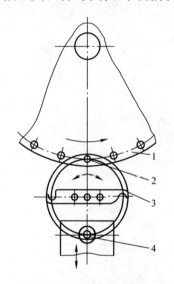

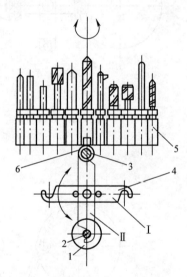

图 2-58　回转式单臂双手机械手之一图　　图 2-59　回转式单臂双手机械手之二图

1—刀库　2—换刀位置的刀座　　　　　　1—机床主轴　2、3—刀具

3—机械手　4—机床主轴　　　　　　4—机械手　5—刀库　6—换刀位置的刀座

1) 图 2-58 是刀库的刀具轴向与主轴轴向相同时常用的形式，当刀库把要换的刀具转到刀库的换刀位置，并且主轴也运动到换刀位置时，机械手转动 90°。同时两手分别抓住两把要交换的刀具，然后向前运动，将两把刀同时拔出。这时机械手旋转 180°，把刀分别插入刀库的刀套和主轴孔。最后机械手逆转 90°回到开始位置，整个换刀过程结束。

2) 图 2-59 是刀库的刀具轴向与主轴的轴向垂直。这种结构需要刀库先把要换到主轴上的新刀翻转 90°，使新旧两刀的轴向平行，然后进行换刀。

3) 图 2-60 是刀库中的刀具轴向与主轴的轴向相垂直时，不需刀库把刀具翻转 90°而直接换刀的机械手。换刀过程图中已有说明。之所以这种机械手可以省去一个翻刀的过程。是因为这种刀具被机械手夹持的方法不同，这种刀具在柄部有定位的孔，使得机械手只夹持住刀柄的一侧便可以抓住刀具，也有的虽需两面夹持，但刀具能从刀库中径向拔出。这种机械手结构复杂，手臂上要有一个夹紧和松开刀具的动作，同时机械手的旋转轴要准确地安装成45°角。这种机械手多见于德国、意大利等生产，刀柄一般按德国标准（DIN）来制造。

机械手的运动机构多采用传统的机械结构如齿轮 – 齿条、液压（气）缸、各种凸轮及大导程的螺旋槽等，其目的是使机械运行可靠且速度快。

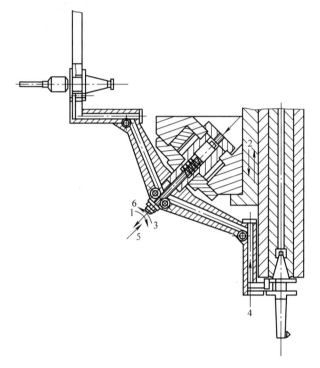

图 2-60　回转式单臂双手机械手之三图

1—抓刀　2—拔刀　3—换位（180°）　4—插刀　5—松刀　6—返回原位（90°）

2-40　数控机床机械系统故障原因如何分析与处理？

答：数控机床的机械系统故障，是指机械系统零件、组件、部件或整台设备乃至一系列的设备组合，因偏离设计状态而丧失部分或全部功能的现象。如机床运转不平稳、轴承噪声过大、机械手夹持刀柄不稳定等现象，都是机械故障的表现形式。机械故障原因分析是通过对机械系统所处的状态进行检测，判断出其运行是否正常。

[**案例 2-1**]　当机械系统出现异常时，会使某些特性改变，出现能量、力、热及摩擦等各种物理参数的变化及发出各种不同的信息。维修人员捕捉这些变化征兆、检测变化的信号及规律，从而判定故障发生的部位、性质、大小，并分析原因和异常情况，预报其发展趋势，判别损坏情况，最终做出决策，消除故障隐患。

1）功能性故障，主要指工件加工精度方面的故障，表现为加工精度不稳定、误差大，运动方向误差大及工件表面粗糙。诊断这类故障必须从不合格零件的特征或运动误差大小的程度及误差的特点入手。从传动链及传动副特点来分析可能的原因，进而有针对性地进行一些检查，从中找出故障原因。

如果卧式镗铣加工中心，采用西门子 840D 系统，在加工轴颈的圆弧处圆度超差，调查发现该加工部位机床有 3 个运动轴在动作，可能的原因：一是各轴丝杠存在间隙，二是反向间隙补偿值需要调整，三是主轴头内部传动精度超差。由于设备从德国引进，机械装配精度高、结构较复杂，在无技术资料的情况下，逐步进行分析。首先排除了前两项原因，再根据维修经验对主轴头进行拆解，依次按顺序拍照及做好记录，最终发现传动齿条板精度超公差，经精密修配后，装机试车消除了圆度超差故障。

2）动作性故障，主要指机床各执行部件的动作故障，如主轴不转动、液压变速不灵活、机械手动作故障、刀具夹不紧或松不开、刀库刀盘不能定位或不能被松开、旋转工作台不转等，这类故障一般有报警提示。诊断这类故障需要根据报警提示的内容和执行部件的动作原理及顺序进行相关的检查，找到故障点后对产生故障点的零部件进行修复或更换即可。

如 SV-41H 数控加工中心，采用 0i 系统，在加工中经常出现旋转工作台电动机驱动误差过大报警。根据上述现象，首先排除了电动机、编码器及驱动器的故障，用百分表对工作台进行了仔细检查，发现旋转轴的重复定位误差过大。先对反向间隙和定位精度进行补偿，无效果；因此怀疑旋转轴的蜗轮蜗杆间隙过大。则将间隙调整好后，工作台旋转工作正常。

3）结构性故障，主要指主轴发热、电动机发热、主轴箱运行噪声大、速度不稳定、切削时产生振动等，这类故障主要与主轴安装、润滑、档位、动平衡和轴承有关。这类故障一般找出故障点进行相应的处理即可。

如 LTC-50B/W 数控车床，在加工中经常出现 X 轴主电动机过热报警，根据现象检查，发现主电动机电流过大并伴有异响；造成电动机发热，停机一会后报警能清除掉；随后继续工作故障反复。将电动机与机械脱开，运行后该故障未出现，由此确定电动机、驱动系统无问题，重点检查机械部分；拆卸后发现轴承损坏，更换轴承后，故障排除。

总之，数控机床机械故障产生的原因是多种多样的，在实际维修数控机床时，还应注意先详细询问操作者故障发生的过程，进而分析故障发生的原因，并由外向内、先易后难、先电气后机械，逐一进行排查。

第3章 数控机床的技术性能及精度检验

3-1 为什么数控机床的技术性能与要求比普通机床高？

答：数控机床的技术性能与要求指标不仅多而且也比较高。

原因在于数控机床是按照预定程序的指令完成各种运动、动作切削和加工零件的。在加工过程人为因素很难介入，因此必须对机床本身的性能与技术指标有严格的要求，才能保证安全运行并加工出合格的零件。

普通机床在切削加工过程中，主要由工人进行手工操作。因此人为因素随时都在介入，加工过程的安全性、可靠性及零件被加工至合格尺寸、表面粗糙度皆与操作工人的技术水平、机床性能、工艺安排有关。所以随时补偿依靠手工操作使工人负担很重，同时也不可能使产品质量稳定。生产率也受到很大限制。

对于高精度、高速、高生产率的数控机床，其性能要求指标是十分明确的。任何一台数控机床在设计、制造、调试与长期使用中，对这些指标的要求都是要经常检测、监控的。对于高度自动化的设备而言，这些技术性能与技术要求指标是完全必要的，是避免机床损坏造成重大经济损失的重要指标。

3-2 对数控机床一般有哪些功能要求？

答：

（1）数控机床的功能一般要求

1）准备功能。

2）主轴转速功能。

3）进给速度功能。

4）刀具自动交换功能与托盘自动交换功能。

5）辅助功能。

（2）准备功能

1）插补功能应包括直线插补功能、圆弧插补功能及其他二次曲线插补功能等。

2）加减速功能表示进给速度在起动或停止时的过渡过程，直接影响加工精度。当数控机床的数控装置中有插补器时，将通过控制插补速度去控制随动系统（即伺服机构）的速度。若数控装置中无插补器时，则由数控系统直接控制随动系统的速度。

3）坐标轴选定功能直接影响程序编制的工作量，有此功能则可简化编程工作量。数控机床的坐标数大于数控系统的联动轴数，必须进行坐标转换，选择坐标。

4）刀具补偿功能可使程序编制时按工件的实际轮廓表面来编程。当刀具更换或磨损后，尺寸变化可以用刀具补偿功能来补偿加工尺寸达到精度要求，因此不仅简化编程工作量，更重要的是对连续加工十分重要。

5）坐标值类型功能在孔系加工中的坐标类型有绝对值坐标与增量值坐标，前者是各尺寸皆有一个共同的基准，后一种则是后一尺寸以前一尺寸坐标为基准。

　　6）固定循环（canned circle）功能可以大大简化编程工作量，十分有利于数控机床的应用。加工中类似于往复移动钻深孔，螺纹切削时的多次重复进给及镗铣床上加工某些孔系坐标等如图 3-1 所示。

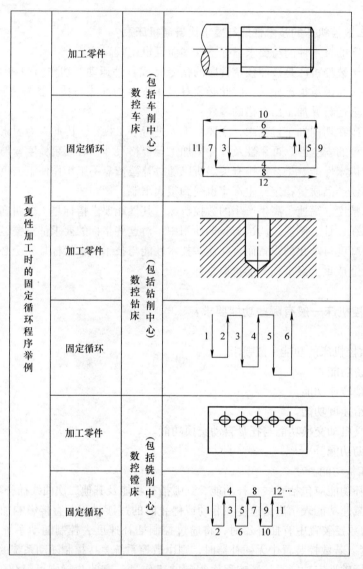

图 3-1　固定循环加工程序举例

　　（3）主轴转速功能　为适应加工工件的不同材料、不同精度与表面粗糙度的要求，数控机床应有足够的主轴转速分布范围功能供编程人员进行选择。而且应由数控指令去实现转速的自动转换。

　　（4）进给速度功能　这种功能包括工作速度进给与快速进给两类。进给速度亦与工件材质、精度与表面粗糙度要求不同而必须包容一定的速度分布范围，供编程人员选择。

快进中，往往为了检查控制介质上的记录程序（低带为孔、磁带为录制信号等）的正确与否，经常采用较大的进给速度去加工一个模拟工件（木、塑或其他软材料）以节省验证时间，因此数控机床上应有各种按自动指令转换的进给速度（工进与快进）供选择。

（5）自动换刀（或自动交换托盘）功能　数控加工中心通常都带有 ATC 及 APC 自动交换刀具与自动交换工作台的功能。此动作皆由下达指令执行。刀库中存放的刀具数量也有要求，通常有（把）12、16、20、25、30、32、45、…、150 不等。但最佳刀库容量为 45～60 把，但在柔性制造系统（FMS）中，专门设有刀流系统，保证 ATC 从总刀具库中调刀至换刀机构刀库上，从数控系统中的指令下进行自动换刀。托盘交换在 FMS 中有物流系统保证指令下达后从自动小车上装卸工件至预备托盘工作台上，顺利进入机床加工的工作台上。

（6）辅助功能　主轴顺、逆转控制，换刀与托盘交换，冷却液启停，润滑液启停，工件夹紧、放松，照明指示等随机床类型的不同而要求各异的辅助功能。

3-3　数控机床的精度要求有哪些方面？

答： 首先，数控机床的精度要求与普通机床不同。其精度要求分为三个方面。

（1）几何精度　指机床基准部件的几何形状精度、尺寸精度及空间位置精度等所组成的精度，即在机床不切削的情况下的静态精度。常用千分表、平尺、检验棒、精度天平仪、自准直尺、激光干涉仪及电子水平仪等检查。

1）基准面精度指工作台表面的平面度、导轨的直线度等。

2）主轴回转精度指主轴的径向跳动、轴向窜动等。

3）直线运动精度指平行度、垂直度、同轴度、不相交度等（主要是空间精度方面）。

（2）定位精度　指机床运动件达到某要求位置的精度。它是数控机床的重要指标之一。在一般机床中仅卧式镗床及坐标镗床才有此精度要求。为避免工件、刀具、夹具系统的影响，通常定位精度也是在不切削条件下进行测量的。因此，它也属于静态精度的一种。定位精度分以下四项：

1）直线定位精度。机床运动部件沿直线运动时的定位精度。

2）分度精度。机床运动部件做回转运动时的定位精度（如转台、分度头等）。分度精度中又有连续分度精度和特定角分度精度（90°、60°、45°等）。

3）重复定位精度。对直线或回转运动的重复定位。

4）失动（或叫空程）由运动部件的间隙、弹性变形及摩擦力等因素造成。表现出运动方向反向时，工作台有一段时间不运动。对这种"死区"在数控机床中是必须严格控制的。

（3）随动（跟随或伺服）精度　在连续轮廓控制系统的数控机床中，随动精度是指指令位置与机床运动轨迹之间的相近程度，跟随精度取决于跟随误差（或速度误差）

与动态误差（或加速度误差）的大小，误差的分析如下：

1）速度误差的分析如图 3-2 所示。数控机床工作台若要维持一定的速度，则必须连续送入指令脉冲。指令要求伺服系统克服惯性及摩擦力与运动部件受力状态下产生的弹性变形等影响，但会产生一定的运动滞后，且它是一个稳态的瞬间过程。而表现出的指令速度与工作台运动速度两者之间的滞后程度称之为速度误差。速度误差有时产生加工误差，当单坐标运动时，由于控制指令是控制终点位移，因此工作台（或刀具）最终是会到达理论终点故不产生加工误差。在双坐标运动呈直线进给时，当两个坐标的速度放大系数相等且为常数时，则也没有加工误差产生。反之，在不相待时则会产生加工误差。当双坐标运动呈曲线进给时，即便放大系数相等也仍然会产生加工误差。如加工圆弧时，如图 3-3 所示。

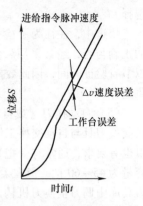

图 3-2 速度误差分析图

其中，圆弧方程：$X^2 + Y^2 = R^2$

$$X_{vX} + XY_Y = 0 ; \quad Y_{vX} + Y_{vY} = 0$$

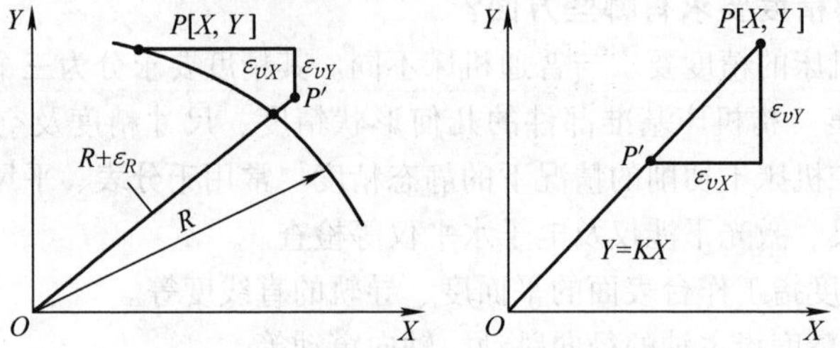

图 3-3 合成运动时，速度误差分析图

$$(即 \ \varepsilon_{vX}^2 + \varepsilon_{vY}^2 = 0)$$

设 P 点坐标为 $(X + \varepsilon_{vX}, \ Y - \varepsilon_{vY} = 0)$；圆心坐标为 $R + \varepsilon_R$（式中 ε 为速度误差）；计算结果为 $\varepsilon_R = v^2 / 2RK$。

式中，K 为速度放大系数。

结论：

① 双坐标运动是合成曲线时，若要减少速度误差的影响，则必须取较大的速度放大系数和加大圆弧半径并降低进给速度。

② 加工方形轮廓（外形）时，可能出现如图 3-4 所示圆角。原因在于 Y 走向中指令 A 发出在前，而刀具在速度误差 ε_{vY} 影响下实际到达点为 A'，而走向指令已发出，因此产生速度误差这一段，发生了合成运动，故产生圆角。

2）加速度误差分析。机床工作台起动和停止时，有一个加、减速过程，这是一个过渡过程；此外当进给速度变化时也有一个加、减速的过渡过程（图 3-5）。在过渡过程中，工作台的移动将滞后于指令脉冲，因为造成过渡过程中的加速度误差，即产生了动态误差。

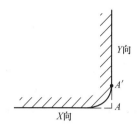

图 3-4 圆角加工时速度误差分析图

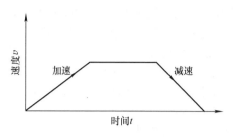

图 3-5 加速度误差分析图

分析后可知加速度会产生加工误差。现分析如下：

从图 3-6 中可以看出：进给运动在起停及速度变化时有加减速过程，整个初速到末速的时间是过渡过程时间，即加减速有一段距离。

从图 3-6 中可以看出：当加工方形轮廓工件中，若先走 X 方向到拐角处，X 向停止，Y 向启动，因而在 X 向有一个减速过程，之后到停车为止有一段距离 S，由于存在速度误差 ε_{vX}，当 $\varepsilon_{vX} \geqslant S$ 时将会产生"欠

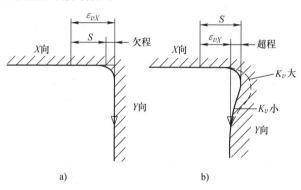

图 3-6 加、减速误差分析图
a）欠程 b）超程

程"情况（图 3-6a）；当 $\varepsilon_{vX} < S$ 时，则会产生"超程"情况。此外，从图 3-6b 中还可看出 K_v（即系统的速度放大系数）越大则"超程"也越大，可能引起系统不稳定。同时系统时间常数 T 越小，加减速过程就比较快，这时"超程"就越小。

加速度误差的表现形式是"超程"，故在闭环系统中由于有检测装置及可逆计数器，"超程"会被拉回，形成图 3-6b 所示的情况。但在开环系统中"超程"就拉不回来。

为消除加速度误差的影响，可在系统中设置加减速线路，避免进给速度发生突变，或采取多级加减速的办法。在自动加减速的随动系统中，是通过控制插补器的插补速度，再控制工作台的进给速度，因此输入进给指令脉冲后将自动产生加减速控制的输出脉冲，再由输出脉冲去控制工作台的加减速运动。

3-4 数控机床加工过程中的位置误差应如何分析？

答： 数控机床在加工过程中的位置误差可以做以下的分析。

1）位置误差即"死区"误差，产生于传动时的间隙、弹性变形及克服摩擦力等

原因。

2）在开环系统中位置精度受到的影响是很大的，而在闭环随动系统中，则主要取决于位移检测装置的精度和系统的速度放大系数，一般影响较小。

3）随动系统的误差均产生在机床运动件的运动状态下，即由于速度突变的过渡过程或稳态瞬间过程或运动反向时，因此均属于动态误差。

检查动态误差的方法是采用特定形状和材质的工件，通常称为动态精度测试加工工件，这种工件的材质松软但成形精度很高，既可避开刀具、夹具等工艺装备的力的影响，同时又可以较大的进给速度实现切削加工，且加工后的工件便于测量（如在三坐标测量机上进行测量）。

3-5　数控机床在切削加工过程存在哪些误差？

答：数控机床在切削加工中的加工精度是整个工艺系统（包括机床—工件—刀具—夹具）精度的反映。具体表现在被加工的工件上，它是多项精度的综合。

因此，存在四个方面的误差。

（1）工件精度　表现在前一工序留下的误差。还有工件的结构工艺性及刚性不足等条件下产生的误差。

（2）夹具精度　主要是夹具的定位精度及夹具结构的合理性与刚性等因素。

（3）刀具精度　刀具本身的尺寸精度、几何形状精度及其磨损等。

（4）量具精度　取决于量具等级。

数控机床的加工精度可见表 3-1。

表 3-1　数控机床的加工精度

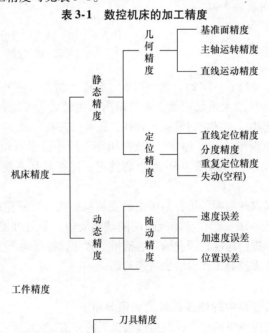

3-6　对数控机床进行精度检查时，一般有哪些检验项目？

答： 对数控机床进行精度检验时，一般要通过如空载检验、数控系统装置检验、主轴系统检验及进给系统检验、负载运行检验等。

现分别叙述如下：

（1）空载检验　数控机床的无负载检验的目的是测试数控装置的可靠性、机床主运动系统及进给系统运行的可靠性、精度及稳定性、噪声、温升、电力消耗、爬行及振动等的各项指标。

（2）数控系统装置（包括输入装置，如光电阅读机、键盘及输入接口的硬件装置等）检验。

检验内容如下：

1）稳定性检验。两周内不少于 10 次以上的通断电试验（每次间隔 2 ~ 3h）。通电后应连续运行 4h（1 次）、12h（2 次）、8 ~ 10h（7 次）。不出故障，CRT 显示正常，输出正常。

2）正、负温检验。通常在 - 5 ~ 28℃ 介质温度下应正常运行。但数控机床大多数在介质温度为（20 ± 2）℃ 情况下长期使用。

3）温度检验。夏季相对湿度最大时达 70% ~ 80% 左右时，数控装置应在短时间内（5 ~ 8h）不出任何问题。

（3）主轴系统检验　主要是测试主轴系统运行可靠性及噪声大小、温升、振动及电力消耗，必须在全速度范围内进行。每级速度运转时间应达到升温至平衡状态，并测定其功率消耗。

（4）进给系统检验　进给系统的空载运行检验目的在于检查传动机的可靠性及平稳性，应在全速度范围内进行。即在低速时是否有爬行现象，最高速进给时（包括快进）机构有无振动及噪声过大，同时要测试功率消耗是否在正常范围内。

空载运行检验分以下两种情况。

1）单项检验。主要解决一些关键或核心的问题，如主轴温升超标、工作台爬行、划线所得几何转度分析等。

2）综合检验。全面检验数控机床。可编写一个检验程序进行工作，或设计一个样件进行试切。程序应包括该装置的主要功能（如主轴的转速）的自动变换、起动、停车、反向、进给速度的切换。

（5）负载运转检验　数控机床负载运转检验的目的如下：

1）机床转速。

2）传动及运动时的运转稳定性。

3）噪声指标低于 65db。

4）功率测试。

5）工作表面质量测试。

6）超载能力。

7）应说明如下：

① 数控机床负载运转也可分为单项检验及综合检验两类。

② 单项检验主要解决如定位精度，超载能力时电力消耗或达到表面粗糙度时的切削用量。

③ 综合检验是全面检验数控机床的总体性能，必须专门设计供试验用的切削样件。

3-7　数控机床精度检验的直接法、样件法、间接法应如何进行?

答：直接法、样件法及间接法都是数控机床做精度检验时常用的方法。这些方法具体介绍如下。

（1）直接法　以测量被加工工件的精度来评价机床的精度。这种方法是综合性质的，不大容易区分出误差存在的实际环节，因此多用在数控机床生产工厂的产品出厂检验中应用。

（2）样件法（或称为试件跟踪法）　本方法实质上是先设计并精确制造一个标准样件，安装在被测的数控机床工作台上代替被加工的工件。在机床刀具所装的主轴或刀夹上改装一个位移测头，用预先编好的样件加工程序驱动机床，使测头所走的轨迹，理论上应与样件加工表面轮廓相一致。但实际上将反映出轨迹上的误差，通过测头传感器将信号输给一套测试仪器，经过计算机数据处理，再通过绘图仪给出试件形状，从而进行分析比较。

试件跟踪法是一种静态精度的综合检验，它易于实现检验的自动化。关键是需要设计和制造一个标准样件并要有一套测试装备，图3-7是一个数控镗铣床的检验试件，它可以检验孔间距、表面平直度、垂直厚度等。而图3-8是一套自动测量、记录和显示装置。

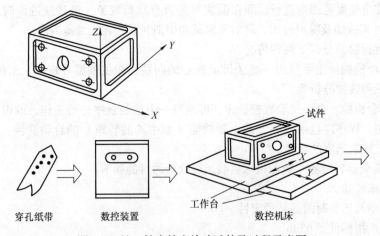

穿孔纸带　　　数控装置　　　　　工作台　　　数控机床

图 3-7　镗、铣床精度检验试件及过程示意图

（3）间接法　测量机床本身的精度来评价数控机床的精度是最常用的一种方法，但考虑到机床本身而没有考虑到加工时的一些影响，故称为间接法。

间接法主要用于数控机床的几何精度、定位精度检验。随动精度和加工精度大多采用直接法进行检查。

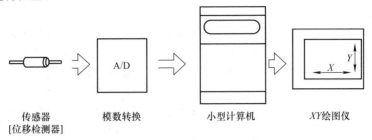

图3-8 自动测量、记录和显示装置图

3-8 为什么要检验数控机床的几何精度？

答：数控机床在切削加工过程中，由于受力、热等外界因素的影响使机床零部件产生一定程度的变形，从而影响到机床的几何精度。

1）表3-2列出了数控机床切削加工过程中各种外界因素影响到几何精度的内容。

表3-2 影响几何精度表

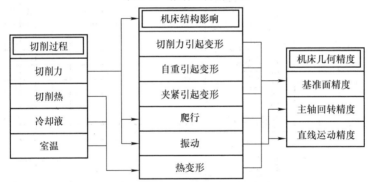

由于数控机床的几何精度测试是在静态下进行的，因此必须在检验前预先运转机床，待升温、润滑等状态趋于稳定后才能进行。而在动态状态下对数控机床的几何精度的检验，只能通过试切的样件来进行。注意：这时的试切样件在设计时要力求避免试件本身、刀具、夹具等造成的影响，即试切件形状与结构应不易受力、热变形的影响。

2）通常影响数控机床几何精度的因素可分为两大部分：①内部因素，即机床本身的因素，如导轨直线度、工作台面的平面度等。②外部因素，即机床以外的因素，如切削力（刀具、夹具等力）、热变形影响等。

3-9 数控机床定位精度检验为什么十分重要？

答：定位精度检验对数控机床十分重要。因为从结构角度可以看出，数控机床的许多加工误差，大多皆由定位精度所引起。而影响定位精度的主要环节是机床的进给系统。其中包括机械传动结构和控制电路系统两部分。

数控机床进给系统的结构对定位精度的影响与设计中采用的随动装置的类型有关，表3-3中可见，开环系统、闭环系统和半闭环系统的影响因素各不相同；如在闭环系统中，由于有位移检测装置，免除了丝杠副精度对定位精度的影响，而在开环系统中则有较大影响等。

此外，从表3-4中可知，影响数控机床随动精度的因素很多，情况比较复杂。但总体分析可以分成两大部分，即进给系统的机械结构部分及控制电路系统部分。

表 3-3　机床进给系统结构对定位精度的影响

机床进给系统结构及控制电路	开环系统				闭环系统				半闭环系统			
	直线定位精度	分度精度	重复定位精度	失动	直线定位精度	分度精度	重复定位精度	失动	直线定位精度	分度精度	重复定位精度	失动
轴承精度												
丝杠螺母精度：导程误差												
丝杠螺母精度：扭转变形												
丝杠螺母精度：压缩变性												
蜗杆副精度												
配速齿轮精度												
传动键：配合精度												
传动键：变形												
传动链间隙：丝杠螺母												
传动链间隙：蜗轮蜗杆												
传动链间隙：配速齿轮												
传动链间隙：轴承												
传动链间隙：键												
导向元件精度												
传动件的惯量												
系统速度放大系数和时间常数												
位移检测装置精度												
传动链环数												

（切削过程：切削力、切削热、室温、进给速度）

表 3-4　影响数控机床随动精度的两大类因素明细表

机床进给系统结构及控制电路：传动件精度、传动件受力变形、传动面之间摩擦力、传动件的惯量、传动件的间隙、系统速度放大倍数K_V、系统时间常数T、自动加减速线路、位移检测装置精度、传动链环数

切削过程：切削力、进给速度、冷却液、切削热、室温

随动精度：速度误差、加速度误差、位置误差

3-10　数控机床出厂时，为什么不附带随动精度检验项目记录清单？

答：通常数控机床生产厂在产品出厂时不附带随动精度检验项目记录。原因：一是随动误差对产品用户并不直接需要，而且也难以检测和验证。除非进行数控机床设计和试验时，指定要求做试验，提供研究数据。二是随动精度直接影响加工精度及定位精度，因此通过定位精度和加工精度的检测，也可以间接反映随动误差的影响。

1）在一般情况下，进给系统的传动环节越多，即传动链越长，则速度误差与加速度误差在每一环节上都累加着前一传动环节时的误差，因此传动链应该越短越好。无论对开环系统或闭环系统均如此，尤其当开环系统采用步进电动机或液压扭矩放大器、齿轮时，丝杠副及工作台时，进给运动指令脉冲发出后，步进电动机有速度误差，液压扭矩放大器也同样，因此经各传动副至工作台时，传动环节越多则速度误差累加值越大。在闭环系统中，尽管有位移检测装置可以校正随动系统的累积误差，但传动链越长环节越多，则调整越复杂，这也是不利的。

2）检验定位误差时，误差值将随被测点间距离的增加而增加。因此对于单坐标运动，任一坐标的精度至少要在另一坐标的两个极限位置上分别检测，见表3-3。表中 X 向精度应在 Y_F、Y_B 范围内测定；而 Y 向精度，应在 X_R、X_L 范围内测定。且其检测范围是一个长方形平面。

对三坐标运动，则任一坐标的精度至少应在另一个坐标的四个极限位置上检测，如图3-9所示。其检测范围是一个立方体。

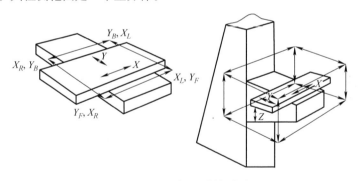

图3-9　三坐标运动检测图

例如：在三坐标数控加工中心上检查工作台在 X 向的定位精度，应该检查它在 Y、Z 向两个坐标的四个极限位置内的 X 向定位精度，才能准确地反映机床的 X 向实际定位精度。

检验区是根据工作区而来的，工作区即数控机床可能进行加工工件的区域，它在数控机床设计时就已经确定了。实际上，检验区应比工作区大一些，至少是相等。

因此，数控机床的几何精度、定位精度、随动精度及加工精度均应该在依据工作区而确定的检验区内进行检验。

3）数控机床定位精度检验项目有以下几项：①直线定位精度；②分度定位精度；③"失动"；④重复定位精度；⑤零点定位精度；⑥脉冲步距精度。

检验项目应根据数控机床类型而选择，如在某些数控机床中，没有回转工作台，或在其旋转运动时，则无须检验分度定位精度。

3-11　数控机床的直线定位精度怎样进行检验的？

答：数控机床的直线定位精度检验方法和步骤如下：

1）在行程全长上选若干测量点，一般行程在 500mm 以下的，每 50mm 为一测量点。行程在 500mm 以上者，每 100mm 为一测量点。若行程很长，则测量点的间隔可以取的更大一些。因此间隔范围可在 50～200mm 之间选取。

2）以不同的进给速度移动工作台，测量各测量点的精度，之后综合各测量点的误差范围即可评价该机床的直线定位精度。

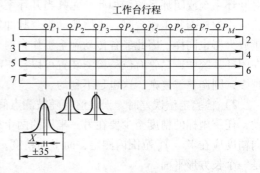

3）测量时有两种移动方式：①单向移动式，这种方式在测量中不包括"失动"项目。②双向移动式，这种方式在测量中包括了"失动"产生的影响，如图 3-10 所示。

图 3-10　双向移动图

4）测量中重复次数越多时，则测量精度越高（比较准确）。但通常最多次数不超过 7 次（按美国机床制造商协会标准规定为 7 次），因为次数过多，工作量太大。

5）一般数控机床的直线定位精度在 ±（0.015～0.02）mm 范围内。

3-12　直线定位精度检验完成后，如何对测量数据进行处理？

答：直线定位精度检验完成后，对测量数据处理通常采用两种方法：

1. 精度曲线法

这种方法是以统计数学理论为基础，通常有两类方法进行数据处理。

（1）第一类方法。（美、日常采用此法）　进行定位精度检验时，先按规定的测量点间距编制程序，控制机床工作台，然后实测各个测量点的位置，若实际位置与给定位置的偏差为 X_i，则在 P_i 个测量点上可得到 N 个检验偏差值。分布为正态曲线，故可按下式求出均方差值。

$$\sigma = \sqrt{\frac{\sum_{i=1}^{N} \left[X_i - \overline{X} \right]^2}{N - 1}}$$

式中：X_i 为某测量点的各次测量误差值；$\overline{X}$ 为实测误差值的算术平均值；N 为重复测量次数。

其中，$\overline{X} = \sum_{i=1}^{N} X_i / N$。

这里需要说明以下几点：

1）由于检验中影响因素较多，有些并未完全考虑进去，故将 σ 值取大一些。

2）σ 值的物理意义表示误差的分散程度，σ 值越大，误差分散越大，表示尺寸不准确；σ 值越小，误差比较集中，因此尺寸比较准确。

3）每个测量点都有误差平均值，$\overline{X}$ 和误差分布 $\pm 3\sigma$，故每一测量点皆可画出一个正态分布曲线。

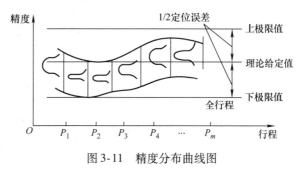

图 3-11　精度分布曲线图

4）按照行程次序，画出各测量点的正态分布曲线，即可得到机床的精度分布曲线图，如图 3-11 所示。

5）从精度分布图上找出上、下极限值，即所有正态分布曲线的最大值与最小值，它们之间的距离就是定位精度。通常以上、下极限值的中心点为理论给定值，用对称公差表示。

6）通过精度分布曲线图可以分析各测量点的误差，因此易于找出影响定位精度的原因，采取措施，提高机床定位精度。

（2）第二类方法　现说明如下：

1）重复测量各点的实际值，并算出误差的平均值 X_1，X_2，X_3，$\cdots$，X_N，则误差就是实际值与给定值之差。

2）将差值按行程长度画在图上，如图 3-12 所示。即可得到误差平均值的最大值 X_{max} 和最小值 X_{min}。它们之间的范围 S 就表示了各测量点误差平均值的分布状态，也就是系统误差的偏差值大小。

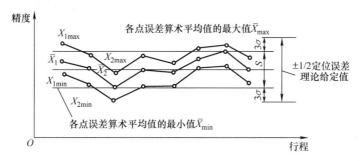

图 3-12　平均值分布曲线图

3）同时，记录下各测量点实际值与给定值相差的最大值 X_{imax} 和最小值 X_{imin}，即各测量点误差的最大值和最小值，从而得到各测量点的误差分布范围 R_i 为

$$R_i = X_{imax} - X_{imin}$$

$$i = 1，2，3，\cdots，n$$

4）可由 R_i 用统计数学理论算出均方差值 σ_i 为

$$\sigma_i = R_i/d$$

式中，d 为系数，表示一组数据中 X_{imax}、X_{imin}、R_i 及 σ 的关系。可由专用表格中查出（表 3-5）。

表 3-5　系数 d 与测量次数的关系

测量次数 N	1	2	3	4	5	6	7	8	9	10	11	12
系数 d	1.13	1.13 1.69	1.69	2.06	2.33	2.53	2.70	2.85	2.97	3.08	3.17	3.26

5）d 越大则 σ 越小，说明此组数据多因此就越精确，N 即表示此组数据的测量次数。一般测量次数不超过 12 次。故表 3-5 中只将 N 列到 12 次。

6）为简化计算，先算出各测量点的误差分布范围 R_i 的平均值 R，即

$$R = \left(\sum_{i=1}^{M} R_i \right)/M$$

式中，M 为测量点数，再由 $\sigma = R/d$ 得到均方差值 σ。

7）$\pm 3\sigma$ 为偶然误差的分布范围，将 X_{max} 和 X_{min} 之间的范围 S 与 $\pm \sigma$ 合在一起，便是整个的定位误差，以 S 的中点为理论给定值，则定位误差为 $\pm 1/2(S + 6\sigma)$。

8）这种方法由于比前一办法计算简单故易于推广，但精度较前者低，因此凡拥有计算手段的单位一般应采用前者。

2. 分配曲线法

1）记录下所有测量点多次测量的数据，分别与其给定值比较，并得出差值。总共可得到 $M \cdot N$ 个数据，将它们按误差值的大小分组，便可得到直方图，如图 3-13 所示，它表示了这个误差值的分布情况。

算出误差值的平均值 $\overline{X}$：

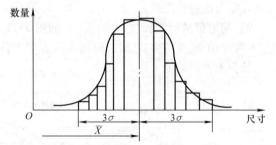

图 3-13　分配曲线法误差分布图

$$\overline{X} = \left(\sum_{i=1}^{M \cdot N} X_i \right)/M \cdot N$$

它表示了系统误差的偏差，即误差值分布中心与给定值的距离。

2）算出均方根值 σ：

$$\sigma = \sqrt{\sum_{i=1}^{M \cdot N} (X_i - \overline{X})^2 / M \cdot N}$$

$\pm 3\sigma$ 表示偶然误差的分布范围，$X = \pm 3\sigma$ 表示了整个的定位误差，可画其误差分配曲线，如图 3-13 所示。这种方法比较简单，而且比较准确但它不能看出其各测量点的误差的分布情况，所以不便于分析误差发生的部位和影响因素。作为数控机床的出厂检验，这是一种可行的方法。

在画直方图和分配曲线时，按误差值大小分组的组数与数据个数有关，一般推荐见表 3-6。

表 3-6　推荐数据表

数据个数	分组数
50~100	6~10
100~200	7~12

上述的几种测量直线定位精度的方法，可以用标准的表格和图来记录，这样在处理数据时比较方便、迅速。

3-13　怎样对数控机床进行分度精度测量？

答：分度精度就是回转运动的定位精度，其检验方法与直线定位精度的检验方法相同。一般数控机床的分度精度为 ±20″，对于特殊固定角度的转台为 ±5″。

测量点的选择可以选 5°~30°，也可以选取特殊角 15°、30°、45°、60°、75°、90°、…、360°，视机床实际工作情况的要求而定。

3-14　如何进行数控机床重复定位精度测量？

答：重复定位精度是指对某一测量点的多次重复测量的结果（图 3-14）。对测量点进行 N 次反复测定，并记录其实测值，与给定值比较后，得出每次测量的误差值 X。求出误差平均值 X_c 与均方根差值 σ，则 $X_c \pm 3\sigma$ 便是该测量点的重复定位精度。同样，重复定位精度也有直线和回转运动两类。

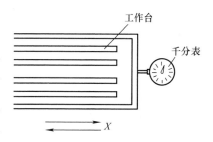

图 3-14　重复定位精度测量方法图

重复定位精度可以说明精度的稳定性，是一项与定位精度同样重要的指标。

一般数控机床重复定位精度为 ±0.01mm，±10″。

重复定位精度检验时的测量次数一般为 25~50 次，并且应在不同条件下检查，如变化进给速度、负载、重量、……等，故检验的工作量相当大。一般选取在不同条件下检验的重复定位精度的最大值为整个机床的重复定位精度。也可以做出重复定位精度与进给速度的关系，以便进行选择。

3-15　对数控机床的"失动"量应如何测量？

答："失动"量在工作台进行反向运动测量时的测量级，如图 3-15 所示。先将工作台向右移动，用单个脉冲（点动）控制，可用千分表指出其移动量；之后反向运动。如果系统有"失动"，则此时虽然已发出单个脉冲指令，而工作台并不产生反向移动的反应；只是到某一个脉冲时，工作台才有开始移动的反应。

记录下工作台在反向运动到几个脉冲才开始响应的，用脉冲数乘以脉冲当量，即可得出"死区"范围。一般数控机床的"失动"量为 0.01mm、±10″。

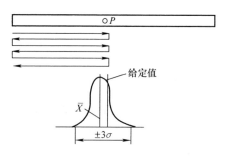

图 3-15　"失动"测量方法图

"失动"量的测定实际上在测量定位精度时，若采用往复移动工作台（或回转工作台）来测量时，由于这种情况下有反向运动，故给定值与实际值之间的差值就包含了"失动"量误差。若将双面测量的结果分别处理，可得正向运动时各测量点的误差平均值 $X_{1(正)}$，以及反向运动时的各测量点的误差平均值 $X_{1(反)}$，将这两个平均值相乘得到的差值即为"失动"量。

图 3-16 表示了定位误差与"失动"量之间的关系。图 3-16 采用精度曲线法之一来测量定位精度时，可分别画出正向及反向运动的精度曲线，很清楚地就可看出"失动"量的位置。图 3-17 也同样很明显地看出"失动"量。

图 3-18 是用分配曲线法，可知其总的分配曲线是由两个分配曲线叠加而成，"失动"量就是两个分配曲线中心之间的距离。

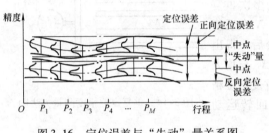

图 3-16 定位误差与"失动"量关系图

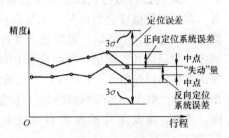

图 3-17 "失动"量测量图

在数控机床精度检验中，如果要分析精度情况，应该测出其"失动"量；作为机床出厂标准，在定位精度中应包含"失动"量，不过此时的定位精度一定要求是两个方向往复运动的测量值，否则将不够精确。

从图 3-18 中，可以看出两个方向的曲线，分别为正向定位误差分配曲线与反向定位误差分配曲线。

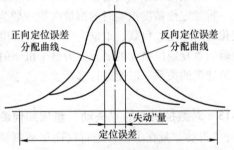

图 3-18 分配曲线测量"失动"量图

3-16 数控机床的零点复原精度如何测量？

答： 数控机床的零点复原精度测量方法如下：

由于数控机床的坐标原点（通常也称为原点）即为零点。每次加工完毕后，机床各项运动都回归零点。因此下一次加工时，也总是由零点开始运动的。这样，对编程来说就有了一个基准点。而当批量生产时，零点的复原精度将会影响刀具与工件的相对位置。

零点复原精度测定是由 5～7 个不同位置，以快速进给进行试验，并检测和记录下其定位精度。

对记录后的数据处理方法与前些问题中所谈到的方法相同。

3-17　数控机床的脉冲步距精度如何测量？

答： 在经济型的数控机床中都有步进系统。对这种伺服系统中的步距精度测量就是测量脉冲步距误差的大小。

由于步进电动机存在着步距误差，因此将点动脉冲数选得比步进电动机转一周的步距数还多，再看是否有周期变化如果恰好与步进电动机转一周的步距数成周期变化，就知道是步进电动机步距精度的影响；如果步距精度正好和丝杠转一周的步距数成周期变化，则知道是滚珠丝杠内螺距精度的影响。所以脉冲步距精度是测量进给系统做少量移动时的精度。为了能测定全行程的脉冲步距精度，故应在行程两端及中央等处进行再测量。

3-18　对于数控机床定位误差的测量，应防止哪些问题的发生？

答： 由于数控机床的定位误差产生原因是多方面因素造成的，如有时是因滚珠丝杠和齿轮传动造成周期性误差。但有时，却是别的因素造成定位误差，如热变形会造成非周期性误差。

因此进行定位精度测量时，若选择的测量点正好与误差的周期一致，则周期误差有可能测量不出来。

综上所述，在全行程上选择测量点时，最好不用等距的，而是用变距的，甚至是随机的，这是值得注意的。

如果要测量这种周期误差，可用小角度直线样板连续测定（图 3-19）。在主轴箱上水平装置一小角度直线样板，工作台上固定好精密测微仪；编好程序，由 X 向、Y 向运动合成样板角 α，将测微仪对准小角度直线样板的工作台（斜边）。当工作台运动时，便可以从测微仪读出周期误差。因为当 X 向、Y 向有周期误差 δ_x、δ_y 时，由于 α 角很小，在样板工作斜面的法向上分别反映为 $\delta_x/\cos\alpha \approx \delta_x$、$\delta_y\sin\alpha \approx 0$，因此 Y 向周期误差反映不出来，从而可以从测微仪直接得到 X 向的周期误差。由此可见，工作斜面越长，测量范围越大。

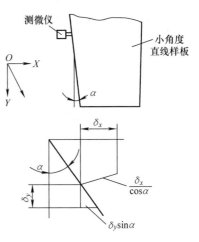

图 3-19　用小角度样板连续测定图

实际上零点复原精度和脉冲步距精度应包含在直线定位精度与分度精度之内。

3-19　数控机床的加工精度应如何检验？

答： 加工精度检验项目是数控机床产品出厂时必须进行的项目之一。检验方法通常是通过切削特殊试件来进行的。加工精度可以反映机床的定位精度、随机精度和几何精度等的综合精度。在设计试件时，应能分别反映出误差，这样便于分析误差因素。

对于不同类型的数控系统，其检验项目将随其功能而异。因此以轮廓控制系统为例说明加工精度的检验方法。

（1）轮廓控制系统加工精度检验 对于轮廓控制系统的数控机床，进行加工精度检验时，可采用图 3-20 所示的试件，它由多种几何体组成。

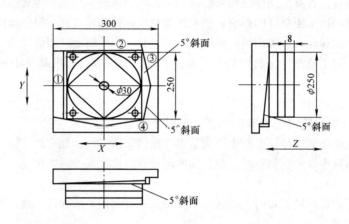

图 3-20 连续轮廓控制系统用的试件图

1）最上层是正菱形几何体，通过这一几何形体可以检验两坐标联动时，刀具移动形成的轨迹，得出直线位置精度结果，如平行度、垂直度、直线度等。此外，它还可以检查超程和欠程，如图 3-21 所示。

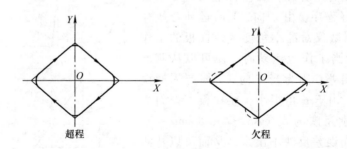

图 3-21 超程和欠程检测图

2）第二层是一个圆，通过这一几何形体可检验出机床的圆度（通过测量圆周和中心孔之间的距离）。

3）第三层是一个正方形，它是两个坐标交替运动所形成的，通过它可以检查平行度、垂直度和直线度等。同时也可以检查超程与欠程。

正方形的四角有 4 个孔，通过它可以检查孔间距离及孔的圆度（即孔直径变化量）。

4）第四层是小角度与小斜率面，面①是由 Y、Z 两个坐标形成的 5°斜面，面②是由 X、Z 两坐标形成的 5°斜面，面③是由 X、Y 两坐标形成的两个 5°斜面，其中，X 有反向面，面④是由 X、Y 两坐标所形成的两个 5°斜面，其中 Y 有反向面。

小角度的切削是由两个坐标同时运动而形成的。但其特点是一个坐标进给很快，而另一个坐标进给却很慢。

通过它可以检查平面度、斜度及定位精度中的周期误差。

由于一个坐标运动极慢，有时甚至是单脉冲，故可以检验和考验工作台的灵敏度及可靠性，以及受力变形造成的失动、脉冲步距精度等。

试件一般采用铝合金或铸铁，主要是因其切削性能较好；当然采用钢件也可以但切削起来会比较费劲，以及会造成其他（非主要因素）较多因素影响，误差分析会比较困难。

在数控机床生产工厂中，机床出厂时的产品检验所采用的试件，其材料大多选用铝合金。

有些数控机床，对随动精度要求较高，设计了偏重于考验加速度误差、速度误差的影响的试件，并规定以不同的进给速度进行切削，同时采用钢件，图 3-22 所示零件为其一例。在这个试件中，加了一个菱形和正方形的内槽，目的是检查超程与欠程，其中菱形是两个坐标移动合成直线时的情况，正方形是两个坐标交替移动而成，因此情况有所不同。

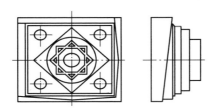

图 3-22　采用钢件测量检验加速度误差图

（2）[**案例 3-1**]　数控镗铣床检验加工精度的案例，其检验方法、允差及加工样件的简图如图 3-23 所示。

此外又举出一个点位控制系统，数控钻、镗床检验加工精度的实例。其允差与项目明细如图 3-24 所示。数控机床加工精度的例子，其试件比较简单，材料也大多选用铝合金或铸铁。显然，图 3-24 所列出的检验项目要比连续轮廓控制系统中的项目少得多。

无论是点位控制系统或是轮廓控制系统的机床，其加工精度检验中，一般要求切削 5~7 个试件。将所得数据按分配曲线方法进行数据处理，便可获得各项精度值及重复精度值。

试件在切削时，切削用量的选择及加工条件状况（如刀具类型、刀具材料、冷却润滑液添加剂配比……）对加工精度均有密切关系，因此要进行多方面试验。

作为数控机床生产厂，产品出厂试验的各项条件均应有具体规定并详细说明。

序号	检验项目	允差/mm	
1	平面度	0.02/300	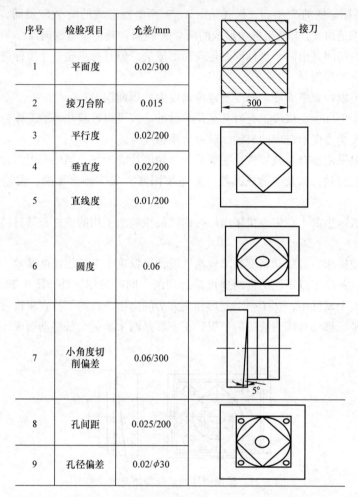
2	接刀台阶	0.015	
3	平行度	0.02/200	
4	垂直度	0.02/200	
5	直线度	0.01/200	
6	圆度	0.06	
7	小角度切削偏差	0.06/300	
8	孔间距	0.025/200	
9	孔径偏差	0.02/ϕ30	

图 3-23　连续轮廓控制系统镗铣床加工精度检验项目图

3-20　数控机床进行精度检验时，会受到哪些外界因素的干扰？

答：对数控机床做精度检测时，外界干扰因素主要来自以下几个方面：

（1）自重所造成的影响　　主要是弹性变形，因此在精度检查时，应在无条件的情况下和有额定最大工件重量情况下进行。

应指出，自重所造成的误差往往比几何精度本身要大得多，因此要在设计时有所考虑。

（2）夹紧力对精度的影响　　有一部分数控机床有夹紧机构，当移动工作台式回转工作台定位后应在夹紧状态下进行加工。

关键在于夹紧机构本身设计时是否合理和完善，否则会破坏定位，降低定位精度。因此在检查数控机床精度时，应在夹紧状态下与不夹紧状态下进行。对两坐标以上的数控机床，可在以下三种状态下进行精度测量：

序号	检验项目	简图	允差/mm
1	平面度	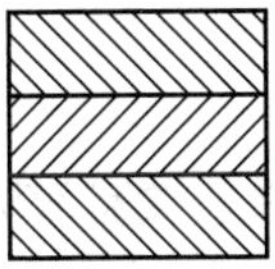	0.02/300
2	接刀台阶		0.015
3	平行度		0.03/300
4	垂直度		0.03/300
5	直线度		0.015/300
6	孔间距	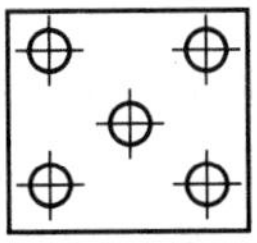	0.025/200
7	孔径偏差		$0.02/\phi 30$

图 3-24 点位控制系统数控机床加工精度检验图

1) 所有运动方向均不夹紧。

2) 欲测量的方向不夹紧，其余方向夹紧。

3) 所有的运动方向均夹紧。

(3) 热变形的影响 现代机床因环境温度变化和机床内部发热（热源）所引起的热变形，对精度有较大影响，值得重视。

因此在精度检验时，应先将机床开动，并控制室温，待机床进入稳定状态后，方可测量。

测量时应在有载和无载两种情况下进行，便于了解和分析热源的影响。

3-21 日本工业标准（JIS）对数控机床适用范围与尺寸范围有哪些？

答：日本工业标准对数控车床、数控钻床、数控卧式镗铣床、数控升降台式铣床、数控外圆磨床、数控万能磨床及数控加工中心的性能及加工精度试验准则都有规定。

标准适用的范围如下：

凡数字控制加工机床，包括具有自动换刀机构（ATC）的加工中心（MC），具有成组托盘交换机构（APC）的柔性制造单元（FMC），结构上具有横向、单轴、卧式结构，或备有数控回转工作台（B 轴功能）的机床，均可参照或使用这些标准。

适用于数控机床的尺寸范围，由于自动换刀装置所能容纳的刀具尺寸有限，刀具连接柄也受限制，故其主轴直径不像普通卧式镗床那样种类繁多，而且机床的主轴直径应比回转工作台直径小。因此，这些标准适用的尺寸范围着眼于工作台边长（或回转工作台直径）小于 1000mm 时。

这些标准在拟定时，参照了机床有关术语、数控机床术语，机床试验方法通则，数控机床的坐标轴和运行符号通则，数控机床试验方法通则，数控升降台式立铣床的试验方法与检验项目内容，数控卧式镗床（工作台型卧式镗床）的试验方法及检验规定，自动换刀数控机床的试验及检验规范及数控组合钻床、镗床、铣床、螺纹加工机床等的检测规定。

3-22　日本工业标准对数控机床性能试验有哪些说明？

答：对数控机床的性能试验具体说明如下：

（1）对于功能试验的说明　标准中规定的试验，大致可分为非数控功能试验及数控功能试验两大类。

两者区别如下：

1）对于非数控功能有靠手动直接操作机床；通过数控装置依靠手动进行输入，但它的动作具有非数控特性。

2）对于数控功能有依靠手动输入，使数控系统产生动作；依靠编程执行数控操作；在装置内部自动依靠数控操作。

（2）对于转速选用的说明　由于数控机床主轴转速级数较多，发展趋向是无级变速。因此，试验中对主轴转速的选择应取最低转速、中等转速及最高转速等三个档次，依次进行试验。

（3）对于非联动型回转工作台　在其不能与机床各数控坐标联动时，可按数控指令进行分度试验。

（4）对于具备半导体回路的电气设备　为避免烧坏其元件，最好不要进行绝缘试验，以免造成损失。

（5）对于连续空载运转试验的说明　当进行连续空载运转试验时，旋转工作台分度有数控和非数控两种形式。因此，凡具有两种机能的机床，应采取两种方法进行试验。

（6）对于"间隙"试验的说明　无效运动（即"死区"）的失动试验，皆以数控卧式镗床的试验方法及测试方法为标准，做适当适合于具体试验对象的试验修正规定。

（7）对于最小移动单位进给试验的说明　最小移动单位进给试验的结论认为所确定的事项应以两种情况为对象：

1）对于不仅是一个单位脉冲当量进给位置的偏差，同时还有快进前停止状态起到一个单位进给为止时的运动性能。

2）对于改变进给方向（具体出现在与外圆表面相切象限变化的地方）的拐点附近运动性能，测定结果以图示形式做出规定。

（8）精度试验说明

1）适应于自动换刀数控机床的加工状态，制定了随动夹具（包括边界定位器）和反转镗床的工作精度（由于在 NAS 中无反转镗床的工作精度规定，故亦可作为其参考）。

2）虽然应该努力提高随动夹具的精度，但由于它属于重叠机构，精度受到限制，因此允许值是受随动夹具数量影响而定的，故限制随动夹具的数量应在 3 个以下。但就整体而言，精度的允许值比 NAS 的规定要宽裕得多。

3）对于定位精度检验及对重复定位精度的检验，该两项检验项目和测试方法皆以卧式数控镗床的试验和检验为准。按工作台的移动量改变了直线运动定位精度的允许值。

4）对于加工精度检验，在镗削加工时应分立柱或工作台的进给与主轴进给两种情况。

孔的表面有退刀槽，考虑到孔的深径比为 $L/d \approx 5$ 的限制，以及为了测定方便，孔径为 $\phi 80mm$。

在铣削加工中，一般有边缘加工和重叠加工两种情况。自动换刀数控机床大多进行边缘加工。此外，铣刀直径影响加工效果，所以能被刀具容纳的最大刀径为 $\phi 150mm$。其允许值可根据工作台大小而修正。

3-23　日本工业标准（JIS）对数控机床自动换刀试验及检验方法有何规定？

答：日本工业标准（JIS）对数控机床试验方法具体规定有：

1. 数控机床自动换刀的试验及检验方法

（1）规定　标准规定装有旋转工作台（直径或边长小于1000mm）和自动换刀装置的横向（卧式）单轴数控机床运行试验性能及精度检验方法。

（2）备注　标准中凡附有大括号（ㄓ｝）所表示的单位与数值，均采用国际单位制（SI），并记载以做参考。

（3）采用标准（仅参考，有部分已作废）

1）JIS B4105《硬质合金刀片单刃车刀》。

2）JIS B6003《机床振动用试验方法》。

3）JIS B6201《数控机床试验方法通则》。

4）JIS B0181《工业自动化系统　机械的数值控制》。

5）JIS B6201《机械运行试验和刚性试验》。

6）JIS B6310《工业自动化系统和集成　机械的数字控制坐标系统和运动术语》。

7）JIS Z8203《国际单位制（SI）及其组合形式和某些其他单位的使用推荐规程》。

2. 运行试验方法

（1）机能试验

1）非数控机能试验，即手工操作各部位，依照表3-7所列要求进行试验（参考 JIS B6201：1993 中表1）。

表 3-7　非数控机能试验

序号	试验项目	试验方法
1	主轴的起动、停止及运转操作[①]	选用一个适当的主轴转速正、反转、起动、停止（包括点动[①]及制动[①]）连续进行10次，检查动作灵活性及可靠性
2	变换主轴转速	变换主轴速度，使其为最低、中等和最高三种转速，检查操作装置的灵活性和指标的准确性
3	旋转工作台的分度[①]	对旋转工作台进行分度，检查动作的灵活性和准确性

（续）

序号	试验项目	试验方法
4	紧固操作	对主轴、主轴头、立柱、工作台及旋转工作台的紧固机构，在各部位、部件运动到任意位置上进行紧固，检查其紧固的可靠性
5	刀具的装卸	装卸刀具，检查装卸的灵活性和准确性
6	电气设备	电气设备运行前后，分别进行一次绝缘性能试验
7	数控装置	检查数控装置的各种指示灯、读带机、风扇等各部分动作是否灵活，功能是否齐全
8	安全装置	检查操作者的安全防护及机器防护性能及装置的可靠性。机器防护性能包括转动轴自动限位，控制系统同步失灵和主轴电动机过热，过负荷产生的非正常停机等
9	润滑系统	检查油密封、油量的合理分配性能的可靠性
10	油压及空压系统	检查油密封、气密封、油压及气压调节装置性能的可靠性
11	附件	检查附件的可靠性

① 具备这些机能则机床可以运行。

2）数控机能试验，即用控制介质或其他方式的数控指令使各部位动作按表 3-8 要求进行试验（参考 JIS B6201—1993 中表 1）。

表 3-8　数控机能试验

序号	试验项目	试验方法
1	主轴的起动、停止反转及速度变换	转动主轴、起动、停止、反转并以给定的最低、中等、最高速度变换主轴转速。检验动作的灵活性和可靠性
2	进给速度变换	在给定的最低、中等、最高三种速度和快进下变换进给速度，对正反两个方向分别起动、停止、检验动作的灵活性和可靠性。该项试验分别对 X、Y、Z、W[①]、B 轴（即可用数控指令进行分度的）方向进行
3	转台的分度	进行转动工作台分度、检验其灵活性和准确度
4	点动	在 X、Y、Z、W、B 轴方向进行点动操作，检查动作的灵活性和各部位性能的可靠性
5	自动更换刀具	自动更换刀具，检查动作的准确性和灵活性
6	其他机能①	对定位、直线、圆弧、抛物线的插补、定位、自动加速、减速、轴线和平面选择刀具位置的补偿、刀具直径的修正、角度变换、确定行程；对程序控制停车、随机停车、程序结束；冷却油泵的起动、停止、夹紧、松开；对机器制动、反向制动单程序段运行、零点漂移、跳过任意程序段、程序暂停、进给速度调整、保持进给、非正常停车（复位），程序段号显示、检索、实时位置显示、清零、位置偏差、误动作显示、对称加工、节距误差补偿、齿隙补偿等各项功能的灵活性及准确性进行试验

① 其他数控指令包括利用插件、联机、手动数据输入装置的输入及利用操作盘上的按钮手动输入数控指令。

备注：可同时进行连续空载运转试验。

（2）空载运转试验　空载运转试验从最低转速开始，分阶段运转，直到最高转速。一般各阶段连续运转 30～60min。表 3-9 记录格式 1 列出规定测试项目（参照 JIS B6201 中表 2）。选用最低、中等、最高转速及快速进给，分别按表 3-10 记录格式 2 规定逐项进行测试。之后检查振动、噪声。当振动和噪声特别严重时，可参考 JIS B6003《机床振动测定方法》与 JIS B6004《机床噪声级的测定方法》进行试验。

表 3-9　记录格式 1

序号	测量时间 /min	主轴速度 /(r/min)		温度/℃			耗电（电源频率/Hz）		
		显示值	实测值	主轴承受温度		室温	电压/V	电流/A	空载功率/kW
				前端	后部				

表 3-10　记录格式 2

测定项目 进行速度		X 轴方向进给速度/(mm/min)		Y 轴方向进给速度/(mm/min)		Z 轴方向进给速度/(mm/min)		W 轴方向进给速度/(mm/min)		按数控指令 B 轴的转速/((°)/min)	
		给定值	实测值[1]	给定值	实测值[1]	给定值	实测值[1]	给定值	实测值[1]	给定值	实测值[1]
最低											
中等	无调整										
	有调整[2]										
最高											
快进											

① 记录速度及其方向。

② 进给速度调整机能动作时，在给定值一栏记录调整率（%）。

（3）连续空载运转试验　连续空载运转试验包括数控机床各种功能的控制介质（低带、磁带、磁卡等）或依靠其他方式的数控指令（NC）使机床连续运转 2h 期间内有无异常情况。

控制介质或其他方式 NC 指令至少应包括以下内容：

1）主轴速度（S），包括显示出的最低转速（n_{min}）、中等转速（n_{op}）、最高转速（n_{max}）。

2）进给速度（*F*），各轴要相互组合显示最低、中等、最高及快速进给。必须在移动距离的全范围内进行试验。

3）定位，各轴在移动距离的全范围内，可在任意位置上定位。

4）换刀（ATC），自动换刀装置ATC必须进行20次以上准确无误的自动换刀动作。

5）分度（*B*），试验回转工作台的自动分度。

注：工作台上无任何重物。

（4）负载运转试验

1）负载运转试验是进行下列切削功率试验。测定所需电功率；其次，观察振动、噪声及被加工面的状态（参照JIS B6201—1993中3.4）。若振动及噪声过于严重，则根据JIS B6003和JIS B6004进行试验。

2）切削为干式切削。

3）切削功率试验，即在高速切削时，检查对给定功率的承受力（即通称为强力切削试验）。根据下列条件进行铣削，测定所需功率，观察被加工面的状况（表3-11）。参照JIS B6201—1993中表3。

① 刀具。原则上从铸铁件用刀具相关标准规定选择。

② 工件材料。原则上使用灰铸铁用相关标准规定的FC20。形状、尺寸如图3-25所示。$L_1 \approx 2/3D$ 或 $L_2 \approx 2/3L_1$　其中 *D* 为回转工作台直径。L' 为回转工作台之边长，单位为mm。

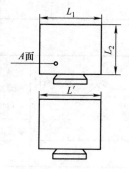

图3-25　形状、尺寸

③ 切削条件（即切削用量）：a. 切削速度 $v \approx 60 \sim 100\text{m/min}$；b. 切削深度 $t \approx 3\text{mm}$；c. 每个切削刃进给量 $s' \approx 0.1\text{mm}$、0.2mm、0.3mm、0.4mm、0.5mm；d. 切削宽度 $w \approx$ 铣刀直径 $\times 2/3\text{mm}$。

注意：当达到规定的强力切削给定功率时即可停止进给。如达不到规定功率时可增加切削深度 *t*（平均增加1mm）。

④ 切削方法：沿 *X* 轴和 *Y* 轴方向对工件进行铣削加工。

（5）数控机床试验

1）刚性试验见表3-12。

2）齿隙试验见表3-13。

3）空转试验见表3-14。

4）最小移动单位进给试验见表3-15。

5）原点复位试验见表3-16。

表 3-11　记录格式 3

序号	工件材料	切削条件							刀具直径	刃数	所需功率（电源频率/Hz）						刀具的种类及形状等等	被加工面的状态
		主轴转速 $n/(\text{r/min})$	切削速度 $v/(\text{m/min})$	切削深度 t/mm	进给速度 $f/(\text{mm/min})$	每刃进给尺寸 s'/mm	切削宽度 w/mm	切削体积/(cm^3/min)			电压/V	电流/A	负载功率 P/kW	空载功率 P_0/kW	切削功率 $P-P_0/\text{kW}$	每千瓦切削功率的切削体积/(cm^3/min)		

表 3-12　刚性试验

序号	试验项目	测定方法	备注
1	主轴、主轴头、立柱、底盘及工作台刚性	1）在主轴上的心轴和工作台之间、朝 X、Y、Z 轴方向加载，对主轴与工作台之间在 X–Z 平面及 Z–X 平面内相对倾斜度的变化进行测定相对倾斜度的变化，用 300mm 的直径的两端处试验指示器读数之差 2）荷重及加载的位置如下表所示 3）各运动部分处于紧固状态	JIS B6201 中第 4 章

表中嵌套表格：

主轴用电动机的规格/kW	荷重		荷重所加的位置	
	kgf	N	主轴端距离 L/mm	H/mm
3.7	160	(1569)		
5.5	240	(2353)		
7.5	320	(3138)		
11	470	(4609)	100	Y 轴方向活动量的 1/2
15	640	(6276)		
19	810	(7943)		
22	940	(9218)		
26	1120	(10983)		

表 3-13　齿隙试验

试验项目	测定方法	备注
主轴驱动系统的综合齿隙	1）对主轴速度变换装置给定最高、中等和最低三种转速，分别在正、反两个方向驱动主轴时，测定原动轴（即电动机轴）开始运动时主轴的转角 2）在正、反两个方向转动电动机轴时，测定主轴开始旋转 3）齿隙用主轴的旋转角表示	JIS B6201

表 3-14　空转试验

序号	试验项目	测定方法	备注
1	直线运动的空动	首先以正（或负）方向移动工作台，并以停止的位置为基准，在同方向给予指令使之移动①，测定该位置起给予反方向（负→正）相同指令而使之移动时停止位置与基准位置之差。在活动的中心点及两端的三处分别反复测定 7 次，求各处的平均值，以所求平均值中的最大值作为空动的测定值。空动试验在 X 轴、Y 轴、Z 轴及 W 轴方向②分别进行	JIS B6201
2	旋转运动的空动	首先以正（或负）方向旋转，并以停止的位置为基准，对同方向给予任意指令使其旋转①，测定该位置起，反向（负→正）以相同指令旋转时其停止位置与基准位置之差。此项测定在旋转范围内的任意三处反复进行 7 次，求各处的平均值，以所求平均值中的最大值作为空动的测定值	

注：1. 具备节距误差间隙补偿装置，齿隙补偿装置的可以使用它。

　　2. 测定某一轴时，其他运动部分原则上处于活动中心或稳定的位置。

　　3. 测定时，工作台上不放重物。

① 对移动或转动原则上都是采用快速进给，并且规定包括自动加速、减速的距离或角度。

② 其他数控指令包括利用插件、联机、手动数据输入装置的输入及利用操作盘上的按钮手动输入数控指令。

表 3-15　最小移动单位进给试验

序号	试验项目	测定方法	备注
1	进给运动时，每一脉冲当量的直线位移	快速进给，首先以正（或负）方向移动停止的位置为基准，在同一方向给出每个最小移动单位①的指令。约给出相当于 20 单位的距离时，测定各指令的停止位置。其次，从上述的最终测定位置开始起，在反向（负或正）给出最小移动单位指令，基本上复位到基准位置，测定各指令的停止位置并做图示 根据这些停止位置之值，求出相邻停止位置间的距离与最小移动单位①之差的最大值 本测定应在运动中心和两端共三处进行，以求得最大值作为测定值。最小移动单位进给试验在 X、Y、Z、W 等轴方向分别进行	JIS B6201
2	进给运动中每一脉冲当量回转转角	快速进给，首先以正（或负）方向旋转停止位置为基准，对同一方向给予最小移动单位指令①，仅在约 20 单位的角度运动，测定各指令位置。其次，从上述最终测定位置起，对负（或正）方向给出最小移动单位①指令，基本上复位到基准位置，测定各指令的停止位置，并做图示之 按这些停止位置的值，求相邻停止位置间角度与最小移动单位①之差的最大值 此项测定，至少在旋转范围内的任意三个地方进行，以所求值中的最大值作为测定值	

注：1. 具备节距误差补偿装置，齿隙补偿装置的可以使用它。

　　2. 测定某一轴时，其他运动部分原则上处于活动中心或稳定位置。

　　3. 测定时，工作台上无重物。

① 最小移动单位/最小给定单位时间，作为最小给定单位。

表 3-16　原点复位试验

序号	试验项目	测定方法	备注
1	直线运动的原点复位	从可能复位的 7 个位置分别进行一次原点复位[1]，测定其停止位置，以读出最大差值作为测定值。原点复位试验在 X 轴、Y 轴、Z 轴和 W 轴方向[2]分别进行	JIS B6201
2	旋转运动的原点复位	从可能复位的任意 7 个位置分别进行一次原点复位[1]，测定其停止位置，以读出的最大差值，作为其测定值	

注：1. 对没有原点自动复位功能的机床进行这项试验。

　　 2. 对于明确指示从主轴中心线、主轴端面、工作台面及工作台中心等。各基准面（或点）到原点的距离的测定距离。

　　 3. 具备节距误差补偿装置、凹隙补偿装置的，可以使用。

　　 4. 测定某一轴时，其他运动部分原则上处于活动中心或者稳定位置。

　　 5. 测定时，工作台上不加载。

① 对移动或转动原则上都是采用快速进给，并且规定包括自动加速、减速的距离或角度。

② 具备这些机能则机床可以运行。

3-24　日本工业标准（JIS）标准对数控机床精度检验有何规定？

答：日本工业标准（JIS）标准对数控机床精度检验规定有：

（1）静态精度检验　见表 3-17。

表 3-17　静态精度检验　　　　　　　　　（单位：mm）

序号	检验项目		测定方法	测定方法图	允许值
1	工作台 Z 轴方向运动的直线度[1]	a X–Y 面内	把工作台停止在 X 轴方向的移动中心，将精密水准仪装在工作台上，沿 Z 轴方向移动工作台。至少在工作台运动到中心及两端处三个点时，从精密水准仪上读出各方向的最大差值，作为测定值		0.04/1000
		b Y–Z 面内			0.04/1000
		Z–X 面内	把工作台停止在 X 轴方向活动中心，把直线定规装在工作台上使之固定，（如主轴）使试验指示器与之对应，沿 Z 轴方向移动工作台，以试验指示器读数的最大差值作为测定值[2]		500 范围内为 0.01

（续）

序号	检验项目		测定方法	测定方法图	允许值
2	工作台Z轴方向运动的直线度①	a X－Y面内	把工作台停止在Z轴方向的活动中心，用精密水准仪测定，将它装在工作台上，沿X轴方向移动工作台，至少在工作台运动到中心及两端处三个点时，以精密水准仪作为测定值		0.04/1000
		b Y－Z面内			0.04/1000
		Z－X面内	把工作台停止在Z轴方向的活动中心，把直线定规装在工作台上，并使之固定（如主轴头上）的试验指示器与之对应，沿X轴方向移动工作台，以试验指示器读数的最大差值作为测定值②		500范围内为0.01
3	主轴头Y轴方向运动的直线度	a X－Y平面内	把工作台置于X轴和Z轴方向的移动中心，放置直角定规，并将其固定之（如装在主轴头上），使试验指示器与其相对应。朝Y轴方向移动主轴头，以试验指示器读数的最大差值作为测定值③		500为0.01
		b Y－Z平面内	把工作台置于X轴和Z轴方向的移动中心，放置直角定规，并将其固定之（如装在主轴头上）。使固定试验指示器之最大差值作为测定值④		
4	工作台面上的直线度	a X－Y平面内	把直角定规置于工作台中心及靠近两端的三处，使之与试验指示器相对应，沿工作台移动。分别求出试验指示器上各个读数的最大差值，选其最大差值作为测定值。使用精密水准仪用两点连锁法进行同样的测定也可以代替上述试验②		500为0.015
		b Y－Z平面内			

（续）

序号	检验项目		测定方法	测定方法图	允许值
5	各轴向运动的相对垂直度[①②]	a $X - Y$ 轴平面内	把工作台置于 X 轴和 Z 轴的移动中心，并使放在工作台上的直角定规的一边与工作台沿 X 轴运动方向平行。其次使固定（如在主轴头上）的试验指示器与直角定规的另一边相对应，沿 Y 轴移动主轴头，以试验指示器上读数的最大值作为测定值		300 为 0.015
		b $Y - Z$ 轴平面内	把工作台置于 X 轴及 Z 轴之移动中心，并使置于工作台上的直角定规的一边与工作台沿 Z 轴运动方向平行。其次，使固定（如在主轴头上）的试验指示器与直角定规的另一边相对应，沿 Y 轴移动主轴头，以试验指示器上读出的最大差值作为测定值		300 为 0.015
			把工作台置于 X 轴方向的移动中心，并使置于工作台上的直角定规一边与工作台沿 X 轴的运动方向相平行。其次使固定（如在主轴头上）的试验指示器与直角定规的另一边相对应，沿 Z 轴移动工作台，以试验指示器上读数的最大差值作为测定值[⑤]		300 为 0.015
6	X 轴方向运动与工作台上表面的平行度检测		把直角定规置于工作台上，使固定的（如在主轴头上）试验指示器与之对应，沿 X 轴方向移动工作台，以试验指示器上读数的最大差值，作为测定值。对于旋转工作台，以其原点为基准按 90°划分，在各位置上进行这一测定		500 为 0.02
7	Z 轴方向运动与工作台上表面的平行度检测[①]		把直角定规放在工作台上，使固定的（如在主轴头上）试验指示器与之对应。沿 X 轴方向移动工作台，以试验指示器上读数的最大差值为测定值。对于旋转工作台，以其原点为基准按 90°划分，在各位置上进行这一测定		500 为 0.02

（续）

序号	检验项目		测定方法	测定方法图	允许值
8	旋转工作台表面的振动⑥		把固定的（如在主轴头上）试验指示器对准装在旋转轴上的测定模块。以旋转台原点为基准，按 90°划分，在各位置上读取读数。以其最大差值作为测定值		工作台直径为 500 时为 0.02
9	X 轴方向运动与工作台基准"T"形槽侧面的平行度检测		把直角定盘装在工作台上，使其突起处对准基准"T"形槽侧面，将固定的（如在主轴头上）试验指示器对准直角定盘的垂直面，移动工作台，以试验指示器读数的最大差值作为测定值		500 为 0.02
10	X 轴方向运动与工作台侧面基准面或边界定位器基准面的平行度检测		把固定试验指示器（例如固定在主轴头上的千分表等）对应于工作台的侧边基准面，使工作台移动，以试验指示器的读数的最大差值，作为测定值		500 为 0.02
11	主轴在 Z 轴方向的窜动检测		把试验心棒嵌入主轴孔里，其顶端与试验指示器对应，以主轴旋转时，指示器上读数的最大差值作为测定值		0.01
12	工作台 Z 轴方向的运动与主轴中心线的平行度测试①⑦	a Y–Z 平面内	把工作台置于 X 轴方向的移动中心、使固定在工作台上的试验指示器对准嵌入主轴孔中的试验心棒。移动工作台，以试验指示器上的读数最大差值为测定值		300 为 0.015
		b Z–X 平面内			300 为 0.015
13	主轴孔内表面的振动⑦		在主轴孔内嵌入试验心棒，使试验指示器与试验心棒之孔口及心棒端面处相对应		试验心棒的孔口处为 0.01

（续）

序号	检验项目	测定方法	测定方法图	允许值
14	旋转工作台分度的垂直度检测[6]	把直角定规的一边与工作台 X 轴的运动方向相平行，旋转固定在工作台上的平台，每隔90°处的四个地方，使固定的试验指示器（如固定在主轴头上的千分表）与直角定规的另一边相对应，沿 X 轴方向移动工作台，求出试验指示器上读数的最大差值，以其最大值作为测定值		300 为 0.01

① 对于沿 Z 轴方向运动的立轴可使用本方法。

② 试验指示器在直线定规两端处的读数要一致。

③ 立柱进行 X 轴方向运动的，均可使用本方法。

④ 放置直角定规时应注意必须使用两端与试验指示器上的读数一致。

⑤ 测定时，旋转工作台要固定在分度的位置上。

⑥ 适用于以原点为基准每隔90°划分的试验。

⑦ 这一测定涉及主轴旋转试验心棒全长范围内的各个测定面上的试验指示器的读数，以显示其振动接近中间值的旋转位置为基准。

（2）随动夹具精度检验

1）关于随动夹具精度检验的一般事项如下：①检验适用于使用三个以下随动夹具的机床；②检验时对附属的随动夹具分别进行；③测定时，随动夹具的状态是装在机床上并紧固在规定的位置上。

2）随动夹具本体的精度，见表3-18所列。

表3-18　随动夹具本体的精度　　　　　　　　　　（单位：mm）

序号	检验项目		测定方法	测定方法图	允许值
1	随动夹具上的直线度[1]	$X-Y$ 平面内	以旋转中心对随动夹具分度，把直角定规放在随动夹具的中间及靠两端共三个地方，使试验指示器沿随动夹具上面移动，分别求出其各个读数的最大差值，并以其最大值作为测定值[2]，使用精密水准仪，用两点连锁法进行同样的测定也可以代替上述方法的检测		500 为 0.015
		$Y-Z$ 平面内			随动夹具的上边不能取中等高度

（续）

序号	检验项目	测定方法	测定方法图	允许值
2	X 轴方向的运动与随动夹具上边的平行度检测③④	在随动夹具上装上直角定规（如在主轴头上），对应固定的试验指示器（如千分表）使随动夹具沿 X 轴方向移动，求出试验指示器上读出的最大差值作为测定值。这一测定在以随动夹具旋转中心为标准，按 90° 划分的各位置上进行测试		500 为 0.025
3	Z 轴方向的运动与随动夹具上边的平行度⑤	在随动夹具上装上直角定规（如在主轴头上），对应固定的试验指示器（如千分表）。使随动夹具沿 Z 轴方向移动，以指示器上读出的最大差值作为测定值。这一测定在以随动夹具旋转中心为标准，按 90° 划分的各位置上进行测试		500 为 0.025
4	随动夹具的振动⑥	把固定的（如主轴头上）试验器，对准装在随动夹具上的测定模块，在以随动夹具旋转中心为基准，按 90° 划分的各个位置上取读数，以最大的读数差值作为测定值		直径 φ500 为 0.025
5	X 轴方向运动与边界定位器基准面的平行度③⑦	把固定的（如主轴头上）试验指示器的基准面，使随动夹具移动，以最大的读数差值作为测定值		300 为 0.015
6	边界定位器基准面与旋转中心的距离	在旋转中心对随动夹具分度，把装在夹具上的标明绝对尺寸的测定规的一端对准边界定位器的基准面，在另一端通过模块固定的（如主轴头上）试验指示器，从 Z 轴方向起相应取读数，求随动夹具分度为 180° 时与试验指示器之差的 1/2 的数，以绝对尺寸对标准尺寸的误差补偿值为测定值。这一测定对长短两个方面的边界定位器进行	夹具	± 0.02

① 进行检验时，原则上不能检验表 3-17 的项目 4。
② 试验指示器在直线定规两端处的读数要一致。
③ 立柱进行 X 轴方向运动的，均可使用本标准。
④ 进行检验时，原则上不能检验表 3-17 的项目 6。
⑤ 进行检验时，原则上不能检验表 3-17 的项目 7。
⑥ 检验时，原则上不能检验表 3-17 的项目 8。
⑦ 检验时，原则上不能检验表 3-17 的项目 10。

3) 关于一个随动夹具交换的重复精度，见表 3-19。

表 3-19　重复精度　　　　　　　（单位：mm）

检查项目	测定方法	测定方法图	允许值		
随动夹具交换的重复精度	把机床定在随动夹具交换的位置上，从 X 轴、Y 轴、Z 轴方向起，分别通过块规，使固定的试验指示器与夹具对应。随动夹具交换循环 3 次，以试验指示器读数的最大差值作为每个轴（方向）的测定值		X 轴方向	Y 轴方向	Z 轴方向
			0.02	0.02	0.02

注：试验指示器对应的位置，除边界定位器基准面外，选择随动夹具侧面或夹具交换时不妨碍测定的位置。

4) 随动夹具交换的相互差，表 3-20 中列出了随动夹具交换的相互差。

表 3-20　相互差　　　　　　　（单位：mm）

检验项目	测定方法	测定方法图	允许值
随动夹具	有关由检验所求的 Y 轴方向的读数，从所有附属夹具的最大允许差值作为测定值	（略）	0.03

(3) 定位精度检验　定位精度检验见表 3-21。

表 3-21　定位精度检验　　　　　　　（单位：mm）

序号	检验项目	测定方法	测定方法图	允许值	
1	直线运动的定位精度[①]	先按正向（或负向）进给一段后停止，以此点为基准，原则上仍朝同一方向快速进给。按表中规定之方向间隙顺序位置定位。按各个位置测定。从基准位置起实际移动距离与应移动距离之差，求这些基准长度内的最大差值。这一测定基本上在移动量的范围内进行，将所求的最大差值中的最大值作为测定值。定位精度的检验分别按 X 轴、Y 轴、W 轴方向的正负方向进行 表：移动量／测定间隙（≈）／标准长度 1000 以下／50 超过 1000／100／300 全长	 标准尺　测微显微镜	移动量 1000 以下：0.05 超过 1000：0.08 标准长 300 为 0.025	移动量 超过 1000

（续）

序号	检验项目	测定方法	测定方法图	允许值
2	旋转运动的定位精度	首先朝正（或负）方向旋转，使之停止，以该位置为基准，原则上朝同方向快速进给，在整个旋转范围内约30°顺序定位，在各个位置测定从基准位置起实际旋转角度与应旋转角度之差 以旋转一周中这一组值的最大差值为测定值 定位精度的检验分别按旋转运动的正负方向进行		40″

注：1. 具备间距误差补偿装置，节距补偿装置的，可用它们进行。

　　2. 测定某一轴时，其他运动部分原则上处于中心或稳定位置。

　　3. 测定时，工作台上不加载。

① 允许值适用于最小移动单位，对直线运动在0.01mm以下，或者对旋转运动在0.005°以下。

（4）重复精度检验　表3-22为重复精度检验项目。

表 3-22　重复精度检验　　　　　　　　　（单位：mm）

序号	检验项目	测定方法	测定方法图	允许值
1	直线运动的重复定位精度	原则上快速进给，以任一点为标点，从相同的方向起按同一条件重复7次定位测定停机位置，求出读数最大差值的1/2。标点选定在活动中心及两端的各位置上。以所得的三个测点中的最大值（±）作为测定值。重复定位精度的检查在X轴、Y轴、Z轴及W轴的正负方向分别进行		±0.01
2	旋转运动的重复定位精度检测	原则上快速进给时，以任一点为标点，从相同方向按同一条件重复7次定位测定停机位置，求出读数最大差值的1/2 标点选在旋转范围内任意三个位置上，以三个值中的最大值（±）作为测定点。重复精度检验时，对旋转运动的正负方向分别进行		±10″

注：1. 装有节距误差补偿装置、间距补偿装置的，可以使用它进行检验。

　　2. 测定某一轴时，其运动部分原则上处于移动的中心或稳定的位置。

　　3. 测定时工作台上无载荷。

　　4. 快速进给，包括对距离和角度自动加减速。

（5）工作精度检验　表 3-23 列出了工作精度检验项目、内容及方法。

表 3-23　工作精度检验项目　　　　　　　　　　　　（单位：mm）

序号	检验项目	测定方法	测定方法图	允许值	
1	镗削精度（工作台进给、立柱进给或主轴进给）	把工件装夹在工作台上，对工件上的 d 孔朝 Z 轴方向移动工作台（或者立柱）或加工约 120 的长度，在通过轴线的角度隔约 45°角的四个平面内，测立两端的 a、c 点及中心的 b 点等 13 个点之直径，求各点 4 个直径的最大差值以其作为圆度的测定值，求过轴线的同一平面内 3 个直径的最大差值，以其最大值作为圆柱度的测定值	1. A 面 2. 直径≈80 3. ≈20 4. ≈20 或 ≈120 5. ≈20 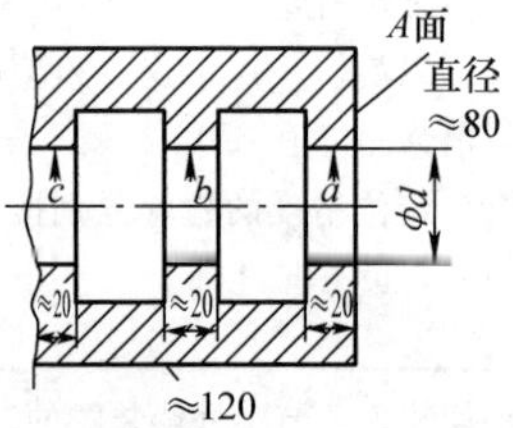 	圆度 0.01	圆柱度 100 为 0.01
2	立铣面加工精度（X-Y 面内）	工件装夹在工作台上，按图示方向加工，对图示的 8 个点测定平面度。其次，测定加工开始与加工结束的线段差	1. 切削方向① 2. 测定点 3. 立铣刀直径 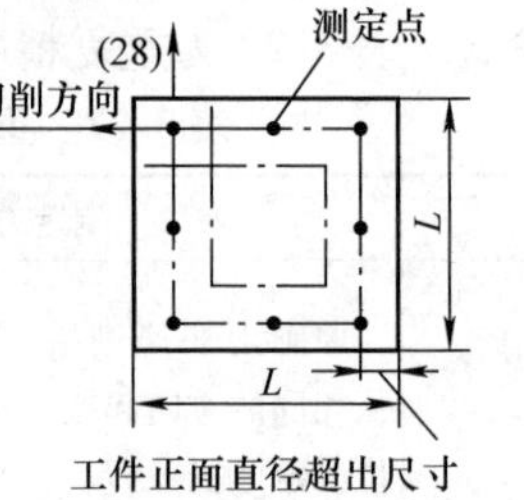 工件正面直径超出尺寸	旋转工作台直径平面度 630 以下超过 630	段差 0.01 0.15
3	用立铣加工 4 个面的精度（X-Y 面内）①②	把工件装在工作台上，与工作台成 90°划出图示的 A 面、B 面、C 面、D 面进行加工，使固定板上的等高块靠到加工面上，将加工面上的试验指示器沿固定板上的直角块规移动，求各平面两端中试验指示器读数之差，以其最大值作为垂直度的测定值 其次，分别对 A 面、C 面之间和 B 面、D 面之间求中心与两端距离的最大差值，作为平行度的测定值	1. 立铣刀直径 $\frac{2}{3}X$ 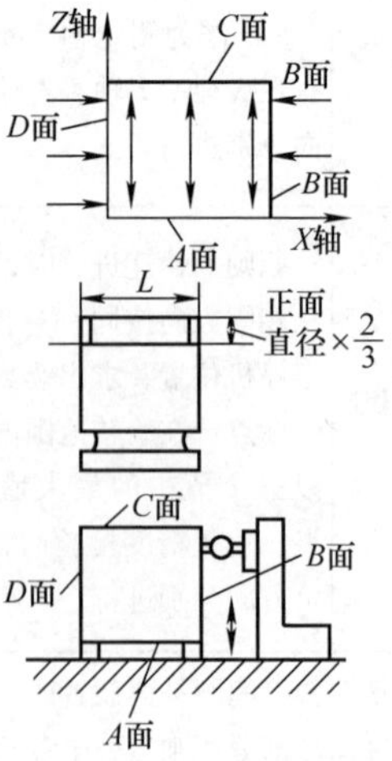 2. A 面　4. C 面 3. B 面　5. D 面	300 为 0.2	300 为 0.03

（续）

序号	检验项目		测定方法	测定方法图	允许值	
4	镗削的定位加工精度与孔径的偏差	节距精度	把工件装夹在工作台上，用快速进给从相同方向定位，每次自动交换相同的刀具，镗削图示的 4 个孔。每个孔所在位置的 X、Y 坐标以孔为基准进行测定，以各轴向孔节距与指令值之差的最大值作为测定值 　　对角线方向的孔节距，根据各轴向的坐标测定值通过计算求出	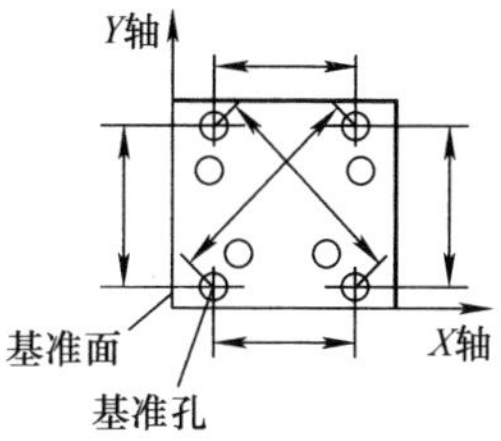	旋转工作台直径或单边长度 630 以下超过 630	各轴方向 200 为 0.025 400 为 0.035
		孔径的偏差	对每个孔基本上以相同的深度测定 X 轴、Y 轴方向的直径，以其最大差值作为测定值		0.02	
5	端铣加工侧面的精度		把工作物装在工作台上按 X 轴、Y 轴方向进给对外表面进行加工，测定直线度、平面度、面间的尺寸差和垂直度 　　直线度是求对应加工面的试验指示器，沿着基准面（如直角规）移动时读数的最大差值。对所有面进行这一测定以其最大值作为直线度的测定值。平行度是分别对 A 面、C 面间和 B 面、D 面间求各中心与两端距离的最大值，以其最大值作为测定值。面间尺寸差是分别测定 A 面、C 面间和 B 面、D 面间各中心的距离，以其差值作为测定值。垂直度是把工件立在固定板上的等高块上使对应加工面之试验指示器，沿着固定板上的直角块规移动，求出试验指示器读数的最大值。对所有面进行这一测定，以其最大值为垂直度的测定值	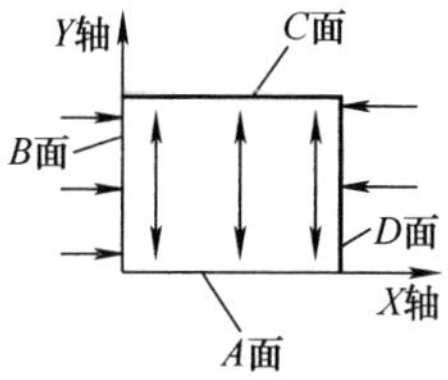 直线度 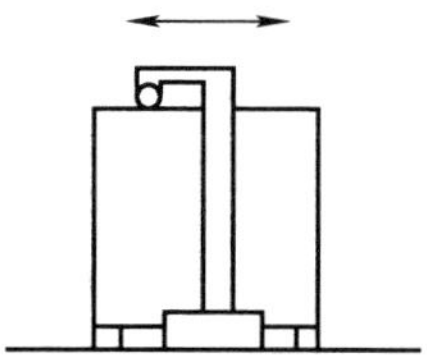 垂直度 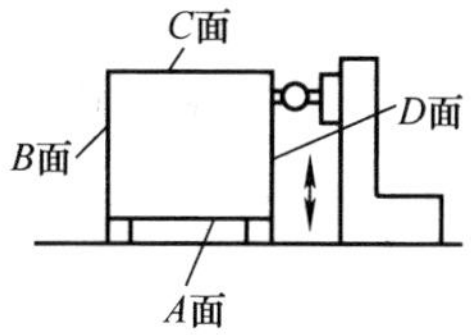 	直线度 300 为 0.015 ｜ 平行度 300 为 0.03 ｜ 面间尺寸差 0.05 ｜ 垂直度 300 为 0.03	

（续）

序号	检验项目	测定方法	测定方法图	允许值		
6	端铣（直接插补）加工的精度	把工件的 A 面与 X 轴倾斜成 30°角安装在工作台上，进行外表面加工，测定直线度、平行度、与垂直度 直线度是与加工面相对的试验指示器沿着基准面（如直定规）移动时，求出的最大差值的读数。在所有面进行这一测定时，以其最大值作为直线度的测定值 平行度是对 A 面、C 面间和 B 面、D 面间分别求出各个中心与两端距离的最大差值以其最大值作为测定值 垂直度是把工件立在固定板的等高块上，沿着该板上的直角规移动相对于加工面的试验指示器读出的最大差值在所有面上进行这一测定，以其最大值作为垂直度的测定值	垂直度	直线度 300 为 0.02	平行度 300 为 0.04	垂直度 300 为 0.04
7	端铣圆弧插补加工的精度	把工件装在工作台上，按图示进行外圆加工，装在主轴③的试验指示器对应于加工面旋转在互相垂直的两条直径的两端读数分别一致时，以主轴一次旋转中试验指示器读数的最大差值作为测定值		0.04		

① 没有规定开始加工的位置和加工方向。

② 从 A 面的基准点开始加工。

③ 称为机床主轴或测定机器的主轴。

注：1. 序号 1~4 的工件，如图 3-26 所示。

2. 序号 1~4 的加工条件适当规定。但最后一刀加工深度小于 0.2mm。

3. 序号 1、2 所用刀具适当规定。

4. 序号 3、4 所用刀具，其直径是刀具箱能容纳的最大直径。

5. 图 3-26 是序号 5 的工件。图中用（ ）表示的数值是旋转工作台直径或一边长度超过 630mm 时的工件尺寸。

6. 图 3-26 中工件下部的孔已加工完毕。

7. 序号 5 的对角线方向的孔距如图 3-27 所示，可用 $L = L_X^2 + L_Y^2$ 求得。

8. 序号 5 的刀具原则上采用超硬度车刀，适当选定刀型。

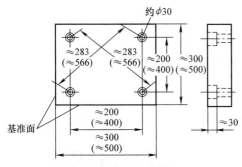

图 3-26　工件下部的孔加工

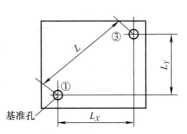

图 3-27　对角线方向的孔距

9. 序号 5 的切削条件：切削速度 $v \approx 70 \sim 100\,\text{mm/min}$；进刀深度 $t \approx 0.2\,\text{mm}$ 以下；一次旋转进给量 $S \approx 0.1\,\text{mm}$。

10. 序号 5~7 的工件条料：工件材料原则上使用 FC-20 或 FC-25。

11. 序号 6、7 的工件：如图 3-28 所示。

12. 序号 6、7 的刀具：该刀具原则上是超硬度莫氏锥柄立铣刀或锥柄立铣刀的公称尺寸为 30~40mm。

13. 序号 6 的切削条件：切削速度 v 适当决定；切削深度 $t \approx 0.2\,\text{mm}$ 以下；进给速度 $f \approx 150\,\text{mm/min}$ 以下；每次走刀的进给量 $S' = 0.05 \sim 0.1\,\text{mm}$；切削幅度 $b \approx 20\,\text{mm}$。

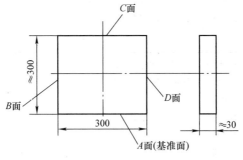

图 3-28　工件 6、7 尺寸

14. 装有节距误差补偿装置，间距补偿装置的可以使用。表 3-24 所表示的工作精度检验仅供参考。

表 3-24　工作精度检验　　　　　　　　　　（单位：mm）

序号	检验项目	测定方法	测定方法图	允许值
1	攻螺纹的精度	把工件装在工作台上，攻螺纹。螺纹的精度检验是嵌进螺纹量规靠目测进行螺纹的深度是把螺纹量规的嵌进深度与指令值之差，换算为节距，作为测定值	螺纹直径M1.5	2 级螺纹 ±1 节距

（续）

序号	检验项目	测定方法	测定方法图	允许值
2	反转镗削的精度	把工件装在工作台上，从任意位置开始，朝 X 轴正负方向原则上快速进给①把主轴中心定位在旋转台的中心上，对 C 面进行加工，加工长度约为 20 其次，将工作台旋转 180°，以上述方法再次把主轴中心定位于旋转工作台中心上，对 A 面加工长度约120mm②。把装在主轴上的试验指示器对准孔的内表面，以朝 Z 轴方向移动工作台或立柱时，在试验指示器上 a 与 b 读数之差作为测定值 测定在 $Z-X$ 面和 $Y-Z$ 面内两方向进行。检验中，最早确认主轴中心与工作台旋转中心重合后开始加工		同心度 0.05

注：1. 序号 1 的工件材料原则上是选用 FC20 或 FC25，所用刀具和切削条件适当确定。

另外，螺纹是 M12 与 M24，加工孔数量分别为 5 个左右。

2. 序号 2 的工件如图 3-25 所示。

3. 序号 2 的切削条件适当确定，但最终加工深度在 0.2mm 以下。

4. 序号 2 的使用刀具适当确定。

① 快速进给含自动加速、减速的距离。

② A 面的加工可以兼做表 3-23 中序号 1 的加工。

第4章 机床的数控系统

4-1 什么是机床的数字控制系统？数控系统都包括哪些装置？

答： 机床数字控制系统简称数控系统（numerical control system），它是近代发展起来的一种自动控制技术。一开始就应用在对机床运动及其加工过程进行控制的一种方法。

1）实质上，数控系统就是一种控制系统，它可以自动阅读输入载体上事先给定的数字量，并自动地将其译码及输出符合指令的脉冲，从而使机床运动并加工出合乎要求的高质量零件。

数控系统中的数控装置相当于一台或多台专用的计算机，它是数控机床的核心构成部分。

2）数控系统包括：控制介质与阅读装置、输入与存储装置、译码与运算装置、输出与随动装置、测量与监控装置、显示与操作装置等，组成了一个完整的控制系统。这些装置还要在软件系统的支持下，才能正常工作。

由于 NC 装置是由各种逻辑元器件、记忆元器件组成的随机逻辑电路，它是由固定接线的硬件结构所构成，即基本上由硬件来实现数控功能。因此它不是一个柔性可变的装置，也就是说如果要对其已有的功能进一步扩展或改变，那是非常困难的也是不适宜的。这一点说明了这种数控装置是数控技术初步发展时的产物，由于当时的元器件多为晶体管分立式元器件，少数由一些厚膜电路构成，接线基本上是固定的，因而可靠性不高，同时功能也受限制。整个装置与机床合而为一是有相当的困难，所以它也不能与机床构成机电一体化。但它毕竟比初期诞生的数控装置要进步很多，如果去掉了电子管代之以晶体管，使得工作得以连续进行，能耗也大大降低，占地面积大为减小；可靠性有了相对提高，功能也相对扩展不少。

总之，NC 装置应从上述特点中与计算机数控（CTC 系统或 MNC 系统）区别开来。它代表了一个历史进程中某一阶段的典型结构，这对维修和技术改造提供了参考。

4-2 随着数控技术的不断发展，数控系统有哪些变化？

答： 随着微电子元器件的不断更新换代，数控系统也跟着不断发展，因此 NC 系统已成为一个统称，它包含了最初硬件为主的数控装置，也包括了后来的计算机（小型机）数控装置（即 CNC 系统），进而将微机引入数控装置，构成了 MNC 系统。随着 PC 的进一步普及应用，以 PC 为基础的数控系统是以软件为主体的数控系统发展，如图 4-1 所示。近年来，5G 技术在数控系统中已具有自适应、自学习的智能化功能。

从 20 世纪 50 年代开始，数控装置以晶体管、硬膜电路为主体，且大部分功能由硬件完成；60～70 年代，以小型计算机取代分立式元器件数控装置，功能也大为增强；70～90 年代，计算机随集成电路的微型化，逐渐形成了微机专用系统，不但功能增强、可靠性增加、成本下降，而且还与机床构成机电一体化产品；从 90 年代直到跨入 21 世

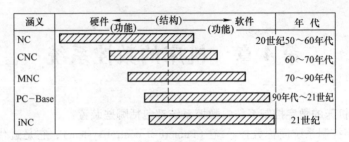

图 4-1　NC 技术发展

纪后，开放式数控及 PC Base 的数控技术使硬件标准化、模块化，而且软件功能占绝大比重，使计算机数控进入了新的境界，同时 5G 技术在数控应用中建立智能化制造体系奠定了基础。

4-3　什么是数控装置中所用的数制？

答：在数字控制装置中，各种控制量（如位移速度、转矩、逻辑顺序等）都要转换成数字量的形式，并通过数字量的接收、传递、运算等去控制生产机械与生产过程。而这些数字量又是以电子开关元件不同的状态来表示的，所以在数控中，选择恰当的数来表示，也就是数控装置所用的数制，这对于简化装置结构、提高装置可靠性、实现设计构想都是十分重要的。

由此可见，开关电路、布尔代数的逻辑运算和二进制的数值表示这三者是构成数控装置最初实现人类对机床数控的基本要素——数制。

数控装置中表示数的方法为码制，共有三种，即原码、反码与补码。采用补码与反码的目的是将减法运算变为加法运算。

数控装置中常用的码制（编码）有二进制～十进制数的"8421 码"和"余 3"代码、奇偶校验码、循环码等编码方式。

4-4　什么是国际通用的纸带代码？EIA 代码与 ISO 代码有什么区别？

答：数控装置通常采用国际通用标准，20 世纪 60 年代美国电子协会制定了 EIA 代码；1966～1971 年，国际标准化机构数控机床分会审定了 ISO 代码。代码实际上是数控系统的"语言"，采用了统一代码，数控系统就有了统一的"语言"。各种机床都用一种代码编制程序，便利了用户操作与维修。

比较 EIA 和 ISO 两种代码，可看出它们在"数字""字母"及其他"符号"在孔位上有区别。ISO 在纸带上易于识别与译码。

4-5　数控装置的工作过程怎样？有哪些重点环节？

答：数控装置的工作过程是通过控制介质上的 EIA 或 ISO 代码将程序输入给光电阅读装置，或将加工程序通过通信协议传输给数控系统，经过奇偶校验后信号读入寄存器，再进行 10 翻 2 运算送入坐标寄存器及乘加寄存器进行插补运算。刀具长度补偿量运算，对强电发出 S、M、T 控制信号，将运算结果送入伺服驱动中经分配器使机床运动部件驱动。控制器的作用是综合协调发出同步及时序脉冲使动作统一与协调。

因此，数控装置重点环节在三个方面，即输入、运算和控制。

（1）输入装置　由 U 盘、数据卡、网络通信构成。此外，还有手动数据输入方式（MDI 操作）。如果 G、S、M、T 功能等一切指令皆可输入，可称为全手动输入。其存储指令信号的介质有旋转开关、拨码开关及按键等。

若有一台计算机控制数台数控机床时，可用计算机耦合线路直接由计算机的 I/O 装置与数控装置通过接口输入。

（2）运算装置　在数控机床中的运算装置主要是进行"插补运算"，也称为"脉冲分配计算"。由于插补计算有多种方法，如"逐点比较法""挂线法""数字乘法器"及"数字积分法"等，所以具体运算装置应与计算方法相配套。

（3）控制装置　前边的信号输入及插补运算的全过程，都是在控制器的控制指令下进行的。控制器的设计与制造是根据具体机床对数控装置的专门要求而进行的，因此数控装置的用途不同，控制器的组成也各异；即使同一用途的数控装置，也因人们对问题的出发点与处理方式不同，使其逻辑结构有所差别。

控制器主要是一个时间节拍概念，使各类机床的操作要求自动地按一定次序进行一连串运算和动作。控制方式通常有同步控制、异步控制与联合控制等三种方式。

4-6　CNC 装置（即计算机数控装置）的硬件构成部分有哪些?

答：CNC 装置的硬件构成部分可如图 4-2 所示，包括 CPU（中央微处理器）、总线（Bus）、存储器（RAM、EPROM）、输入输出接口（I/O）、输入与显示器、位置控制单元与速度控制单元、PLC 可编程序控制器等。

目前所应用的 CNC 装置已不是 20 世纪 60 年代的小型计算机系统，而是以微处理机为核心的微机数控系统（MNC）或以 PC 为核心的开放式数控系统。在结构上基本可分为两大类，即单微处理机结构和多微处理机结构。前者经济价廉、易于推广；后者可适应于对数控功能要求较高、精度严格的生产系统。

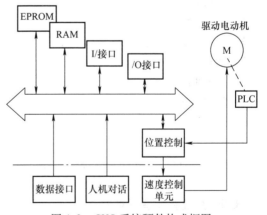

图 4-2　CNC 系统硬件构成框图

4-7　CNC 系统是由哪些部分组成的?

答：计算机数控系统（CNC 或 MNC）是由以下六大部分组成：

1）软件程序；指由手工或自动编程机编制的零件加工程序。

2）输入输出设备。

3）数控装置（中、小型机或微机）。

4）可编程序控制器（PLC）。

5）主轴驱动装置。

6）进给驱动装置。

这个系统习惯上称 CNC 系统，可用方框图将系统的构成表示，如图 4-3 所示。

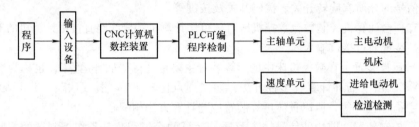

图 4-3　CNC 系统构成方框图

虽然，CNC 装置是用软件来实现部分或大部分数控功能，且具有良好的柔性与可靠性；其功能具有良好的扩展性，但仍属于专用的（数控）计算机。

4-8　CNC 装置是如何工作的？

答：CNC 装置的工作过程可归纳为九个方面：

1）程序输入。

2）译码。

3）刀具补偿。

4）对进给速度进行处理。

5）插补运算处理。

6）I/O 处理。

7）位置处理。

8）显示。

9）自诊断处理。

其运行工作过程是软件在硬件的支持下运行。

4-9　CNC 系统有哪些优点？

答：CNC 系统有六大优点：

（1）具有很好的柔性　与 NC 系统相比较，可以明显地看出 CNC 系统是依靠软件（不靠硬件）来满足不同类型机床的各式各样要求，具有良好的"柔"性与"灵活性"，它不但省时、省钱，而且也大大地延长了数控系统的使用期限。NC 系统就不可能做到这些，因为一旦逻辑电路以固定接线的硬件结构实现要求功能后，就难以改变和扩展。

（2）具有很好的通用性　由于 CNC 系统的硬件结构有多种形式，如采用模块化结构，就易于扩展满足要求的特定功能，更可以靠软件来实现这些特定功能。采用了标准化接口以后更使用户和制造厂方便地改变和扩展功能，因此通用性极强。对于培训、学习、掌握、消化这种系统也十分方便。

（3）增强和扩展了数控的功能　因为 CNC 系统具有计算机的高度计算能力，实现许多复杂的数控功能比较容易，如二次曲线的插补运算、固定循环、米制 - 英制转换、坐标的偏置、图形显示与刀具补偿、人机对话和自诊断故障等，大量的应答式开关系统的辅助功能均可编入程序之中，且采用子程序时使编程工作大为简化。

（4）提高了数控系统的可靠性　由于加工零件的加工程序采取一次性输入、核对与校验，不像 NC 系统由纸带一段、一段输入，因此使加工过程的正确性、可靠性有了保障。

（5）方便了系统的维修与使用　当数控系统出现工作不正常或停机时，CNC 系统均有故障自我诊断系统，届时会报警，显示并指出故障源的部位，使维修工作节省大量时间，也减少了停机时间。由于 CNC 系统有零件程序编辑功能，有些还有对话功能，因此不但减少了编程的工作量，而且也不需要有很高水平的编程人员完成零件加工的程序编制。对于编制好的程序，还可显示刀具轨迹，更加方便于检查程序的错误，及时予以修正。

（6）易于实现机电一体化　因为 CNC 系统目前大多采用 VLSI（超大规模集成电路），从而使结构板尺寸明显偏小。整个装置的空间占有尺寸大为减少，很方便地进入机床内部与机械结构形成整体，从而实现机电一体化目标。生产面积的减少，不但方便设备的管理与调度，而且大大增加了企业生产效益，使企业进入良性循环。

4-10　一般 CNC 装置输入的内容是什么？输入有哪几种形式？

答：一般对 CNC 装置输入的内容包括被加工零件的程序、控制参数、补偿数据等。

输入的形式有光电阅读机纸带输入、键盘输入、磁盘输入及连接上级计算机的 DNC（直接数控）接口输入等形式。

从 CNC 装置工作方式分类有：存储工作输入方式和 NC 工作方式输入两大类。前者是将零件程序一次全部输入到 CNC 装置内部的存储器中，等加工开始后再从存储器把一段段程序调出来。而 NC 方式是指 CNC 装置一边输入、一边加工，即在前一个程序段正在加工时，输入后一个程序段的内容。CNC 装置在输入过程中还要完成无效码的删除、代码的检验及代码的转换等工作。

图 4-4 为当时采用光电阅读机的工作过程示意图。

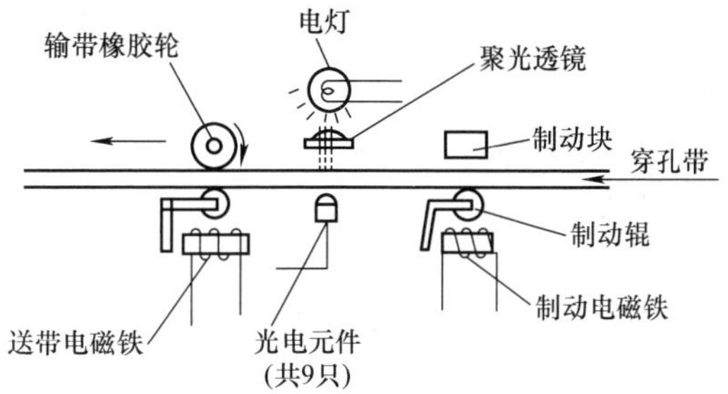

当时采用有国产 BWS - 1 型、

图 4-4　光电阅读机工作过程示意图

GD 型及 SG - 8A 型等光电阅读输入机，带速由 200 行/s 到 1200 行/s，5 ~ 8 孔单位通用。结构是由聚光透镜使电灯光照射在穿孔带上，下面的光电元件可查出孔的有无。当穿孔带移动时，光电元件送出信号幅值较小，且波形接近正弦波，因此必须放大整形，如采用 HM – 6108 – GD 厚膜电路进行放大整形。

4-11　CNC 系统的运算部分工作内容有哪些?

答: CNC 系统运算部分工作内容，除了上题所述的输入、译码外，还有刀具补偿计算（包括程序段之间的自动转接及过切削判断）、进给速度处理（将合成速度分解为各坐标方向上的分速度）包括机床允许的最高与最低速度处理，加上依靠软件的自动减速处理进行插补运算（在已知起点与终点的曲线上进行"数据点的密化"），如图 4-5 所示。

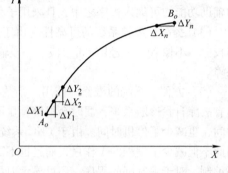

图 4-5　数据点的密化插补运算图

4-12　CNC 装置具备哪些功能?

答: CNC 装置具备的功能比 NC 装置功能增添不少，因为它是通过软件实现的，因此非常适合柔性制造系统（FMS）及计算机集成制造系统（CIMS）的需要。

CNC 装置的功能分为基本功能配置及选择功能配置。主要功能如下:

1）控制功能指能够控制的轴数及同时（即联动）控制的轴的数目，一般可达 3 轴以上。

2）准备功能通称为 G 功能，包括机床基本移动、程序暂停、平面选择、坐标设定、刀具补偿、基准点返回、固定循环、米 – 英制转换等。

3）插补功能，由于插补时，实时性要求很强，NC 装置通过硬件实现插补功能实时性较好，但 CNC 装置通过软件实现就需要一个运算过程，为了适应实时性要求，常把插补分为两步走，即粗插之后再精插。

CNC 装置可以完成直线插补、圆弧插补、抛物线插补、极坐标插补、正弦插补、圆筒插补及样条插补等功能。运算方法可用逐点比较、数字积分（DDA）、矢量法和直接函数运算法等。

4）固定循环功能，这种固定循环程序相当于一个指令束，可以大为简化编程的工作量，用在螺纹加工、钻孔、深钻孔、镗孔及攻螺纹等工序。

5）进给功能包括切削进给速度、同步进给速度（前者指每分钟进给量，后者指主轴每转的进给量）、快速进给及进给倍率（0 ~ 200% 变化每档为 10%）。

6）主轴功能包括主轴每分钟转数的设定指令及正、反转、准停指令等。

7）辅助功能包括主轴的起动和停止，切削液泵的通、断，刀库的起、停等。

8）选刀功能及工作台分度功能。

9）补偿功能，刀具长度及直径补偿。

10) 字符、图形显示功能　配置 9in 或 14in CRT（显示装置），可进行人机对话等。

11) 自诊断功能可防止和缩小故障范围，出现故障可查询显示，可进行远程通信。

12) 通信功能备有 RS232 接口及 DNC 接口并设有缓冲存储器。有些 CNC 装置可与 MAP（制造自动化协议）相连，接入工厂的通信网络，实现 FMS 及 CIMS 要求。

13) 自动在线编程功能，有些 CNC 装置可按零件工作图直接自动编程，或在线人机对话应答翻转画面完成编程，对刀具和切削条件自动选定，非常方便。

上述功能中 1) ~ 8) 都是基本功能配置，在 CNC 装置中如要增加选择功能可从 9) ~ 13) 中灵活匹配，有利于机床加工的各种需求，方便于用户可以明显提高产品质量和有力地提高生产率，使企业获取效益。

4-13　CNC 装置硬件结构中的单微处理机结构是怎样组成的？

答：CNC 装置在硬件结构中基本上可分为单微处理机结构和多微处理机结构两大类，前者多为经济性，后者多为 FMS 和 CMIS 要求而设计的。

在单微处理机硬件结构中，只有一个 CPU 以集中控制、分时处理数控的每个任务和指令。有些 CNC 装置在硬件结构中虽然含有两个 CPU，但只有一个能够控制系统总线，占有总线资源；另一个（或两个）仅是智能部件，不能访问主存储器。它们之间是主从关系，故也划归为单 CPU 硬件结构。

图 4-6 为它的结构图。从图中可以看到其基本组成，即 CPU 和 BUS、存储器、纸带阅读机接口、穿孔机和电传接口、I/O 接口、MDI/CRT 接口、位置控制器接口及 PLC 等，其核心部分是 CPU 和 BUS。

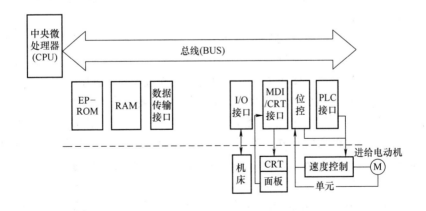

图 4-6　单微处理机 CNC 结构图

(1) 中央微处理器 CPU　CPU 是由运算器和控制器两大部分构成。运算器对数据和算术逻辑运算，即从存储器中取得结果又送回存储器进位、奇偶；再得出的结果使控制器依次按指令协调和指挥向各部位发出指令，并接受执行后的反馈信息决定下一步操作。

（2）总线 BUS　从功能上可将 BUS 功能分为三组：数据线、地址线和控制线。

4-14　CNC 装置多微处理机硬件结构具有什么特点？

答：CNC 装置多微处理机硬件结构具有以下特点：

1）价格性能比高，适合多轴数控、高速进给、高效率、高精度机床，加工采用 CPU 价格低廉，可形成较高的 CNC 装置价格性能比。

2）采用模块化结构有良好的适应性和功能扩展性，使试制周期缩短，调整、维护方便，结构紧凑。

3）可靠性较高，由于模块化，即使出故障，仅更换一下模块，便使排除故障时间大为缩短。

4）硬件易于组织规模化生产，且形成批量，保证了质量。模块可分别为 CNC 管理模块、插补模块、位控模块、PLC 模块、存储模块及操作 I/O 及显示功能模块等。

5）5G 智能芯片数控系统的智能化有了进一步提升。

4-15　CPU 总线资源共享结构有什么特点？

答：CPU 总线资源共享结构在 CNC 装置中大多采用模块间相互连接，与通信均在机柜内。

组成 CNC 装置各个功能的模块划分为带 CPU 和不带 CPU 的主从模块，均插入配置总线插座和机柜内，共享严格设计定义的标准系统总线，也就是说系统总线起到把各个模块有效连接在一起的作用，以及按要求去交换各种数据与控制信息，构成完整系统和实现各种预定的功能。

在工作中由仲裁电路来裁决同时请求使用总线的模块。只有主模块可在某一时刻占有总线，仲裁电路可以判别各模块优先权的高低。若由优先权编码方案裁决时，就构成并行总线裁决方式。图 4-7 为串行总线仲裁连接法安排框图，图 4-8 为并行总线仲裁安排框图，它的结构特点是模块之间的通信主要依靠存储器来实现，且大多采用公共存储器方式。这些公共存储器插在总线上，有总线使用权的主模块皆可访问；使用公共存储器的通信双方也皆要占用系统总线，供任意两个主模块交换信息。制造厂提供的各种型号规格总线及主从模块等产品，用户可以任意选配。多 CPU 共享总线资源结构如图 4-9 所示。该结构会引起"竞争"，使信息传输率有所降低，而且总线一旦出现故障会影响全局。不过它结构简单、系统配置灵活、容易实现、造价低廉，所以经常被采用。

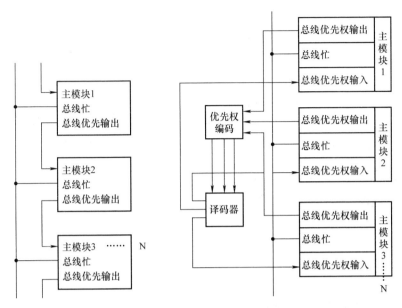

图 4-7　串行总线仲裁连接框图　　　图 4-8　并行总线仲裁连接框图

4-16　CNC 装置的硬、软界面如何划分？

答：CNC 装置由硬、软件构成，软件是在硬件的支持及提供的环境下实现数控各项功能。同一般计算机一样，硬、软件在逻辑上是等价的，所以在 CNC 装置中，由硬件完成的工作原则上也可由软件去完成，但又各有不同特点。硬件速度快（由于有直接接线），但造价高却不灵活；软件设计灵活、适应性强，但实时性差、速度慢。因此在 CNC 装置中，硬、软件的比例是由价格性能比决定的，且现代 CNC 数控的硬、软件界面产不固定。如早期的 NC 数控，各项功能基本上全由硬件完成。随着电子元器件与计算机技术的发展，硬件价格下降，通用计算机技术引入数控系统，并构成了 CNC 数控系统。可见不同年代、不同产品其比例是不一样的，图 4-10 为三种典型（CNC 装置中），软、硬件界面的关系。

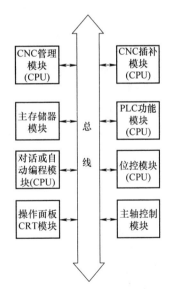

图 4-9　多 CPU 共享总线资源结构

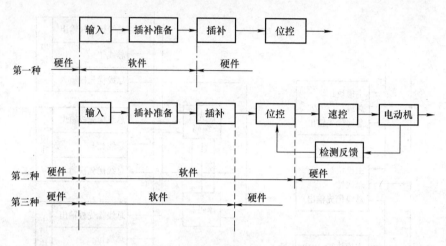

图 4-10　三种典型硬、软件界面的关系

4-17　CNC 系统中断类型有哪些？

答： 中断处理是由 CNC 系统的多任务性与实时性要求而决定的，它成为 CNC 装置软件控制不可缺少的重要组成部分，也是 CNC 控制软件的重要特征。

CNC 系统的中断管理主要靠硬件完成，而系统的中断结构决定了系统软件结构。

CNC 系统的中断类型有四种：

（1）外部中断　主要有光电阅读机读孔中断、外部监控中断，如紧急停车、量仪到达尺寸和键盘操作面板中断等。而紧急停车中断的实时性要求很高，常放在优先级上，其他可放在较低优先中断级上。

（2）内部定时中断　主要有插补周期定时中断和位置采样定时中断，有些系统将此两者合一，但在处理时，总是先处理位置，之后处理插补运算。

（3）硬件故障中断　它由各种硬件故障检测装置发出的中断，如存储器出错，定时器出错，插补运算超时等。

（4）程序性中断　它由程序中出现各种异常情况而报警发出中断，如各种溢出、除零等。

整个 CNC 软件就是一个大的中断系统。其管理功能主要是通过各级中断程序之间的相互通信来解决。

4-18　通过 CNC 装置说明该系统各级优先中断服务程序结构情况？

答： 通过 CNC 装置软件配置说明如图 4-10 所示的硬、软件界面情况的软件总体结构及中断服务程序结构。该系统的 CPU 采用 8086 芯片。该系统采取中断结构模式，其中断优先结构关系如图 4-11 所示。

该优先中断服务程序结构共分：由 0→7 逐次升高优先等级，即 0 最低级、7 级为最高级。除第 4 级为硬件中断完成报警功能外，其余皆为软件中断，各级功能见表 4-11（0 级为初始化）。

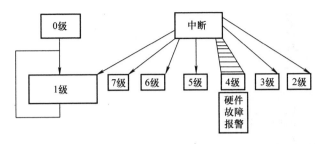

图 4-11　中断优先结构框图

各级优先中断服务程序结构说明如下：

（1）0 级程序——初始化程序　初始化程序的作用是为整个系统的正常工作做准备。开机后系统首先进入 0 级程序，由于此时还没有开中断，故 0 级程序运行时是没有其他优先级中断的。0 级初始化程序主要完成以下几项工作：

表 4-1　各级中断的主要功能表

优先级	主要功能	中断源	优先级	主要功能	中断源
0	初始化	开机后进入	4	报警	硬件
1	显示、ROM 校验	硬件、主程序	5	插补运算	8ms
2	各种工作方式、插补准备	16ms	6	软件定时	2ms
3	键盘，I/O 处理，MST 控制	16ms	7	阅读	硬件随机

1）清除 RAM 工作区。

2）为数控系统工作正常而设置有关参数和偏移数据。

3）初始化有关电路芯片，如 8259 中断控制器、8253 定时器等。

0 级程序执行完成后，先开中断然后转入 1 级。随后系统就进入了各中断服务程序的分时处理工作状态。图 4-12 是 0 级初始化程序结构框图。

（2）1 级程序　1 级主控程序结构如图 4-13 所示。

1）屏幕显示控制。

2）ROM 奇偶检验。

1 级是主控程序，当没有其他优先级中断时，1 级程序始终循环运行。

（3）2 级中断服务程序　主要是对系统所处的各种工作方式的处理，如图 4-14 所示。

1）自动方式。系统在这种工作方式下可以连续控制刀具进行零件轮廓加工。在这种方式下要进行译码和插补准备处理。

2）MDI 方式。系统在这种工作方式下除了可以手动输入各种参数和偏移数据以外，还可以手动输入一个程序段的零件程序，并单段执行它。

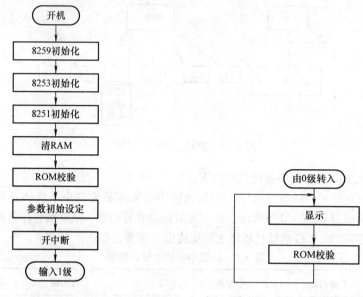

图4-12　0级初始化程序结构　　　　图4-13　1级主控程序结构

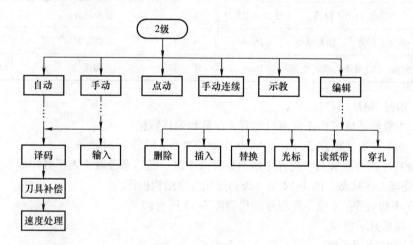

图4-14　2级中断服务程序结构

3）点动方式（STEP）。

4）手动连续进给（JOG）方式，或手轮方式。

5）示教方式。

6）编辑方式　系统工作在编辑方式下可输入、删除和修改零件程序，还可以起动光电动机或穿孔机输入或输出程序。

（4）3级中断服务程序

1）DI/DO映像处理。在CNC装置的RAM中开辟了一些单元为"映像区"，这个映像区中的每一个单元都与CNC装置的输入输出口地址有一一对应的关系。DI/DO处理程序把映像区中 DO 的数据送到输出口地址中去，并把输入口地址中的数据送到映像区中的 DI 单元中去（图 4-15）。这样处理的好处是各个中断服务程序只需与 DI/DO 映像区打交道，无须直接访问输入口地址。另外由于该系统可接外装 PC，这种 DI/DO 映像对于 PC 打交道也很方便。

2）键盘扫描和处理。

3）M. S. T 处理。将辅助功能（如主轴正、反转、冷却液的开关、主轴转速、换刀等）的代码和控制信号输出，以控制机床的有关动作。

4）S12 位模拟输出。这是一种选择功能，它可以直接输出 12 位的主轴的模拟电压信号。

（5）5 级中断服务程序　如图 4-16 所示，5 级中断服务程序每 8ms 执行一次。主要完成插补运算、坐标位置修正、间隙补偿和加减速控制。

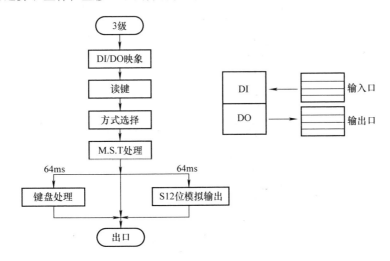

图 4-15　3 级中断服务程序结构

插补运算有直线和圆弧插补、手动定位插补（如点动、手动连续进给）、自动定位（如快速定位、返回基准点定位）和暂停插补。

坐标位置修正有机床坐标位置修正、绝对坐标修正和增量坐标修正。

加减速控制有指数加减速和直线加减速。

每个程序段插补完成以后要进行工作存储区的交换，如果插补准备程序没有数据准备好，则暂时不交换，不做插补运算。

（6）6 级中断服务程序　主要是为 2 级和 3 级的 16ms 中断定时。这是一种软件定时方法，通过这种定时，可以实现 2 级和 3 级的 16ms 定时中断，并使其相隔 8ms；而且当 2 级或 3 级中断还没有返回时，不再发出中断请求信号，如图 4-17 所示。

（7）7 级中断服务程序　当 CNC 装置发出中断请求信号，即要求优先处理所读到的信息。

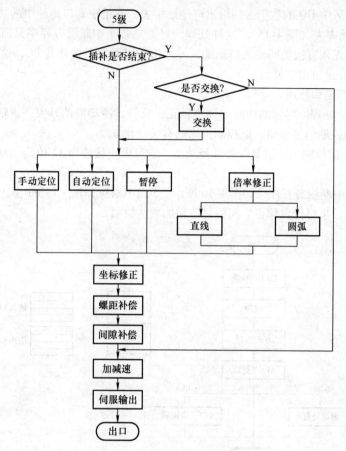

图 4-16　5 级中断服务程序结构图

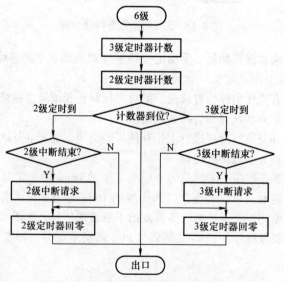

图 4-17　6 级中断服务程序结构图

4-19　CNC 系统的管理程序有什么特点?

答: 数控机床的加工,是以单个零件为对象的。一个零件程序可分成若干程序段。每个程序段的执行又分成数据分析、运算、进给控制及其他动作的控制等步骤。这些步骤按预定顺序反复进行,各步骤间的关系十分紧密。其中有些控制动作实时性很强,并要求迅速予以响应。因此,计算机用于控制机床加工时,与用于一般过程控制不同,有自己的一些特点。

1) CNC 系统中目的程序的道数一般都不多,有的系统是单道程序运行。这是因为零件加工各步骤之间多是顺序关系,需要并行的步骤不多,不必勉强将它们划分成许多目的程序。因此,管理程序的选优部分就很简单。实际上常用一个主程序将整个加工过程串起来,即对输入数据进行分析判断后,转入相应的子程序处理,处理完毕再返回对数据依次分析、判断……在主控程序空闲时(如等待中断信号或延时信号),可以安排 CPU 执行,预防性诊断程序,或是对尚未执行程序段的输入数据进行预处理。甚至可考虑进行自动程序编制工作,这样计算机可使用得更充分。因为是利用主控程序的空闲时间进行上述工作,可以认为它们是比主控程序低一级的目的程序。

2) CNC 系统中,中断处理部分是重点,工作量也比较大。因为大部分实时性较强的控制步骤如插补运算、速度控制、故障处理等都要由中断处理来完成。而不是像一般管理程序那样,中断处理只做些鉴别和登记工作,具体工作在选中的目的程序中完成。中断信号的来源有多种,而且是随机的。中断信号来到时,正运行着的主控程序(或低一级的目的程序)要让 CPU 供中断处理程序抢先运行(即进入管态)。中断处理程序首先要保护中断现场,然后区分中断信号来源,转入请求者的中断处理分支。

3) CNC 系统中的子程序,一般都是不允许"重入"的。子程序在执行时被"中断",若中断处理程序或选中的另一目的程序又要调用这个子程序时,就发生重入问题。重入未采用专门措施的子程序,将使子程序内的数据及可变指令状况破坏,使得这子程序既不能正确为新调用者(重入者)服务,也不能再返回为原调用者(被中断者)继续工作。编制可重入即所谓"纯过程"子程序是很麻烦的。在 CNC 系统中,可以分析出那些可能产生重入问题的子程序,可采用将子程序划归"管态"或在进入子程序时关闭中断的方法来禁止这些子程序的重入。

4-20　CNC 系统如何安排多级中断处理程序?

答: 不同种类的中断处理程序判明后,转入相应的中断处理分支去进行具体的处理。各类中断根据其实时性的强弱及所需处理时间的长短,可以分为不同的中断级别。低级的中断处理分支在执行时,可以被高级的中断请求再中断,让高级的中断处理分支抢先执行。计算机可以用设立中断屏蔽的方法来保证某个中断处理分支允许比它高级的中断抢先,而不允许与它同级或低级的中断抢先。

(1) CNC 系统中断级别的划分

第一级　行程超限和其他报警中断。因为它们是最高一级中断,可以在进入自己的中断处理分支时,不开放中断。

第二级　纸带阅读机中断。每读入一个字符请求一次中断，进行只有几十微秒的处理和存放工作。

第三级　插补中断。接口每完成一次细插补，即驱动系统执行完计算机上次送出的进给步数后，请求一次中断。在此中断处理分支中，应再提供一次进给步数并进行下一次的粗插补运算。

第四级　时钟中断。在时钟中断处理分支中执行位置反馈、输入处理、切换动作信号输出、扫描人工数据输入（MDI）等工作。时钟周期约 8.2ms，使位置反馈的取样频率为 125Hz，这已超过理论上为机床带宽 2 倍的最小取样频率。

（2）多级中断处理程序的一般结构（图 4-18）　各类中断用同一个入口，两条粗线间的各框是各中断的具体处理分支，同一级别可能有几类中断，且各有各的分支。其余纵向下行的各框为公用的中断处理。进入此程序首先将记录中断层数的栈层计数器加"1"，然后将中断现场存入。询问是否掉电，非掉电时，用中断接收指令取入中断设备码，判断后转入具体中断处理分支。因为在进入各分支时，为允许进行高级中断，已将中断开放。故从分支回到主干时，应先

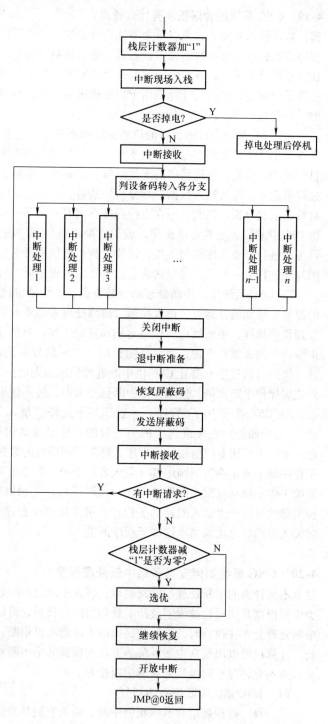

图 4-18　多级中断处理程序的一般结构

关闭中断。然后恢复屏蔽码单元的内容，并将屏蔽码送出。考虑到可能有高级中断请求在等待，故中断现场的其他项目暂不恢复。先用中断接收指令取中断设备码，若确有高级中断请求，则返回判断，并进入相应的处理分支。这样可免除因刚刚恢复现场，马上又进行保护而浪费时间。如无高级中断请求，则将栈层计数器减"1"并判是否为零。若为零，说明各层中断均已退完，应去选优，让目的程序运行；若非为零，说明尚有低级中断没处理完，应当继续恢复现场，然后开放中断并按断点返回低级中断的处理分支。

4-21　在 CNC 系统中为何用软件去实现加减速控制？各有什么特点？

答： CNC 装置中的加减速控制目的在于保证机床起动、停止时不发生冲击、失步、超程或振荡。因此，必须在必要时对送至进给电动机的脉冲频率或电压进行加减速控制。一般在起动时加速、在停止前减速，也就是在起动时对加在伺服电动机上的进给脉冲频率或电压逐渐加大，反之逐渐减小使机床运动停止。

　　在 CNC 装置中大多利用软件来实现上述要求，这使系统有较大的灵活性。加减速控制用软件实现可放在插补之前进行，这时称为"前加减速控制"，放在插补后进行，则称为"后加减速控制"，如图 4-19 所示。

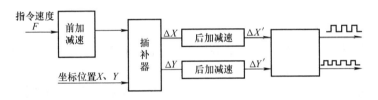

图 4-19　前、后加减速框图

　　这两种加减速控制各有特点。

　　前加减速的优点是仅对合成速度（指 X、Y、Z 等轴各自加减速后，移动部件的综合合成速度）不受影响，因编程对指令速度 F 进行了控制，所以与实际插补输出的位置精度无关。但它的缺点是要求预测减速点，而这个点必须根据刀具实际位置与程序段终点之间的距离才能确定。所以这种预测工作量很大，且难以计算。

　　后加减速恰恰相反，它是对各运动轴分别进行加减速控制。因在插补运算之后，当插补为零时开始减速，因此无须设预测点，并通过一定的延迟时间逐渐地靠近程序段终点。它的缺点是：由于对各运动轴分别进行加减速控制，所以在各轴加减速之后的合成运动到达位置就不可能准确。好在这种影响也仅仅只发生在加速或减速过程中才会出现，当系统进入均匀、稳定速度后，这种影响自然就会消失。所谓稳定速度，就是系统进入稳定进给状态时，每插补一次（插补周期）的进给量，因此 CNC 装置中的快进，必须要转换成插补周期的进给量。为了调速方便，设置了快速进给倍率开关、切削进给倍率开关等。这样在计算稳定速度时，还需要将这些因素考虑在内。稳定速度的计算公式如下：

$$f_s = \frac{TKF}{60 \times 1000}$$

式中：f_s 为稳定速度（mm/min）；T 为插补周期（ms）；F 为命令速度（mm/min）；K 为速度系数，它包括快速倍率，切削进给倍率等（min^{-1}）。

除此以外，稳定速度计算完后，进行速度限制检查。如果稳定速度超过由参数设定的最大速度，则取限制的最大速度为稳定速度。

所谓瞬时速度，即系统在每个插补周期的进给量。当系统处于稳定进给状态时，瞬时速度 f_i 等于稳定速度 f_s；当系统处于加速（或减速）状态时，$f_i < f_s$（或 $f_i > f_s$）。

4-22　如何采用系统加减速控制处理？

答： 当机床起动、停止或在切削加工中改变进给速度时，系统应自动进行加减速处理。其速率分进给和切削两种，可以作为参数预先设置好，如设进给速度为 F（mm/min），加速到 F 所需要的时间为 t（ms），则加减速 a（$\mu m/ms^2$）可按下式计算：

$$a = 1.67 \times 10^{-2} \frac{F}{t}$$

（1）加速控制处理　系统每插补一次都要进行稳定速度、瞬时速度和加减速处理。当计算出的稳定速度 f'_s 大于原来的稳定速度 f_s 时，则要加速。每加速一次，瞬时速度为

$$f_{i+1} = f_i + at$$

新的瞬时速度 f_{i+1} 参加插补计算，并对各坐标轴进行分配，这样一直到新的稳定速度为止。图 4-20 是加速处理框图。

（2）减速控制处理　系统每进行一次插补计算，都要进行终点判别，且计算出离开终点的瞬时距离 S_i。并根据本程序段的减速标志，检查是否已到达减速区域 S，若到达则开始减速。当稳定速度 f_s 和设定的加减速度 a 确定后，减速区域 S 可由下式求得

$$S = \frac{f_s^2}{2a}$$

若本程序段要减速，且 $S_i \leq S$，则设置减速状态标志，并开始减速处理。每减速一次，瞬时速度为

$$f_{i+1} = f_i - at$$

新的瞬时速度 f_{i+1} 参加插补运算，对各坐标轴进行分配。一直减速到新的稳定速度或减到 0。若要提前一段距离开始减速，则可根据需要，将提前量 ΔS 作为参数预先设置好，并由下式计算：

$$S = \frac{f_s^2}{2a} + \Delta S$$

图 4-21 是减速处理的原理框图。

（3）终点控制处理　在每次插补运算结束后，系统都要根据求出的各轴的插补进给量来计算刀具中心离开本程序段终点的距离 S_i，然后进行终点控制。在即将到达终点时，设置相应标志。若本程序段要减速，则还须检查是否已到达减速区域并开始减速。

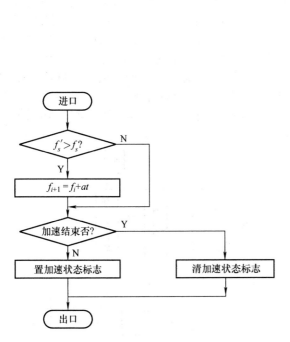

图 4-20　加速处理框图

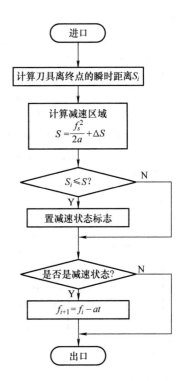

图 4-21　减速处理的原理框图

直线插补时 S_i 的计算　在图 4-22 中，设刀具沿 OP 做直线运动，P 为程序段终点，A 为某一瞬时点。在插补计算中，已求得 X 轴和 Y 轴的插补进给量 ΔX 和 ΔY。因此，A 点的瞬时坐标值亦可得

$$\begin{cases} X_i = X_{i-1} + \Delta X \\ Y_i = Y_{i-1} + \Delta Y \end{cases}$$

设 X 为长轴，其增量值为已知，则刀具在 X 方向上离终点的距离为 $|X - X_i|$。因为长轴与刀具移动方向的夹具是定值，且 $\cos\alpha$ 的值已计算好。因此，瞬时点 A 离终点 P 的距离 S_i 为

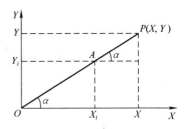

图 4-22　直线插补终点判别

$$S_i = |X - X_i| \cdot \frac{1}{\cos\alpha}$$

4-23　早期 CNC 装置的显示功能起什么作用？

答：早期 CNC 装置采用 CRT 作为显示器，使系统增加了显示功能，不但能显示文字、实时数据，还能显示图形及自诊断的提示。有些系统还加上了人机对话在线应答式自动程序生成功能、程序仿真、零件轮廓显示。总之使 CNC 装置大大方便了操作者与维修人员及编程人员。

CNC 装置上采用的 CRT 有两类：一种是 9in 的黑白显示器，仅显示数字及文字；另

一类既显示数字和文字，还能显示图形加上软键菜单。字符显示器的结构比较简单，这也说明 CRT 工作原理比较方便，其视频接口电路结构框图如图 4-23 所示。屏幕上的字符或图形是依靠 CRT 中高速运动的电子束不断扫描形成的。光点强度是可控的，电子束必须有规律地从左到右且自上而下进行扫描运动，由偏转电路完成这种控制要求，如图 4-24 所示。电子束由左顶端"0"部位开始扫描，正程时形成光栅，返程时必须消隐，一直扫到右下端为一幅；返回"0"点时也要消隐，每一幅为帧扫（50 次/s）。为使 CRT 在屏幕上形成图形，必须用视频接口电路产生视频信号（Video Signal），以控制电子束的强度，它必须与电子束扫描过程相配合（同步），这样才能在屏幕的确定位置上出现稳定的图像。

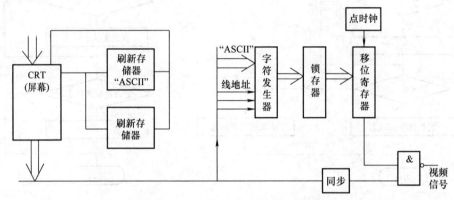

图 4-23　字符显示器的视频接口结构框图

字符的显示以光点点阵形式表示，常用格式为 5×7 点阵。为了保证相邻字符显示清晰，左右各空一线、上部空一线、下部空两线，即 10 线格式。图 4-25 所示为 10 线格式的 5×7 点阵的字符"A"。各种点阵字符图形预先存放在 ROM 中，构成字符发生器（在 VDC 中）。应用时用需要显示的字符的 ASCII 代码选择字符发生器中相对应的字符点阵，再用线地址选择出字符的线代码（5×7 时为 5 根（位）并行输出的线代码）。但视频信号与光栅扫描是同步配合的，它是串行脉冲信号串，所以字符发生器的输出还要将并行输出的线代码转换成串行的。

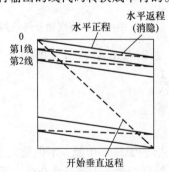

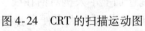

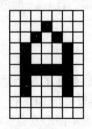

图 4-24　CRT 的扫描运动图　　　图 4-25　10 线格式的 5×7 点阵字符"A"

为了视觉的稳定，CRT 应逐帧重复显示，即要完成帧面信号周期再生。为此接口设有刷新存储器（还有状态刷新存储器，用以存储字符属性，闪烁和高亮度标志等）。

它应是屏幕显示格式的映像,如西门子的 Sinumerik810 和 850 的字符显示格式是 41 字符 ×17 行。刷新存储的每一映像存储单元都对应屏幕相应字符位置的一个字符,并把要在屏幕该位置显示的字符事先存入刷新存储的相应映像存储单元中。当 CRT 扫描到屏幕上某一字符位置时,由 CRT 控制器将刷新存储器对应位置的映像单元中读出 ASCII 代码,并将它送至字符发生器,经并/串变换产生视频信号。扫描光栅逐帧重复进行,根据刷新存储器内容而生成的视频信号也逐帧重复,由此在屏幕上形成稳定的画面。

要显示的内容经总线送至刷新存储器。只要刷新存储器有新内容,屏幕就显示这个新内容;否则 CRT 重复显示原来的信息内容。

采用 14in 彩色显示器时,屏幕还能显示各种图形。它有两种工作模式:字符工作模式,这与单色字符显示器工作模式相同;另一模式是图形显示模式,在这种模式下显示器屏幕上的每一个点称为像素,且均可由程序控制其亮度和颜色,因而能显示出质量较好的图形。

为了产生字符,接口中应有字符发生器和字符刷新存储器,而彩色图形也应有图形刷新存储器。存储器的每一位对应屏幕上一个像素,因此图形刷新存储器的容量与屏幕显示分辨力有关。

接口中另一重要组成部分是彩色编码器。它的功能是按字符属性或像素的颜色和程序选择的配色器确定的颜色,编码成相应三元色(红色、绿色和蓝色)的视频信号。

图 4-26 是 FANUC11 系统的图形显示和键盘控制接口框图。

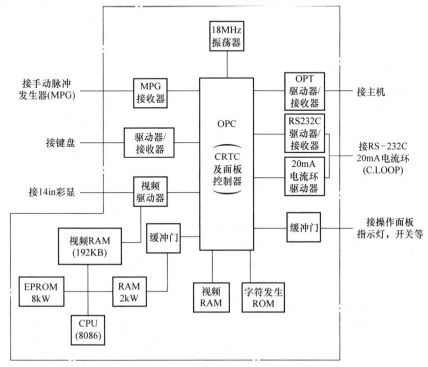

图 4-26　FANUC11 系统的图形显示和键盘控制接口框图

4-24　我国早期西门子 SINUMERIK 810T 系统在屏幕上能显示哪些内容？

答： 一般屏幕既可显示文字，又可显示当前位置的实际值、软件菜单，显示图形和程序的图形仿真，NC 和 PC 的信息说明，NC 的程序或若干个程序段，位移实际值和位移的跟踪误差（位移实际值与给定值之差）。

西门子 SINUMERIK 810T 的屏幕显示的布置如图 4-27 所示。

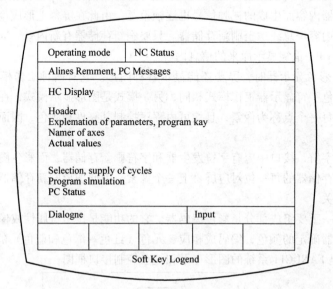

图 4-27　西门子 SINUMERIK 810T 的屏幕显示的布置

显示操作方式：预置、手动数据输入（MDI）、进给、快速进给、增量点动、回基准点、自动方式。

NC 状态项显示：复位、单程序段、试运行、程序停生效、数据输出入。并显示停机的原因：单程序段、程序停生效、暂停时间、个别释放信号丢失等。

报警、注释、PC 信息段显示：NC 报警信号、存储在 NC 存储器中的注释、PC 的信息。

中间正文部分显示 NC 有关信息，主要显示操作方式下各种变量名及数值，如实际值显示、当今的 G 功能，同时能显示三个 NC 程序段正文。还能显示测试的正文和数值，如刀具修正、零点偏移、图形仿真及加工循环等。

下部的对话部分显示对操作者的提示信息，如按键开关并未接通、程序没有、小数点输入两次、程序段过长、存储器溢出等。输入部分显示按下键的名称。

最下部分的 5 小格是对软键功能的说明。

CNC 装置的屏幕下方有若干个按键，按键功能可根据软件设定，故称之为软键（soft key），借助软键和相应的软键菜单极大地方便操作和对控制功能的选择和加快在CNC 装置上程编的过程。操作者根据菜单指示和软键的功能说明直接操作就可以了。如 810T 系统上的 5 个软键构成了庞大的菜单树，可以直接选到各种需要的功能，快速而方便。图 4-28 为菜单树的示意图。

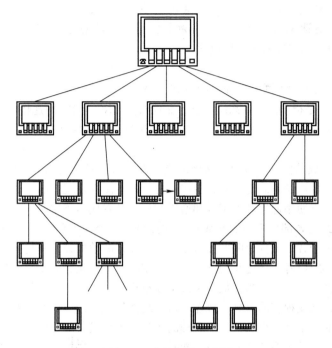

图 4-28　菜单树的示意图

4-25　CNC 装置对数据输入输出及通信功能有什么要求？

答：CNC 装置若作为单台机床控制使用时，需要与 U 盘、数据卡、网络及计算机通信等进行数据的输入输出。此外还要和机床操作面板、脉冲发生器等相连接。至于进给驱动单元与主轴驱动单元的线路大多在同一机柜内通过内部连线相接，不外设通用 I/O 接口。

随着工厂自动化水平的提高，对无人化工厂（FA）与计算机集成制造系统（CIMS）来说 CNC 装置是 FA 或 CIMS 结构中的一个基础层次。若作为工作站层时可以是 DNC（群控）或 FMS（柔性制造系统）的有机组成部分。一般可通过工业局部网络相连接，具有了网络通信功能，这时对上级计算机或单元控制器交换的数据量要比单机运行多得多，因此传输速率也要高一些，一般通过 RS232/20mA 接口的传送速率不超过 9600bit/s。

Sinumerik840D/828D 系统除配置有标准的 RS－232C 接口外，还设置有 SINEC H1 网络接口和 MAP 网络接口（或称 SINEC H2 接口）。通过网络接口可将 CNC 连至西门子的 SINEC H1 网络和 MAP 工业局部网格中。SINEC H1 网络类似 Ethernet（以太网），遵循 CSMA/CD（载波侦听多路存取/冲突检测）控制方式的 IEEE802.3。西门子的 SINEC H2 局域网（LAN）遵循 MAP3.0 协议，以令牌通行（Token Passing）方式的 IEEE802.4 对分布式总线结构的 LAN 进行控制。

FANUC15 系统也有类似接口功能。如 CNC 装置通过专用通信处理机、远程缓冲存储器、RS－422 接口，采用通信协议 Protccol A 或 B，传送速率可达 86.4kbit/s；若采用 HDLC 协议，传送速率可达 920kbit/s。为了满足工厂自动化和 CIMS 的需要还可配置 MAP3.0 接口板，以便接入工业局域网。

4-26　什么是开放式计算机数控系统（PC－NC 系统）？

答：开放式 CNC 是指 PC－NC 系统，它并非仅仅是 CNC 与 PC 的连接或仅仅是使用 PC 组成的 CNC，而是加工机械专用 CNC，也即具有 PC 的开放特性。CNC 的开放化意义包含下列两点。

（1）系统组成的内部开放化　系统组成内部开放化就是指 CNC 内部的硬件、软件公开化。这样，数控设备制造厂家就能按照自己的意图开发理想的、适合用户需要的各种功能。并且由于使用通用开发工具和通用软件，开发成本将很低。

（2）系统组成各部分之间的开放化　数控设备主要由 CNC、伺服驱动、主轴驱动等部分组成。由于各组成部分间的接口专用性，以往的数控设备其整机往往仅由独家的组件构成。系统组成各部分之间的开放化力图使接口标准化，即使数控设备制造厂家可以从众多的组件生产厂家中选择最佳组件构成整机。

随着工业自动化程度的提高，数控制造系统在加工制造业正在得到越来越广泛的应用。层出不穷的基于计算机数控工作原理的各类自动化设备，已成为推动各个工业门类提高产品质量和劳动效率的主要手段。同时，对数控系统也提出了更新的要求，如面对如此众多的控制对象以往数控系统的功能和结构设计已很难适应这种来自不同方面、不同层次的要求。

按照控制对象的类别成系列地设计专用的控制系统将成为过去。因为成系列地开发数控系统既消耗大量的人力、物力、资金和时间，却还不能满足一些特型设备和高度复杂设备的要求。另外，以特定应用范围而设计的控制系统，实际上只允许用户在市场现有的控制系统种类中进行有限度地选择和配置。系统的封闭性使得功能的增加和修改都需要系统开发人员的介入，用户几乎不能自主地组织、配备一个特定的系统；也不能根据自己的特殊需要开发适合自己应用领域的部件或引入第三方的产品部件。

为了使控制系统能够更方便地适应不同领域和不同层次应用的需要，多年前数控系统的开放性问题就被提出了。许多人对制造数控系统的开放性问题进行了广泛的研究，从计算机数控系统（CNC）到计算机集成制造系统（CIMS）所涉及的各个领域。1990 年由美国 NCMS（The National Center for Manufacturing Sciences）提交的"Next Generation Workstation/Machine Controller Requirements Definition Document"为制造工作提出了 21 世纪控制器的概念和 175 条 21 世纪控制器结构的规范，并指出其关键技术要素包括"开放式系统结构和中性制造语言"。同年，德国的 G. Pritschow 也指出："20 世纪 90 年代的目标是为了未来的柔性自动化技术，开发可配置的开放式系统，用信息技术适应用户柔性的需求。"而近年，国外部分数控系统的设计已开始在一定的范围内实现了其开放性。比较典型的有美国 Vickers Electronic Systems 公司的 Acramatic2100 系统、Delta Tau Data Systems 公司的 PMAC 系统、德国 Indramat 公司的 MTC200 系统等。在我国不少从事数控技术的人也在此问题上投入了大量的精力，研究开发基于 PC 平台的数控系统——PC – NC 系统。

计算机数控（CNC）诞生于 20 世纪 70 年代初，随着计算机技术的发展和微处理器的采用，在短短的 20 年中，CNC 得到了飞速的发展和广泛的应用。它不仅为机械制造业提供了良好的机床控制能力，而且作为 FMS、CIMS 的技术基础，大大促进了先进制造业的发展。

目前，CNC 以其性能价格比高、适用范围广、生产效率好等优势得到了迅速普及。而同时，由于高新技术的不断引入和电动机驱动技术的不断提高，以及软、硬件的技术性能不断提高和完善。其总的趋势是以提高生产效率为目的，更加面向生产、面向用户。

4-27　PC – NC 开放式计算机数控系统发展背景是什么？

答：PC – NC 的诞生和使用已 30 多年了，而应用通用的个人计算机数控（PC – NC）的研究工作近年才展开。PC – NC 开放式计算机数控系统发展的背景为：

（1）PC（计算机，下同）的性能有了提高　近几年，PC 的性能、特别是其运算速度、存储容量、I/O 接口能力、可靠性等方面有了显著提高，使得用它作为数控装置的控制系统成为可能。

（2）CNC 的开发周期缩短、开发成本增加　随着高新技术的不断涌现、控制方法的不断更新，CNC 的开发周期越来越短，软件开发工作量的比重越来越高，开发成本也不断增加。使用 PC 可解决软件公用问题和硬件标准化问题，也可望降低开发成本。

（3）办公自动化技术的发展　办公自动化技术已以其庞大的市场规模为背景飞速地发展和进步，大有超越机械产品而立于科技发展最前列之势，作为办公自动化主体的 PC 及其软件技术也必将随之快速超前发展。使用 PC 为控制机，能够有效地利用各种已成熟的相关资源

（4）PC 文化的渗透　目前，PC 作为工作用机已经渗透于各行各业，而且进入了家庭，向个人渗透。使用 PC 作为工业机械的控制器将会使人感到自然、亲切、方便，并且会有大量优秀的软件开发者涌现。使用 PC，是 CNC 面向用户开放的最佳途径。

（5）先进制造技术发展的需求　CAD/CAPP/CAM 之间的数据处理等信息集成技术是 FMS、CIMS 的关键技术，也是制约先进制造技术快速发展的因素。为此，寻求一种制造业用的通用控制系统和标准形式，以求解决信息协调问题，并能使其紧跟高科技发展的步伐，快速组成低成本、高性能的实用控制系统，便是人们的迫切愿望。而使用 PC 的开放式 CNC 使实现这一愿望成为可能。

4-28　为什么用 PC 作为开放式数控系统的技术平台？其优点是什么？

答：以 PC 为基础，设计 CNC 装置有许多优越之处。因为 PC – NC 系统是指以 PC 硬件结构体系和软件支撑环境为基础的数控系统。它有单 PC 结构和多 PC 结构两种基本形式。以 PC 为基础其最主要的优点如下。

（1）中央处理机选择范围宽　不同用途的数控系统在实际应用中对精度、效率、功能等方面存在着巨大的差异，为保持系统良好的性能价格比，就要求系统的中央处理

机单元从处理速度和处理能力上可在较大范围内调整。另外，PC领域的激烈竞争加速了微处理机的更新换代，有利于PC–NC性能的提高。

（2）PC采用标准的总线和模块化结构　对组成服务于不同对象的数控系统提供了可行性条件，也为许多有某项专长的厂商或技术开发人员提供了施展才干的机会。

（3）采用通用和标准的操作系统　规范的支撑环境和先进的开发手段，不仅有助于数控系统软件开发效率和软件可靠性的提高，而且有助于PC与具有特殊要求的用户的二次开发。

（4）拥有大量的软、硬件资源及众多开发商的支持　这不仅为数控系统的开发提供了广阔的市场，还有利于数控系统对先进技术的引用、升级。

（5）性价比高　低廉的开发成本和硬件成本，有利于提高数控系统的市场竞争性。

总之，采用PC作为开放式数控系统的技术平台，具有较好的开放性基础。

4-29　PC–NC系统具有哪些特征？它由哪些部分组成？

答：

（1）PC–NC具有以下特征

1）经过简单的处理，能直接用CAD生成的设计数据作为NC的加工数据。

2）可使用通用高级语言编制加工程序方便地进行程序的编辑工作。

3）外围设备、应用软件等实现了标准化，用户可方便地对其进行组合和使用。

4）计算机之间能方便地实现通信网络化。

5）由于标准化的配置，能有较低的成本价格。

（2）PC–NC的组成方式　可分为PC连接型CNC、PC内藏型CNC、CNC内藏型PC和全软件型NC。各种类型的组成如图4-29所示。

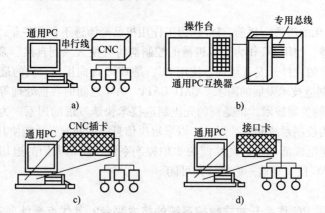

图4-29　PC–NC的组成类型

a）PC连接型CNC　b）PC内藏型CNC　c）CNC内藏型PC　d）全软件型NC

1）PC连接型CNC。PC连接型CNC是将现有原型CNC与PC用通用串行线直接相连的一种组成形式。其优点是容易实现，且原型CNC几乎可以不加改动地予以利用，也可使用通用软件。缺点是原型 CNC 部分不能实现开放化，且系统的响应速度和通信速度慢。

2）PC 内藏型 CNC。PC 内藏型 CNC 是在 CNC 内部加装 PC、PC 与 CNC 之间用专用总线连接。其优点是原型 CNC 几乎可不加改动地使用，且数据传送快、系统响应快。缺点是不能直接使用通用 PC 及 PC 的开放程序受到限制。

3）CNC 内藏型 PC。CNC 内藏型 PC 是在通用 PC 的扩展槽中装入 CNC。专用 CNC 内容包括加工轨迹构成等几乎所有的 CNC 处理功能。这种类型的优点是能充分保证系统性能，软件的通用性强而且编程处理灵活。缺点是很难利用原型 CNC 资源，其系统的可靠性也是个有待进一步研究的问题。

4）全软件型 NC。所谓全软件型 NC 是指 CNC 的全部功能处理工作全由 PC 进行，并通过装在 PC 扩展槽中的接口卡使伺服驱动等得到控制。其优点是编程处理相当灵活，机件的通用性强。缺点是在通用 PC 上进行实时处理较困难，也较难保证系统的性能；而且难以利用原型 CNC 资源，其可靠性也有待进一步研究。

（3）PC - NC 的基本组成 PC - NC 装置一般由 PC 本体、伺服控制、伺服驱动及伺服电动机、数字输入输出（DIO）等部分组成。其基本组成结构框图如图 4-30 所示。

图 4-30 PC - NC 基本组成框图

PC 通过伺服控制和伺服驱动环节控制伺服电动机。伺服控制环节除进行速度控制和位置控制外，还进行继电器、传感器等数字信号的控制处理。DIO 环节主要进行 A/D、D/A 转换，数据处理及输入输出等工作。

4-30 为什么 PC - NC 是数控机床的一种新的控制系统？

答：PC - NC 控制系统新特点主要体现如下：

1）在先进制造技术中，数据技术无疑是柔性制造自动化技术的最重要的基础技术，数控机床对通用加工具有较好的适应性，为单件、中小批量常规零件或常规复杂零件的加工提供了高效的自动化加工手段。然而，随着技术、市场、生产组织结构等多方面的快速变化，数控系统和数控机床又面临着如下许多新的挑战：①不断出现的新的加工需求，要求数控系统和数控机床具有更强的模块化特性和软硬件重构的能力，同时这种重新构筑所需的成本和周期要较目前有很大的改观。②数控系统的供应商必须提供主机生产厂家把他们自己的专利技术集成进入系统的机制，而无须向系统供应商提供任何自己技术上的秘密。这一点对于数量越来越多的专业化机床生产厂家尤为重要。③应提供逐渐改变数控机床生产厂家对数控系统高依赖性的手段。④逐渐规范和标准化数控系统的设计。⑤大幅度地降低数控系统和数控机床的开发、维护和培训的成本和周期。⑥改变目前数控系统的封闭型设计，为适应未来车间面向任务和订单的生产组织模式奠定良好的基础，使底层生产控制系统的集成更为简便和有效。

综上所述，寻求一种能够很好解决上述问题的新的数控系统的发展模式已成为必然。从根本上讲，要适应数控系统的发展，必须重新审视原有数控系统的设计模式，建立新的开放式的系统设计框架，使系统向模块化、平台化、工具化和标准化发展。国内外许多企业和政府研究机构都进行了大量的努力，并已提出一系列它们自己的数控系统的开放性体系结构。如美国的 NGC（Next Generation Control）计划、OMAC（Open Modular Architecture Controllers）项目的研究，OSACA（Open System Architecture for Control within Automation Systems）项目的研究，日本的 IMS（Intelligent Manufacturing System）系统等。目前所有这些研究都局限于一个相对有限的应用环境并没有形成一个公认的概念。仅从技术发展的需求出发，提出了开放式数控系统的定义和它的系统结构框架。系统设计上强调对用户需求的开放性应针对供应商的独立性，以提高数控系统和数控机床对外界变化的适应能力。

发达国家针对 CNC 所面临的问题和开放化的必然趋势，都在自动化领域的开放式体系结构上做了不少开发研究工作，并相继推出了各自的开放式体系结构规范。OSACA 计划，就是 ESPRIT Ⅱ 中一项"自动化系统中的开放式控制系统体系结构"的研制计划。它是德国机床制造厂联合会（VDW）在总结历年的科研成果基础上提出的对开放式控制系统体系结构的要求，也是对未来控制器方案的要求。

2）OSACA 描述了一个开放式系统必须做到的几点，归纳如下：①模块化设计（包括硬件、软件）的层次性结构；②公用的标准化接口；③开放固化的控制接口（硬件和软件）；④操作界面简易友好；⑤类型大小可变且装配灵活；⑥生产时间和费用的优化；⑦保证工业应用环境下的质量标准；⑧诊断维护方便，服务培训一致，运行可靠；⑨性价比高，有一定的市场占有率。

OSACA 的总体构想，概括说来就是要求新型控制系统建立在一个新的体系结构上，这种控制器的特点是"开放"，每个开发者都可按这个结构开发自己的产品，各种产品成分都能在这个结构中找到自己合适的位置。

OSACA 的应用环境是工业自动化制造环境，应用软件的主要工作是控制，根据上面的描述其开发的主要目的是为控制技术设置一个系统平台。平台将成为控制技术即应用软件开发的环境，同时又是和系统硬件之间的转接层。一个具体的控制系统将是由在系统平台上配置相应的应用软件模块所组成。OSACA 提供的体系结构是把控制软件作为应用软件来考虑，并给出了一种分层的参考体系结构。

如图 4-31 所示为控制功能层次结构。图中：第一层次有五项内容，即：

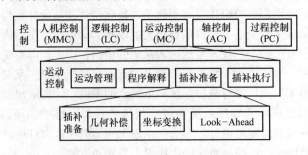

图 4-31　OSACA 结构框图

● MMC——人机控制（man-machine controller），包括机器的操作、程序设计、仿真、诊断等。

● MC——运动控制（motion control）是控制系统的核心，它是数控机床中用户、驱动和传感器之间连接的纽带。

● AC——轴控制（axis control），由四个部分组成：轴控制、位置控制、速度控制和转矩控制等。

● LC——逻辑控制（logical control）是一种适配控制，在 OSACA 中大致采纳了 IEC 1131 定义的概念及通信标准，主要完成 PLC 集成到 NC 或 RC（robot controller）系统的软件配置。

● PC——过程控制（process control）是管理维护由传感器系统或控制系统内部使用的，取自外部设备来的信息，传感系统输入的数据一般在 PC 这部分做出运算，格式转换之后，才能送给其他控制部分。

第二、三层则视实际情况，编制相应的应用软件。

4-31　传统数控系统体系结构与开放式体系结构各有哪些特点？

答：

1）将传统的数控系统的结构体系与以 PC 为技术平台的基于开放式数控体系结构相比较，可以看出：尽管数控系统从系统的设计方法到系统的实现方式千差万别，但是基本原理和软硬件的组成都是类似的。图 4-32 表示一个专用数控系统硬件组成。其系统软件则由下面几个模块组成：①人机交互模块为系统的操作者、维修者、程序编制者提供与控制器交互的能力。②零件程序译码和数据处理模块负责对输入的零件程序做解释和处理。③轨迹插补在一段轨迹上进

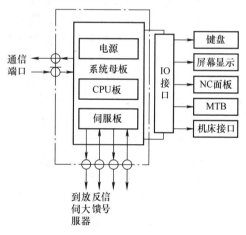

图 4-32　专用数控系统硬件组成

行数据密化，把起始点之间的空白补全。④轴伺服控制模块在从 IO 得到的信息帮助下，控制机床执行机构按 NC 指令指定的路径和速度运动。⑤IO 模块负责控制器的输入和输出（包括控制指令的输出，反馈信息的输入等。）⑥任务协调模块使系统的不同部分可以协调执行它们相应的功能，如系统资源的管理和监视、内部和外部的通信、与外部实体的底层接口等。

2）大部分制造业市场的数控系统（以 SIEMENS、FANUC 等为代表），应用的是一种专用的、封闭的体系结构。专用有两层含意：①构成系统的硬件是专用的，主板、CPU 板、伺服板及它们的连接方式等都是专门设计的，与其他系统的同类型的电路板是不通用的；②系统软件结构是专用的，系统软件的技术细节是不公开的、不提供给用

户的，所以如果系统的使用者要想进行任何功能上的扩展或变化都必须求助于系统的供应商；其次，它们在组织结构上虽然也是模块化的，大体上也分为上述的若干个模块，但是在具体实现方法上是有很大区别的。这是与各生产商选择的基础技术、技术政策、指导方针、发展历史等因素有关。如各个系统的内核功能一般都是根据 NC 程序处理轴的运动，但是内核的各个部分交互方式、通信协议等机制、内核与外部模块之间交互方式等则是随着系统的不同而不同的，所以说各个系统都是相对独立而彼此封闭的。这些都是专用的体系结构存在的基本缺点。

3）采用专用体系结构的数控系统虽然具有结构简单技术成熟、产品批量大、生产成本低等优点，但是随着迅猛发展的信息经济，这种体系结构越来越暴露出它固有的缺点。在许多情况下，用户需要把特殊要求融入控制系统中去，但传统数控系统的封闭性使得对它的修改或增强其他功能等工作，对于每个用户来说又是不可能做到的，而这些工作只能由系统的供货厂家来完成。所以，机床制造厂家不得不在制造机床时让控制系统的生产厂家参加进来，这就使他们大大降低了相互间的技术保密性。再者，机床制造厂家从使用一种控制系统转化到另一种控制系统是一件十分耗费时间和精力的事情；同时，用户在使用、维护控制系统时同样也面临这个问题。更为不便的是，软件对硬件的不可移植性使得一些非常好的应用软件不能很好地运用到不同的系统环境中。因此，建立一种开放式的、独立硬件的数控系统是广大最终用户、机床生产厂商和一些控制系统生产厂家共同的需求。由此，开放式数控系统体系结构的产生和发展就是必然的了。

由于目前数控系统市场大部分由少数几家大的生产厂家所占领，这就使得一些中小型控制系统的生产厂家只能得到小批量且有特殊要求的产品订单，他们就必须要考虑怎样降低系统的生产成本及易于适应各种变化。随着 PC 技术的迅猛发展，把 PC 母板和市场提供的运动控制板连接起来已成为可能，这也给他们解决系统成本问题提供了一个途径。既然他们不能像那些大公司一样采用专门设计的硬件电路板，那就生产基于 PC、微处理器及其体系结构的控制系统，利用成熟的 PC 硬件来组成他们的控制系统。因为节省了开发专用硬件的费用，从而大大降低了系统的生产成本。同时，由于 PC 总线是一种开放性的总线，所以这样的系统硬件体系结构就具有了开放式、模块化、可嵌入的特点。

4）为了使系统能更好地适应不同的需要，满足多样的要求，在控制系统的系统软件方面多下功夫，即系统软件可依据用户级别的不同，提供不同程度的开放，使用户可以依据需要配置系统并达到其生产要求。另外，由于系统是基于 PC 的，所以在软件设计的同时可以充分利用 PC 丰富的软件资源，组成开发控制系统的软件平台，以达到事半功倍的效果。

基于上述考虑的控制系统，如 Delta Tau 公司的 PMAC 系统、PA 公司的 PA8000 系统，以及 NUM 公司的 NUM1020 系统等，基本上都具有了开放式的体系结构，或达到了一定程度的开放性。

但是，开放式系统是一个不断发展的概念。对开放式的结构并没有一个完全认可的定义。也就是说对不同的用户来说"开放"可能有不同的含意。如对于一些用户，它意味着可以局部地使用任何通信协议；对于另一些用户来说，它意味着与系统的交互界面的一致性；对于机床应用工程师来说，它意味着具有滑板驱动的标准接口及用于传感器和逻辑控制的标准输入输出；而对于从事研究的人员来说，"开放"最好是具有上述一切特征。

由于来自用户和系统集成者的压力，这种开放式的趋势正在持续下去。甚至那些采用专用体系结构的厂家为了适应这种情况，也正在提供基于 PC 窗口应用系统的输入或称为前端（Fornt ends）的装置，使用户可将许多专用的宏指令或其他辅助手段附加到控制系统上去，这也是某种程度的"开放"。

开放式系统是建立在标准的基础上的。只有采用统一的标准，才能有真正的"开放"。目前有许多国家的相关组织正在致力于标准的制定工作，如欧盟关于标准"滑板"驱动接口的标准——"SERCOS"接口标准已在国际标准组织中出现。另外，欧盟的"OSACA"计划正在积极工作以图在内部总线结构和输入输出协议及系统软硬件体系结构方面建立国际统一的标准。只有建立了国际统一的标准，才能形成开放结构的一致认可的定义。

4-32　PA8000 CNC 系列的结构有何特点？

答：PA8000CNC 系列作为数控系统说明开放式数控系统的结构特点如下：

1）PA8000 CNC 系列是基于 PC 技术并集成为工业级的产品。通过 PC 母板和 Windows 或 DOS 操作系统对全世界范围内制造的 PC 部件开放。该产品实现了基于现代"窗口"技术的 CNC 人机接口。同时，借助 PC 硬盘技术，能提供 50MB 的 NC 程序；所有通信接口，从简单的串行接口到复杂的网络接口，都可以集成到系统中，即借助标准 PC 操作系统，用户可在 CNC 系统中集成自己的 PC 软件，如 NC 编程软件包、统计程序等。

2）PA8000 CNC 系列是基于开放的系统结构（包括 CNC 内核）。它可以使用户把自己特有或专用的技术和软件例程集成到 CNC 系统中，借助一个高效的软件工具（称之为"编译循环"），用户可以把自己独特的 CNC 功能集成到 CNC 操作系统中。图 4-33 就是其系统平台的结构框图（硬件平台是 IPC + 伺服板，软件平台 Windows NT4.0）。

由图 4-33 可见，该系统采用全模块化的结构，各模块间具有互操作性、可替代性和可扩展性。这些特性的实现得益于系统的开放式应用程序接口（API）的定义和应用。

在定义 API 时，主要应用到面向对象的技术（数据抽象、封装及继承的概念）。为了给系统定义 API，必须对现存的数控系统和用户需求进行仔细而全面分析，总结现有系统控制结构的共同特征，并对其进行适当归类以形成基本的功能模块；然后选择各模块内最基本的功能，并以它为基础定义类别，确定该类的属性和方法，实施数据的封装，以及提供该类对象的统一接口，以实现该对象与其

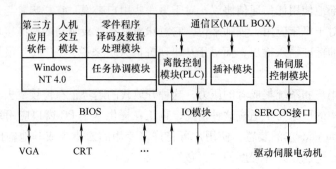

图 4-33　PA8000 系统平台结构框图

他对象之间的互相作用。对于一些扩展功能和特殊功能，可以通过在基础类别基础上加入一些特有的属性和方法获得派生类的办法来实现。在定义了这些基础类别和派生类后，就可以定义一系列控制功能对象；然后把这些控制功能元对象柔性地组织成系统的功能组织结构，进而建立面向功能任务的控制系统的体系结构模型。按照数控系统的控制模型把与特定的功能相关的功能对象组织成具有一定拓扑关系的功能模块。而不同的功能模块相互保持操作的独立性，这是系统功能可变性的前提。

市场竞争要求生产厂家对于一个产品从研制到投放市场的周期越短越好，这就使得各厂家在发展自己的产品时，应该处处注意遵循工业"标准"，使自己的产品具有"开放"的特性，以适应迅猛发展的经济形势。基于 IPC 和开放式系统平台结构的数控系统正是适应这种需要而产生的，它提供了用户需要在开放性和对供应商的独立性上达到提高数控系统和数控机床对外界变化的适应能力，故具有广阔的发展前景。

4-33　如何选择 PC – NC 开放式数控系统的操作系统？

答： 操作系统的选择是开放式 PC – NC 数控系统软件开发的关键环节。最主要的考虑是其担负职责和系统功能的实现与应用及技术指标是否够先进，如操作系统实时响应的能力和多个任务并行处理的能力等。在多层 PC 结构的数控系统中，各层 PC 的主要职责范围不同，故所选择的操作系统也可能不同。具体如下：

1）多层 PC 结构，工作站单元的操作系统可选择 Windows NT，其理由是：①该机的实时处理要求一般较低，大约在 100ms 之内即可。②该机的操作系统应是一个能支持大规模调度、策划和科学计算等应用软件运行的及支持大容量存储设备管理的和功能很强的操作系统。③为实现系统的分布安装，主总线应是一个满足 IEEE – 802.4 的令牌局域网，以便用于大规模的 FMS 或 FML 控制。操作系统应有较强的网络服务功能，在与其他车间级或工厂级的网络进行通信时，不需要另外附加服务器。

2）作为 NC 控制单元的计算机操作系统，其选择应考虑以下条件：①满足实时运动控制和 PLC 处理周期为 1～10ms 的要求，实时响应速度应在 0.1ms 之内。②满足同时在有限存储空间内装入运动控制、PLC、代码解释、补偿处理，以及必要的显示和零件加工程序的要求，故它应是一个微内核操作系统。③这样的微内核实时操作系统最好能支持保护模式，以便程序超过 640kB 时仍能正常运行。

4-34 开放式数控系统有哪些特点？

答：1）参照 IEEE 对开放式系统的相关规定，开放式数控系统的初步定义：一个开放式数控系统必须提供不同应用程序协调地运行于系统平台之上的能力，提供面向功能的动态重构工具，同时提供统一标准的应用程序用户界面。根据这样的定义，开放式数控系统必须是一个全模块化的软件体系结构，其在技术上具体体现为平台技术和面向应用功能单元对象的系统参考结构，并应具有以下的特点：①开放性，即提供了标准化环境的基础平台，允许不同功能和不同开发商的软硬件模块介入。②可移植性，一方面，不同的应用程序模块可以运行于不同供应商提供的系统平台之上；另一方面，系统的平台可运行于不同类型、不同性能的硬件平台之上，而整个系统也表现出不一的性能。③扩展性，即增添和减少了系统的功能仅仅表现为特定功能模块的装载与卸载。④相互替代性，即不同性能、不同可靠性和不同能力的功能模块可以相互替代，而不影响系统的协调运行。⑤相互操作性，即提供了标准化的接口、通信和交互模型。不同的应用程序模块通过标准化的应用程序接口运行于系统平台之上，不同模块之间保持平等的相互操作能力及协调工作。

2）开放式数控系统从全新的角度分析和从实现数控系统控制功能的角度出发，强调了系统对控制需求的可重构性和开放性，强调了系统功能模块面向多供应商。它提高了数控系统对不同需求的适应性，也规范了系统的实现模式。这种开放式系统概念设计，使得完整系统的构筑是完全面向应用需求的，实现了"按需构造"。这种构造的过程主要包含以下几个主要方面：①用户定义应用环境，如硬件、控制的各单元设备等。②系统平台提供基本的服务，如通信、管理等。③系统的构造者通过系统提供的标准集成和配置技术连接用户所挑选的功能模块。④功能模块兼容和支持客户化的性能需求。⑤系统提供缺省的系统配置。⑥在系统完成构筑之前，支持系统的实验和仿真，并自动获得运行结果。

4-35 开放式数控系统应具有何种结构为宜？

答：根据开放式数控系统的初步给出定义，一个开放式数控系统的结构可以分为两个部分：统一的系统平台和由各功能结构单元对象（AO，Architecture Object，我们也称为功能元对象）组成的应用软件模块，如图 4-34 所示。这里所谓功能元对象是指相互独立的具有一定特性和行为规范的系统功能单元对象，它是组成系统功能结构的最基本的单位，对系统平台具有唯一的标准化接口。

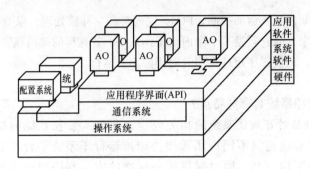

图 4-34　开放式数控系统的结构框图

　　系统平台由系统硬件和系统软件组成。系统的硬件由机床的硬件配置决定，如各种电器或电子元器件等。系统的软件分为三个部分：①系统核心，如操作系统、通信系统、动态的实时配置系统；②可选的系统软件，如数据库系统、图形系统等；③标准的应用程序界面（Standardized Application Program Interface，API）。API是系统功能元对象进入系统平台的唯一途径，它一方面隐藏了系统平台提供的一系列服务的真实实现，使硬件与软件独立；另一方面提供各种功能元对象在所有平台上的统一界面。操作系统、通信系统和实时配置系统组成了控制系统运行的基础。系统内部的通信应参照 ISO/OSI 的参考模型，遵循广泛认同的面向消息的通信机制（Message‐Oriented Communication），建立一个包含能够满足实时需求在内的内部通信子系统，以提供各功能元对象的相互操作；系统与外部上级系统的通信也应基于标准协议，如 MAP、CNMA；系统与下层系统的通信，如传感器，应适应标准的驱动接口和域总线。实时配置系统是实现开放式数控系统开放性的关键，应允许系统根据配置清单和有关参数在系统初始化时动态生成系统控制的软件拓扑结构。

　　系统平台设计开发的关键是面向对象软件技术、软件重构技术、通信技术及各种接口规范的应用和建立。通过面向对象技术规范 API 定义，结合动态对象的识别和系统动态重构技术，为实现系统的功能开放性和动态配置提供前提。通信技术和面向对象技术的结合又产生了面向对象任务的实时通信机制。

4-36　如何建立开放式系统的相关功能结构？

答：建立开放式系统结构的关键是在分析和掌握现有数控系统的功能和实现技术的基础上，有效地利用成组技术、面向对象技术作为工具，把握好系统功能的分解和划分，汲取各种控制功能的共有属性和私有特性，明确和定义各功能模块和功能元的行为及它们的相互操作界面。

　　系统的控制功能是由各系统功能模块组成的，而每一个功能模块都是由功能相对独立的功能元按照一定的逻辑关系组成的。系统的参考结构就是用来精确描述功能元和功能模块之间的关系，以及各模块之间的关系；精确定义各模块和各功能元的行为和属性，以及模块和功能元与系统平台之间的界面，以保证不同供应商提供的功能模块在不同平台之上的协调工作。

　　开放式数控系统的功能扩展性、相互替代性和相互可操作性，得益于系统平台的标准化应用程序接口和控制功能元对象的有效"抽象"，以及开放的柔性控制系统功能的参考结构。控制系统参考结构的开放性、柔性和对控制功能元对象"抽象"的有效性是设计统一的应用程序接口的基础，同时也是各控制功能元既相互独立又协调工作的保证。建立开放式系统参考结构必须详细地分析现有控制系统的功能、总结现有系统控制结构的共同概念，并利用成组技术进行归类，从而形成各种功能元的共性和个性。利用面向对象技术确定功能元对象的功能、属性和行为，并把各种控制功能元对象柔性地组织成系统的功能组织结构，建立开放式系统的面向功能任务的控制系统的体系机构模型。同时描述和定义功能元对象之间的相互操作关系及其层次组织关系，分析和确定数据流和功能元的规范行为界面，使得各种功能元对象在整个系统中作为一个提供一定服务的独立对象。而特定的功能相关的功能元对象可按照数控系统的控制模型组织成具有一定拓扑关系的功能模块（功能域）；而不同的功能域相互保持操作的独立性，为系统的功能的可变性提供前提。

　　总之，从技术发展的角度看开放式数控系统是数控系统的发展必然，以及显示出系统对控制需求的可重构性和开放性。建立以标准化的应用程序接口、统一的实时通信系统、动态实时配置系统为主要内容的系统平台和以功能元为基础的系统参考结构，为提高数控系统对不同需求的适应性、规范系统的实现模式，以及为将来车间自动化向更高层次的集成提供广阔的前景。它的根本出发点是提高数控机床和数控系统在市场的竞争能力，大幅度降低数控系统和数控机床的制造周期，提高设计和制造的可靠性，减少数控机床安装、维护、培训和调试的成本。同时，从根本意义上满足用户的专项需求，对提高数控制造商的生产技术水平起到极大的推进作用。

　　我国在数控技术领域与世界水平有较大的差距。由于开展开放式数控系统的研究涉及许多标准化和规范化的工作，因此必须广泛联合国内外的数控系统和数控机床企业，充分发挥我国的软件技术优势，对数控技术开展深入地研究，为我国的数控技术进一步的发展奠定良好的理论和技术基础。

4-37　我国早期开发的国产数控系统有哪些？当前国产数控系统发展情况如何？

答： 我国早期与生产的 CNC 装置基本上分为两大类：一类是从国外引进许可证制造的技术产品；另一类是在引进、消化、吸收的基础上再自行研制、开发、生产的数控装置与驱动装置。

　　1. 早期开发的国产 CNC 系统

　　（1）某数控厂（BESK）的 CNC 装置　该产品分两类：一类是 BS02、BS03 系列、BS04 系列、BS06 系列和 BS07 系列自行开发、研制、批量生产的产品。另一类是由日本 FANUC 公司引进生产许可证的 FANUC – BESK3 系列、FANUC – BESK 6E 系列及 FANUC – BESK O Mate E 系列的合作产品。

　　以上产品具有产品品种较多、备有较全档次，有单轴数控、经济型数控及全功能数控系统等特点。

　　现以 BESK BS04 BS06/07 系列为例，说明其结构特点。其中 BESK BS04 系列有

BS04M、BS04T 及 BS04G 品种，其逻辑框图，如图 4-35 所示。结构为主板是大板结构，其他为小板结构，如 PLC 板、附加输入、输出板等。另外有 MDI/CRT 单元，由大板、小板、单元组成 BS-04 系统。

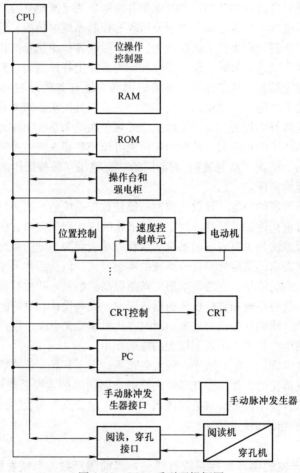

图 4-35　BS04 系列逻辑框图

其特点是一个微处理器 CNC 装置，CPU 为 8086，采用内装式 PLC，其型号为 BESK-PC。

BESK BS06/07 系列有 M、T、P、MF 及 BS07 品种，BS07 主要用于控制 6 轴、联动 5 轴或 6 轴的铣床、加工中心和柔性单元。逻辑框图，如图 4-36 所示，其构成由主板、ROM 板、各种容量的零件程序存储板、MDI/CRT 控制板、输入单元、连接单元、电源单元及可编程控制器等组成。其特点为主 CPU 用 8086，PMC 用的 CPU 也是 8086。BS07 系列为了提高 CPU 的处理速度加了协处理器 8087，图形控制中也用了 CPU。

该厂引进生产许可证的产品中 FANUC-BESK 6E 系列中有 6ME 及 6TE 两种规格，前者用于加工中心及数控铣床，后者用于数控车床。

6E 系列的逻辑框图，如图 4-37 所示。它的主板为大板结构，其他如 ROM 板、磁

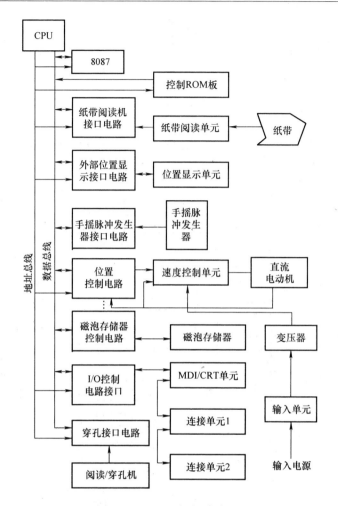

图 4-36　BS07 系列逻辑框图

泡存储板、PLC 板、CRT/MDI 板均为小板结构。

它的特点是多微处理控制器系统，主 CPU 为 8086，PLC 及 CRT 的 CPU 也是 8086。

6E 系统采用了 VLSI（大规模集成电路），而且是内装式 PLC，它的 PLC 是三种可供选择可编程序微控制器（PMC），即 PMC－A、PMC－B 及 PMC－G 等。由于小板均插在主板上，因此对维修比较方便。

（2）KND 系列数控系统　这是针对我国国情，采用当时世界新科技成果和成熟的 NC、电子技术，开发出的一系列应用于车床、铣床、磨床、加工中心及其他各类机械设备的数控装置。

1）KND 数控系统种类：800 S 通用型单轴数控系统；800 T 通用型 2 轴车床数控系统；800 M 通用型 3 轴或 4 轴铣床数控系统；800 G1～4 轴专用磨床数控系统；800 X1～4 轴可柔性配置的数控系统。

2）特点：①硬件设计中采用了超大规模集成电路，借鉴了世界名牌 NC 系统中的

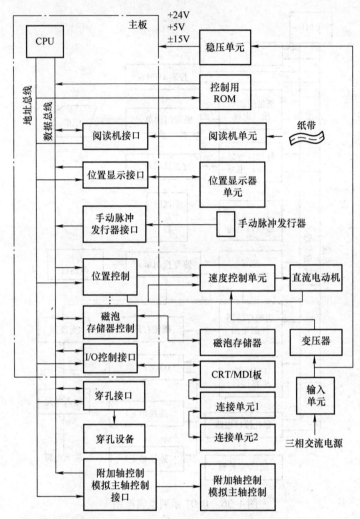

图 4-37　FANUC – BESK 6E 系列逻辑框图

成熟技术，达到了 20 世纪 90 年代 NC 技术水平。因此它不仅结构紧凑、维修方便，而且具有很高的可靠性。②Kernel 800 X 可柔性配置的数控系统由于软件采用了模块化、功能化结构，硬件采用了可扩展式结构，所以它有极强的可塑性。可根据用户的不同要求，在很短的时间内扩充各种功能，实现二次开发，以满足各种专用数控机床的特殊要求。③具备可靠的可充电、掉电保护电路，通常不用更换电池。一只充足电的可充电电池，一般可在系统掉电后，至少维持参数和零件程序一年之内不丢失。④自含内装式PLC（可选用指令丰富的梯形图编程，为机床强电控制电路设计者提供了很大方便）。⑤用软件键实现菜单操作方式。⑥用 9in CRT 汉字显示。⑦含有丰富的自诊断功能，可在运行期间监测系统工作状态，一旦有故障立即报警，用户可根据报警号即刻查到故障所在。⑧采用标准 RS232 通信口，为用户传送各种数据提供方便。

　　3）800 M 铣床用数控系统规格、性能及主要参数。

① 性能指标:

可控轴数	2轴,4轴
联动轴数	2轴,3轴或4轴
最小设定单位	0.001mm 或 0.0001in
最大编程尺寸	±999.999mm 或 ±999.999in
最快移动速率	24000mm/min 或 600in/min
进给速度范围	1~15000mm/min 或 0.1~600in/min
程序存储容量	32kB,48kB,64kB（每4kB换算10m纸带）

② 编程及存储管理:

字插入、字修改、字删除	程序段删除
地址、字检索	程序删除
顺序号检索	清程序库
程序号检索	可变程序段格式
顺序号自动插入	小数点编程
返回程序开头	缓冲寄存器
	双重子程序调用
宏观指令功能（含多种算术、逻辑、函数运算及跳转指令）	多种宏变量引用

③ 准备机能:

快速定位	G00
直线插补	G01
多象限圆弧插补	G02,03
暂停	G04
补偿量程序输入	G10
坐标平面指定	G17,G18,G19
米/英制转换	G21/G20
返回参考点检查	G27
自动返回参考点	G28
从参考点返回	G29
跳跃机能	G31（4点高速输入）
拐角圆弧补偿	G39
刀具半径补偿	G41,G42
取消刀具半径补偿	G40
刀具长度补偿	G43,G44
取消刀具长度补偿	G49
宏指令	G65
孔加工固定循环	G73-G89（镗铣、攻螺纹、钻孔）
绝对/相对指令	G90/G91

④ 操作与控制：

自动运行	
单程序段运行	
MDI 方式运行	
空运行	
手动连续进给	
单步进给	0.001mm、0.01mm、0.1mm、1mm
绝对/增量编程	
手摇进给	0.001mm、0.01mm、0.1mm

⑤ 9in 单色 CRT 监视器：

文字显示	中文，英文
位置显示	绝对/相对/综合
菜单显示	主菜单/子菜单

⑥ 支持与维护：

控制电源	单相　AC 220V（±15%）　　50Hz±1Hz
伺服单元	
伺服电动机	
伺服变压器	
伺服柜	
位置编码器	
脉冲编码器	
主轴电动机	
主轴伺服单元	
标准 RE232C 接口	
多用编程机　PLC 编程/NC 编程/数据存储/数据传送	
梯形图编程与调试	
内装式 PLC	2000 步　输入40点，输出40点
	4000 步　输入96点，输出64点
手摇脉冲发生器	
连接电缆	
开机自检	
在线自检	
故障分类提示	
DI/DO 检测卡	

　　4）系统连接（主控制板及 4 坐标附加控制板），如图 4-38 所示为 KND 800M 铣床用数控系统的连接图。图中的 M4 表示 M4 的螺钉端子，M3 表示 M3 的螺钉端子。电缆 W861 来自 X 轴伺服单元的相应位置，W852、W854、W855、W857 来自第一台伺服变压器。电缆 W856 和 W858 来自第二台伺服变压器。

　　5）KND 800T 车床用数控系统主要由下列单元组成（见图 4-39 表示了该系统的组成）：①主控制单元；②附加控制单元；③MDI&CRT 单元；④速度控制单元；⑤伺服电动机；⑥位置编码器；⑦伺服变压器；⑧输入单元；⑨电源单元；⑩手摇脉冲发生器（选件）；⑪内装式 PLC（选件）；⑫PLC 编程器（选件）。

　　（3）MTC 数控系列　它是在引进消化吸收美国 GE 公司 Mark Century One 的基础

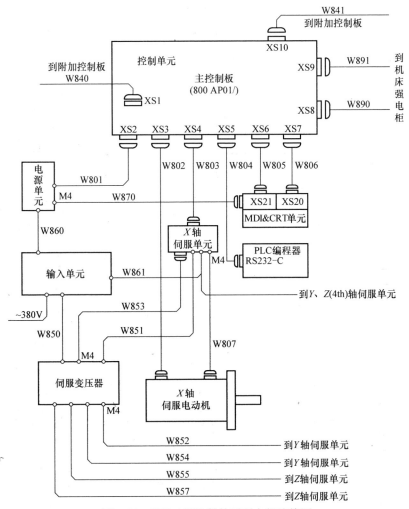

图 4-38　KND 800M 数控系列主板连接图

上，根据我国国情开发的 CNC 装置。

MTC 系列 CNC 装置能满足各种机床的需要，有 T、M、B、C 等型号。

1）构成。由电源板、CRT 板、主板及输入/输出板组成。

2）特点。是一个多微处理器 CNC 装置。系统软件丰富，并具有结构紧凑、体积小、功能强和操作维修方便等特点，易于实现机电一体化。

主 CPU、插补用 CPU 及 CRT 控制用 CPU 均采用 8085。

MTC-2M 是在 MTC-1M 的基础上开发研制的新产品。MTC-2M 增加了动态显示、螺旋插补、坐标旋转、主轴定向及参数运算编程等功能。

国内主要数控生产企业有 30 多家，如东部地区有：上海开通数控有限公司、南京华兴数控技术有限公司、南京新方达数控有限公司、江苏南京仁和数控有限公司、上海铼钠克数控科技股份有限公司等；南部地区有广州数控设备有限公司、深圳市珊星电脑

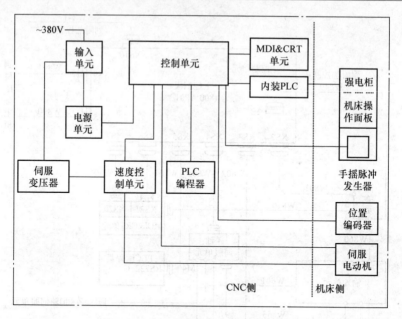

图 4-39 KND 800T 系统构成结构框图

有限公司等；西部地区有成都广泰威达数控技术股份有限公司、绵阳圣维数控有限责任公司、陕西华拓科技有限责任公司等；北部地区有北京凯恩帝数控技术有限责任公司、沈阳高精数控智能技术股份有限公司、大连光洋科技集团有限公司、北京航天数控系统有限公司、大连大森数控技术有限公司、北京凯奇数控设备成套有限公司、沈阳机床集团股份有限公司、北京精雕科技有限公司等；中部地区有武汉华中数控股份有限公司等。

具有自主知识产权的五轴高端系统的有华中数控股份有限公司、大连光洋科技集团有限公司、上海铼钠克数控科技股份有限公司、北京精雕科技有限公司、沈阳机床集团股份有限公司（i5）、陕西华拓科技有限责任公司等。其中华中数控股份有限公司 inc、沈阳机床集团股份有限公司 i5 从技术先进上已经达到发达国家的现有技术水平。

以华中数控股份有限公司的华中 9 系列 inc 为例，国产数控系统的主要特点：

1）华中 9 系列构成了数控云管家——数控系统为中心的工业物联网平台、数控设备可视化终端、服务对象、数据来源、生产统计、功能模块、状态监控、档案管理、远程运维、可视开发等功能。

2）解决了多种设备联网模式，提供丰富的工业加物联网渠道。

3）基于机床大数据及再学习功能，实现了机床的自我调适功能。

4）基于机床大数据及工艺加工大数据，实现了机床加工工艺的智能选择和变化。

5）机床的控制指令在现在数控系统 G 代码的基础上，叠加了机床及加工工艺本身的 i 代码，实现了数控机床的自我智能控制。

第5章 数控机床的伺服驱动、接口及标准化

5-1 数控机床的伺服驱动系统可分为几类？它由哪些部分组成？

答： 数控机床的伺服驱动系统主要有两种：进给驱动系统和主轴驱动系统。从作用看，前者是控制机床各坐标的进给运动，后者是控制机床主轴旋转运动。驱动系统的性能，在较大程度上决定了现代数控机床的性能，因数控机床的最大移动速度、定位精度等各项指标主要都取决于驱动系统及 CNC 位置控制部分的动态和静态性能。

实际上，数控机床的 CNC 部分相当于"大脑"，是发布命令的指挥机构。因此，伺服驱动相当于"四肢"，是执行机构。所以伺服驱动系统必须严格地执行 CNC 的指令，如果执行的结果产生了较大的误差，那么这种伺服驱动机构就不符合要求。但是如果在执行运动过程中的误差由检测元件测量出来，再把这个误差"反馈"给 CNC 装置；之后补充修正"指令"，就可以大大地改善伺服驱动机构的不足。

由此可见，伺服驱动和位置控制密切相关，同时离不开检测机床运动部件位置的元器件，这三者也就构成了伺服驱动系统。

驱动系统与 CNC 位置控制部分构成位置伺服系统。伺服系统离开了高精度的位置检测元件（光电编码器、光栅等），就满足不了数控机床的要求。检测元件的作用是对被控位置量进行不断地检测，并反馈到 NC 的位置环，如工作台前后、左右及旋转运移和主轴箱的上下移动等。在数控机床上，不仅对单个轴的运动速度和精度的控制有严格要求，而且在多轴联动时还要求各坐标轴有较好的动态配合。

5-2 数控机床常用的伺服驱动元部件有哪几种？各有什么特点？

答： 数控机床常用的伺服驱动元部件有步进电动机、电液压脉冲马达、小惯量直流电动机、直线电动机、力矩电动机、电主轴宽调速直流电动机及交流伺服电动机等。

按驱动部件的动作原理分类，可以把位置控制系统分为电液控制系统和全电气控制系统两大类。

不论是进给驱动系统还是主轴驱动系统，从电气控制原理来分都可分为直流和交流。直流驱动系统在 20 世纪 70 年代初至 80 年代中期在数控机床上占据主导地位，这是由于直流电动机具有良好的调速性能、输出力矩大、过载能力强、精度高、控制原理简单、易于调整等特点。

随着微电子技术的迅速发展，加之交流伺服电动机材料、结构及控制理论有了突破性地进展，20 世纪 80 年代推出了交流驱动系统，这也标志着新一代驱动系统的开始。由于交流驱动系统保持了直流驱动系统的优越性，而且交流电动机无须维修、便于制造、不受恶劣环境影响；与直流驱动系统相比，功率/重量比提高了 50% 左右。所以目前直流驱动系统已逐步被交流驱动系统所取代。

从 20 世纪 90 年代开始，交流伺服驱动系统已走向数字化，驱动系统中的电流环、

速度环的反馈控制全部数字化，系统的控制模型和动态补偿均由高速微处理器实时处理，不仅缩短了采样时间，还增强了系统自诊能力及提高了系统的快速性和精度。

近来出现的"自学习控制"更是一种智能型的伺服驱动控制系统。

5-3　在数控机床进给驱动系统中如何保证位置精度？

答： 数控机床是20世纪后半叶在制造业一个非常重要的成果，它的核心就是位置的准确控制。作为位置来说，要想达到准确控制是非常困难的。因为准确控制就意味着十分准确停车。达到十分准确停车，就要求运行的速度十分慢。这样，机床的生产效率就满足不了现代化生产的要求。显然这就要求现代数控机床应具有宽广的调速范围，有非常灵活的控制方法，有快速启制及稳速功能。

数控机床的驱动系统由直流转变到交流，比较广泛地采用了三环控制方案，如图5-1所示。也就是由电流闭环作为内环，速度闭环作为中环，位置闭环作为外环的三环系统。而每个环都有自己的反馈信号，且又都是相互联系的。位置环的给定量是来自NC部分，即来自数控部分，由计算机进行插补运算后，得到进给量输入信号给位置环；然后与机床位置反馈信号综合，获取输出信号，这个输出信号就是速度环的给定信号。速度环的反馈信号是来自于测速发电机，与位置环给定信号进行PI（比例、积分）调节，获得输出信号，这个信号就是电流环的给定信号。电流环的反馈信号是来自于电流互感器，或电动机电枢回路检测，如电阻的压降，这个信号与给定信号在电流调节器中进行PI调节，获得的输出信号就是送入功率转换单元的给定信号，这样就完成了对驱动对象的控制。

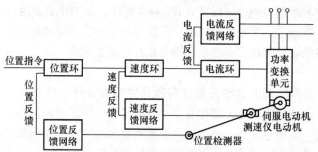

图5-1　三环控制方案框图

当然现代数控机床已与上述的情况又有相当大的进步，如很多机床已不再用测速电动机，由位置检测的光电编码器来检测速度。近年又出现了全数字化的三环系统（AD），不再采用模拟量来控制，整个调节系统就是一个PI算法。而这些控制方案的基本思路还是一个三环系统。

5-4　数控机床对进给驱动系统有什么要求？

答： 数控机床是机电一体化高技术、高精度、高效率的产品。如果一台数控机床仅有一台先进的NC装置，没有一套好的驱动系统与之配套，也不能成为一台先进的数控机床。不管使用直流驱动系统还是交流进给驱动系统，都应满足数控机床的要求。这也决定了驱动系统的特点，其主要体现在几个方面。

（1）高精度　进给驱动系统与 NC 位置控制部分及位置检测元件，构成位置伺服系统，其中要求驱动系统有高的调速精度，且跟踪性能最佳。一般数控机床对伺服系统的精度要求为 $1\mu m$。

（2）快速响应　为了保证满足数控机床加工零件的各项指标，要求进给驱动系统有良好的快速响应，过渡时间最短。一般从零速到设定转速的时间小于 200ms。

（3）调速范围宽　在数控机床中，由于各种零件、刀具工艺要求不同，而又要保证在任何转速情况下得到最佳加工条件。这就要求进给驱动系统具备较宽的调速范围。目前进口的驱动系统调速范围在 1:10000 左右。

（4）力矩波动小　由于数控机床在加工零件时，主要工作在低速切削状态，这就要求进给驱动系统在低速时仍然保持恒转矩，且无爬行现象。另外，驱动系统应具有较强的过载能力。一般允许的波动系数在 3% 左右。

（5）高可靠性　进给驱动系统频繁工作在起动和制动状态，工作时器件承受的电流较大，且容易损坏，势必影响到数控机床的可靠性，给用户带来较大的经济损失。故在选型时除了满足机床性能要求之外，还要考虑驱动系统的可靠性及环境适应能力。

5-5　常见的数控机床驱动伺服系统有哪些？

答：常见数控机床驱动伺服系统有：

（1）日本 FANUC 公司　自 1974 年开始生产直流伺服电动机，1980 年开发了伺服控制器。电动机额定转矩为 0.98 ~ 235N·m，输出功率 0.15 ~ 22kW。

分别用 H、M、L 表示大、中、小惯量三个系列。中小惯量是电动机采用 PWM 速度控制单元，大惯量采用绝缘栅双极型晶体管（IGBT）控制器。

交流伺服电动机有四个系列：S 系列、L 系列、SP 系列和 T 系列。S 系列转矩为 0.25 ~ 29N·m，适用于普通数控机床。具有较高的过载能力。L 电动机额定转矩为 2.9 ~ 49N·m，共五种规格。适于频繁调速，快速定位的场合。如转塔冲压和印制电路板的钻削，因为它的转子惯量小，所以加减速时间短。SP 系列电动机三个规格，额定转矩分别为 1.0 和 1.2N·m。具有高的精度和可靠性。适用于高精度数控机床，能用于超精加工。它采用每转一万个脉冲的光电编码器。T 系列电动机为空心轴电动机，电动机额定转矩为 350 ~ 1200N·m。

与上述电动机配套的伺服系统主回路采用 PWM 变频器。

（2）西门子公司　1974 年生产永磁式直流伺服电动机 1HU 系列电动机额定转矩为 1.2 ~ 165N·m，共五个子系列：1HU504、1HU305、1HU307、1HU310、1HU313。每个子系列又分若干个系列来满足不同用户的需要。

速度控制单元采用 6RB20PWM 方式调速，调速频率为 2.5kHz。6RB26 为 MOSFET PWM 速度单元，适用于 1HU5 系列电动机。

交流伺服由 1FT5 永磁电动机和 6SC61 速度控制单元组成。1FT5 有三个标准系列，额定转数由每分钟 1200 转到 6000 转，转矩为 0.27 ~ 115N·m。

西门子公司后又推出 6SC611 交流伺服系统，进给驱动与主轴共用电源，无须隔离变压器；每个控制单元互相独立，便于维修。

（3）美国 AB 公司　它生产的 Bulletin 1326 型交流伺服电动机，共有 A、B、C 三个系列，分标准型与特殊型两类。标准型的电动机连续转矩为 1.8 ~ 35N·m，特殊型的电动机连续转矩为 1.8 ~ 47.4N·m。

速度控制单元为 Bulletin 1389 或 1391。1391 又分为 A 与 B 两个系列。容量有三个规格，连续电流分别为 15A、22A、45A。降压电流为 30A、44A、90A。

AB 公司后又推出 1391—DES 系列数字式交流驱动控制器，它能控制额定转矩为 5.4 ~ 111.9N·m 交流伺服电动机。

（4）日本三菱公司　该公司推出了 HD 系列永磁式直流伺服电动机，额定转矩为 2 ~ 35N·m，规格有 HD21、HD41、HD81、HD101、HD201、HD301 等。配套生产 6R 系列伺服驱动器，PWM 速度控制技术，调制频率为 3kHz，且工作死区窄。因强电电源与控制器分开及电路中采用了较多的厚膜电路，故增强了系统的可靠性。另外，还具有过载、过电流、过电压和过速保护装置，以及带有电流监控。

（5）德国曼内斯曼公司　在 1978 年该公司就推出了交流伺服驱动系统，且运用频域较广泛。主要有 Indramat 交流伺服电动机 MAC 系列和与之配套的交流伺服控制器 TDM 系列等。Indramat 交流伺服系统具有下列特点以满足现代机械工程的要求：

1）在整个转速范围内可用的尖峰转矩大，因为省去机电转换。

2）动态特性高，因为刚度最大，转矩/惯性矩比极高。

3）过载能力强，电动机重量小，定子绕组风冷使散热很有效。

4）采用全封闭式结构（1P65），即使在恶劣环境条件下工作可靠性也很高。

5）完整的伺服电动机系列：在额定转速 1500 ~ 6000r/min 下，连续转矩为 0.8 ~ 100N·m。

5-6　数控机床对主轴驱动系统有什么技术要求？

答：数控机床的主轴驱动系统和进给驱动系统有较大的区别。主轴驱动系统主要用于控制机床的主轴旋转运动。机床对主轴要求应在很宽范围内速度连续可调，并在各种速度下提供恒定的切削功率；在切削中心的运用中，要求主轴驱动系统作为进给驱动系统使用达到任意定位，且保持恒转矩。过去的数控机床大多采用直流主轴驱动系统，由于直流电动机的换向限制，往往恒功率范围较小，故满足不了现代数控机床的严格要求；加之制造大容量的直流电动机比较困难。20 世纪 80 年代初期，随着微电子技术和大功率晶体管的高速发展，开始推出交流主轴驱动系统，它克服了制造直流电动机高转速和大容量的缺点，并且控制性能已到直流驱动系统的水平，具体技术特点如下：

1）恒功率范围宽，保证了切削精度和刀具的利用率。

2）加速和减速时间短。

3）调速范围较宽，一般在 1:1000 左右。

4）电动机过载能力强。

5）电动机温度低、噪声小。

5-7　常见的数控机床主轴驱动系统有哪些？各有什么特点？

答：数控机床主轴驱动系统有：

（1）日本 FANUC 公司　从 20 世纪 80 年代开始，该公司已使用了交流主轴驱动系统，其直流驱动系统已被交流驱动系统所取代。目前有三个系列交流主轴电动机，即 S 系列电动机，额定输出功率范围 1.5~37kW；H 系列电动机，额定输出功率范围 1.5~22kW；P 系列电动机，额定输出功率范围 3.7~37kW。它们具有如下特点：

1）无电刷和全封闭结构，可靠性高。

2）具有高效的冷却系统。

3）交流主轴驱动系统：①采用微处理器控制技术，进行失量计算，从而实现最佳控制。②主回路采用晶体管 PWM 逆变器，使电动机电流非常接近正弦波形。③具有主轴定向控制，数字和模拟输入接口等功率。

（2）德国西门子公司

1）西门子公司生产 1GG5、1GF5、1GL5、1GH5 四个系列直流主轴电动机，与上述四个系列电动机配套的驱动单元，采用晶闸管控制，能实现额定电流 35~1050A，输出电压为 380~500V。

2）20 世纪 80 年代初期，该公司又推出了 1PH5 和 1PH6 两个系列的交流主轴电动机。功率范围为 3~63kW，最高转速分别可达 8000r/min、630r/min，采用 F 级绝缘，带有风冷方式，控制器采用 63C65 系列交流主轴驱动器。主回路也采用了晶体管 PWM 变频器，具有能量再生制动功能。另外采用微机 80186CPU 进行管理、运算，从而完成控制。其自诊断能力强，具有不带 NC 控制的主轴定位功能及 C 轴功能，定位精度可达 0.01°。

5-8　数控机床位置伺服的开环系统有什么特点？

答：数控机床位置伺服的开环系统可分为开环及反馈补偿型开环。开环控制不需要位置检测，因此也无反馈信号。如数控装置向伺服系统发出一个指令脉冲时，则步进电动机就转动一个步距角，相应的机床运动部件就向规定方向移动一个脉冲当量的距离。同理，如果发出几个脉冲，则机床运动部件就移动几个脉冲当量的距离。

数控装置每秒钟发出指令脉冲的个数，就是指令脉冲的频率。指令脉冲频率越高，则步进电动机转动得越快，工作台每秒钟移动的距离就越大，所以指令脉冲的频率与数量决定了步进电动机的转速与转角，从而决定了工作台移动的速度与距离。

显然在上述状态下，数控系统的任务仅限于对伺服机构发出指令，至于机床的运动部件是否到位，数控装置并不去管。实际上，步进电动机的转角与转速是受一些外界干扰因素及本身的精度条件影响的，同时机床运动部件也存在同样的问题。这时累加综合误差显然得不到修正，这就会使机床的移动部件在位置精度上大受影响。这虽然是开环系统的最大弱点，但它结构简单、价格便宜，还是可以满足一些对位控要求不高的机床设备需求。同时，由于它的信号是单向流程的，因此不存在不稳定的问题，而其精度和灵敏度主要取决于步进电动机的性能和机械系统的精度。从目前生产需要来看，它能够满足一般精度的数控机床技术要求，所以开环系统应用还是比较广泛的。

开环系统控制的数控机床精度和传动系统的误差有很大关系，对于大型机床来说尤其是这样。在传动系统所产生的误差中，间隙（包括传动间隙、齿轮间隙等）可以通过每次改变进给方向时发出一定数量的脉冲来加以补偿，称之为"齿补"。因滚珠丝杠副传动是传动链的末端，故丝杠累积误差直接影响机床的工作精度。而滚珠丝杠的螺距累积误差可以通过补偿来提高其精度。

　　然而严格地说，间隙总是随着被加工工件的重量不同而有所变化，也受丝杠上螺母位置的影响，而且滚珠丝杠螺距累积误差又随温度不同而变化。至于有些大型机床，由于滚珠丝杠太长制造困难，就有必要考虑采用如齿轮齿条传动方式了，这样作为传动链末端的齿条精度的补偿就又成为一个问题。为了使传动系统的误差全部自动补偿，并且能稳定地达到高精度，就出现了反馈补偿型开环系统，如图5-2所示。它用特殊的步进电动机——带有补偿用的第二步进电动机EPM2和检测标尺（如感应同步器或磁尺）来补偿机械系统和步进电动机的误差，使伺服系统的精度提高到标尺的精度。在这一系统中，机床本身并未被包括在定位伺服系统中，这是它和闭环系统的区别，所以它就不会由于机床的共振、爬行、传动死区、运动失步等因素而引起系统的不稳定。因此反馈补偿型开环系统具有较高的稳定性。由于它有两个步进电动机，所以指令用步进电动机的脉冲当量应取大些，以保证高速度；而补偿用步进电动机的脉冲当量应取小些，以保证高精度。这样就使该系统成为比较理想的伺服系统了。

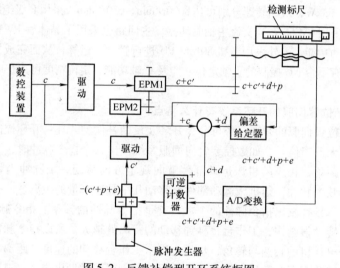

图 5-2　反馈补偿型开环系统框图

　　如果把细分电路用于反馈补偿部分，则可以只用一台步进电动机就能达到反馈补偿的目的，这样不仅简化了结构而且又提高了精度。

5-9　什么是数控机床位置伺服的闭环与半闭环系统？

答：

　　1. 闭环系统

　　闭环系统是数控机床上常用的一种伺服系统，因为开环系统的精度还不能很好地满足机床的要求，所以为了保证精度，在精密机床或大型机床上就必须采用闭环系统。这种系统由位置反馈检测回路，有时还加上速度反馈回路等组成。

　　如图5-3所示的闭环系统是按比较电路、指令位置和实际位置的偏差来进行工作的。这个偏差称之为速度偏差或跟踪偏差，用 e 表示，即机床移动部件跟踪数控指令的滞后量。机床移动部件以和 e 成正比的速度 v 运动，我们希望系统从无偏差到偏差的一个增量值 Δe 时，机床移动部件能有快速的反应，即有较高的灵敏度。灵敏度对伺服系统具有重要的意义，因为系统的灵敏度高，它的动态精度就高。

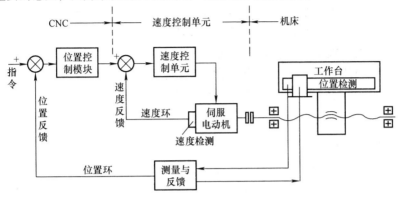

图 5-3　位置伺服闭环系统的结构图

　　一般地说，灵敏度高的系统其速度增益就越大。所以随着灵敏度的提高，系统可能会出现如下情况：当有了速度偏差 e 时，由于速度增益大，工作台就以较大的速度移动。由于工作台的惯性出现超程，这时就出现和 e 方向相反的新的速度偏差 e_1，使工作台反向移动，这时可能又会出现越过指定位置的情况，如使工作台向另一方向移动。这样就造成工作台在指定位置附近振荡，使伺服系统工作不稳定。

　　在闭环系统中稳定性是很重要的，因为系统不稳定就无法工作，而伺服系统的稳定性和系统各组成部分有关。伺服系统稳定性差，工作台在固定位置附近振荡，一般来说常常由于摩擦阻尼的作用而使其摆动振幅逐渐衰减，所以在设计时必须加某种形式的阻尼，来防止产生振幅增加的自激振动。在闭环系统中，常用直线光栅和直线感应同步器作为反馈检测装置，直接测量工作台的位移。也就是机床也包括在伺服系统中，而机床本身的谐振频率也较低，所以一般闭环系统采用较低的速度增益。当然随着增益的下降，伺服系统的灵敏度就差，动态精度也由于动态滞后较大而降低，所以在设计时要兼顾这两个方面。

　　闭环系统分为电液伺服系统和全电气的直流、交流伺服系统。

　　2. 半闭环系统

　　半闭环系统是用圆感应同步器等作为检测器，一种是把检测器装在丝杠的末端，另一种是安装在电动机的轴端。半闭环系统由检测器检测丝杠或电动机的转角位置，并进行反馈及驱动。

　　对于检测器装在丝杠末端的半闭环控制，由于丝杠的螺距误差及反向间隙等带来的机械传动部件的误差一起限制其位置精度，因此它比闭环系统的精度差；另一方面机床移动部件、滚珠丝杠副的刚度和间隙都在控制环以外，因此在控制系统稳定性方面比闭环系统有利。当检测器装在电动机轴上时，与上述半闭环系统相比其进给丝杠都在控制环之外，因此位置控制精度更低。反之其稳定性却更易保证。在一般半闭环系统中，检测器装在电动机轴上用得较多。伺服系统可以简化成图 5-4 所示的方框图，图中 $K_sG(S)$ 表示驱动电动机的控制部分和把电动机传到驱动件的机械传动部件的传递函数。

系统的工作是检测器检测出位置指令值 X_p 相对应的实际位置 X'，比较环节算出两者之差即位置误差为 X_e。伺服电动机按与 X_e 成正比的速度 v 进行修正位置偏差，两者之比例常数为 K_s。而其速度 v 对时间积分即为实际位置。综上所述，K_s 表示修正位置偏差的速度和位置偏差之比即

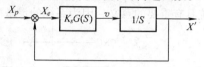

图 5-4　伺服闭环系统传递函数框图

$$K_s = \frac{v}{X_e}$$

式中，K_s 一般称为系统增益（或速度增益，单位为 s^{-1}）。当 v 一定时，X_e 和系统增益成反比。要减小稳态误差，必须增大系统增益。系统增益 K_s 越大，机床移动部件达到指令速度的时间就越短。

5-10　什么是步进电动机？其工作原理是什么？

答：步进电动机及其工作原理如下：

1）步进电动机是一种将脉冲信号变换成相应的角位移（或线位移）的电磁装置，也是一种特殊的电动机。一般电动机都是连续转动的，而步进电动机则有定位和运转两种基本状态，当有脉冲输入时，步进电动机一步一步地转动，每给它一个脉冲信号，它就转过一定的角度。步进电动机的角位移量和输入脉冲的个数严格成正比，且在时间上与输入脉冲同步。因此只要控制输入脉冲的数量、频率及电动机绕组通电的相序，便可获得所需的转角、转速及转动方向。在没有脉冲输入时，在绕组电源的激励下（气隙）磁场能使转子保持原有位置即处于定位状态。

2）步进电动机按其输出转矩的大小来分，可以分为快速步进电动机和功率步进电动机。快速步进电动机连续工作频率高而输出转矩较小，一般在 N·cm 级，它既可以作为控制小型精密机床的工作台（如线切割机床），也可以和液压转矩放大器组成电液脉冲马达去驱动数控机床的工作台。而功率步进电动机的输出转矩就比较大，是 N·m 级的，它可以直接驱动机床的移动部件。

3）步进电动机按其励磁相数可以分为三相、四相、五相、六相，甚至八相。一般来说，随着相数的增加，在相同频率的情况下每相导通电流的时间增加，各相平均电流也会高些，从而使电动机的转速 - 转矩特性会好些，步距角也小。但是随着相数的增加，电动机的尺寸就增加，结构也复杂，目前多用三至六相的步进电动机。

由于步进电动机的转速随着输入脉冲频率变化而变化，其调速范围很广、灵敏度高、输出转角能够控制而且输出精度较高，又能实现同步控制，所以广泛地使用在开环系统中，也可用在一般通用机床上，提高进给机构的自动化水平。

4）步进电动机按其工作原理来分，主要有磁电式和反应式两大类，下面介绍下常用的反应式步进电动机的工作原理，如图 5-5 所示。

在电动机定子上有 A、B、C 三对磁极，磁极上绕有线圈，分别称之为 A 相、B 相和 C 相，而转子则是一个带齿的铁心，这种步进电动机称之为三相步进电动机。如果在线圈中通以直流电，就会产生磁场。当 A、B、C 三个磁极的线圈依次轮流通电，则 A、B、C 三对磁极就依次轮流产生磁场吸引转子转动。

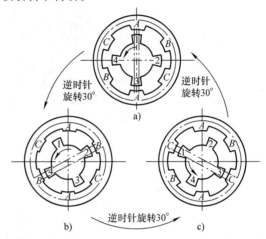

首先有一相线圈（设为 A 相）通电，则转子 1、3 两齿被磁极 A 吸住，转子就停留在图 5-5a 的位置上。

然后，A 相断电，B 相通电，则磁极 A 的磁场消失磁极 B 产生了磁场，磁极 B 的磁场把离它最近的 2、4 两齿吸引过去，停止在图 5-5b 的位置上，这时转子逆时针转了 30°。

接着 B 相断电，C 相通电。根据同样道理，转子又逆时针转了 30°，停止在图 5-5c 的位置上。

若再 A 相通电，C 相断开，那么转子再逆转 30°，使磁极 A 的磁场把 2、4 两个齿吸住。定子各相轮流通电一次转子转过一个齿。

图 5-5　步进电动机工作原理图

a）A 相通电　b）B 相通电　c）C 相通电

这样按 $A{\rightarrow}B{\rightarrow}C{\rightarrow}A{\rightarrow}B{\rightarrow}C{\rightarrow}A{\rightarrow}\cdots$ 次序轮流通电，步进电动机就一步一步地按逆时针方向旋转。通电线圈每转换一次，步进电动机旋转 30°，我们把步进电动机每步转过的角度称之为步距角。

如果把步进电动机通电线圈转换的次序倒过来换成 $A{\rightarrow}C{\rightarrow}B{\rightarrow}A{\rightarrow}C{\rightarrow}B{\rightarrow}\cdots$ 的顺序，则步进电动机将按顺时针方向旋转，所以要改变步进电动机的旋转方向可以在任何一相通电时进行。

5-11　在反应式步进电动机的结构中，"顺轴式"及"垂轴式"各有什么特点？

答：在反应式步进电动机中，有顺轴式（又称多段式或轴向间隙式）和垂轴式（又称单段式或径向间隙式）两种。

（1）图 5-6 是顺轴式五相步进电动机的结构图，它与普通电动机一样，有转子、定子和定子绕组。定子绕组分成五相（A、B、C、D、E）转子，其铁心由整体硅钢制成，在外圆上均匀地铣了 24 个齿。定子铁心由定子片及定子轭圈组成，材料亦是整体硅钢。在定子气隙面上，均匀地铣了 24 个齿，定子和转子的齿的尺寸和位置是一样的，而齿的多少从结构上决定了步进电动机的步距角。各相的齿，在转子上轴向是按同一相位排列的；在定子上，轴向是按螺旋状排列的。对五相步进电动机来说，依次错开 1/5 个齿的齿距，也就是错开 $\dfrac{360°}{24}\times\dfrac{1}{5}=3°$。

（2）垂轴式步进电动机的结构，如图 5-7 所示。它和顺轴式相比，首先是它的齿

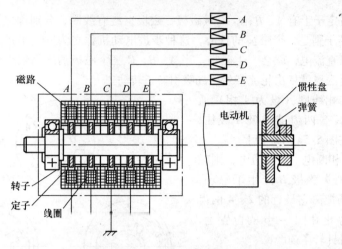

图 5-6 顺轴式五相步进电动机结构图

在径向，其次是其转子和定子均由硅钢片叠成，如在它的转子圆周上铣有 40 个齿，齿和槽等宽，齿与齿之间夹角为 9°；定子的三对磁极均匀地分布在圆周上，极间夹角为 60°；磁极上有 5 个齿，齿和槽也等宽，与转子一样，齿间夹角亦是 9°；各相的齿依次错开 1/3 齿距。

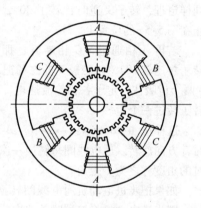

图 5-7 垂轴式步进电动机结构图

5-12 步进电动机有哪些技术特性？

答：步进电动机的主要技术特性如下：

（1）步进电动机通电方式和步距角 α 步进电动机每步转过的角度，称为步距角，用 α 表示。

1）步进电动机工作时，如果各相绕组是一相一相的单相轮流通电时，对于一个定子为 m 相的步进电动机来说，每经过 m 步，步进电动机转子转过一个齿；若步进电动机的转子有 Z 个齿，则步进电动机一转所需的步数为 mZ 步。但是在这种通电方式下工作的步进电动机，每次只有一相通电，容易使转子在平衡位置附近振荡，稳定性不好。而且在转换时，由于一相线圈断电时，另一相线圈刚开始通电，就容易失步（指不能按信号一步一步地转动），所以不常采用这种单相轮流通电的控制方式。

2）为了改善步进电动机工作性能，大都采用双相轮流通电的控制方式，对三相步进电动机来说，其通电次序为 $AB \rightarrow BC \rightarrow CA$。在这种通电方式下，$m$ 相步进电动机每经过 m 步，步进电动机转子转过一个齿。步进电动机每转所需的步数和单相轮流通电方式一样。但是由于两相通电，它和单相轮流通电相比转子受到力矩要大些，所以静态误差小定位精度高。而且由于转换时始终有一相通电，所以工作稳定而不易失步，而其步距角还是和单相轮流通电方式时一样。

3）为了减少步距角，可以采用单双相轮流通电的方式，对三相步进电动机来说，其通电次序为 $A→AB→B→BC→C→CA$。在这种通电方式下，m 相步进电动机，每经过 $2m$ 步，步进电动机转子转过一个齿。所以步进电动机一转所需的步数为 $2mZ$ 步。其步距角就为上面两种通电方式的步距角的一半，同时在转换时，始终有一相通电，故增加了稳定性。由此可见，步进电动机的步距角不仅和电动机的结构（m、Z）有关，而且和通电方式有关。在数控机床上常取 $α = 0.36° \sim 3°$。

步进电动机的步距角可按下式计算：

$$α = \frac{360°}{m \cdot Z \cdot k}$$

式中：$α$ 为步进电动机的步距角（°）；m 为步进电动机的相数；Z 为步进电动机转子的齿数；k 为通电方式，相邻两次通电的相数一样 $k = 1$，相邻两次通电的相数不一样，$k = 2$。

步进电动机的这种不同轮流通电方式称为"分配方式"，每轮流循环一次，所包含的通电状态的数目称为"状态数"（或称拍数），用 n 来表示。由上面分析可见，$n = mk$。表 5-1 是各种步进电动机的不同分配方式及相应的步距角。

表 5-1　反应式步进电动机分配方式

相数	分配方式	名称	状态度	k	步距角
3	$A→B→C$	三相单三状态	3	1	$360°/3Z$
3	$AB→BC→CA$	三相双三状态	3	1	$360°/3Z$
3	$A→AB→B→BC→C→CA$	三相六状态	6	2	$360°/6Z$
4	$A→B→C→D$	四相单四状态	4	1	$360°/4Z$
4	$AB→BC→CD→DA$	四相双四状态	4	1	$360°/4Z$
4	$A→AB→B→BC→C→CD→D→DA$	四相八状态	8	2	$360°/8Z$
4	$AB→ABC→BC→BCD→CD→CDA→DA→DAB$	四相八状态	8	2	$360°/8Z$
5	$A→B→C→D→E$	五相单五状态	5	1	$360°/5Z$
5	$AB→BC→OD→DE→EA$	五相双五状态	5	1	$360°/5Z$
5	$AB→B→BC→C→CD→D→DE→E→EA→A$	五相十状态	10	2	$360°/10Z$
5	$AB→ABC→BC→BCD→CD→CDE→DE→DEA→EA→EAB$	五相十状态	10	2	$360°/10Z$
⋮		⋮	⋮	⋮	⋮
m		m 相 m 状态	m	1	$360°/mZ$
m		m 相 $2m$ 状态	$2m$	2	$360°/2mZ$

（2）矩角特性、最大静态转矩 $M_{j\max}$ 和起动转矩 M_g　所谓静态是指步进电动机通的直流电流为常数及转子不动时的定位状态。

空载时步进电动机某相通以直流电流时，该相对应的定子、转子的齿槽对齐。这时转子上没有力矩输出。如果在电动机轴上加一逆时针方向负载转矩 M，则步进电动机转子就要逆时针方向转过一个角度 $θ$（°），才能重新稳定下来，这时转子上受到的电磁转矩 M_j 和负载转矩 M 相等。我们称 M_j 为静态转矩，$θ$ 角称为失调角。$M_j = f(θ)$ 的曲线称

为转矩 – 失调角特性曲线，又称矩角特性，如图
5-8 所示。若步进电动机各相矩角特性差异过大，
会引起精度下降和低频振荡，这种现象可以用改
变某相电流大小的方法使电动机各相矩角特性平
稳。曲线的峰值叫作最大静态转矩，用 M_{jmax} 表
示。M_{jmax} 越大，自锁力矩越大，静态误差越小。
静态转矩和控制电流平方成正比，但当电流上升
到磁路饱和时，$M_{jmax} = f(I)$ 曲线上升趋于平缓。
一般说明书上的最大静态转矩是指在额定电流及
规定通电方式下的 M_{jmax}。

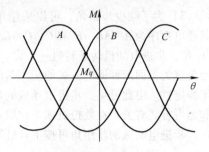

图 5-8　步进电动机的矩角特性曲线图

如图 5-8 所示，曲线 A 和曲线 B 的交点所对应的力矩 M_q 是电动机运行状态的最大
起动转矩。随着电动机相数的增加，M_q 也增加。当外加负载超过 M_q 时，电动机就不能
起动。

（3）起动频率和起动时的惯频特性　空载时，转子处于静止状态不失步（即每秒
钟转过的角度和控制脉冲相对应）的最大控制频率，称为起动频率或突跳频率用 f_q
表示。

所谓起动时的惯频特性（图 5-9）是指电动机带动纯惯
性负载时突跳频率和负载转动惯量之间的关系。一般来说，
随着负载惯量的增加，起动频率会下降。如果除了惯性负载
外，还有转矩负载，则起动频率将进一步下降。

（4）步进运行和低频振荡　当控制脉冲的时间间隔大于
步进电动机的过渡过程时，电动机呈步进运行状态，即输入
脉冲频率相当低；在第二步走之前第一步已经走完，而且转
子运动已经停止。

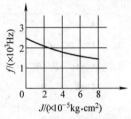

图 5-9　步进电动机的惯频
特性曲线图

步进电动机在运行中存在着振荡，它有一个固有频率 f_1。如果输入脉冲频率 $f = f_1$
就要产生共振，使步进电动机振荡不前，低频工作时尤其是这样。对同一步进电动机来
说，在不同的负载和不同机床的情况下，其共振区是不同的。当步进电动机出现强烈的
振荡和失步时，可以调节步进电动机上的阻尼器，使共振频
率变化（升高或降低）以保证正常工作。

（5）连续运行的最高工作频率 f_{max} 和矩频特性　在步进
电动机运行时，控制脉冲的转换时间间隔小于电动机电磁和
机械的过渡过程，即前一个脉冲信号使步进电动机步距移动
速度尚未到达零，新的脉冲随即到来。这时步进电动机按与
控制脉冲频率相应的同步速度连续运行下去。在连续运行状
态下，步进电动机的电磁力矩随频率升高而急剧下降，如图
5-10 所示。连续运行时所能接受的最高控制频率叫作最高连

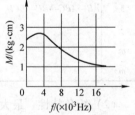

图 5-10　步进电动机的
矩频特性曲线图

续工作频率，记作 f_{max}。一般来说 f_{max} 远大于起动频率。在最高工作频率或高于突跳频率
的情况下，电动机要停止，脉冲速度必须逐步下降。同样，当要求电动机起动的工作频

率大于突跳频率时，脉冲速度必须逐步上升。这种加速和减速时间不能过小，否则会出现失步或超步。我们用加速时间常数 T_a 和减速时间常数 T_d 来描述步进电动机的升速和降速特性，如图 5-11 所示，而它们与时间常数和电动机的工作频率、负载惯量有关。

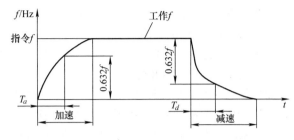

图 5-11　步进电动机的升降速特性曲线图

（6）步进电动机的精度及运行时的误差　步进电动机的精度是用空载步进运行的定位精度来测定的，它有步距误差 $\Delta\alpha_b$ 和累积误差 $\Delta\theta_{bj}$ 两个指标。步距误差是空载运行一步的实际转角的稳定值和理论值之差的最大值。累积误差是依次将每一步的误差累积计算后，取最大正误差和负误差的绝对值的平均值。由于步进电动机的误差在一转之后实际上不积累，所以精度测定只在一圈内进行即可。步进电动机精度主要取决于制造和装配精度，这是反映工艺质量的一个技术指标。

步进电动机的运行误差，通常用负载运行时的定位误差和动态误差表示。负载运行的定位误差也叫作静误差，是电动机有转矩输出时的定位位置和空载定位的理论位置之差。动态误差发生于频率突变、负载突变和低频振荡等动态过程。

5-13　什么是电液脉冲装置？其工作原理是什么？

答：电液脉冲装置及其工作原理如下：

1）在开环系统中，除常使用步进电动机外，还在要求输出转矩较大的场合下采用电液脉冲马达。它的结构如图 5-12 所示，其结构由以下几部分构成：①步进电动机；②减速齿轮副；③四通阀；④螺杆螺母反馈机构；⑤液压马达。

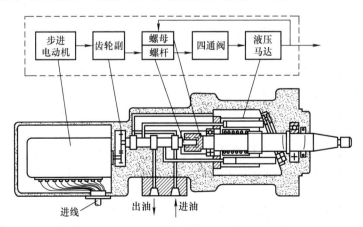

图 5-12　电液脉冲马达结构示意图

电液脉冲装置的工作原理是：其输出端是液压马达的输出轴，它的旋转是由脉冲指令通过步进电动机来控制的。

2）步进电动机根据脉冲频率的高低可做步进或连续的回转，通过它的输出端的减速齿轮副把回转运动传给四通阀杆使之旋转，在阀杆的尾部制成有螺钉的螺杆与固定在液压马达尾端上精密螺母相配。由于螺母的轴向固定，因而螺杆旋转使其在轴向产生位移，而位移量的大小即为四通阀的开口。这时液压源通过进油口把高压油从四通阀的开口送入液压马达配油盘的圆形槽内，从而推动转子内的柱塞压向斜盘。由于柱塞作用在斜面上产生圆周方向的扭力，使套在主轴花键上的转子带液压马达主轴做旋转运动。斜盘另一侧的柱塞缸内呈低压状态，经斜盘作用，把低压油从柱塞缸内经通道而压回油箱，同时由于主轴旋转带动连接在尾部的螺母同向旋转，迫使阀杆做和上述方向相反的轴向位移，使阀杆重新处于原来对中位置，这一过程构成了电液脉冲马达的内反馈，所以电液脉冲马达本身就是一个闭环随动系统。

当步进电动机以一定速度旋转时，液压马达要以与之成正比的速度随动就必须有相应的流量，这就要求滑阀有相应的开口量，在开口量没有符合要求时，液压马达转速落后于步进电动机，所以开口量必须继续增加，液压马达转速不断提高一直到两者同步为止，这就是电液脉冲马达的过渡过程。由于必须存在开口量，因此液压马达的转动角度总是落于步进电动机一个相应的角度，我们称之为速度误差，同理当步进电动机减速时，液压马达转速将超前步进电动机，因此开口量会不断减小一直自动调节到同步为止，当步进电动机停止转动时，由于阀的开口还存在，液压马达继续旋转直到开口闭合为止，这时两者转角相等，误差为零，所以电液脉冲马达工作时必然有随动误差。

电液脉冲马达中的液压马达，是靠外加的液压油来工作的，因此有较大的输出转矩。所以把液压马达和四通阀组成的部件称之为液压转矩放大器。

5-14　电液脉冲马达有哪些特性？

答：电液脉冲马达有转矩特性、最高起停频率特性、加减速特性与增益特性等。叙述如下：

（1）电液脉冲马达的转矩特性　在额定压力下，输入脉冲频率与输出转矩的关系，如图 5-13 所示。

（2）最高起动、停止频率　在额定压力下，瞬时接通、断开一定频率的指令脉冲序列、电液脉冲马达能正常起动、停止的最高脉冲频率值，如图 5-14 所示。它和负载惯量有关，负载惯量大时，最高起动和停止频率下降很快，所以应尽可能减少负荷惯量，以获得快速响应而又不失步。

（3）加减速特性　为了使脉冲马达能跟踪超过最高起停频率工作，必须按适当的时间常数进行加、减速。加、减速时间常数是指指令脉冲速度按指数函数上升或下降时的 T_a 和 T_d 值，如图 5-15 所示。

（4）增益特性（速度增益）　电液脉冲马达输出轴的转速和跟踪误差之比，叫作电液脉冲马达的增益，如图 5-16 所示，为在不同供油压力下的增益特性。

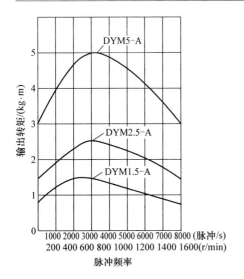

图 5-13　电液脉冲与转矩特性曲线图

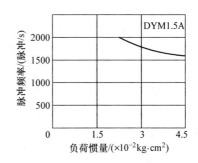

图 5-14　电液脉冲马达最高起、
停频率特性曲线图

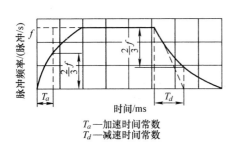

图 5-15　电液脉冲马达加、减速特性曲线图

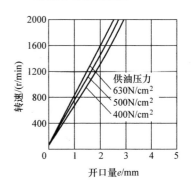

图 5-16　电液脉冲马达增益特性曲线图

5-15　数控机床进给伺服电动机有哪些类型？

答： 归纳起来，目前数控机床用做进给驱动的伺服电动机主要有以下几类：

（1）改进型直流电动机　把传统用的直流电动机在设计时减少转动惯量、增大其过载能力，改进其换向性能，使它在静态与动态特性方面有所改善，就可成为数控机床的进给驱动伺服电动机。在早期的先进数控机床中较多采用这种改进型的直流电动机。

（2）小惯量电动机　随着数控机床的发展，对伺服系统的执行电动机的要求越来越高，主要是：

1）尽量小的转动惯量，以保证系统的动态特性。

2）在很低的转速下，仍能均匀稳定地旋转，以保证低速度时的精度。

3）尽量大的过载倍数，以适应经常出现的冲击现象。

一般的直流电动机是不能达到上述要求的，于是出现了一种特殊的直流电动机——

小惯量电动机。

4）小惯量电动机亦是直流电动机的一种，其特点是：①转动惯量小，约为普通直流电动机的 1/10。②由于电枢反应比较小，具有良好的换向性能，机电时间常数只有几毫秒。③由于转子无槽，电气机械均衡性好，尤其在低速时运转稳定而均匀，在转速低达 10r/min 时，无爬行现象。④最大转矩为额定值的 10 倍。

小惯量电动机的转子结构与一般的直流电动机相同，但区别在于：一是转子是无槽的光滑铁心，即电枢铁心不冲槽；而一般直流电动机的线圈嵌于槽内，小惯量电动机则用绝缘黏合剂直接把线圈黏在铁心表面上，如图 5-17 所示。二是转子直径比较小，因为考虑到电动机转动惯量和转子直径平方成正比；而一般直流电动机转子的直径不能做得较小，主要是因为它的磁通受到齿截面的限制，所以电枢轭部磁通密度一般应低到使齿面的磁通密度不超过一定的限度。由于电枢没有齿和槽，所以磁路截面即电枢直径与长度的乘积就可缩小，使其惯量很小。

小惯量电动机的定子结构如图 5-18 所示，它采取了方形截面，提高了激磁线圈的有效面积。为了追求电动机的高角加速度，无论是小惯量直流电动机还是改进型直流电动机，都设计成高的额定转速和低的惯量。因此，一般都要经过中间的机械传动（如齿轮副）才能与丝杠相连接。

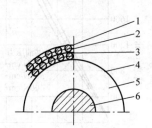

图 5-17　小惯量电机结构图

1—B 级环氧无纬玻璃丝带　2—φ1.12mm 高强度漆包线
3—0.07mm 层间绝缘　4—对地绝缘
5—转子铁心　6—转轴

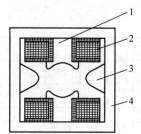

图 5-18　小惯量电动机定子结构图

1—磁极　2—激磁线圈
3—船型挡风板　4—机座壳

（3）步进电动机　由于步进电动机制造容易，它所组成的开环进给驱动装置也比较简单易调。在 20 世纪 60 年代至 70 年代初，这种电动机在数控机床上的应用曾风行一时。但到现在，一般数控机床上已不使用，而在功能简单的数控机床（有时称之为"经济型数控机床"）上仍不失为一个好的驱动部件。另外，在某些机床上它也可作为补偿刀具磨损运动及精密角位移等方面的驱动。

（4）永磁直流伺服电动机　由于永磁直流伺服电动机能在较大过载转矩下长期地工作及电动机的转子惯量较前述几种电动机都大，因此它能直接与丝杠相连而不需中间传动装置。而且因为无励磁回路损耗，所以它的外形尺寸比与其相类似的励磁式直流电动机小。它还有一个特点是可在低速下运转，如能在 1r/min 甚至在 0.1r/min 下平稳地运转。因此，这种电动机在数控机床上获得了广泛的应用。自 20 世纪 70 年代至 80 年代中期，在数控机床应用的进给驱动中，它占据着绝对统治地位。至今，许多数控机床上仍使用着永磁直流伺服电动机。

（5）无刷直流电动机 　无刷直流电动机也叫无换向器直流电动机，是由同步电动机和逆变器组成，而逆变器是由装在转子上的转子位置传感器控制。因此，它实质上是交流调速电动机的一种。由于这种电动机的性能达到直流电动机的水平，又取消了换向器及电刷部件，使电动机寿命提高了一个数量级，因此多年来一直引起人们很大的兴趣。

（6）交流调速电动机 　自 20 世纪 80 年代中期开始，以异步电动机和永磁同步电动机为基础的交流进给驱动得到了迅速的发展，已经形成了潮流。它是机床进给驱动的一个方向。一些国家如日本，其生产的数控机床已全部采用交流进给驱动，而所用的异步电动机多是批量生产的普通结构型式的异步电动机。在数控机床上采用具有大转矩、适用于宽调速运行的、并装有反馈用各种传感器和辅助装置的机－电一体化的专用异步电动机和永磁同步电动机。

（7）直线电动机 　直线电动机是将机床的电动机、丝杠、导轨融为一体的直线驱动方式，其主要特点是消除了机械传动及机械精度损失，提高了传动效率。

（8）力矩电动机 　其特点是消除了蜗杆副在驱动时产生的传动间隙，提高了传动速度等。

（9）电主轴 　电主轴是将机床主轴与主轴电动机融为一体的新技术，简化了主轴机械和传动结构，达到高转速、高精度、低噪声等效果。

5-16 　数控机床采用的直流伺服电动机与早期的相比，有哪些特点?

答: 早期数控机床采用的小惯量直流伺服电动机在电枢结构上有空心杯形电枢、无槽形电枢及印制绕组等三种类型。其共同特点是惯量很小，适合重复起、停（起停频率可达 200Hz 以上）。但它们的缺点也很多，如气隙大、单位体积输出功率小、电枢结构复杂、工艺难度大，因此仅适合于要求有快速响应的伺服系统。由于其过载能力低，电枢惯量与机械传动系统不相匹配，所以近期数控机床采用的永磁直流伺服电动机多改为有槽的普通型电枢，其结构与一般的直流电动机电枢相同，只是电枢铁心上的槽数较多，并采用斜槽，即铁心叠片扭转一个齿距，且在一个槽内分布了几个虚槽，以减小转矩的波动。

1）普通型电枢的永磁直流伺服电动机与改进型直流电动机和小惯量直流电动机相比，具有以下优点：①能承受的峰值电流和过载倍数高（能产生高至 10 倍的瞬时转矩），这种电动机的定子磁极采用具有高矫顽力的铁氧体磁铁；它能满足数控系统提出的执行元件应有快的加速和减速能力的要求。②具有大的转矩/惯量比电动机的加速度大，响应快。③低速时输出的转矩大，惯量比较大。这种电动机能与机械直接相连，省去了齿轮等传动机构，且避免了齿隙造成的振动和噪声及齿间误差，提高了机床的加工精度。④调速范围大。当与高性能的速度控制单元组成速度控制系统时，调速范围超过1∶1000 以上。⑤转子的热容量大。电动机的过载性能好，一般能加倍过载几十分钟。⑥具有高精度的检测元件（包括速度检测元件和转子位置检测元件）。它与电动机同轴安装，保证了电动机能平滑旋转和稳定工作，使整个伺服机构具有良好的低速刚度和高的动态性能，从而可以进行高精度定位。

2）这类电动机也有不足之处：一是电动机允许温度可达 150～180℃，由于转子温度很高，它可通过转轴传到机械上去，这会影响精密机床的精度。二是转子惯量相对来说比较大，为了满足快速响应的要求，需要加大电动机的加速转矩，因此需增大电源装置的容量及加强机械传动链等的刚度。

5-17　通过实例说明数控机床采用笼式交流电动机的情况？

答：20 世纪 80 年代初期，美国卡尼—特雷公司生产的数控加工中心进给伺服驱动元件就采用了一般工业上用的笼型交流电动机。该电动机是两端皆有输出轴。前端输出轴功率为 3.678kW、1750r/min、60Hz。反馈元件采用了一个数字式编码器 PG（实际上是一个脉冲发生器）。它与交流电动机的尾端输出轴通过减速器相连组成位置反馈元件。该系统的框图如图 5-19 所示。由阅读机将速度指令和各点位置一起送到计算机，由计算机的输出去控制可控整流，获得可变的直流电压输出给逆变器，经逆变器变频后将一定电压幅值及频率的交流电压驱动交流电动机。电动机的转速经脉冲发生器，计数器反馈到计算机，实现了包括软件在内的闭环伺服系统。

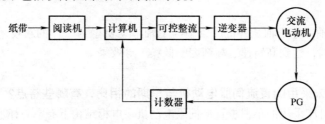

图 5-19　美国卡尼—特雷公司数控加工中心进给驱动系统框图

系统可得到各坐标轴的进给速度为 1:4000，而对应的交流电动机最高转速为 3600r/min，并在高速和低速时采用不同的放大系数。

5-18　为了保证伺服刚度，在数控机床的伺服系统中对机械传动部分应如何进行估算？

答：伺服刚度对于数控机床的精度和动态特性具有重要意义，为了提高伺服刚度，不仅伺服马达应具有良好的转矩特性，而且还应提高进给部分（如丝杠及支承轴承等）的刚度。数控机床进行稳定切削所必需的机械传动部分的刚度值是由机械部分的惯量和阻尼（主要是导轨的振动阻尼）所决定的。为了提高大型数控机床伺服系统的驱动部分刚度，必须合理选择进给驱动方式，而驱动方式是由受到伺服控制的工作台重量和最大移动距离的乘积所决定的，两者关系如图 5-20 所示。

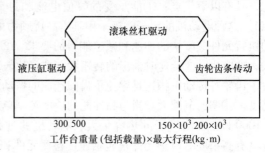

图 5-20　工作台重量与移动距离关系图

1）在位置控制中，实际位置和位置指令值产生定位误差时，将由伺服电动机给以一定的修正力矩进行修正。设位置误差为 θ 弧度，修正力矩为 T（N·cm），则伺服刚度 $j_{伺}$（N·cm/rad）如下：

$$j_{伺} = \frac{T}{\theta}$$

伺服系统机械传动部分的传动比是指伺服驱动元件到丝杠副（或齿轮齿条传动中的齿轮）之间的传动比。采用滚珠丝杠传动方式的传动比为

$$i = \frac{\alpha t}{360\delta}$$

式中：α 为步进电动机的步距角（°）；t 为丝杠螺距（cm）；δ 为脉冲当量（cm）。

采用齿轮齿条传动方式的传动比为

$$i = \frac{\alpha z t}{360\delta}$$

式中：z 为齿轮的齿数；t 为齿条的节距，$t = \pi m$，m 为齿轮模数。

由上面两式可见，采用齿轮齿条传动时的传动比大。但由于高精度的齿条比较难制造，所以在开环伺服系统中齿轮齿条的传动应用较少。

如图 5-21 所示，采用减速齿轮和滚珠丝杠传动的驱动系统，其齿轮传动比为

$$i = i_1 \times i_2 = z_2/z_1 \times z_4/z_3$$

步进电动机输出转矩确定后，还必须进一步确定其跟踪特性，因为电动机的时间常数由于加上负载而与空载时不一样，如果负载惯性矩（转动惯量）和齿轮等匹配不当，系统就得

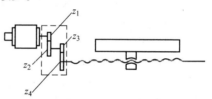

图 5-21　减速齿轮和滚珠丝杠传动的驱动系统图

不到快速反应，甚至造成失步，所以必须计算负载的惯性矩。

加在电动机轴上的总惯量 J 可按下式求得

$$J = J_M + J_L + J_t + J_G$$

式中：J_M 为电动机或液压马达自身惯性矩；J_L 为丝杠加在电动机轴上的惯性矩；J_t 为工作台（包括工件）加在电动机轴上的惯性矩；J_G 为减速齿轮加在电动机轴上的惯性矩。

各惯性矩可按力学公式求之，但要把求得的惯性矩按传动比折算到电动机轴上。

当驱动机床进给的工作方式确定后，即可按给定条件，求得加在电动机输出轴上的转矩 M。

2）按工作情况不同可分为两种情况：

① 快速空载起动时的负载转矩 M 为

$$M = M_{加} + M_{摩}$$

式中：$M_{加}$ 为快速空载起动时产生最大加速度所需之转矩；$M_{摩}$ 为克服摩擦所需的转矩。

② 最大切削时的负载转矩。为了安全，这时不仅考虑最大切削力，而且考虑在切

削过程中产生相应的加速度所需的转矩。所以这时的负载转矩 M 为

$$M = M_{加} + M_{切} + M_{摩}$$

式中：$M_{加}$ 为切削时产生加速度所需的转矩；$M_{切}$ 为克服切削力所需的转矩。

5-19　为什么数控机床进给驱动采用直流电动机？

答：较多数控机床的进给驱动均采用直流电动机，其原因如下：

1）直流电动机具有良好的调速特性，为一般交流电动机所不及。因此，在对电动机的调速性能和起动性能要求较高的生产机械上，以往大都采用直流电动机驱动。

同时，进给驱动在数控机床大多采用直流伺服电动机也可从它的机械特性上可以看出有较多优点。

直流电动机的工作原理是建立在电磁力定律基础上的，电磁力的大小正比于电动机中的气隙磁场。直流电动机的励磁绕组所建立的磁场是电动机的主磁场。按对励磁绕组的励磁方式不同，直流电动机可分为他励式（包括永磁式）、并励式、串励式和复励式四种，其示意图如图 5-22 所示。

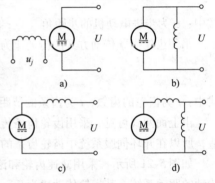

图 5-22　直流电动机电路原理图
a）他励式　b）并励式
c）串励式　d）复励式

上述几种直流电动机的机械特性，亦即电动机转速 n、电动机电枢电流 I 与电磁转矩 M 的关系。在普通的他励直流电动机中，由于电枢反应磁场的影响，使每极磁通降低，从而造成机械特性在大负载时呈上升情况。为此，常在磁极上加串励绕组，使机械特性呈近似线性。并励电动机由于气隙磁场的畸变造成气隙磁密降低，从而引起了机械特性的非线性关系。这是并励电动机明显的缺点，不能在大转矩条件下工作。因此加小串励绕组的补偿性直流电动机就成为应用较多的改进式直流电动机。

2）这种改进式直流电动机有以下优点：①过载能力强，可达额定转矩的 5 ~ 10 倍；②电气时间常数短；③调速范围广；④转子转动惯量小；⑤允许大电流，可达 $\mathrm{d}i/\mathrm{d}t > 200\mathrm{A/s}$ 上升率。

5-20　永磁直流电动机有几种类型？各有什么特点？

答：永磁直流电动机的类型和特点如下：

1）永磁直流电动机分两大类，即驱动永磁直流电动机与永磁直流伺服电动机。前者特点是不带稳速装置，无伺服特性要求，允许较宽的调速范围，所以有时叫宽调速直流电动机。后者则不仅有前者的性能而且还具有一定的伺服特性与快速响应能力。结构上与反馈部件制成整体。永磁直流电动机的定子是永磁体，用铝镍钴合金铸造成型，因此其价格较高、加工性能差、过载能力不强。20 世纪 50 年代开始用异性铁氧体磁铁作为定子磁极，使其价格下降且增加了过载能力。但又因铁氧体剩磁感应低，使其具有环境温度影响较大等缺点。后来又改进采用稀土钴永磁合金，使它有了较大的矫顽力与磁

能积，但也因稀土价高、工艺复杂而影响其推广应用。电枢可分为普通型与小惯量两大类。

2）永磁直流伺服电动机的工作原理与普通的直流电动机相同。为了在直流电动机中产生感应电势和电磁转矩，在电动机中需要有一个气隙磁场（或称主磁通），为此，电动机磁路需要有一定的磁势源来励磁。在普通的直流电动机中采用直流电流励磁，所以，这类电动机也称为电磁式电动机。而在永磁式电动机中；永久磁铁在经过外界磁场预先磁化（亦即充磁）之后，在没有外界磁场的作用下，仍能保持很强的磁性。因此，当用永久磁铁代替普通直流电动机的励磁绕组和磁极铁心时，它同样可在电动机气隙中建立主磁通，从而产生感应电势和电磁转矩。

永磁直流伺服电动机由于其伺服系统的要求，已经不能用简单的电压、电流、转速参数来描述其性能，而需要用一些特性曲线和数据表来全面描述。

特性曲线主要有两种：

① 转矩－速度特性曲线，也称为工作特性曲线，如图 5-23 所示。从图中可以看到温度极限线、转速极限线、换向极限线、转矩极限线和瞬时换向极限线将电动机的工作区划分成三个部分，分别称为连续工作区（即 Ⅰ 区）、断续工作区（即 Ⅱ 区）和加、减速工作区（即 Ⅲ 区）。

② 负载周期曲线，也称为负载特性曲线，如图 5-24 所示。负载周期曲线使用时，应先求出按实际负载转矩的要求电动机在该时的过载倍数，并在图中的水平轴线找出实际需要的工作时间（即 $t_{R(min)}$），由该点做垂线，与要求的过载倍数曲线相交后做水平线在纵轴上的交点即为允许的加载周期比 $d（\%） = \dfrac{t_R}{t_R + t_F}$；式中，$t_R$ 为电动机工作时间、t_F 为电动机的最短断电时间，即

$$t_F = t_R(1/d - 1)$$

由此可知，图中的曲线是在满足机械所需转矩而又确保电动机不过热时所允许的电动机工作时间，所以这些曲线是由电动机温度极限所决定的。

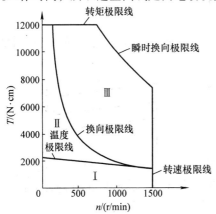

图 5-23　直流伺服电动机工作曲线图

Ⅰ—连续工作区　Ⅱ—间断工作区

Ⅲ—瞬时加、减速区

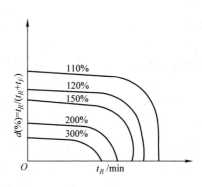

图 5-24　伺服电动机负载周期曲线

此外，在使用直流伺服电动机时，应将电动机生产厂所提供的各类型电动机数据表准备好，以备随时查找有关数据。

5-21　什么是直流速度控制单元？其工作原理是什么？

答：直流速度控制单元就是对直流电动机的转速能进行控制的一组电路单元板块。

对于直流电动机而言，控制速度的方法可从直流电动机的电路原理来进行分析。现以他励直流电动机为例予以说明。它的电路原理图，如图 5-25 所示。

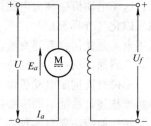

图 5-25　他励直流电动机电路原理图

他励直流电动机电枢电路的电势平衡方程式为

$$U = E_a + I_a R_a$$

感应电势为

$$E_a = C_e \phi n$$

由以上两个方程可得电动机转速特性：

$$n = \frac{U - I_a R_a}{C_e \phi} = \frac{U}{C_e \phi} - \frac{R_a}{C_e \phi} I_a$$

$$= \frac{U}{K_V} - \frac{R_a}{K_V} I_a$$

式中：n 为电动机转速（r/min）；U 为电动机电枢回路外加电压（V）；R_a 为电枢回路电阻（Ω）；I_a 为电枢回路电流（A）；C_e 为反电势系数；ϕ 为气隙磁通量（Wb）；K_V 为反电势常数（V·s/rad）。

而电动机的电磁转矩：

$$T = C_T \phi I_a$$

由以上两式可得机械特性方程式：

$$n = \frac{U}{C_e \phi} - \frac{R_a}{C_e C_T \phi^2} T$$

式中，C_T 为转矩系数。

从式中可见，对于已经给定的直流电动机，要改变它的转速，有三种办法：①改变电枢回路电阻；②改变气隙磁通量；③改变外加电压。但是前两种方法的调速特性不能满足数控机床的要求。第三种方法的机械特性，如图 5-26 所示。

图 5-26 中 U_e 为额定电压值。这种调速方法的特点是具有恒转矩的调速特性，且机械特性好。而且，因它是用减小输入功率来减小输出功率的，所以经济性能好。因此，这种调速方

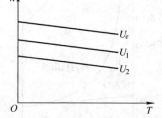

图 5-26　改变外加电压时的机械特性

法得到了广泛的应用，且永磁直流伺服电动机的调速都是采用此方案。

直流速度控制单元的作用是将转速指令信号（多为电压值）改变为相应的电枢电

压值。现时的直流速度控制单元较多采用晶闸管调速系统和晶体管脉宽调制调速系统。

5-22　交流电动机调速控制其发展情况如何？

答：交流电动机调速的种类很多，分类方法也很多。应用得最多的是变频调速，它也是最有发展前途的一种交流调速方式。在变频调速中的调速控制技术近年来发展极快且方法很多。变频调速的主要环节是能为交流电动机提供变频电源的变频器。变频器可分为交 – 直 – 交变频器和交 – 交变频器两大类。前者又称为带直流环节的间接式变频器，因为它是先将电网电源输入到整流器经整流之后变为直流，再经电容或电感或由两者组合的电路滤波后供给逆变器部分，然后输出电压和频率可调的交流电。后者又称为直接式变频器，它是一种不经过中间环节，直接将一种频率的交流电变换为另一种频率的交流电。目前用得最多的是交 – 直 – 交变频器。逆变器又可分为电压型和电流型两类，在电压型逆变器中，控制单元的作用是将直流电压切换成一串方波电压。

在控制技术方面可以分为两大类：频率控制、磁场控制，它们既有区别也有联系，如在矢量变换控制和变压变频 VVVF 控制中均用到 PWM 控制。

由于交流伺服电动机调速的控制方式上发展很快，出现了多种控制方式，如相位控制方式、转差率控制方式、PWM 方式、矢量变换控制方式、磁场控制方式和变压变频方式等，但主要环节还是为了给变频调节的交流电动机提供变频电源的变频器。

5-23　典型的直流与交流伺服电动机及速度控制单元有哪些？

答：典型直流与交流伺服电动机及速度控制单元有：

（1）直流伺服电动机及速度控制单元在国内主要有额定转矩 0.98 ~ 37.2N·m 的系列产品（在我国应用较多）及 SZY 系列 1 ~ 2.5N·m 的永磁直流伺服电动机，其速度控制单元为 PWM – 1 型。

国外有日本 FANUC 公司的 0.98 ~ 235N·m 系列直流伺服电动机，德国西门子公司 1.2 ~ 165N·m 系列直流伺服电动机，美国 AB 公司 Bulletin1326 系列直流伺服电动机及 PWM 速度控制单元。

（2）交流伺服电动机及速度控制单元在国内有 AC200 系列伺服驱动系统，交流伺服电动机与 PWM 速度控制单元，额定转矩为 0.15 ~ 85N·m 系列产品。国外有日本 FANUC 公司生产四个系列的交流伺服电动机及速度控制单元系统，德国西门子公司矢量控制技术生产的交流伺服电动机及控制单元系统，美国 AB 公司也有三个系列的标准型及特种型两大类产品。

其中，西门子 1FT5 系列永磁同步电动机有三个标准系列，额定转矩在 0.27 ~ 115N·m 范围内，速度控制单元的主回路为晶体管 PWM 电压型变流器，整个交流进给系统如图 5-27 所示，且在我国应用较多。

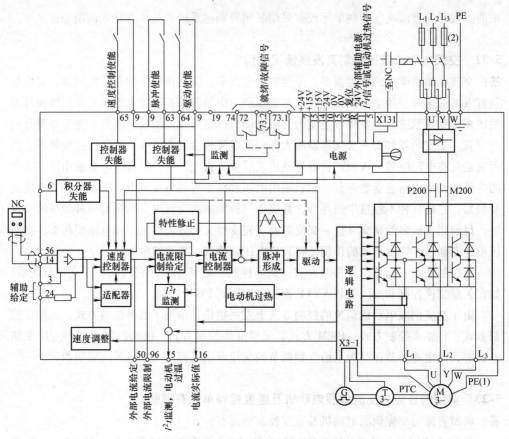

图5-27　西门子交流进给系统

5-24　数控机床对主轴驱动有什么要求？

答：数控机床对主轴驱动的要求有以下几个方面：

1）主轴传动时工作运动基本上是旋转运动，与进给驱动不同，没有直线运动装置。随着数控机床性能的提高与发展，客观上需要对主轴驱动有更高的要求，如某功率范围扩大，既要能输出大的功率，又要有更大的无级调速范围。

2）主轴必须进一步改善传动的动态性能，即其不仅在较宽的范围可进行无级调速，还要求其能在1:100～1000进行恒转矩调速和1:10的恒功率调速。

3）要求主轴在四个象限均有驱动能力，即在正、反两个转向的任何一个方向上其都可进行传动与减速。同时为了自动换刀还要求主轴能进行高精度准停位置控制及分度控制。

4）为了螺纹切削加工，要求主轴与进给驱动实现同步控制。

5）主轴结构要求简单，采取传统的齿轮变速箱办法已不适宜。此外，在噪声控制与价格上均要降低，以免增加机床造价与维护费用。

5-25　直流主轴电动机在结构上有什么特点？

答：主轴驱动采用直流主轴电动机时在结构上与永磁式直流进给伺服电动机不同。由于要求有较大的功率输出，所以在结构上不做成永磁式，而与普通直流电动机相同，如图5-28 所示。直流主轴电动机由图中可看出结构仍由转子及定子组成，不过定子由主磁极与换向极构成，有时还要带有补偿绕组。为了改善换向性能在电动机结构上均有换向极；为缩小体积，改善冷却效果，避免电动机热量传到主轴上，均采取轴向强迫通风冷却或热管冷却为适应主轴调速范围要宽的要求。一般主轴电动机都能在调速比 1∶100 的范围内实现无级调速，而且在基本速度以上达到恒功率输出。在基本速度以下为恒转矩输出，以适应重负荷的要求。电动机的主极和换向极都采用硅钢片叠成，以便在负荷变化或在加速、减速时有良好的换向性能。电动机外壳结构为

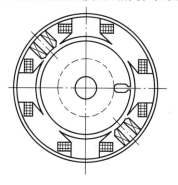

图 5-28　直流主轴电动机
结构示意图

密封式，以适应恶劣的机加工车间的环境。在电动机的尾部一般都同轴安装有测速发电机作为速度反馈元件。

　　直流主轴电动机的性能主要用电动机的转矩–速度特性曲线来说明。如图 5-29 所示，基本速度以下属于恒转矩范围，用改变电枢电压来调速；在基本速度以上属于恒功率范围，采用控制励磁的调速方法调速。一般来说，恒转矩的速度范围与恒功率的速度范围之比为 1∶2。此外，直流主轴电动机一般都有过载能力，且大多以能过载150% 为指标。至于过载时间，则根据生产厂的不同，有较大差别。

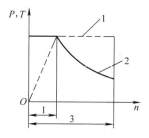

图 5-29　直流主轴电动机特性曲线图

5-26　用框图说明直流主轴控制单元是什么？

答：用框图扼要说明直流主轴控制单元，如图 5-30 所示。由图中看到主轴控制系统类似于直流速度控制系统，它也是由速度环和电流环构成双环速度控制系统，来控制直流主轴电动机的电枢电压。控制系统的主回路采用反并联可逆整流电路。因为主轴电动机的容量较大，所以主回路的功率开关元件都采用晶闸管元件。

　　图 5-30 的上半部分是磁场控制回路。因为主轴电动机为他励式电动机，励磁绕组与电枢绕组无连接关系，需要由另一直流电源供电。由励磁电流设定回路、电枢电压反馈回路及励磁电流反馈回路三者的输出信号，经比较之后输入给比例积分调节器；再根据调节器输出电压的大小，经电压/相位变换器，来决定晶闸管控制极的触发脉冲的相位；从而控制励磁绕组的电流大小，完成恒功率控制的调速。

　　一般来说，采用主轴控制系统之后，只需要二级机械变速即可满足一般数控机床的变速要求。

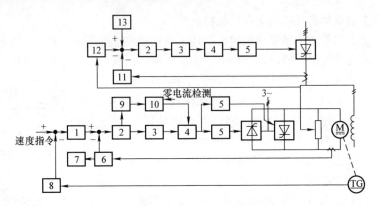

图 5-30　直流主轴控制系统框图

1—速度 PI 调节器　2—电流 PI 调节器　3—电压/相位变换器　4—点弧脉冲发生器　5—触发器
6—电流反馈回路　7—零电流检测　8—速度反馈回路　9—电动机电流方向判别回路
10—点弧方向信号　11—励磁电流反馈回路　12—电枢电压反馈回路　13—励磁电流设定回路

5-27　交流主轴电动机结构上有什么特点？

答：交流主轴电动机的结构有笼型感应电动机和永磁式同步电动机两种结构，而且大都为后一种结构型式。而交流主轴电动机的情况则与伺服电动机不同，交流主轴电动机均采用感应电动机的结构型式。这是因为受永磁体的限制，当容量做得很大时，电动机成本太高，使得数控机床无法使用。更重要的原因是：数控机床主轴驱动系统不必像伺服驱动系统那样，要求如此高的性能，调速范围也不用太大。因此，采用感应电动机进行矢量控制完全可满足数控机床主轴的要求。

一般笼型感应电动机在总体结构上是由有三相绕组的定子和有笼条的转子构成。虽然，也有直接采用普通感应电动机作为数控机床的主轴电动机用的，但一般来说，交流主轴电动机是专门设计的，且各有各的特色。如为了增加输出功率，缩小电动机的体积，都采用定子铁心在空气中直接冷却的办法，没有设置机壳。而且在定子铁心上设计有轴向孔以利通风等。为此在电动机外形上呈多边形而非圆形。

与直流主轴电动机一样，交流主轴电动机也是由功率－速度关系曲线来反映它的性能，其特性曲线如图 5-31 所示。从图中曲线可见，交流主轴电动机的特性曲线与直流主轴电动机类似，即在基本速度以下为恒转矩区域，而在基本速度以上为恒功率区域。但有些电动机，如图 5-31 中所示那样，当电动机速度超过某一定值之后，其功率－速度曲线又往下倾斜，不能保持恒功率。对于一般主轴电动机，这个恒功率的速度范围只有 1∶3 的速度比。另外，交流主轴电动机也有一定的过载能力，一般为额定值的 1.2～1.5 倍，过载时间则从几分钟到半个小时

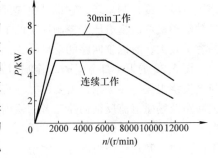

图 5-31　交流主轴电动机特性曲线

不等。

5-28　数控机床伺服系统所采用的检测元件与系统有什么性能要求？

答：检测元件是数控机床伺服系统的重要组成部分。它的作用是检测位移和速度、发送反馈信号及构成闭环控制。数控机床的加工精度主要由检测系统的精度决定。位移检测系统能够测量的最小位移量称为分辨力。分辨力不仅取决于检测元件本身，也取决于测量线路。在设计数控机床，尤其是设计高精度或大中型数控机床时，必须精心选用检测元件。

1）数控机床对检测元件的主要要求有：①高的可靠性和高抗干扰性；②满足精度与速度要求；③使用维护方便，适合机床运行环境；④成本低。

2）不同类型的数控机床对检测系统的精度与速度有不同要求。一般对于大型数控机床以满足速度要求为主，而对于中小型和高精度数控机床以满足精度要求为主。选择测量系统的分辨力或脉冲当量，一般要求比加工精度高一个数量级。

数控机床和机床数字显示常用的位置检测元件从检测信号的类型来分，可以分成数字式与模拟式两大类。但是，同一种检测元件（如感应同步器）既可以做成数字式，也可以做成模拟式，主要取决于使用方式和测量线路。按测量性质划分可以分两类，即直接测量类是直线型的检测元件，如直线感应同步器、计量光栅、磁尺激光干涉仪、三速感应同步器和绝对值式磁尺等。间接测量类是回转型的检测元件，如脉冲编码器、旋转变压器、圆感应同步器、圆光栅、圆磁栅、多速旋转变压器、绝对值脉冲编码器及三速圆感应同步器等。

3）对机床的直线位移采用回转型检测元件测量，即间接测量。其测量精度取决于测量元件和机床传动链两者的精度。因此，为了提高定位精度，常常需要对机床的传动误差进行补偿。而对机床的直线位移采用直线型检测元件，即直接测量时，其检测精度主要取决于测量元件的精度。

在数控机床上，除了位置检测以外，还有速度检测。其目的是精确控制转速。转速检测元件常用测速发电机（与驱动电动机同轴安装），也有用回转式脉冲发生器，脉冲编码器和频率 – 电压转换线路产生速度检测信号。

5-29　旋转变压器的结构与工作原理是什么？

答：旋转变压器是数控机床常用的位置检测元件。它属于旋转类型检测元件，以增量方式工作，但多速旋转变压器以绝对值方式工作。旋转变压器分有电刷与无电刷两种。在有电刷结构中，定子与转子上均为两相交流分布绕组。绕组轴线分别相互垂直，相距90°，定子与转子铁心间有均匀气隙，转子绕组的端点通过电刷和集电环引出。结构和两相线绕式异步电动机相似是由定子和转子组成。

1）无电刷旋转变压器没有电刷与集电环，由两大部分组成：一部分叫分解器，其结构与有电刷旋转变压器基本相同；另一部分叫变压器，它的一次绕组绕在与分解器转子轴固定在一起的线轴上，并与转子一同旋转。

无电刷旋转变压器的结构，如图 5-32 所示。无电刷旋转变压器具有高可靠性、寿命长，不用维修及输出信号大等优点，已成为数控机床主要使用的位置检测元件之一。旋转变压器又分单极和多极形式。单极型其定子和转子上各有一对磁极；多极型则有多对磁极。在使用时，伺服电动机的轴与单极旋转变压器的轴通过精密升速齿轮连接，但使用多极旋转变压器时，不用中间齿轮，可以直接与伺服电动机同轴安装，因而精度更高。

2）旋转变压器是根据互感原理工作的，如图 5-33 所示。它的结构设计使定子和转子之间的空气隙内的磁通分布呈正弦规律。当定子绕组加上交流励磁电压时，通过互感在转子绕组中产生感应电动势，其输出电压的大小取决于定子与转子两个绕组轴线在空间的相对位置。两者平行时互感最大，二次侧的感应电动势也最大；两者垂直时为零。两者呈一定角度时，其互感按正弦规律变化。

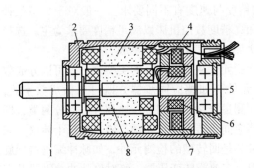

图 5-32　无电刷旋转变压器结构图
1—转子轴　2—壳体　3—分解器定子
4—变压器定子　5—变压器一次线圈
6—变压器转线轴　7—变压器二次线圈
8—分解器转子

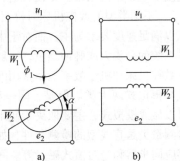

图 5-33　旋转变压器的工作原理图
a）无载时接线图　b）原理图

3）在实际应用时，以单对极无电刷旋转变压器为例，列举一些有关的主要参数如下：①最高转速（r/min）；②输入电流（mA）；③输入电压（V）；④励磁频率（kHz）；⑤变比系数；⑥电气误差；⑦转子惯量（kg·m²）；⑧摩擦力矩（N·cm）；⑨外形尺寸（如长度、轴径、外径、轴伸量等）；⑩重量（g）。

5-30　数控机床上使用的光栅检测装置，其工作原理与结构是什么？

答：光栅有长光栅和圆光栅两种，它是数控机床和数显系统常用的检测元件。它具有精度高、响应速度较快等优点，还是一种非接触式测量。

1）光栅的基本工作原理，如图 5-34 所示。光栅检测装置由光源、两块光栅（长光栅、短光栅）和光电元件等组成，如图5-34a所示。光栅就是在一块长条形的光学玻璃上均匀地刻上很多和运动方向垂直的线条。线条之间距离（称之为栅距）可以根据所需的精度决定，一般是每毫米刻 50 条、100 条、200 条线。长光栅 G_1 装在机床的移动部件上，称之为标尺光栅；短光栅 G_2 装在机床的固定部件上，称为指示光栅。两块光栅互相平行并保持一定的间隙（如 0.05mm 或 0.1mm 等）而两块光栅的刻线密度相同。

如果将指示光栅在其平面内转过一个很小的角度 θ，这样两块光栅的刻线相交，则在相交处出现黑色条纹，称为莫尔条纹。由于两块光栅的刻线密度相等，即栅距 ω 相等，而产生的莫尔条纹的方向和光栅刻线方向大致垂直，其几何关系如图 5-34b 所示，当 θ 很小时，莫尔条纹的节距 W 为

$$W = \frac{\omega}{\theta}$$

这表明莫尔条纹的节距是光栅栅距的 $1/\theta$ 倍，当标尺光栅移动时，莫尔条纹就沿垂直于光栅移动方向移动。当光栅移动一个栅距 ω 时，莫尔条纹就相应准确地移动一个节距 W，也就是说两者一一对应。所以，只要读出移过莫尔条纹的数目，就可以知道光栅移过了多少个栅距。而栅距在制造光栅时是已知的，所以光栅的移动距离就可以通过电气系统自动地测量出来。

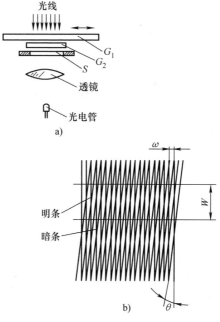

图 5-34　光栅工作原理及组成图
a) 组成　b) 几何关系

如果光栅的刻线为 100 条，即栅距为 0.01mm 时，人们是无法用肉眼来分辨的，但它的莫尔条纹却清晰可见，所以莫尔条纹是一种简单的放大机构。其放大倍数，取决于两光栅刻线的交角 θ，如 $\omega = 0.01\text{mm}$、$W = 10\text{mm}$，则其放大倍数 $\frac{1}{\theta} = \frac{W}{\omega} = 1000$ 倍，这是莫尔条纹系统的独具特点。

莫尔条纹的另一特点就是平均效应，因为莫尔条纹是由若干条光栅刻线组成。若光电元件接收长度为 10mm，在 $\omega = 0.01\text{mm}$ 时，光电元件接收的信号是由 1000 条刻线组成，因此制造上的缺陷，如间断地少几根线只会影响千分之几的光电效果。所以用莫尔条纹测量长度，决定其精度的要素不是一根线，而是一组线的平均效应。其精度比单纯栅距精度高，尤其是重复测量精度有显著提高。

2) 在实际使用中，大多数是把光源、指示光栅和光电元件组合在一起，称之为读数头。读数头的结构型式很多，但就其光路来看可以分为以下几种。

① 分光读数头的原理如图 5-35 所示。由图可知，光源 Q 发出的光，经透镜 L_1 变成平行光，照射到光栅 G_1 和 G_2 上；由透镜 L_2 把在指示光栅 G_2 上形成的莫尔条纹聚焦，并在它的焦面上安置光电元件 P 接受莫尔条纹的明暗信号。这种光学系统是莫尔条纹光学系统的基本型，其分光读数头的刻线截面为锯齿形，栅距为 0.004mm，其倾角 Q 是根据光栅材料的折射率与入射光的波长确定。

但这种光栅的栅距比较小，因此两块光栅之间的间隙也小。为保护光栅表面，常需黏一层保护玻璃，而这样小的间隙又是不行的。因此在实际使用中采用等倍投影系统，如图 5-36 所示。它是在光栅 G_1 与 G_2 之间装上等倍投影透镜 L_3、L_4，这样 G_1 的像以同

样的大小投影在 G_2 上形成莫尔条纹。这系统本质和原来的相同，只是 G_1 和 G_2 之间的距离拉长了，从而满足了实际的使用要求。这种读数头主要用在高精度坐标镗床和精密测量仪器上。

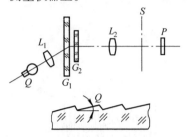

图 5-35　分光读数头原理

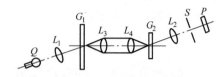

图 5-36　等倍投影系统

② 垂直入射读数头主要是应用于 25～125 线/mm 的玻璃透射光栅系统。如图 5-37 所示，从光源 Q 经准直透镜 L 使光束垂直照射到标尺光栅 G_1，然后通过指示光栅 G_2 由光电元件 P 接收。两块光栅的距离 t 是根据有效光波的波长 λ 和光栅栅距 ω 来选择，即 $t = \omega^2/\lambda$。但这仅仅是理论值，在实际使用中还要具体选择。图 5-38 为垂直入射读数头的结构示意图，光源 1 通过透镜 2 后变成平行光照射在标尺光栅 3 和指

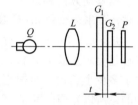

图 5-37　玻璃透射光栅系统

示光栅 4 上，形成莫尔条纹后由光电池 5 接收信号。图 5-38 中 6 是球轴承，它保证了标尺光栅和指示光栅之间的恒定间隙。标尺光栅和读数头分别固定在运动副上，标尺光栅用压板 7 夹紧，读数头用螺钉 8 固定，其精度最高可达 0.001/1000。

③ 反射读数头主要用于 25～50 线/mm 以下的反射系统，如图 5-39 所示。经准直透镜 L_1 将光源 Q 变成平行光，并以对光栅法面为 β 的入射角（一般为 30°）投影到标尺光栅 G_1 的反射面上。反射回来的光束先通过指示光栅 G_2 形成莫尔条纹，然后经透镜 L_2 由光电元件 P 接收信号。

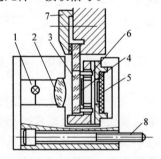

图 5-38　垂直入射读数头结构
1—光源　2—透镜　3—标尺光栅
4—指示光栅　5—光电池　6—球轴承
7—压板　8—螺钉

图 5-39　反射读数头工作原理

由于光栅只能用于增量测量方式，目前有的光栅读数头设有一个绝对零点，这样由

于在停电或其他原因造成记错数字时，可以重新对零。它是在标尺光栅中有一小段光栅，指示光栅上也相应地有一小段光栅，当这两小段光栅重叠时发出零位信号，并在数字显示器中显示。

5-31　光栅检测装置的信号如何进行处理？

答： 如图 5-40 所示，可知标尺光栅的移动可以在光电管上得到信号，但这样得到信号只能计数，还不能分辨运动方向。如图 5-40

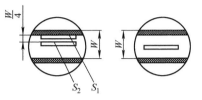

所示，安装两个相距 $W/4$ 的缝隙 S_1 和 S_2，则通过 S_1、S_2 的光线分别为两个光电元件所接受。当光栅移动时，莫尔条纹通过两缝隙的时间不一样，所以光电元件所获得的电信号虽然波形一样但相位相差 1/4 周期。至于何者超前或滞后，则取决于光栅 G_1 的移动方

图 5-40　运动方向辨别图

向。当标尺光栅 G_1 向右运动时，莫尔条纹向上移动，缝隙 S_2 输出信号的波形越前 1/4 周期，反之，当光栅 G_1 向左移动时，莫尔条纹向下移动，缝隙 S_1 的输出信号越前 1/4 周期，这样根据两缝隙输出信号的相位越前和滞后的关系，可以确定光栅 G_1 移动的方向。

　　光栅测量装置的逻辑框图，如图 5-41 所示。为了提高光栅分辨精度，线路采用了 4 倍频的方案，所以光电元件为 4 只硅光电池（2CR 型），相邻硅光电池的距离为 $W/4$。

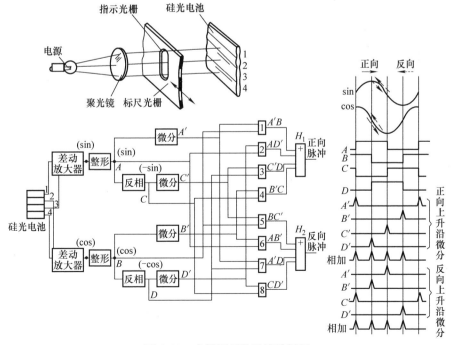

图 5-41　光栅测量装置线路框图

当指示光栅和标尺光栅做相对运动的时候，硅光电池产生正弦波电流信号，但硅光电池产生的信号太小（几十毫伏）需经放大才能使用，常用 5G922 差动放大器，经放大后其峰值有 16V 左右。虽然信号是放大了，但波形还近似为正弦波，所以要通过射极耦合器整形，使之成为正弦和余弦两路方波；然后经微分电路获得脉冲，由于脉冲是在方波的上升边产生的，为了使 0°、90°、180° 及 270° 的位置上都得到脉冲，所以必须把正弦和余弦方波分别各自反相一次；然后再微分，这样就可以得到 4 个脉冲。为了判别正向或反向运动，还用一些"与门"把 4 个方波 sin、−sin、cos 及 −cos（即 A、C、B 及 D）和 4 个脉冲进行逻辑组合。当正向运动时，通过"与门"1~4 及"或门"H_1 得到 $A'B + AD' + C'D + B'C$ 4 个脉冲输出；当反向运动时，通过"与门"5~8 及"或门"H_2 得到 $BC' + AB' + A'D + CD'$ 4 个脉冲输出。这样，如果光栅的栅距为 0.02mm，但 4 倍频后每一个脉冲都相当于 0.005mm，使分辨力提高了 4 倍。当然倍频数还可增加到 8 倍频等。

5-32　感应同步器结构与特点如何？

答： 感应同步器种类较多，但大体可分为直线类与旋转类两种类别。其中直线类又可分为标准型、窄型、带型和三速式等多种形式。旋转类按其直径与极对数的不同，又可分为多种型号。旋转类用于角度测量，直线类用于长度测量。

1）从结构上看，感应同步器实质上是多极旋转变压器的展开形式。直线感应同步器由滑尺与定尺构成，它们之间留有均匀气隙，其基板采用与机床床身热膨胀系数相近的钢板，并用绝缘黏结剂把铜箔粘在钢基板上；之后用精密照相腐蚀工艺制成电刷绕组，以及在尺上涂保护层。

2）感应同步器有以下特点：①工作可靠性高，抗干扰；②精度高，在工作中不经过任何机械传动链，因此无附加误差；③测量范围大，不受距离、长度限制；④易于维护，成本低。

5-33　什么是脉冲编码器？其光电脉冲编码器结构与工作原理是什么？

答： 脉冲编码器是一种旋转式脉冲发生器，可将机械转角转换成电脉冲而间接测量出位移量。

脉冲编码器的种类可分为三种形式，即光电式、接触式和电磁感应式。其中光电式在数控机床上采用，精度较其他两种高。机床滚珠丝杠的螺距是选用不同型号光电编码器的主要依据。

光电脉冲编码器的结构示意图，如图 5-42 所示。它是由一个在圆周上分成相等透明与不透明的部分的圆盘。圆盘与轴一同旋转时，有一扇形固定的薄片与圆盘平行放置，其上制有辨向狭缝群。当光源照射其上时，通过透明和不透明部分提取光电信号，光线以接近正弦波的变化信号经整形、放大之后转为脉冲信号。计量脉冲数量和频率即可测出工作轴的转角与转速。

实际上，当圆盘圆周的狭缝密度越大时，则会形成圆光栅线纹，而相邻两狭缝（透明和不透明部分）构成一个节距。圆盘的里圈不透光环上刻有一条透光条纹，用以产生一转脉冲信号。辨向指示光栅有 A 组和 B 组两段线纹组，每组的线纹间距与圆盘光栅节距相等，但 A 组与 B 组的线纹彼此错开 $1/4$ 节距。指示光栅是固定在底座上的，与圆光栅的线纹平行放置，且两者间保持一个很小的间距。显然当圆光栅旋转时，光线透过这两个光栅的线纹部分，形成了明暗相间的条纹，并被光电元器件接收变换成测量脉冲信号。其分辨力取决于圆光栅的一圈线纹数和测量电路的细分倍数。

编码器与伺服电动机连接后，它的法兰盘固定在电动机端面上，外面设有防护罩。

光电脉冲编码器的工作原理从前面结构中得知，光线透过圆光栅与指示光栅的线纹在光电元件上形成明暗变化的条纹，并产生两组近似于正弦波的电流信号 A 组与 B 组，且两者相差 $90°$；经整形放大后成方波，如图 5-43 所示。若 A 相超前于 B 相，对应电动机为正转；反之如 B 相超前于 A 相，则电动机为反转。若以方波的前、后沿产生计数脉冲，就可以形成代表正向位移或反向位移的脉冲序列。Z 相为一转脉冲，它是用来产生机床的基准点的。通常，数控机床的机械原点与各轴的脉冲编码器发出的 Z 相脉冲的位置是一致的。

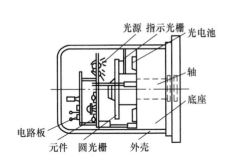

图 5-42　光电脉冲编码器的结构示意图

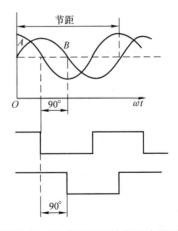

图 5-43　脉冲编码器输出的波形图

在使用时，由光电脉冲编码器输出的 A 或 $\overline{A}$，B 或 $\overline{B}$ 四个方波引入位置控制电路，经辨别方向和乘以倍率后，变成代表位移的测量脉冲；经频率 - 电压变换器成比于频率的电压，作为速度反馈信号，供给速度控制单元，进行速度调节。

脉冲编码器主要技术性能有电源（V），输出信号 A、$\overline{A}$，B、$\overline{B}$，Z、$\overline{Z}$，一转脉冲数，最高转速（r/min），温度范围（℃），轴向窜动量（mm），转子惯量（kg·cm²），重量（kg）和阻尼转矩（N·cm）等。

5-34　数控机床 NC 侧与 MT 侧是什么？

答： 数控机床能够自动地完成加工要求必须在工作的全过程中受到两类控制。一类是最终实现对各坐标轴运动的"数字控制"，另一类是完成各种应答动作的"顺序控制"。

数字控制是对轴运动速度与距离的控制，对各轴（X、Y、Z）的插补（点位）控制及补偿控制。通常将这方面的控制叫"NC"侧控制。以 NC 侧内部的控制信号利用机床上的各种行程开关、传感器、按键、继电器等开关量的信号状态为依据，并按预置好的逻辑顺序对主轴的起停、回转换向、刀具的交换、托盘的交换、工件夹放、切削液的供断、冷却阀门的启闭等所进行的"应答式"控制统称为"辅助控制"。这类控制可由机床上的可编程序控制器（PLC）完成。它是 NC 侧与 MT 侧的纽带。因此在机床一侧为 MT 侧，数控系统为 NC 侧，而可编程序控制器也可看成 PLC 侧。其信号流向图，如图 5-44 所示。MT 侧顺序控制的最终对象随数控机床类型、结构、辅助装置等的不同而异。当机床越复杂、辅助装置越多时，最终受控对象也越多。因此 PLC 的输出、输入点数也递增。

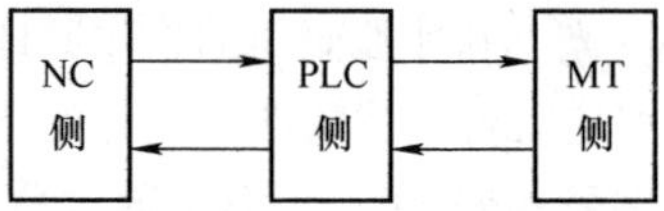

图 5-44　带 PLC 的信号流向图

5-35　数控机床接口的定义是什么？

答：由专用或通用计算机构成的数控系统与外围设备（包括专用的控制、测量装置等）之间的信息交换不是直接进行的，而是通过接口实现的。因此，数控机床的接口的定义是：接口是指连接两个不同设备或系统使之能够进行信息传送和控制的交接部分。根据接口在一个系统中担当任务及特性，可有不同名称的接口，一般将计算机与外部连接的接口称作输入/输出接口（即 I/O 接口）。

5-36　数控机床接口有哪些主要功能？

答：数控系统接口的主要功能是：

1）把外围设备送往计算机的信息转换成计算机所能接受的格式。反过来，把计算机传送至外围设备的信息转换成外围设备所能容纳的格式。

2）在计算机与外围设备之间交换状态信息。

3）协调计算机和外围设备在时间上的差异，即解决传输速率的匹配问题。目前采用两种方式：一种是异步控制方式，此时处理机和外围设备各自都有独立的定时信号，根据相互配合信号来实现数据传输；另一种是同步控制方式，它要求处理机与外围设备之间采用同一定时信号，即接口的控制操作都与处理机的节拍同步。

4）在计算机和外围设备之间起缓冲作用，这里的缓冲作用是指对传输速度的缓冲和信号电平的转换能力。当数据传输以字节为单位时，就要使用字节缓冲器。若数据是字组（或数据块）传送时，就要采用存储器作缓冲。如果发送端与接收端的信号电平不一致时，就要进行信号电平的转换。

5-37　数控装置与数控机床电气设备之间的接口分为几类？

答：参考 ISO 4336《机床数字控制　数控（NC）机床数字控制单元之间的连接信号规范》的规定，数控机床接口可以分为四种类型。

数控装置、控制设备与机床之间的关系，如图 5-45 所示。

第一类型：与驱动指令有关的连接电路；第二类型：数控装置与测量系统及测量传感器之间的连接电路；第三类型：电源及保护电路；第四类型：通/断信号代码与信号连接电路。

第一、二类型均属于"数字控制"类型，其连接电路传送信息与数控装置、伺服单元、伺服电动机、位置检测与速度检测器件之间的控制信息，因此属于 NC 控制、伺服控制及检测技术的范畴。

第三类电源保护电路由数控机床强电线路中的电源控制电路构成。其线路主要由电源变压器、控制变压器、各种断路器、保护开关、接触器、功率继电器、保险器件等构成，以便为辅助交流电动机、电磁铁、离合器、电磁阀等功率执行元器件供电。当然

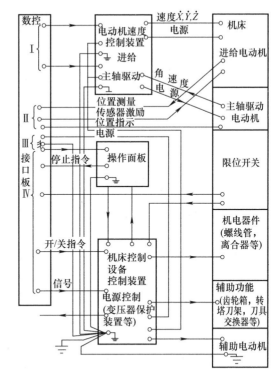

图 5-45 数控装置、控制设备和机床之间关系图

强电线路不可能直接与低电压下工作的控制电路或弱电线路直接连接，也就是说不能和在 DC24V、DC15V 及 DC5V 等低电压下工作的 RCL 与数控系统接口信号电路直接连接，只可能通过断路器、热动开关、中间继电器等元器件转换成在直流（DC）低电压下工作的触点开合动作，才能成为 PLC 可以接受的电信号。反之，由 RLC 或 CNC 束的控制信号也必须经过中间继电器转换成连接强电线路的触点信号，之后再由强电线路去驱动功率执行元部件去工作。

第四类的通/断信号与代码信号是数控装置与外部传送输入/输出的控制信号。当数控机床不带 PLC 时，这些信号在 NC 侧与机床侧之间直接传送。当数控机床带有 PLC 时，这些信号中除极少数高速信号外，大多皆经过 PLC 传送。

5-38 数控机床的通/断信号与代码信号按功能分成几类？

答：数控机床的通/断信号与代码信号均属于标准中的第四类信号。按功能可划分成两大类：

（1）必需的信号 这类信号是为了保护人身与设备安全或为了操作，或为了兼容性所需的信号，如"急停""进给保持""循环起动""NC 准备就绪"等。

（2）任选的信号 是在特定的数控装置与机床配置条件下才需要的信号，并非任何数控机床皆有。如"行程极限""JOG 命令""NC 报警""程序终止""复位""M 信

号""S 信号"及"T 信号"等。

5-39 数控接口标准化有什么意义?

答: 数控接口标准化是十分必要的,因为有了接口标准化,才使数控技术迅速地得到发展。

早期,一般都是采取一台设备经过各自的接口接到计算机的输入/输出总线上的方式。随着计算技术的迅速发展,新型计算机(特别是微型机)及外围设备的品种日益增多,接口装置和外围设备已成为系统成本中的主要部分。因此大力开发接口电路并向标准化发展,更利于用户对系统的调整和维修。目前,商品化小型机的外部接口,虽已采用本型号的标准化接口,但由于生产厂家的不同,接口电路各种各样且品种十分繁杂,对实现标准化造成困难。所以当计算机或输入/输出设备必须变更时,原接口电路就不得不重新设计制造,适应性极差。如何使微机与外围设备不必经过重新设计就能互相连接,这是生产厂和用户共同关心的问题,也从客观上要求制定输入/输出接口标准。具体办法是采用标准接口总线,把设备间的数据形式作为接口标准的一部分来规定。只要按这种标准接口总线的规定,相互连接,就可做到不同设备的互换,则易于实现系统的扩充与改变。

5-40 数控机床的 CNC 系统常采用哪种接口方式?

答: 数控机床的 CNC 系统常用两种接口方式,即 PC 方式或 DMA 方式。前者也称为程序输入/输出方式,后者也称为数据通道方式。

在计算机数控系统中,计算机与机床控制电气设备之间的接口在计算机选定后,一般可经两种途径得到。一种是采用计算机制造厂提供的标准输入/输出接口选件,直接或适当修改后使用;另一种是根据实际需要,采用自行设计的专用接口,此时必需根据计算机的输入/输出总线(或标准接口总线)提供规范和按控制设备的特点设计接口。

(1) 程序输入/输出方式(PC 方式) 这种控制方式应具有以下职能:①给外围设备发命令,告诉设备做什么;②接收和测定外围设备的状态信息;③从中央处理机输出数据到外围设备;④从外围设备输入数据到中央处理机。

1) 由于大多数 CNC 系统目前均采用微机控制(MNC)方式,而 PC 方式中信息的传送方法主要是采用矢量中断方式,其传送电路及定时波形,如图 5-46 所示。它需要

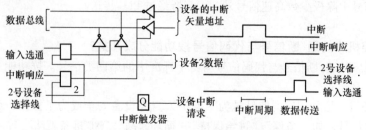

图 5-46 矢量中断传送电路及定时波形图

外部集成电路芯片提供有关中断服务程序的地址信息和中断优先等级。在矢量中断中，微型机指定一些固定的地址或叫中断矢量地址，用来存放中断入口地址。一旦发生中断，可直接从相应的矢量地址中得到入口，去执行相应的中断服务子程序。

当出现多个设备同时请求中断服务情况时，可采用优先中断的处理方法。这时，可根据设备要求的轻重缓急，排好中断处理的先后次序，再按优先次序逐一中断服务处理。

2) 除上面提到用询问方式进行优先级中断处理外，微机还常采用附加优先中断硬件的方法来处理中断。图 5-47 所示为一个基本优先中断管理电路，此电路可管理八个中断（图中的INT0 ~ INT07），内部相应有一个 8 位的屏蔽寄存器。当其中某一位为"0"时，将禁止对应的中断信号通过。仅当对应位为"1"时，才允许相应的中断信号通过。

若要禁止某一中断，如中断线 3（INT 3），可将屏蔽寄存器的第 3 位置"0"。

中断寄存器的内部可读出至数据线，中断寄存器的各条输出线接至或门，可得到中断信号 INT，并送至微型机中断线作为中断请求。使用该电路时，程序员把初始值置入屏蔽寄存器的各位中，如允许使用全部中断线，则屏蔽寄存器各位均置"1"。

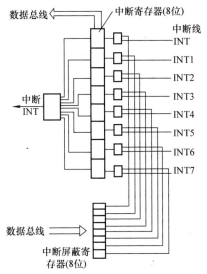

图 5-47　基本优先中断管理线路图

3) 当中断线有一个或多个中断信号输入此电路时，微型机将得到一中断请求信号，并读出该中断寄存器的内容，并加以测试。现假定 INT0（0 号设备中断）的优先级最高，其次是 INT1、INT2、…，优先级最低的是 INT7。则微型机可简单地顺序测试中断寄存器的第 0 位、1 位、2 位、…，直至找到其值为"1"的位为止。这时对应的中断等级将得到服务，因而可保证中断按优先等级得到服务。一个中断服务结束后，微型机将重新读出中断寄存器的内容，并为其中级别最高者服务。在有较多可能中断的设备时，采用附加优先中断控制电路的办法可以加速中断的处理。

（2）数据通道方式（DMA 方式）　　如图 5-48 所示，数据通道方式是指输入/输出

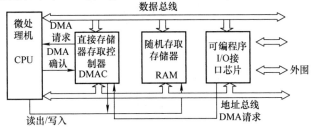

图 5-48　DMA 控制器接入系统时的原理框图

设备与存储器间直接交换存储器存取（DMA）或周期挪用。在需要传送数据时，挪用一个处理机周期，经过一个特殊的数据通道传送数据，这样进一步节省了处理时间，加快了传送数据的速度。数据通道在外围设备控制下提出数据传送请求，计算机在执行每一条指令时都测试一次是否有数据通道请求。若有请求，则下一个周期让给数据通道，主程序延迟一个周期执行。

5-41　数控机床接口与总线有哪些规范文件？

答：数控机床接口与总线规范文件有：

1）CAMAC，计算机自动测量与控制标准接口总线。

2）IEEE – 488，标准接口总线（简称为 HP – 1B）。

3）EIA RS232C，串行异步数据传送标准。

4）S – 100，总线标准。

5）MULT1，总线标准。

6）IEC，国际电工委员会第 44 技术委员会数控与机床间接口标准。

5-42　CAMAC（计算机自动测量与控制）标准接口总线有几部分组成的？

答：CAMAC（计算机自动测量与控制）标准接口总线是一种国际上通用的标准接口。CAMAC 是 86 线并行接口，传送输率可达 5×106 位/s，CAMAC 的典型结构如图 5-49 所示。由下列几部分组成：

（1）机箱　机箱是 CAMAC 系统的基本单元，它具有两种形式，即带电源的和不带电源的。机箱内除插入一个机箱控制器外，还设有限于多个可插入功能模件（单元）的位置，称为站。功能模件可占有一个或几个站（最多可容纳 23 个模件）。功能模件与实际控制设备和检测装置相连接，机箱控制器控制各功能模件执行相应的指令。机箱控制器和各功能模件之间的信息通道称为数据通道，如图 5-49 所示。

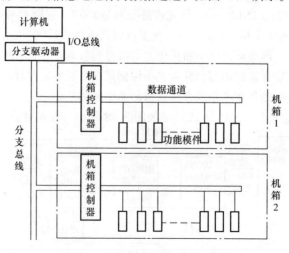

图 5-49　CAMAC 典型结构示意图

（2）分支总线　若单机箱容量不够，可用分支总线加以扩充，分支总线有 66 对线，经机箱控制器汇合。

（3）分支驱动器　它驱动分支总线并以标准方式将机箱控制器与计算机 I/O 总线连接。

机箱控制器是分支总线与数据通道的接口，也可直接作为数据通道与计算机 I/O 总线的接口。

如图 5-50 所示，机箱控制器亦可作为外设一样挂在 I/O 总线上，每个机箱占一个设备码。此时它把数据从数据通道要求的格式换成 CNC 系统 I/O 输出总线要求的格式，才能完成数据的传送。

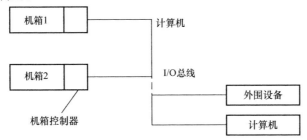

图 5-50　机箱控制器与 I/O 的连接图

一个机箱即可构成一个最小规模的 CAMAC 系统。数据通道是机箱控制器和各种功能件之间的信息通道，它是机箱的一个重要组成部分。数据通道是标准化总线，它与所插入的功能模件或计算机的型号无关。

它包含以下信号线：3 根控制线；5 根地址线；24 根数据读出线；24 根数据写入线；2 根定时线；4 根状态线。

CAMAC 系统是并行的标准接口总线。针对传输速率较低而传送的距离很长及机箱的位置相当分散的工业过程控制系统，还研制了串行和字节串行总线系统。

5-43　美国 IEEE－488 标准接口总线的结构是怎样的？

答：IEEE－488 中标准接口总线是最先由美国 Hewlett－Packard 公司研制和使用的测量仪器接口总线，正式作为标准接口总线。IEC 也将把它作为 IEC 标准接口总线。

此标准接口组成的系统，如图 5-51 所示。该接口总线由 16 条并行信号线构成。其中 8 条双向数据总线，用来传送数据，地址和命令；3 条控制总线，用来控制数据线上数据和地址传送；5 条接口管理总线，用来控制接口功能。该总线最多可互连贯 5 个装置，每台装置皆有它们自己的编码地址，如既有发送地址和接收地址的装置则称为双重功能装置。该系统是用来连接 μC 系统的（计算机、电压表、电源、频率发生器等装置）而不是用来连接模块的。

通过数据总线 DIO1－DIO8 所传送的信息可分为两类：

（1）地址　它由控制器向所有装置提供。如要调用某台装置，控制器在数据总线上放一个相应的地址，同时回管理线中 ATN 信号为"1"。于是所有装置将数据总线上这一地址与它们自己的地址相比较，只有自己的地址等于总线上地址的那台装置才担负

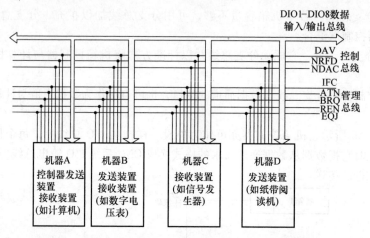

图 5-51　IEEE－488 接口总线结构图

"听"者或"讲"者的任务。

（2）编程数据和测量数据　由作为发送装置的设备发出并由作为接收装置的设备接收。

五条接口管理总线，在控制器和其他装置之间用做传送控制需要的指令和命令。该标准总线可按照位并行和字节串行方式传送数据，并允许连接不同传输速度的设备。信号最大传送速度为 1M 位/s。

三条控制总线控制数据的传送，每一条均有自身特定功能，即：①DAV（数据有效）是由发送装置送到一台以上接收装置的信号，表示 DIO1 信号的有效性。②NRFD（未准备好接收数据）由一台以上接收器各自向发送器发出的信号的"或"表示未准备好 DIO1 信号的接收。③NDAC（数据未被接收完）由一台以上的接收器各自向发送器发出的信号的"或"表示 DIO8 信号未接收完。

5-44　美国电子工业协会（EIA）的 RS－232C 数据传送标准有什么内容？

答：美国电子工业协会（EIA）的 RS－232C 是一种串行异步数据传送标准。在 CNC 数据系统中 RS－232C 既用于系统与系统之间的通信，也用于系统与终端设备之间的通信。

RS－232C 对数控系统的 CRT 图像显示设备、电传打印机及其他外部设备，它也是一种理想的标准。作为串行通信的一种正式标准，它规定了插脚分配、信号电平及接收和发送电路的其他电器规范。它还适合通过电话线与调制器一起使用，可完成数据的远距离传送通信。

对超过一定距离和不使用电话线传送的系统，如在 FMS 数控柔性制造系统及 CIMS 计算机集成制造系统中，可采用 RS－422 和 RS－423 通信接口标准。这两种标准只包含电器信号特性、没有对插脚标志或连接器的要求。RS－422 使用差动线路驱动器以便得长距离的抗干扰性能。RS－423 因使用单端驱动器，对噪声较敏感。

RS－232C 最大传送速度为 2×10^4 bit/s，而 RS－422 和 RS－423 最大传送速度达

106bit/s 和 105bit/s。电性能方面使用正、负 12V 标准脉冲，并实现信息传送。RS - 232C 采用了一个 25 条管腿的连接器，其中头 15 条线定义见表 5-2。RS - 232C 传送单电压形式的信号，"传号"或"空号"条件是由两条线之间的电压来表示的。因此发送及接收两个通路各有两条线，使差分通路提高了抗噪声能力从而使设备之间的实际距离可达 30m 以上。同时由于降低了噪声效应也相应提高了数据传输速率。

表 5-2　EIA RS232C 的信号

(1)	地线	
(2)	XMIT 数据	（至通信设备）
(3)	接收数据	（自通信设备）
(4)	请求发送	（至通信设备）
(5)	免除发送	（自通信设备）
(6)	数据设置准备	（自通信设备）
(7)	数据终了准备	（至通信设备）
(8)	振铃指示器	（自通信设备）
(9)	接收线信号指示器	（自通信设备）
(10)	信号质量检测器	（自通信设备）
(11)	数据速率选择器	（至通信设备）
(12)	数据速率选择器	（自通信设备）
(13)	发送器定时	（至通信设备）
(14)	发送器定时	（自通信设备）
(15)	接收器定时	（自通信设备）
(16)	次级数据和请求	

5-45　什么是国际标准化组织体系？

答： 数控机床标准化的目的，在于促进技术进步，提高科研、生产、流通、使用等方面的经济效益，同时也便于机床的出口，因此数控技术标准化要走国际标准化道路。制定标准既要合理，能为更多的人所采用，同时也要考虑国际标准的实施情况。每一位从事数控技术的研究、设计、经营、操作和维修、改造人员，都应该了解和掌握数控标准，并重视其标准化工作。

国际标准化组织（ISO）和国际电工委员会（IEC）是世界上两大标准化组织。其中 IEC 主要负责电工和电子领域的标准，其宗旨是促进电气、电子工程领域中标准化及有关问题的国际合作，增进相互了解。而 ISO 则负责非电方面的其他领域的标准。这两个组织虽然在法律上都是独立的团体，可多年来一直密切合作，并寻找合作的最佳形式。

数控机床包括机械、电工、电子等几大部分，因而涉及的国际标准，既有 ISO 的，也有 IEC 的。在 ISO 和 IEC 下面，分别设立了技术委员会（TC），它们是以审议标准草案为主，并审议技术各个领域的专门事项。TC 下面又设有分技术委员会（SC）和工作小组（WG）进行具体的标准工作。

数控机床标准所对口的标准化机构如下：

1）ISO/TC97 电子计算机及信息处理系统技术委员会，其中 SC8 为数控机械分技术委员会。

2）ISO/TC 184 工业自动化信息处理系统技术委员会，其中 SC1 为机床数控系统分技术委员会。

3）IEC/TC44 工业机械电气设备技术委员会。

4）IEC/TC65 工业流程测量与控制技术委员会。

5）美国电子工业协会制定的 EIA 代码，至今许多数控系统仍在使用。

6）电气与电子工程师协会制定的 IEEE 通信网络标准，在 FMS 及 CIMS 中也采用至今。

7）世界上某些先进工业国制定的国家标准，在有些场合，也可供参考。如美国国家标准（ANSI）、德国国家标准（DIN），英国国家标准（BS）、日本工业标准（JIS）、法国国家标准（NF）等。

5-46　我国标准化体系如何建立的？

答：我国有关标准化工作均由国务院标准化行政主管部门统一管理。

1988 年 12 月我国公布了标准化法，1989 年 4 月 1 日我国正式实施标准化法。

在国家标准化行政主管部门的领导下，为了促进全国性的标准化技术工作。设立了若干专业标准化技术委员会，由它负责组织本行业范围内，国家标准与行业标准的制修订工作。对于专业范围较宽的技术委员会，下面再设分技术委员会。

为了有利于引进国外先进技术，积极参与国际标准的制修订工作和国际性试验工作，积极采用国际标准，同时推荐我国的先进标准等目的，我国分别参加了国际标准化组织和国际电工委员会的技术活动，建立了对口的 ISO 及 IEC 的有关技术委员会和分技术委员会等机构。

最早建立 ISO/T 97 计算机和信息处理技术委员会；1983 年建立了 ISO/TC184 工业自动化信息处理技术委员会；随后又建立了 ISO/T184/SC1 分技术委员会。

IEC/TC44 工业机械电气设备技术委员会，IEC/TC65 工业流程测量和控制技术委员会也都在我国建立了相应的机构。

国内标准化体系共分三类：

1）国标为国家正式批准的标准，代号起始标志为"GB"。

2）行业主管部门批准的标准，并由国家标准化机构备案的标准。

3）企业内或企业之间推行的标准。

5-47　常用的数控技术标准有哪些？

答：常用数控技术标准有：

1）在数控技术研究、设计工作中，在数控机床的使用及维修、改造中，应用较多的数控技术标准有以下几项：①数控机床的坐标轴和运动方向；②数控机床的编码字符；③数控机床的程序段格式；④准备功能和辅助功能；⑤数控坐标定位尺寸。

2）数控的名词术语：

① 数控机床坐标轴命名和运动方向的规定，必须为每一个涉及数控机床设计、使用、维修和改造的人员统一正确的理解。否则，如程序编制毫无依据则发生混乱，数据通信出错，操作产生事故，维修、改造工作更无法进行。

② 数控机床的编码字符。ISO 6983/1 规定了地址代码的标准。我国在 1982 年公布了 JB 3050—1982，规定了数控机床及其辅助设备的 7 单位字符及相应的二进制编码。

③ 程序段格式。ISO 6983/I 规定了程序段格式和地址字定义——第一部分：点位、直线运动和轮廓控制系统的数据格式。程序格式有多种，常用的即可变程序段、文字和地址的程序格式。

④ 准备功能（G）和辅助功能（M）。

5-48　数控技术规范性文件有哪些？

答：由于数控技术规范性文件很多，又处在不断发展之中，新的标准和规范性文件也在不断地制定和完善之中，所以仅提供一些信息供参考。

1. 有关数控机床方面

1）机床电气图用图形符号（JB/T 2739）。

2）机床电气设备及系统　电路图、图解和表的绘制（JB/T 2740）。

3）数控卧式车床（JB/T 4368 系列）。

4）数控床身铣床检验条件（GB/T 20958 系列）。

5）数控立式升降台铣床技术条件（JB/T 9928.2）。

6）数控立式车床　第 2 部分：技术条件（JB/T 9934.2）。

7）机床检验通则　第 2 部分：数控轴线的定位精度和重复定位精度的确定（GB/T 17421.2）。

8）数控立式卡盘车床精度检验（JB/T 9895.1）。

9）数控立式卡盘车床和车削中心技术条件（JB/T 11562）。

10）数控机床　操作指示形象化符号（GB/T 3168）。

11）机床安全　机床电气设备　第 1 部分：通用技术条件（GB/T 5226.1）。

2. 有关数控系统方面

1）数字控制机床的数控处理程序输入基本零件源程序参考语言（GB/T 12646）。

2）工业自动化系统与集成　机床数值控制　数控系统通用技术条件（GB/T 26220）。

3）工业自动化系统　机床数值控制　词汇（GB/T 8129）。

4）工业自动化系统　机床数值控制　数控（NC）处理器输出：文件结构和语言格式（ISO 3592）。

5）机床的数字控制　数控（NC）机床的数字控制单元和电动设备之间的连接信号规范（ISO 4336）。

6）工业自动化系统　机床数字控制　数控（NC）处理程序输出后置处理指令（ISO 4343）。

7）机床数字控制工作指令和数据格式（ISO/TR 6132）。

8）机床数字控制　数控（NC）处理程序输入基本零件源程序参考语言（ISO 4342）。

9）步进电动机驱动机床数控系统技术条件。

5-49　数控机床标准参考资料有哪些?

答：数控机床标准参考资料如下：

1）数控机床的编码字符，见表5-3。

表5-3　七单位字符编码表

				b7	0	0	0	0	1	1	1	1
				b6	0	0	1	1	0	0	1	1
				b5	0	1	0	1	0	1	0	1
b4	b3	b2	b1	列/行	0	1	2	3	4	5	6	7
0	0	0	0	0	NUL		SP	0		P		
0	0	0	1	1				1	A	Q		
0	0	1	0	2				2	B	R		
0	0	1	1	3				3	C	S		
0	1	0	0	4				4	D	T		
0	1	0	1	5			%	5	E	U		
0	1	1	0	6				6	F	V		
0	1	1	1	7				7	G	W		
1	0	0	0	8	BS		(	8	H	X		
1	0	0	1	9	HT	EM	)	9	I	Y		
1	0	1	0	10	LF(NL)		·	:	J	Z		
1	0	1	1	11			+	,	K			
1	1	0	0	12			'		L			
1	1	0	1	13	CR			=	M			
1	1	1	0	14			.		N			
1	1	1	1	15			/		O			

2）字符的意义：

A—关于 X 轴的角度尺寸；

B—关于 Y 轴的角度尺寸；

C—关于 Z 轴的角度尺寸；

D—第二刀具功能（也有定为偏置号）；

E—第二进给功能；

F—第一进给功能；

G—准备功能；

H—暂不指定（也有定为偏置号）；

I—平行于 X 轴的插补参数或螺纹导程；

J—平行于 Y 轴的插补参数或螺纹导程；

K—平行于 Z 轴的插补参数或螺纹导程；

L—不指定（有的定为固定循环返回次数，也有的定为子程序返回次数）；

M—辅助功能；

N—顺序号；

O—不用（有的定为程序编号）；

P—平行 X 轴的第三尺寸（也有定为固定循环的参数等）；

Q—平行 Y 轴的第三尺寸（也有定为固定循环参数）；

R—平行 Z 轴的第三尺寸（也有定为固定循环参数，圆弧的半径等）；

S—主轴的速度功能；

T—第一刀具功能；

U—平行于 X 轴的第二尺寸；

V—平行于 Y 轴的第二尺寸；

W—平行于 Z 轴的第二尺寸；

X、Y、Z—基本尺寸。

3）穿孔带程序段格式中符号的含义，见表5-4。

表5-4 穿孔带程序段格式

编码表中的位置	符号	意义	编码表中的位置	符号	意义
0/8	BS	返回	2/9	)	控制恢复
0/9	HT	分隔符	2/11	+	正号
0/10	LF 或 NL	程序段结束	2/13	−	负号
1/9	EM	纸带终了	2/15	/	跳过任选程序段
2/5	%	程序开始	3/10	:	对准功能
2/8	(	控制暂停	7/15	DEL	注销

5-50 数控机床坐标系统与运动方向有什么规定？

答：数控机床坐标系统与运动方向具体有：

1）标准的坐标系统，仍采用右手法则直角笛卡儿坐标系统。基本坐标轴为 X、Y、Z 直角坐标。对应每个坐标轴的旋转运动符号为 A、B、C。

2）Z 轴作为平行于机床主轴的坐标轴，如果机床有一系列主轴，则选尽可能垂直于工件装夹面的主要轴为 Z 轴。Z 轴的正方向，定义为从工件到刀具夹持的方向。

X 轴作为水平的，平行于工件装夹平面的轴，它平行于主要的切削方向，且以此为正向。

Y 轴的运动方向，根据 X 轴和 Z 轴按右手法则确定。

旋转坐标轴 A、B 和 C 相应地在 X、Y、Z 坐标正方向上，按照右手螺纹前进方向来确定。

3）附加直线坐标轴和附加旋转坐标轴，均有相应的规定。

各种机床的坐标轴、旋转坐标轴、附加直线坐标轴和附加旋转坐标轴的规定如图5-52、图5-53所示。

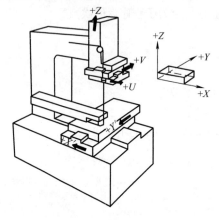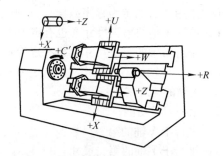

图 5-52　线切割机床　　　　　　　图 5-53　具有可编程尾架座的双刀架车床

5-51　数控系统轴伺服故障报警如何处理？

答：数控系统轴伺服故障报警处理如下：

[案例5-1]　某企业数控机床，其西门子840D数控系统故障报警中常出现"25201"伺服故障或"300504"如轴、驱动器、电动机变频器出错的报警。两个报警的直观理解是伺服驱动器损坏，报警手册里描述为严重的故障报警。两个报警出现时机床会自动停机，伺服驱动器的报警红灯亮，且无法复位消除。一般"25201"报警常会伴随"300508""300608""300504"等报警代码的出现，以下介绍"300508"和"300608"报警的排除方法。

1. "300508"报警

"300508"报警与驱动器本身关系不大。西门子840D一般配备的是EN1387增量式编码器或EN1325绝对值编码器，机床运动时如数控系统检测到编码器的线数或编码器的零标志位异常时，即检测到相应轴编码器的线数与该轴 MD31020 ENC_RESOL 的数值（该参数不能修改调整）不符。

通常"3005XX"的报警都是伺服驱动电动机的位置、电流、相序、频率、编码器零位等检测异常使伺服驱动报警，且无法用"RESET"键复位，需重启数控系统。因此，出现"300508"这类因测量系统错误引起的故障时，首先检查编码器的接头、电缆是否松动、破损及电缆的屏蔽是否良好。如上述检查未发现异常，则考虑对编码器即测量系统进行调整、更换。"300508"报警的处理分以下两种情况：

（1）直线轴的报警处理　数控机床的直线轴一般要进行距离检测，特别是半闭环数控系统中，如果报编码器的零标志位异常，就必须检查编码器的硬件，因为一旦编码器的零标志位错位就意味着测量系统"基点"丧失，无法进行有效的距离测量，应对编码器进行更换。如果发现编码器内部有油污、粉尘，可以对编码器进行清洗。清理方法是用无水酒精冲洗，然后利用吹风机烘干使用。

（2）旋转轴的处理　旋转轴，即所谓的主轴，一般的主轴编码器作为调速系统中的速度环检测使用，不做位置检测，所以可以尝试屏蔽编码器的零标志位检测。

840D 数控系统驱动器数据中的参数一般用来控制检测电动机、驱动器，其中 1600 号参数 MD _ ALARM _ MASK _ POWER _ ON 中的第 8 位就是控制检测编码器零标志位，具体的参数设置可以按照"调试→机床数据→驱动器参数→搜索 1600 号参数"进行操作，然后按"SELECT"键，将光标移动到"8"的上面后按"SELECT"键，选中第 8，即该轴在运转过程中将不检测编码器零标志位，再返回，确认。然后运行该旋转轴，如果只是零标志位错误，该轴将不出现报警，正常运转，如编码器内光栅盘损坏，一运转该旋转轴，机床将报"主轴编码器故障"，这时要更换或冲洗编码器。

2. "300608" 报警

"300608" 报警一般是伺服驱动电动机回路的电流、转速检测异常报警。报警手册的描述为"速度控制器输出时间超过允许的限制时间，扭矩、电流分别超过设定值"，在实际维修中是典型的过载报警。一般的机械设备在出厂前都对机床配置了与转矩相匹配的电动机、驱动器，并调整好参数，在正常情况下不会出现控制器与轴动力不匹配的情况。

在机床运动过程中出现该报警，应着重检查机床的润滑、静压和机械传动方面的情况，同时检查电动机、电缆是否损坏。在实际维修中，多半是由于导轨静压故障引起的报警，所以在运动中产生的 300608 报警，不应轻易怀疑"伺服故障"，不要轻易增大 MD 1105 MD _ MOTOR _ MAX _ CURRENT _ REDUCTION 的值。

在机床起动完成后，当某个轴一接到运行指令后，如在该轴尚未动作时出现"300608"报警，此时，可把驱动器数据中的 1601：MD _ ALARM _ MASK _ RESET 中的第 8 位速度控制器停止检测位屏蔽，机床如果能运动，就应检查机械、润滑、静压等。如当屏蔽改动后机床报警变为"25201 伺服故障"，就应检查电动机、驱动器是否损坏。

综上所述，当数控机床出现报警停机后，在检查机床没有电源接地、短路，机械部件没有明显损坏的情况下，想办法使机床动起来，是查找、排除机床故障的有效途径。上述故障排除方法在实际应用中多次排除"300504""300508"和"300608"故障，运用驱动器参数中的 1600 号和 1601 号参数的检测位，并适时地对其屏蔽，为维修提供了便利，但是在机床故障得到排除，更换损坏件后应解除屏蔽位，以保证机床的部件安全运行。

第6章 数控机床的故障诊断及维修

6-1 仪器仪表检测技术应用现状如何?

答:仪器仪表检测技术应用现状如下:

1. 仪器仪表检测技术的发展

监测检验是对设备的信息载体或伴随着设备运行的各种性能指标的变化状态进行监测、记录,如温度、压力、振动、噪声、润滑油等,并对记录的数据资料进行科学分析,进而了解运行设备当时的技术状态,查明设备运行中发生异常现象的部位和原因,或预报、预测有关设备异常、劣化或故障趋势,并做出相应对策。

未来,要积极开展对大型高端设备状态检测信息化技术的研发,使大型高端设备规范运行参数与现场采集参数进行比较。当监测的参数超过初始限值,预警系统即会发出信息和信号,提醒及要求操作人员立即采取有效措施,确保设备安全可靠运行。同时,也要加强对主要耗能设备能效监控技术的研究开发。

随着现代化工业设备不断发展,设备监测检验技术也在不断开发和应用,面向2030年监测检验技术主要从仪器仪表检测技术、智能工业监测技术、RBI检验技术等方面不断发展。

2. 仪器仪表检测技术应用现状

近年来,国内市场出现了各种规格、功能、精度的专业或综合的监测检验仪器仪表和组合系统,为企业设备在线或离线监测、监控设备状态提供了良好的服务。

监测检验仪器仪表一般可分为便携(式)仪器仪表、产品组合仪表及专业仪器仪表等。多功能仪器仪表是集冲击脉冲、振动分析、数据采集和趋势分析于一身的多功能分析仪表,可以进行温度测量、转速测量;通过触摸式屏幕显示、按键操作,使用方便。产品组合仪表是针对设备的关键零部件和典型产品专门进行监测检验的组合仪表,包括:轴承分析仪、戴纳检测仪、电动机在线综合检测仪、电缆测试仪、电路板检测仪等。专业仪器仪表包括:振动类,如测振仪、现场动平衡仪等。

1)从温度、压力、振声、油液四个方面来分析,目前80%的企业在监测检验中应用温度、压力方面仪器仪表已比较成熟,且应用范围较广,并取得了一定成效。近年在应用振声方面的仪器仪表数量增长幅度很快,应用范围也越来越广,并取得了显著效果。油液方面的仪器仪表应用数量相对较少,主要是设备的油液取样后,要专门送油液化验室进行化验,且这些检测化验的数据不能及时反馈到现场指导对设备进行调整和处理。

2)部分大型企业及重点企业在设备监测检验中应用仪器仪表已取得一定效果,中小企业特别是小微企业应用还比较欠缺,导致一些设备故障和生产事故的发生。

3)目前在户外、地下管线等的监测检验,特别是地下管道的监测检验还存在大量缺陷和空白点。

4)近年设备监测检验技术开发很快,但在应用上还缺乏专门工程技术人才,特别是在油液监测检验技术应用上还需要做更大努力。

在检测技术中比较常用的传感器种类繁多，传统传感器按照工作原理可分为电阻式传感器、电感式传感器、电容式传感器、压电式传感器、磁电式传感器、磁敏式传感器。

电阻式传感器可应用于重量检测、储量检测、桥梁固有频率检测等领域；电感式传感器可用于位移测量、振幅测量、轴心轨迹测量、转速测量、厚度测量、表面粗糙度测量、无损检测、流体压力测量等领域；电容式传感器可用于振动测量、偏心量测量、均匀度测量、液面高度测量等领域；压电式传感器可用作加速度计、力传感器、压力变送器等；磁电式传感器可用于频数测量、转速测量、偏心测量、振动测量等；磁敏式传感器可用于电流计、磁感应开关、磁敏电位器、霍尔电动机、纸币识别、管道裂纹检测等领域。传统传感器在检测技术领域虽然得到了广泛的应用，但它们还有很多缺点，如体积大、成本高、不易集成和批量生产等。

近年 MEMS 传感器由于具有体积小、重量轻、成本低、功耗低、可靠性高及适于批量化生产、易于集成和实现智能化的特点，已经开始广泛应用于工业物理量监测检验，以及现场油品检验仪器已应用工业检测。

3. 目标

未来主要解决检测仪器仪表的三性：技术先进性、准确性、可靠性，重点开发信息化的整合技术。要从温度、压力、振动（声发射）、油液四大方面形成完整仪器仪表监测检验技术，即在大型设备、成套设备从综合、复合、多功能仪器仪表应用上自成体系；主要生产设备仪器仪表检测技术与设备状态监控有机结合，以充分发挥设备效能；高危设备、重点设备及控制系统逐步建立在线监测系统等。

1）面向 2020 年，全国提升监测检验技术应用的智能化、网络化与工业化，在大数据时代背景下提升监测检验仪器的数据处理和分析能力。对国民经济主要产业，特别是化工、石油、冶金、航天航空、建材等行业复合仪器仪表监测检验技术应用全面覆盖，减少或杜绝恶性事故发生，使设备能效明显提高。即提高检测设备整体经济性能和效益；根据监测检验信息，确保设备在故障或事故来临前立即停机，并具有及时有效的措施恢复设备运行；提高对设备现场运行参数分析能力，自动有效调整参数，确保设备在最佳状态下运行等。

2）面向 2030 年，未来仪器仪表检测技术发展方向主要是开展新型传感技术研发，便携式仪器仪表开发，智能化监测检测系统及分布网络化监测检测系统的研发。

6-2　仪器仪表检测技术发展途径是什么？

答：仪器仪表检测技术发展途径如下。

1. 新型 MEMS 传感器

未来，新型 MEMS 传感器在检测技术中的应用将越来越广泛。与传统的传感器相比，MEMS 传感器具有体积小、重量轻、成本低、功耗低、可靠性高，适于批量化生产、易于集成和实现智能化的特点。同时，微米量级的特征尺寸使得它可以完成某些传统机械传感器所不能实现的功能。

MEMS 传感器的门类品种繁多，按照被检测的量可分为加速度、角速度、压力、位移、流量、电量、磁场、红外、温度、气体成分、湿度、pH 值、离子浓度、生物浓度及触觉等类型的传感器。MEMS 传感器可应用于众多与检测相关的领域，如消费电子领域的加速度计、陀螺仪等，汽车工业领域的压力传感器、加速度计、微陀螺仪等，航空航天领域的惯性测量组合（IMU）、微型太阳和地球传感器等。

2. 便携式仪器仪表

便携式仪器仪表是现代仪器仪表的重要发展方向。便携式仪器仪表主要应用于生产、科研现场，具有测量速度快、可靠性高、操作简单、功耗低、小巧轻便等特点。便携式仪器仪表遵循低功耗、低成本、高可靠性的设计原则，发展趋势有其自身特点。为提高便携式仪器的性能，一般采用单片机技术，以数字量的形式输出测量信息。今后的便携式智能仪器不仅可以作为现场仪器单独使用，还可以作为智能传感器与上位机连接，成为智能测试系统的分机。

3. 智能化监测检测系统

以单片机为主体，将计算机技术与测量控制技术结合在一起，组成智能化监测检测系统。智能仪器仪表的最主要特点便是智能化，即智能检测。它包括采样、检验、故障诊断、信息处理和决策输出等多种内容，具有比传统测量远远丰富的范畴，是检测设备采用现代传感技术、电子技术、计算机技术、自动控制技术和模仿人类专家信息综合处理能力的结晶。现代计量测试仪器充分开发、利用了计算机资源，在人工最少参与的条件下尽量以仪器设备（尤其是软件）实现智能检测功能。这与传统仪器仪表相比，智能化监测检测系统具有以下功能特点。

（1）操作自动化　仪器的整个测量过程如键盘扫描、量程选择、开关启动闭合、数据的采集、传输与处理及显示打印等都用单片机或微控制器来控制操作，实现测量过程的全部自动化。

（2）具有自测功能　包括自动调零、自动故障与状态检验、自动校准、自诊断及量程自动转换等。智能仪表能自动检测出故障的部位甚至故障的原因。这种自测试可以在仪器开启时运行，同时也可在仪器工作中运行，极大地方便了仪器的维护。

（3）具有数据处理功能　这是智能化系统的主要优点之一。由于采用了单片机或微控制器，使得许多原来用硬件逻辑难以解决或根本无法解决的问题，现在可以用软件非常灵活地解决。如传统的数字万用表只能测量电阻、交直流电压、电流等，而智能型的数字万用表不仅能进行上述测量，而且还具有对测量结果进行诸如零点平移、取平均值、求极值、统计分析等复杂的数据处理功能，不仅使用户从繁重的数据处理中解放出来，也有效地提高了仪器的测量精度。

（4）具有友好的人机对话能力　智能化系统用键盘代替传统仪器中的切换开关，即操作人员只需通过键盘输入命令，就能实现某种测量功能。与此同时，智能仪器还通过显示屏将仪器的运行情况、工作状态及对测量数据的处理结果及时告诉操作人员，使仪器的操作更加方便、直观。

（5）具有可编程控制操作能力　一般智能化系统都配有 GPIB、RS232C、RS485 等标准的通信接口，可以很方便地与 PC 机和其他仪器一起组成用户所需要的多功能的自动测量系统来完成更复杂的测试任务。

4. 分布网络化检测

分布网络化检测技术是在计算机网络技术、通信技术高速发展及对大容量分布式检测的大量需求背景下，由单机仪器、局部自动检测系统到全分布网络化检测系统而逐步发展起来的。

基于分布网络化检测系统的体系结构应为图 6-1 所示的多级分层的拓扑结构，即由最底层的现场级、工厂级、企业级至最顶层的 Internet 级。而各级之间则参照 ISO/OS-IRM 模型，按照协议分层的原则，实现对等层通信。这样，便构成了纵向的分级拓扑和横向的分层协议体系结构。各级功能简述如下：现场级总线用于连接现场的传感器和各种智能仪表，工厂级用于过程监控、任务调度和生产管理，企业级则将企业的办公自动化系统和检测系统集成而融为一体，实现综合管理。底层的现场数据进入过程数据库，供上层的过程监控和生产调度使用，并进行优化控制；数据处理后再提供给企业级数据库，以进行决策管理。

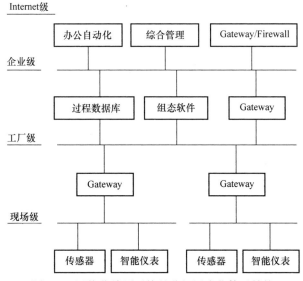

图 6-1　网络化检测系统的分级层次化体系结构

6-3　智能工业监测技术应用现状如何？

答：智能工业监测技术应用情况如下。

1. 现状

现代化工业生产设备越来越大型化、复杂化、自动化，随着工业经济持续发展，对设备的依赖程度也越来越大，所以对全面掌握设备的技术状况的需求越来越迫切。随着专用组合检测仪器仪表和检测技术不断开发和应用，由设备专业公司、高等院校和部分企业引进和吸收并开发的智能工业监测技术，为加强现代设备安全可靠运行具有开拓性意义。

1）首先，智能工业监测技术的应用有力促进了企业设备监测水平的日益提高，具体表现为：一是通过 ERP、EAM 等管理信息化系统的应用来优化设备智能工业监测的各项流程；二是实施状态维修对设备监测管理体制进行创新；三是越来越多地采用智能工业监测技术来管理企业重点设备。

2）其次，智能工业监测技术的应用推动了设备管理升级。

企业的主要生产设备不仅本身价值越来越高，而且其维护费用占据的企业费用越来越大，对企业主要生产设备实施智能工业监测，实现设备状态的自动监测、自动报警及智能辅助诊断，可以最有效地实现设备状态受控，在人员分流和费用减少的情况下保证设备的高效、安全可靠运行。这项技术的应用为企业可带来以下益处：①实现重要设备的状态预知维修，延长设备检修间隔时间；②设备运行可靠安全，减少人为带来的安全风险；③智能点检与 EAM 的结合将推动设备工程技术管理的真正升级，促进了向智能维修、优化检修的转变。

3）再次，以互联网为基础，结合大数据技术、云计算及云存储技术，对大量设备运行状态信息应用智能工业监测技术进行综合全面的分析，为故障的发生、发展及预测预报、控制，提供科学全面、标准化支持，为专家系统的有关效能性、准确性提供科学的支撑。

2. 目标

（1）到 2020 年智能工业监测技术，主要从智能采集、智能分析、智能报警与预测方向进行研发

1）应用设备信息化技术优化设备管理各个流程，使设备运行负荷、效率等在最佳范围内。

2）开发和实施现场设备运行趋势预测及故障预测、预估技术，使操作人员及时进行运行参数的调整。

3）建立设备状态全息图。

（2）面向 2030 年，智能工业监测技术将主要逐步延伸到智能感知、智能服务两个方向进行研发

1）大力发展及应用服务状态感知技术。

2）大力发展及应用设备智能服务技术。

3）大力发展生产流程智能服务技术。

6-4 智能工业监测技术发展途径是什么？

答：未来智能工业监测技术将重点围绕大机组在线智能工业监测站、推进设备状态综合监测系统、持续改进高速旋转大设备智能工业监测等方面展开。具体如下：

1. 建立大机组在线智能工业监测站

针对企业最关键的大型机组而推出的实时在线监测解决方案，适合对电力、石化、冶金等行业的关键机组进行在线监测，如汽轮发电机组、大型风机、涡轮机组、压缩机组等，未来将实现对设备振动信号的多通道等转速采集，以及温度、电流等工艺量信号的同步监测。一台大型机组在线智能工业监测站可同时接入多路振动量、多路工艺量、多路转速量信号等。

（1）提高可靠性

1）全集成结构：针对在线监测的需求而量身定做的硬件，采用多种综合结构，集信号调理、电源、数据处理和通信于一个箱体内，这样将大幅度减少硬件的散热量，且无硬盘、风扇等易损部件。

2）协调处理：采用 FPGA 对多通道进行转速触发采集，用 DSP 对采集数据做预处理和算法分析。

3）硬件保护：采用软件固化和高级电路，保证系统的稳定，可完全避免病毒的感染，保证系统出现异常死机后能及时恢复。

4）电源设计：双路电源冗余，保证在电力存在的任何时刻系统均能正常工作。

5）完备的自检功能：系统采用模块化设计，对每一独立部分的状态都能进行检测，及时把异常报告提交给软件系统。

（2）数据采集更加准确

1）动态范围宽：调理部分能具备高达几千倍的放大，使得系统动态范围得到扩大，保证弱信号的准确获取。

2）分析频率宽、计算能力强：系统的分析频率高，通过 DSP 可对采集的数据进行实时计算。

3）黑匣子：系统具备多种保存触发功能，把用户关心的数据都能保存下来，触发前、后的保存数据长度将由用户设置。

（3）良好的可扩展性

1）系统采用模块化设计，每个在线智能工业监测站采集箱的最大配置达到多路振动通道、多路工艺量、多路转速量，可对数台设备进行全面智能监测。

2）设置振动兼容加速度、位移等传感器，以及提供恒流源给各种类型的加速度传感器和涡流传感器。

3）转速通道可以接收光电传感器、涡流传感器、霍尔传感器等不同类型的转速传感器的信号。

（4）易用性强

1）触摸屏与键盘鼠标接口并存，具有良好的人机界面，还可使用 U 盘备份数据，使输入、输出灵活配置。系统采用高端的液晶显示器，现场可以看到系统的工作状态，并能看到数据的动态显示。

2）设备检测检验系统将由工厂设备状态监控与管理系统、设备综合维检系统和在线检测系统组成。随着仪器仪表检测技术和专用组合检测仪器仪表不断开发和应用，为设备检测专业公司开发设备监测检验系统打下了扎实基础。在企业得到试验性应用后取得了初步成效，比较典型的如 TPCM 系统。

3）未来，将通过建立 TPCM 型工厂设备状态监控与管理系统，使设备离线巡检与在线监测系统有机结合，与资产管理平台 EAM/SAP 等实现数据共享，如图 6-2 所示。

4）研发设备综合维检系统，将通过建立设备维检系统使运行设备等实现有效监测与维护，确保设备安全可靠、高效经济运行。

5）未来在线监测系统和设备综合维检系统相融合，通过系统运行实现智能逻辑数据采集、智能诊断、智能报警，预计能有效解决超低速、工况复杂的设备监测和诊断难题。

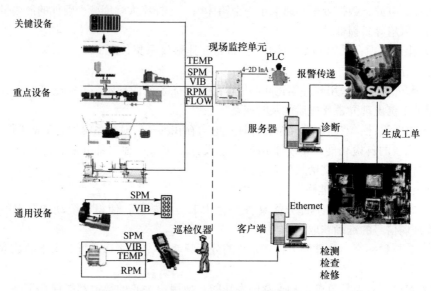

图 6-2　TPCM 型工厂设备状态监控与管理体系

2. 推进设备状态综合监测系统

1）近年来，设备专业公司开发了状态综合监测系统，在企业试验应用中取得了初步成效，该系统还在不断完善中，如图 6-3 所示，特别对远程监控功能开发将起到更大的作用。

状态综合监测系统可以对设备进行状态管理，通过对设备运行状态数据进行实践分析，制订合理维护修理方案。

状态综合监测系统通过在设备本体安装加速度传感器和转速传感器对设备振动和转速信号进行实时监控，并通过在线监测站对数据进行处理后传送至数据库服务器。设备工程师、管理人员、点检人员对设备进行状态管理、状态分析与设备检修、维护等工作，系统中设备管理高端中心可远程对风机状态数据进行实时的浏览和分析，制订科学的设备维修计划、下达指令，并进行设备维修情况的及时跟踪等。

2）未来状态综合监测系统将通过在线监测的方式实现对各类大型风机设备主轴、两级行星齿轮减速器、发电机、塔体等设备状态的实时受控，并接入机组现有的以维修为核心的重要监测数据，形成完整的设备状态全息图。通过提供给风电企业的设备状态综合监测系统专业方案，将为风电企业进行设备验收、设备运行维护、设备状态维修、提高设备使用寿命奠定了良好基础；为企业降低运营成本，为提高竞争力带来支持。

3）设备状态综合监测系统提供了以设备维修决策管理为核心的完整设备状态信息，将拥有强大的报警预警体系和诊断分析工具，多层次设备管理人员将在系统提供的合理流程化的平台上共同作业，也为高级诊断专家提供了远程诊断的窗口，可以高效率地解决设备维修决策问题。

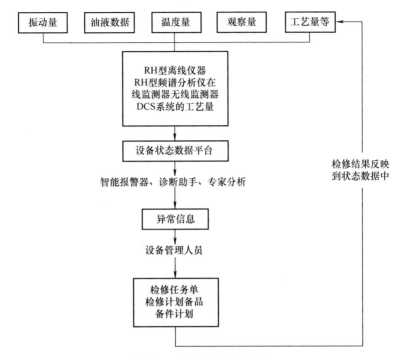

图 6-3　状态综合监测系统

3. 持续改进高速旋转大设备智能工业监测

通过大力推行综合采用高速旋转大设备智能工业监测技术，特别是对大型高速柴油机组的瞬时转速及其频谱进行分析，通过提取柴油机故障的参数并进行故障判断及其故障定位，以便在柴油机运行状态恶化初期发现并及时准确地进行调整修复；能将故障消灭在萌芽状态，确保生产安全可靠运行。大型高速柴油机组在线故障诊断系统将由上止点传感器、转速传感器、气缸监测仪组成。系统具有状态检测、显示记录、故障报警、数据存储及查询等功能。该系统设置多个电转速传感器，用于测量曲轴输出端盘车齿轮的瞬时转速，为大型高速柴油机组气缸做功的诊断系统提供了详细依据。

1）运用智能工业监测技术将达到智能采集、智能分析、智能报警预警，通过对设备信息化、智能化管理，优化设备各项管理流程，逐步实现设备现场运行趋势预测和故障预测预估，逐步建立设备状态全息图。同时运用不断发展的服务感知技术、设备智能服务技术、生产智能服务技术达到智能感知、智能服务。

2）先进的网络功能将支持企业对网络化设备状态管理的需要，通过企业的 Internet 网，采用 B/S 结构，软件只需安装在企业服务器上，便可以支持足够多的用户。用户通过浏览器输入服务器的 IP 地址即可进入系统，便于实现设备的远程诊断，且系统的维护工作也大大减少。

3）B/S 结构的网络化设备状态监测整体方案将支持离线监测、在线监测及无线监测方式，兼容所有的 RH 系列监测仪器，可以实现对设备在线监测数据和离线监测数据的统一管理与分析，实现对设备状态的数据智能采集、智能分析、智能报警，并对设备故障进行早期诊断与趋势预测，为企业点检定修、优化维修提供了一个统一的平台，并为企业 ERP、EAM 系统提供科学的设备状态全息图，同时运用不断发展服务感知技术、设备和生产智能服务技术达到智能感知及智能服务。

4）另外，还要完善用户权限管理，根据企业实际需要设定用户组权限，并提供相应的密码保护功能，保障系统安全、有序地运行。

① 直观的树型数据库结构根据企业实际需要建立集团到分厂、车间、设备、数据测点的完整清晰的数据库结构，并把报警等级指示显示在各结构层次的图标上。

② 设备智能工业监测系统提供的强大的报警设置功能和设备状态模块；使用户对设备状态一目了然，且可以迅速识别有问题的区域。方便的数据采集点检计划的建立和下达、数据的回收都极为方便，系统同时支持临时任务数据的回收和转移。

6-5　什么是设备故障诊断技术？

答： 设备故障诊断技术是人们从医学中吸取其诊断思想而发展起来的状态识别技术，即通过对设备故障的信息载体及各种性能指标的监测与分析，并查明产生故障的部位和原因，或预测、预报有关设备异常、劣化或故障的趋势，并做出相应对策的诊断技术。

设备故障诊断技术能够有效地揭示生产系统中故障的原因及特征，分析故障的类型及程度；发现事故隐患，及时排除设备故障，预防设备恶性事故发生，避免人身伤亡、环境污染和巨大经济损失。设备故障诊断技术已渗透到设备的设计、制造和使用等各个阶段，并使设备的寿命周期费用达到最经济，以及不断提高设备运行的可靠性、维修性；减少停机时间，从而大幅提高生产率，创造较高的社会和经济效益。

设备故障诊断技术是机械电子技术、计算机技术、现代测试技术和人工智能技术等多项先进技术交叉和综合而迅速发展起来的新技术，是现代化生产和先进制造技术发展的必然产物，也是保证机电设备安全运行和实现科学维护的关键技术之一。随着现代化工业设备不断发展，特别是智能分析、云计算、大数据分析、互联网＋等新理论、新概念的不断涌现和逐步推广，通过信息获取、信息认知、信息决策、信息执行手段推进，使设备故障诊断技术不断得到开发和应用。面向 2030 年，故障诊断主要从设备诊断技术、故障预报技术、远程故障预测预警技术三个方面不断发展。

6-6　设备故障诊断技术应用现状如何？

答： 数控设备故障诊断技术应用现状如下。

应用设备故障诊断技术能够产生巨大的经济效益和社会效益，因而该项技术近年在国内外发展迅速，应用也越来越广泛。随着高档微处理器不断更新且价格迅速下降及适合数字信号处理的分析和计算方法不断优化，使数据处理速度和精度大为提高，为在工业现场应用设备运行状态监测与故障诊断技术进一步创造了条件。

设备故障诊断技术发展至今，国内外较典型的监测诊断方式可以大致分为三种。

1. 离线定期监测与诊断的方式

测试人员定期到现场用传感器依次对各测点进行测试，并用记录仪器或存储仪器记录信号；数据分析由专业人员在其信息处理系统上完成，或是直接在便携式内置微机的仪器上完成。由于该类系统成本较低、使用方便，在早期应用中被普遍采用。但是采用该类系统的测试工作较烦琐，需要专门的测试和故障分析人员；又由于是离线定期监测，难以及时避免突发性故障。

2. 在线检测、离线分析监测与诊断的方式

该方式也称主从机监测与诊断方式，在设备上的多个测点均安装传感器，由现场微处理器对设备上的各个测点进行数据采集和处理，在主机系统上由专业人员进行状态分析和故障判断。相对离线定期监测与诊断的系统，该方式免去了更换测点的麻烦，并能在线进行检测和报警。但是该方式需要离线进行数据分析和判断，而且分析和判断需要专业技术人员参与。

3. 自动在线监测与诊断的方式

该方式基于人工智能技术，能够实现自动在线监测设备工作状态及及时进行故障预报，能够实现在线数据处理和分析判断。由于能根据专家经验和有关准则进行智能化的比较和判断，具有较低文化水平的值班工作人员经过短期培训后就能操作使用。该方式采用的系统技术先进，不需要人为更换测点，不仅不需要专门的测试人员，也不需要专业技术人员参与分析和判断。但是该系统的软、硬件的研制工作量较大，应用成本相对较高。

目前在实际应用中，通常根据设备的不同需求采取不同的设备运行状态监测与诊断方式。随着计算机技术的发展和应用成本的降低，对于关键设备和大中型设备，总的趋势是向自动在线监测与诊断的方式发展。随着科学技术的发展，现代企业设备维护方式正在从单纯的定期检测、巡回检测与检修，逐渐向长期连续监测与预测性维修方式过渡。

随着现代企业管理水平的提升，有的大型企业及现代企业还开始将设备故障诊断相关模块融入企业的管理系统，进一步促进了传统制造业的技术及管理体系的升级改造。相关模块涉及：企业管理系统——ERP 企业资源规划、SAP 企业管理平台、EM 设备管理信息系统；人员管理系统——TPM 全员生产维修（相应点检维修）；资产管理系统——EAM 企业资产管理系统、LCC 寿命周期费用管理系统；安全管理系统——HSE 危害识别与风险控制管理系统 [健康（Health）、安全（Safety）、环境（Environment）三位一体]、HAZOP 危险与可操作性分析系统（Hazard and Operability Analysis）、SIL 安全完整性等级分析系统（Safety Integrity Level）等。

设备故障诊断技术正在从单纯的故障排除，发展到从系统工程观点出发，其中涉及设备设计、制造、安装、运转、维护保养到报废的全过程。

设备故障状态的识别包括两个基本组成部分：一是由现场作业人员实施设备初级诊断；二是由专门人员实施精密诊断，即对在初级诊断中查出来的故障现象，还要进一步开展精密诊断，以便确定故障的类型及了解故障产生的原因；预估故障的危害程度，并预测其发展；确定消除故障、恢复设备正常运行的对策。

设备的初级诊断和精密诊断是普及和提高的关系，设备诊断技术实施中的两个阶段如图 6-4 所示。未来故障诊断技术不仅需要具体的现场测试和分析，还需要运用应力定量技术、故障检测及分析技术、材料强度及性能定量技术等，精密诊断的技术展开如图 6-5 所示。

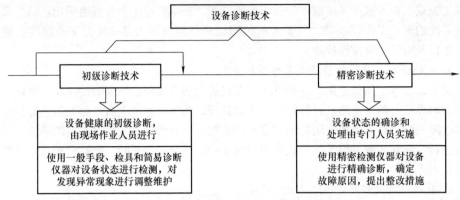

图 6-4　设备诊断技术实施中的两个阶段

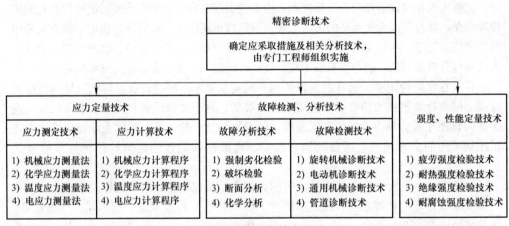

图 6-5　精密诊断技术展开

近年来工业经济持续发展，设备类型和数量增加很大，特别是进口设备数量增加，迫切需要大力开发和应用设备诊断技术及早期故障预报技术，以满足设备安全可靠、高效运行的要求。

6-7　故障诊断技术发展目标是什么？

答： 故障诊断技术发展目标如下。

为了保障设备安全可靠服役、高效节能运行、稳定产品质量及改善工作条件等，设备故障诊断技术将逐步实现以下目标。大致的时间进程：到 2020 年，将基本实现下述以关键技术及物化系统的研究开发及应用示范；到 2030 年将进入下述关键技术及物化系统的优化及推广阶段。

1）从企业应用设备故障诊断技术角度出发，将从采用初级诊断技术向采用精密诊断发展，加强智能诊断技术的研发及应用，进一步从单纯的故障事后分析判断发展到早期故障诊断及早期故障预报，构建基于远程网络的故障监测中心（平台）实现企业及企业集团设备群异地健康监测与分析。

2）将设备故障诊断技术与设备运行状态的控制结合，在设备状态监控、故障诊断及故障预警技术融合的基础上，进一步实现设备工作状态优化控制及设备故障自愈。如将故障诊断系统的输出信息驱动设备安全保护装置，在线实时调整设备及关键部件的运行参数，实现故障事先预防、故障征兆预测控制，以至控制设备能够在节能减排、安全低耗状态下优化运行等。

3）将设备故障诊断技术进一步嵌入到设备科学维护系统中，使之有利于合理安排设备生产调度及为实行设备动态科学维修创造条件，有利于在避免设备发生恶性事故的前提下，适时延长维修周期，以减少过剩维修及降低维修成本，减少维修备件库存及资金占用，进而提高设备利用率。进一步嵌入的系统涉及：预知维修系统、主动维修系统、IM 智能维修或自维修系统、CM 改善维修系统、FMEA/EFMEA 前瞻性预测维修系统、RBI 基于风险的检验系统、RCM 以可靠性为中心的维修系统、ACM 以利用率为中心的维修系统等。

4）将设备故障诊断系统作为企业设备信息化管理系统的组成部分或子系统，通过进行设备故障诊断的模块化集成有利于传统制造业管理体系的升级与改造。相关系统涉及：企业管理系统——ERP 企业资源规划、SAP 企业管理平台、EM 设备管理信息系统；人员管理系统——TPM 全员生产维修（相应点检维修）；资产管理系统——EAM 企业资产管理系统、LCC 寿命周期费用管理系统；安全管理系统——HSE 危害识别与风险控制管理系统［健康（Health）、安全（Safety）、环境（Environment）三位一体］、HAZOP 危险与可操作性分析系统（Hazard and Operability Analysis）、SIL 安全完整性等级分析系统（Safety Integrity Level）等。

5）随着设备的种类和数量不断增加，通过把设备诊断技术进一步扩展，并对生产工艺过程进行诊断、预报及控制。这将有助于提高工业装备的生产不平，保证高质优产。

从设备管理的角度，到 2030 年对大型机组与过程装备通过设备诊断技术开发和应用，就是要实现设备一生的寿命周期费用最经济，而诊断技术作为设备的一部分，将在设备全寿命周期内发挥重要的管理功能，可使设备具有状态自动判断的功能。图 6-6 为设备全寿命周期诊断技术开发示意图。

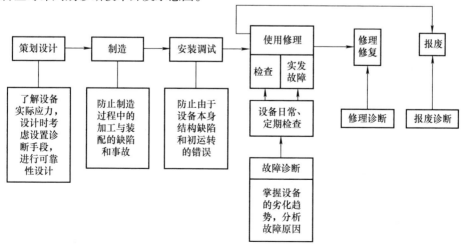

图 6-6 设备全寿命周期诊断技术开发示意图

6-8　什么是振动?

答：从振动的物理定义就可以知道什么叫振动。把某坐标系中有关值大小随着时间推移，相对一定基准值的增减现象称为动荡。而把量的增减限制在设备系统中称为振动。振动的性质，大多数用振幅、频率、相位三个技术术语表示。

（1）振幅　振幅在表示振动的激烈程度上具有重要作用，表示振幅的参数是位移、速度和加速度；表示方法有单振幅和双振幅两种；并有最大值、平均值、有效值，如图6-7所示。

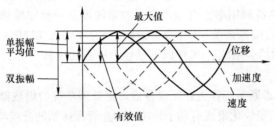

图 6-7　振幅表示图

（2）频率　所谓频率就是单位时间（s）内发生振动的次数。对探讨产生振动原因来说，频率具有非常重要的意义，如图6-8所示。

（3）相位　所谓相位，就是表示振动的部分，对其他振动着的部分或其他固定部分处于什么位置关系的一个量值，这个值在找出发生异常的位置方面，具有重要意义，如图 6-9所示。

对运行设备中旋转设备和往复设备的绝大部分故障，都可用振动诊断技术预测出来。如整机的不平衡、不对中，轴弯曲，零件松动，油膜涡动，电动机异常，滚动轴承或齿轮的润滑不良、有伤痕、接触不良、磨损腐蚀，阀门的泄漏，金属的裂纹都可能引发异常的振动。因此，用于对设备振动的检测，对判断设备故障是一种重要手段。

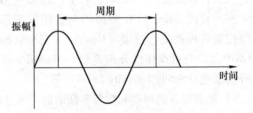

图 6-8　频率表示图

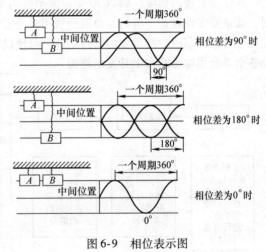

图 6-9　相位表示图

6-9　什么是谐振动?

答：正弦波的周期性振动称为谐振动，在振动中最基本和最重要的是谐振动。谐振动是一种理想的振动，这一直线振动可以用以下公式表示：

$$X = A\cos(\omega t + \varphi)$$

式中，A 表示质点离开平衡位置的最大位移的绝对值，称为振幅。其中（$\omega t + \varphi$）角称为谐振动的相位或周相，$\omega = 2\pi v = \dfrac{2\pi}{T}$，其中 v 为频率，T 为周期。

谐振动的位移时间曲线，如图 6-10 所示。从图 6-10 中可清楚地看出，振幅 A 是曲线离开 t 轴最大的位移，周期 T 是相邻的两个最大值或相等 X 值之间的时间间隔，也可以看出 $t=0$ 时的位移是由初相位 φ 决定的。

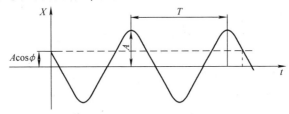

图 6-10　谐振动的位移时间曲线图

谐振动的速度和加速度，可把公式 $X = A\cos(\omega t + \varphi)$ 对时间求导数，即得到谐振动的速度为

$$v = \frac{\mathrm{d}x}{\mathrm{d}t} = -\omega A\sin(\omega t + \varphi)$$

可见，速度的最大值为 $v_{\mathrm{m}} = A\omega$，称为速度振幅。速度振幅为位移振幅的 ω 倍，所以上式也可以写成：

$$v = v_{\mathrm{m}}\cos\left(\omega t + \varphi + \frac{\pi}{2}\right)$$

即谐振动的速度也是时间的余弦函数。可以看出速度的周期比位移的周期超前 $\dfrac{\pi}{2}$。

把速度对时间求导数，即得加速度为

$$a = \frac{\mathrm{d}v}{\mathrm{d}t} = \frac{\mathrm{d}^2x}{\mathrm{d}t^2} = -\omega^2 A\cos(\omega t + \varphi)$$

或

$$a = \omega^2 A\cos(\omega t + \varphi + \pi)$$

可见，谐振动的加速度也是时间的余弦函数，最大加速度振幅 $a_{\mathrm{m}} = \omega^2 A$，为位移振幅的 ω^2 倍，加速度的周期比位移的周期超前 π，也就是说加速度与位移反向。

由此得到一个重要的结果：

$$a = -\omega^2 x$$

或

$$\frac{\mathrm{d}^2x}{\mathrm{d}t^2} = -\omega^2 x, \quad \frac{\mathrm{d}^2x}{\mathrm{d}t^2} + \omega^2 x = 0$$

上式说明谐振动的加速度和位移成正比而反向。这是谐振动的运动学特征。

6-10　什么是固有频率及阻尼振动?

答：当回复力与位移成正比而反向时，振动系统所做的无阻尼自由振动才是谐振动。这时，振动频率完全决定于系统本身的各个参量，称为系统的固有频率。

任何振动系统所具有的能量，由于阻尼的作用，将要在振动过程中不断减少。振动系统的能量与振幅的平方成正比，所以在能量随时间而减少的同时，振幅也随时间而减小。这种振动称为阻尼振动或减幅振动。

振动系统的能量因阻尼而减少的方式通常有两种。一种是由于摩擦阻力使振动系统的能量逐渐转变为热运动的能量，称为摩擦阻尼。另一种是由于振动系统引起邻近质点的振动，使系统的能量逐渐向四周辐射出去，转变为被动的能量，称为辐射阻尼。图 6-11 表示阻尼振动的位移时间

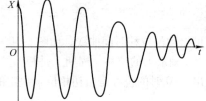

图 6-11　阻尼振动位移时间曲线

曲线。从图中可以看到，在一个位移极大值之后，隔一段固定的时间，就出现一个较小的极大值，这一段固定的时间称为阻尼振动的周期。但是严格说来，阻尼振动不能算是周期运动，因为位移不能在每一周期后恢复原值，故常把阻尼振动称为准周期的运动。实验和理论都可以证明：阻尼振动的振幅和能量都逐渐减小，振幅的减弱越慢，周期越接近无阻尼自由振动的周期，整个运动接近于谐振动。

6-11　什么是受迫振动与共振？其特性有哪些？

答：振动系统在周期性外力的持续作用下发生的振动称为受迫振动。受迫振动在稳定状态下，振动的周期就是外力的周期；振动的振幅保持恒定不变。振幅的大小不仅与周期性外力的大小有关，而且和外力的频率及系统本身的固有频率也有关。如果外力是按照谐振动规律变化的，那么稳定状态时的受迫振动将是谐振动。

在受迫振动中，系统因外方对系统做功而获得能量，同时又因阻尼而有机械能的损耗。由于阻尼力一般随速度的增加而增加，所以当振动加强时，因阻尼而损耗的能量也要增多。当外力对系统所做的功恰好补偿系统因阻尼而损耗的能量时，系统的机械能保持不变，系统的振动也就稳定下来，成为等幅振动。

外力对系统所做功的大小决定于外力频率与系统故有频率的关系。一般情况下，由于这两种频率或周期的不同，在受迫振动的一个周期内，外力的方向（即振动速度方向）有时一致，有时相反。方向一致时，外力对系统做正功，增强系统能量；方向相反时，外力对系统做负功，使系统能量减少。只有在外力和振动系统"合拍"时，也就是外力的频率和系统的固有频率相同时，外力方向才能在整个周期内和运动方向一致。外力在整个周期内对系统做正功，因此供给系统的能量最多，受迫振动的能量也达到最大值，这一现象称为共振。此时速度、振幅也将达到最大值。

共振现象有很多应用，许多声学仪器就是应用共振原理设计的。但是，共振现象也可引起损害。例如：当军队或火车通过桥梁时，整齐的步伐或车轮在铁轨接头处的撞击力，都是周期性力，如果这种周期性力的频率接近于桥梁振动时的固有频率时，就可使桥梁的振动激烈到足以破坏桥梁的程度。同样机器工作时，产生与转动同频率的活动，

如果力的频率接近于机器各部分的固有频率就可能造成机器的损坏。

6-12　设备的异常振动如何进行判断?

答: 诊断所测到的设备振动是否异常,是根据各种振动参数比较进行判断的。因此,使用什么样的判断标准是相当重要的;也就是说,必须根据诊断对象,选择适当的判断标准。

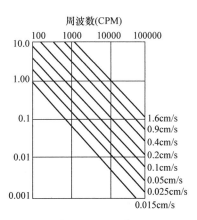

图 6-12　IRD 公司许可曲线图

这里介绍的标准,主要是以维修为对象的,如图 6-12 所示。该图是美国 IRD 公司编制的,用来判断机器振动的程度,图中考虑了振动的频率、峰值。当位移、峰值一定时,频率越高机械振动越严重。当频率、峰值一定时,振速、峰值越大,振动越严重。这张图可根据行业的不同而编制,是振动监测的依据。还有 Rathbone 和 Blake 振动许可曲线,在有关手册中都可以查到。

6-13　什么是机械波的合成与传递?

答: 机械波的合成与传递之前,先要了解环节与系统及系统的输入、输出与卷积。

金属切削机床上任何一个传动单元或支承单元在机床运转中都可以看成是一个基本的具有输入、输出和单元特性这三者关系的小系统,这些小系统又组成大系统。例如:轴上的振动量 $x(t)$ 经过轴承传递后转化为 $y(t)$ 这样的输出,通过拾振器拾得的振动信号中既有 $x(t)$ 的影响,又有轴承本身小系统特性 [记作 $h(t)$] 的影响。图 6-13a 输入角运动 $x(t)$ 经过轴承得到输出轴上的角运动输出 $y(t)$。图 6-13b 的情况亦相同,不过此时的 $h(t)$ 应该是传动齿轮副(含传动轴)各临时传动比变化的反映。虽然掌握了 $x(t)$ 和 $y(t)$,无异于掌握了 $h(t)$,当输入 $x(t)$ 正常时,$y(t)$ 的异常必表征了 $h(t)$ 的某种异常。问题在于机床的传动关系十分复杂,这一环节的输出又同时是下一环节的输入,如图 6-14 所示。作为现象的观察或信号的拾取,往往是从某一中间环节或末端环节拾得的,如果 $h_1(t)$、$h_2(t)$、$\cdots$、$h_i(t)$,各反映了传动或支承环节的误差传递特性,则在 $x_i(t)$ 这一用以作为精密诊断的信号中,也必会既反映 $x_0(t)$ 又反映了 $h_1(t)$、$h_2(t)$、$\cdots$、$h_i(t)$ 或 $x_1(t)$、$x_2(t)$、$\cdots$、$x_{i-1}(t)$。精密诊断的任务就是根据 $x_i(t)$ 或 $y(t)$,诊断出各异常传动件或其他环节的部位,即确定一个 $h(t)$ 异常来。

现在来看什么是系统的输入、输出与卷积,而首先要了解表征系统特性的 $h(t)$。

不同的系统有不同的特性,称为系统的特性或传递特性。实用上,把单位脉冲函数 $\delta(t)$ 输入到系统后得到的系统输出 $y_\delta(t)$ 就叫 $h(t)$ 的脉冲响应函数。因输入同为标准的 $\delta(t)$,就便于通过比较不同的 $h_i(t)$ 来推断系统的传递特性。

可以把任意输入信号 $x(t)$ 当作是宽度为 Δt,面积为 $x(n\Delta t)$ 的许多窄脉冲分别输入同一系统的响应,同时要考虑各窄脉冲的"延时",如图 6-15 所示。

当脉冲个数 $n\to\infty$,同时脉冲宽 $\Delta t\to 0$ 时,和式中 $n\Delta t\to\tau$(τ 为连续时延量,也就

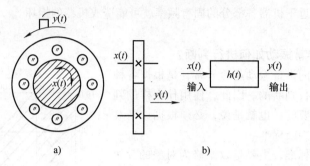

图6-13　机床各工作单元（环节）在运转时的输入与输出框图

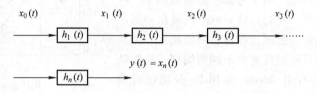

图6-14　复杂系统中各个环节的输入与输出

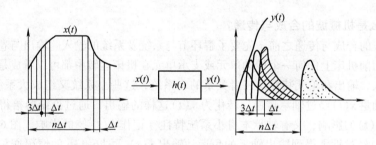

图6-15　具有 $h(t)$ 的系统对任意输入 $x(t)$ 的响应

是第 n 个脉冲延时了 τ ），于是和式就成为积分 $\Delta t \to \mathrm{d}\tau$，此时

$$y(t) = \lim_{\Delta t \to 0} \sum_0^n x(n\Delta t)h(t - n\Delta t)\Delta t \to \int_0^t x(\tau)h(t - \tau)\mathrm{d}\tau$$

在此常把积分 $\int_0^t x(\tau)h(t - \tau)\mathrm{d}t$ 做变量置换，并记为 $x(t) * h(t)$，称为 $x(t)$ 和 $h(t)$ 的"卷积"。

$$y(t) = x(t) * h(t) = \int_0^b x(\tau)h(t - \tau)\mathrm{d}\tau = \int_0^\tau x(t)h(-t + \tau)\mathrm{d}t$$

由此可见输出 $y(t)$ 与输入 $x(t)$ 和系统特性都有某种相关性。

6-14　什么是信号处理技术？常用的哪些方法对信号进行处理分析？

答：对设备进行监测和诊断的目的，是了解设备在正常运转，还是发生了异常和故障。为此测定有关设备的各种量，把这些量通过信号转换、记录、计算、判断以预测设备的异常或故障，这就是信号处理技术。

1. 信号处理的根据是机械图像

所谓机械图像是指机械系统在运行过程中各种随时间而变化的动态信息。信号按机械图像可分为三类：第一类是随机信号图像，如图 6-16a 所示；第二类是周期信号图像，如图 6-16b 所示；第三类是瞬时信号图像，如图 6-16c 所示。

2. 信号处理的分析方法

（1）时域分析方法　即应用时间领域特征的分析方法，也就是把测得的信号原封不动的作为时间函数看待，并掌握其特征。这是最简单、最基本的信号处理技术。

当信号有恒定值时，这个值才有特征。可是当测定的信号随时间变化而变化时，它就变得重要了，在这种情况下，对以下各种量应当引起注意：①x 平均值；②均方值；③峰值；④分布密度函数；⑤相关函数；⑥互相关函数。

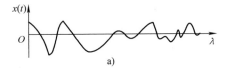

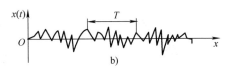

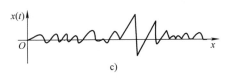

图 6-16　随机、周期与瞬时三类信号图
a）随机信号图像　b）周期信号图像
c）瞬时信号图像

（2）频域分析法　频域分析法是一种通常较多采用的分析方法，它被广泛应用于振动分析。所谓频域分析法即应用频率领域特征的方法，也就是把所测定的频率在不同领域展开进行分析的方法，如图 6-17 所示。其中应对：①傅里叶级数（FT）的性质予以掌握，它对研究具有周期性的现象很有意义。②功率谱密度。由各个谐波分量的离散功率所形成的谐波称为功率谱，如同相关函数在时域分析一样，功率谱密度是频率分析的一种重要工具。而其中自谱密度是用得最多、最普遍的一种频域分析方法。在机械故障诊断中有着广泛的用途的如图 6-18 所示，该图显示了滚动轴承在加载运转时的振动信号在经过处理后所得到的功率谱密度。试验是在专用的轴承试验台上进行的，用来代替常规的人工验收精密滚动轴承。可以看到，试验台接收和处理的信号频带相当宽。采用这种方法验收精密滚动轴承，试验的结果与熟练的技师人工验收的效果不相上下。如有些轴承缺陷，人工验收不能发现，试验台却可以及时发现并提出警告。由于严格了验收规范，就减少了大修中更换轴承的次数，以及运行中发生事故的可能性。③互谱密度，它的一个重要用途是确定系统的传递函数。在频域分析中，除上述自谱密度、互谱密度和凝聚函数外，还有所谓的莱斯频率和谐波指标。为了说明莱斯频率的诊断能力，图 6-19 所示是一台电动机的耐久性试验，测量了电动机轴承盖振动速度的莱斯频率 f_2。当电动机运行状态恶化时，莱斯频率不断提高。这一现象可以这样解释：电动机运行初期，主要的根源是质量不平衡和电动机壳体的磁场变化，莱斯频率相对地较小；大约运行了 2000h 以后，由于滚动轴承明显产生缺陷，莱斯频率才明显增高。④时域与频域的转换。将时域信号转换到频域中去进行分析，最普遍的方法是利用数字计算机或数据处理机，通过快速傅里叶变换进行的。首先要对连续的信号进行采样，使之成为离散信号。对离散信号的时域－频域转换是依靠离散傅里叶变换来实现的。目前流行的一种变

换算法是快速傅里叶变换，其特点是大大节约了计算时间。例如：当数据数目 $N = 1024$ 个时，计算时间可节约 100 倍以上。

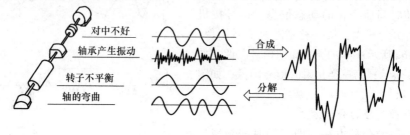

图 6-17　频率分析原理图

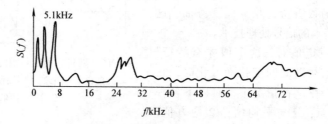

图 6-18　滚动轴承振动信号的频域分布图

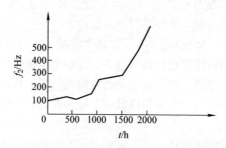

图 6-19　电动机振动的莱斯频率 f_2 的变化

6-15　什么是机械图像的时域识别与频域识别？

答：对机械图像的识别，是机床设备状态监测与故障诊断中的核心问题。对机械图像正常和异常判别的准确程度，是监测与诊断成败的关键。

机械图像的识别包括时域识别与频域识别。在时域识别中应先建立时序模型。其中对建模简单的 MA 模型，计算机运行时间短，对系统识别又有一定的准确性，因此适合于在线监控使用。其次是时域识别，常用 AR 建模方法，之后利用模型系数残差进行识别。在频域识别时，由传感器将各类动态信息拾取后，经过离散和快速傅里叶变换，将各种机械图像转换为功率谱密度，以确定极限指标。一旦超过指标，即判定为异常。

机械图像的识别，目前已成为设备维修保养精度诊断的重要手段，并广泛地在实际设备维修中加以应用。如某台数控加工中心大修后进行验车，对工件加工的五种工作台转速里，试件表面质量出现斜纹波，主轴箱体有振感，并伴有噪声，而且外径表面当工作台转速增加时丝纹反向，针对此情况，采用傅里叶频谱分析仪按图 6-20 框图进行检测。最终可得出结论为：在机床传动链中有一对齿轮不合格，应予以调换。经更换后，该数控加工中心立即加工出合格工件，使设备运作一切正常。

图 6-20　用 FFT 频谱分析仪对加工试件分析的框图

6-16　数据域信息（或信号）有哪些主要特征？

答：数据域信息的主要特征如下：

1）随着电子世界所经历的大规模、超大规模集成电路和微处理器为标志的"革命"，形成了"数据域"的分析概念和出现了种种新的测量仪器和设备，因为分析、测量主要是针对二进制数据，不同于过去常用的频率范畴的频域测量和时间范畴的时域测量，所以称为数据域（data domain）测量，所用的测量仪器与设备称为数据域测量仪器与设备。

对"数据域"的解释是：用数据流、数据格式、设备结构和状态空间（state - space）概念来表征数字系统的特征。一个可分解的典型数据流由许多（二进）位的信息组成。数据格式是指如何用"位的组合图形"（bit pattern）来组成有意义的数据字，不同格式有不同形式的数字脉冲。例如：一个 16 位长的数据字可能有以下几种组成形式，即 16 位串行、16 位并行、8 位并行（1 个字节）再跟一个 8 位并行，这些格式分别叫位串行、字串行和字节串行等。数据域信息可以用各种代码传送，而美国标准的信息交换（ASCII）代码是常用的一种。但采用普通示波器却是难以观测这种信息的，如信息中发生一个错误，示波器应在何处触发和分析所得到的显示呢？这是一个难以用模拟分析仪器来解释的问题。

2）数据域信息（或信号）的主要特征如下：

① 数字信号几乎总是多线的。

② 当执行某一程序时，许多信号只出现一次，或者某信号不止出现一次，但关键情况只出现一次。如在一页传送的文本中，字母"a"可能多次出现，但在错误的位置只出现一次。

③ 有些信号重复出现，但不是周期性的。

④ 因为激励几乎都是不可控的，因此，就不可能回答经典的时域问题，即"在时间 t_0 闭合开关（或出现脉冲沿）后要发生什么？"而且，典型情况是，在一个庞大的正确数据流中出现一个错误，实际上只有在错误出现后才认识它。这种情况显然需要捕获并存储造成错误的原因，它出现在错误之前——某个时间信号，因为这些信号出现在时间 t_0 的触发之前。

⑤ 一个数字数据流内的记录是由唯一的布尔表示式或数据字实现的，因而在测试仪器上可以让它作为字函数在触发事件上触发，并由此显示。

⑥ 数字信号的速度变化甚广。在高速中央处理器中涉及两个脉冲的潜在重叠时需要几十微微秒的时间的分辨力。反之，记录电传打字键冲击用的选通脉冲可以用毫秒计

量。如果一台仪器是处理数据字，其速度可比和这些字有关的电组件或元器件的速度低很多。例如：监视一个算法执行时，所需要的就是注视数据字流。但检测到算法中的一个错误时，都要分析错误的原因，因而测试分析仪器是以比其高得多的速度工作的。

6-17　数字电路与分立元件电路有什么区别？

答：数字电路与分立元件电路的区别如下：

（1）功能的差别　分立元件电路系统的功能可能是很复杂的，但网络中的每个元件（如电阻、电容、晶体管等）都执行着比较简单的功能。这样，借助于信号发生器、万用表或示波器就能进行电性能的测量。

数字电路中包含着几十至几千个元件，这些元件相互连接，提供一定的电路功能，且这些元件相互连接线几乎都是在内部的。数字电路执行完整而复杂的功能，但对数字电路不能测试和观察单个元件的特性，而需要通过观察复杂的数字信号，并对它们做出分析评价，以决定这些信号是否反映了该数字电路所执行的功能。

（2）激励和输入输出的差别　分立元件在给予一个激励信号后输出端的结果可在电压－时间显示窗中定位，并用电性能分析方法进行分析，因而具有输入对输出的单一性。

数字电路都具有同时激励和同时观察输入输出的多重性。检查数字电路工作时，一方面需要提供观察许多输入信号；另一方面要同时观察许多输出信号，即在数字电路系统中，有许多节点应同时观察。举例来说，即以微处理机为基础的大部分现代数字电路系统，可由图6-21框图表示。尽管这是个简单的系统，可它也有28根线（16根地址线、8根数据线和4根控制线），三种总线具有不同的特性，

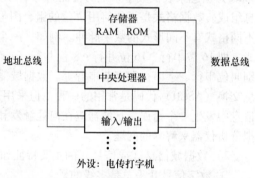

图6-21　数字电路系统框图

因此检测设备也必然要具备不同的功能。地址总线和数据线上所载的信息是多种控制信号或与时钟同步的信号，这些信息仅与相应的时钟"有效沿"有关，对控制线和并行的输入输出来说，重要的是反映不同线上状态变化的时间序列。

由此，监测一个简单的微机至少需要24个通道，现在微机已发展到32位，技术还在不断地更新。可想而知，一个完整的以微处理器为基础的数字电路所需同时监测的通道数已超过100条。就数字电路的变量数量而论，对于多数中规模数字电路中的变量是以指数增长，所以更不用提及大规模集成电路（LSI）和超大规模集成电路（VLSI）的变量。由此，在数字电路中，形成了频率为10MHz左右的数据流。

（3）测试上的根本差别　在分立元件电路中，主要应用电性能测试。电性能测试主要是指用静态测试用的万用表及与时间有关的信号测量用的示波器，来测试分立元件的性能和显示上升和下降时间、过冲信号，或信号通道和节点上的脉冲宽度的关系图形，利用这些图形来显示故障，并确定出故障原因。

数字电路的测试主要应用功能测试，它依据下列信息进行：①每个时钟脉冲状态；②状态序列。

在诸如微处理机的地址总线和数据总线这样的同步系统中，所需的信息是得到每个时钟"有效沿"来到时的状态和状态序列。对于非同步总线，如控制总线或输入输出总线，需要知道各信号线改变状态的序列及每个信号在给定状态的持续时间。在这里，重要的是状态和时间的关系，而不是电压－时间关系，这些测试属于功能测试。

6-18　数字电路对测试分析仪器的能力有什么要求？

答： 由于数字电路与分立元件的不同，因而对应用于它的测试分析仪器的能力就有其独特的要求，这是以前应用于电性能分析的仪器（如示波器）所不具备的。

这些要求如下：

1）能跟踪系统的状态流，即产生各种逻辑状态序列。状态流的跟踪意味着至少要连接地址总线、数据总线，以便同时监测和对比地址总线和数据总线的活动。由于这些总线上的信息可以多路传输，故在测量中需要某些格式的限定条件及校核等待环与选通脉冲的定时，并对所选择的状态之间的时间间隔进行测量。

2）具有显示有效字、字序列或事件的开窗能力，以及足够大的触发能力。

3）测试涉及控制线遇到的问题及其对执行系统程序的影响，因而基本的测量是时间间隔和事件序列，故监测分析仪器必须具有突出定时序列和"毛刺"的能力，以及具有把显示与发生在特定时间宽度时的条件及某一"毛刺"进行对照的能力。

4）在问题与数据传输有关时，此数据传输或是在处理机的数据总线到输入输出线接口之间进行，或是在输入输出总线与外围设备之间进行，且其各种数字系统的输入输出总线根据使用的外部设备类型，使监测设备具有同步或非同步的并串行能力。

6-19　高档数控机床故障预报技术应用如何？

答： 数控机床已成为我国制造业的主要加工装备，其运行加工状态的可靠性直接影响着加工质量和加工效率。故障预报技术能够提高数控机床平均无故障时间，有效确保数控机床的可靠运行和加工精度，为此开展相关试验研究工作具有重要实际工程意义。其主要内容包括以高档数控机床为对象，为提高故障预报的准确率进行数控机床典型功能部件的故障预报试验技术研究及试验环境构建；提出数控机床运行状态监测、故障诊断预报的样本试验获取方法；构建以高档数控机床为核心的典型功能部件故障预报测试试验平台；进行样本故障预报案例库的设计；构建样本知识库及知识模型。该技术研究工作为揭示故障发展和发生的动态性能和精度退化机理及分析导致故障的影响因素提供了关键性试验技术。

1. 高档数控机床故障预报研究

高档数控机床故障预报研究有利于保障关键数控机床的加工质量和运行效率，预防设备故障发生和发展，节约大量维护费用及提高设备科学管理水平。无论对机床可靠安全生产，还是现代维护及科学管理都具有十分重要的意义。

2. 故障预报技术应用

数控机床故障预报技术是保障数控机床可靠运行、提高机床服役性能的现代技术及核心技术之一，也是国内外研究的焦点。国内外十分重视对数控机床加工过程检测诊断预报技术的研究开发工作，并将其视为高质量数字化加工的重要技术基础。一些公司开发了相应的监测系统，如西门子的数控机床远程监测诊断系统 ePS，FANUC 公司的 18i 和 30i 也具有类似功能，它们能实现机床电气系统、开关量类型的故障检测；KISTLER 公司推出了基于切削力的加工监测系统；ARTIS 也研发了刀具监控系统等，实现了基于动态信号的机床故障诊断。很多国外生产的加工中心已经具备远程故障诊断预报功能，加工中心的故障信息可以通过网络传送到生产厂商的监控中心进行分析和诊断预报，并将诊断结果和处理方法发送到用户端设备，指导用户排除故障。我国目前高档数控机床诊断预报与维护技术也已取得同样效果。

分析数控机床故障机理，以最有效的方法获取反映数控机床设备状态（静态）、运行状态（动态）的特征量或故障诊断预报知识，并据此建立合适的故障模型。目前，很多以数控机床的具体部件为对象进行研究，如刀具切削状态监测与预警、加工主轴振动监测与诊断预报、主轴伺服系统监测与诊断预报、加工工件的质量监测预警等。相应的诊断预报方法以传感器技术、信号处理及分析技术和多传感器信息融合技术为主，通过一定的监控诊断预报模型实现状态判定与故障预报，或依靠数学模型来分析诊断预报对象的某种动态特性，并取得了一定的成果。从全局制造过程出发，建立过程仿真模型，注重状态的变迁及原因和结果之间的联系，如 Petri 网、有限状态机、有向图模型的应用。

从分析诊断预报对象的功能、原理、结构等方面入手，并结合人类专家经验，以建立诊断预报知识库为目标，诊断预报过程以知识推理为主，如机理模型、功能模型及故障树模型都是常用的方法。总体上，数控设备故障诊断预报技术的研究主要沿着诊断预报系统架构研究、智能诊断预报方法研究、故障机理及故障模型研究和系统集成技术研究等四个方向深入开展。数控机床的故障诊断预报不仅有一般设备诊断预报的特点，而且更复杂、更特殊，主要表现在以下几个方面：

1）故障发生的高可能性。数控设备的高度柔性，必然要求系统内部具有高度灵活性和运行模式的多样化，增大了系统的不确定因素和在模式转换过程中故障发生的高可能性。

2）诊断预报获取困难。由于系统设备复杂，加工以柔性任务为目标，加工类型过程、工况多样，因此难以全面搜集正常与异常状态的先验样本和模式样本。

3）故障快速定位难度大。数控设备各部件间的动态联动性、离散性致使故障的传播性、故障源的分散性更加明显；过程状态及故障的断续性、突发性、模糊性、关联性及时变性更加明显，致使故障征兆信息和设备状态信息的获取难度大。

4）易产生误诊、漏诊。加工过程中随机干扰因素影响大，使诊断预报系统的误诊、漏诊的可能性更大，诊断预报推理的精确性和结论的可信度也都有所下降。

5）加工过程中信息量大而繁杂。适合于监控、诊断与预报的信息资源需要挖掘，对监控策略、故障特征提取和诊断预报知识库管理等环节提出了挑战。

6-20　如何构建数控机床故障预报平台？

答： 应以典型高档数控机床为试验对象，构建整机动态性能故障预报模拟综合试验环境，配备机床整机性能评价所需的检测仪器设备，实现了数控机床典型故障的模拟，为样本数据获取、典型故障监测方法及单元技术的模拟验证提供了基础试验条件。整机机械动态特性的故障预报平台构建方案如图 6-22 所示。

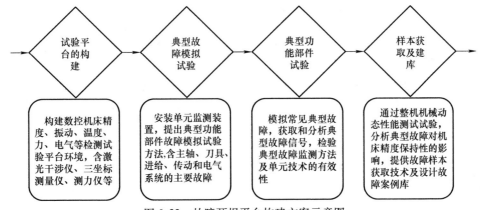

图 6-22　故障预报平台构建方案示意图

根据系统数控机床整机机械动态性能故障预报试验平台的功能要求，以及机床各功能部件的结构特点，以运行状态信息及故障特征信息获取的准确性和完备性为目标，确定各类测试试验仪器及各类传感器的配置和选择标准，同时确定测试仪器及传感器的可安装性及布置方案的合理性。利用整机机械动态性能故障预报试验平台，对数控机床典型功能部件主要故障进行模拟试验设计，主要是模拟主轴系统、刀具系统、进给系统的主要故障，也可以模拟传动系统及机床电气系统的主要故障；同时可模拟有相互关联的两个或多个故障同时发生的工况。

在整机故障预报模拟试验平台上安装典型功能部件的单元监测装置，通过整机静、动态性能测试及试切标准试件试验，模拟典型功能部件的常见故障，同时获取主要故障所需的典型信号样本，通过故障模拟试验可以研究典型故障对整机动态特性及精度保持性的影响程度及关系。

6-21　数控机床如何获取故障预报样本数据？

答：

1. 样本数据的有效获取

样本数据的有效获取是实现高档数控机床故障预报所需的动态性能分析和评价的基础，也是建立机床运行性能分析和评价体系的关键。针对高档数控机床典型功能部件，利用构建的整机机械动态性能故障预报试验平台的试验环境，采集和模拟数控机床典型功能部件的主要故障，通过精度、振动、噪声、声发射、温度、力、位移和图像等各类测试仪器系统采集故障诊断预报所需的设备运行状态信号，为单元监测技术与装备的研发提供了真实可靠的试验样本数据，为进一步实现整机样本数据处理和样本数据建库提供了样本数据信息。

2. 数据样本获取方法：

1）对机床的位移、速度、加速度、振幅与频率进行机械动态特性的样本数据采集，利用激光干涉仪进行机床机械动态特性测量试验，以示波器的方式实时显示来自激光系统的连续数据"流"，对运动和定位特性进行测量及样本数据的获取。

2）为实现基于时间的动态测量及样本获取，利用基于时间的采集使动态软件提供相对位移数据，通过设置来完成采集时间范围内数据的保存。采用 SCM05 – SCM – V8 振动噪声测试分析系统和 INV – USB 高速数据采集及分析处理系统对机床实际加工时的动态特性进行测量和样本获取试验。

3）采用 DISP 系统对刀具的破损及磨损类故障进行样本获取试验，通过该声发射测量试验分析，由检测得到的 RMS 电压信号、频率质心信号、峰值频率信号等评价刀具的磨损程度；采用 DISP 系统进行刀具磨损程度的样本获取试验。

通过以上样本获取试验研究，能够有效地揭示出数控机床典型功能部件故障对整机动态性能和精度退化的发展机理，并且能够分析其影响因素，提供故障预报试验和分析的数据。

3. 数控机床状态信息的获取与建库

针对数控机床的样本数据存在着噪声和不确定性因素而难以发现机床状态信息的隐含规律和知识的难题，采用基于粗糙集理论的方法对样本数据进行数据分析和推理，能够有效解决信息获取、知识获取和决策分析中的实际问题。

通过分析样本数据的基本构成，采用基于粗糙集的样本数据获取方法进行建库，以及充分利用 Matlab 软件实现样本的存储、检索、管理和维护等数据库管理功能。针对某高档数控机床状态信息试验获取与建库设计框架如图 6-23 所示。

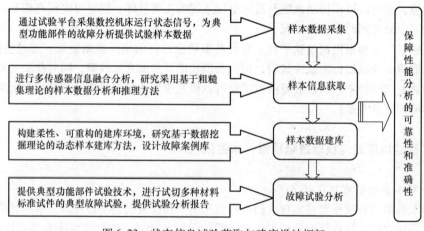

图 6-23　状态信息试验获取与建库设计框架

（1）数据样本采集　利用构建的整机机械动态性能故障预报试验平台的试验环境，采集和模拟数控机床典型功能部件的主要故障，通过精度、振动、噪声、声发射、温度、力、位移和图像等各类测试仪器系统采集故障诊断预报所需的设备运行状态信号。

（2）整机状态信息的获取方法　在数控机床整机样本试验数据采集的基础上，对数控机床的机械动态性能及故障信息进行多传感器信息融合分析，对采集的整机样本数据信息进行筛选、归纳、统计、分类和分析，从而获取和提取整机运行状态信息和建库信息。

针对采集到的数控机床动态性能样本数据，利用粗糙集理论进行数据信息获取、数据分析和推理的方法，解决由于复杂数控机床样本数据存在着噪声和不确定性因素而难以发现机床状态信息的隐含规律和知识的难题，以及解决状态信息获取、知识获取和决策分析中的实际问题。

（3）整机样本数据的建库　为了有效分析影响数控机床加工精度的故障因素、验证故障预报的方法和系统，建立柔性、开放式及可重构的数据库和知识库的环境，为数控机床整机性能运行状态评价、故障机理分析和故障预报的数据和知识提供条件。

为了有效利用所建立的数据库和知识库，进一步利用数据挖掘理论，从数据机床运行状态的大量样本数据中提取或"挖掘"有用信息和知识，研究并提出基于数据挖掘理论的整机动态性能样本数据的建库方法，以实现整机样本数据库和知识库的有效组织和利用。

（4）样本故障预报试验分析　对实际运行的高档数控加工中心进行基于整机的典型功能部件样本数据采集和建库的试验，在试验中进行试切多种材料标准试件的数据采集及模拟典型故障的数据采集和分析。在试验研究基础上对样本数据的获取与建库的方法进行修正和优化，进行典型功能部件的故障预报试验，实现试验样本的数据获取和分析。

6-22　如何开展车铣复合机床故障预报实践？

答： 开展车铣复合机床故障预报。

［**案例 6-1**］某企业通过构建以高档数控机床为核心的样本试验获取和建库的试验平台，同时配备样本获取的试验数控机床及配套系统，利用该试验平台获取所需的样本试验数据，通过数据分析系统进行样本数据分析，并建立影响机床整机机械动态性能的典型功能部件样本数据案例库，为数控机床典型故障模拟提供所需的故障预报样本及试验条件。

1. 车铣复合机床的样本获取试验平台

以 CHD - 20 车铣机床为例，该机床为现代高档精密数控机床，配置的试验平台为五轴五联动，还可扩展为九轴五联动、双刀塔双主轴系统。样本获取测量系统采用配置以激光干涉仪为核心的精密测量系统，实现对精密机床的精密角度测量、精密平面度测量、精密线性测量、精密回转轴测量、精密垂直度测量等。机械动态特性样本获取测试系统采用 PCI - 2 型声发射检测系统、9257B 型压电式切削测力系统、HG9200 智能信号采集处理系统、振动噪声测试分析系统，以及 LMS 公司 SCM05 和 INV - USB 高速数据采集及分析处理系统。数控机床整机动态性能故障预报试验平台如图 6-24 所示。

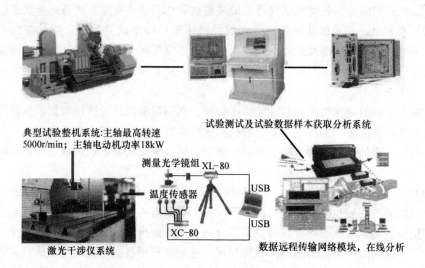

典型试验整机系统:主轴最高转速
5000r/min；主轴电动机功率18kW

试验测试及试验数据样本获取分析系统

测量光学镜组 XL-80

温度传感器

USB

XC-80

USB

激光干涉仪系统

数据远程传输网络模块，在线分析

图 6-24 整机动态性能故障预报试验平台

2. 车铣复合机床的样本获取试验

1）采用 SCM05-SCM-V8 振动噪声测试分析系统和 INV-USB 高速数据采集及分析处理系统对机床实际加工时的动态特性进行测量和样本获取试验，现场试验如图6-25所示。

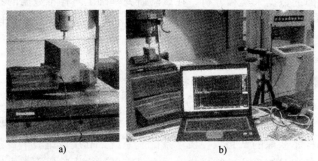

a) b)

图 6-25 振动测量与噪声测量与样本获取现场试验
a）振动测量 b）噪声测量

2）运用 Kistle 公司的 9257B 型压电式切削测力系统和 LMS 公司的 SCM05 振动噪声测试分析系统，进行主轴振动和工件受力的样本获取试验，如图 6-26 所示。

3）运用 DISP 系统对刀具的破损及磨损类故障进行样本获取试验，应用检测得到的 RMS 电压信号、频率质心信号、峰值频率信号等评价刀具的磨损程度，进行刀具磨损程度的样本获取试验，如图 6-27 所示。

3. 故障诊断预报知识库

依据车铣机床结构复杂的特点，建立面向车铣复合机床的故障诊断预报知识库，故障诊断预报知识库建立程序如图 6-28 所示，同时构建基于知识粒度的故障知识元模型，如图 6-29 所示。

a)　　　　　　　　　　　　　　　　b)

图 6-26　主轴振动和工件受力的样本获取试验

a）主轴振动测试　b）工件受力测试

图 6-27　刀具磨损程度处理的
样本获取试验

以车铣复合机床的故障样本和历史测试数据作为车铣复合机床故障诊断和故障预报的属性集，以车铣复合机床的故障模式构建诊断预报信息决策表。对车铣复合机床各种故障模式所需要的属性条件进行初步约简分类，基于粒度计算原理的二进制矩阵进行属性和属性值约简，以置信度进行规则评价，进而构建车铣复合机床的故障诊断预报的知识库和规则库。

故障预报样本数据的有效获取是实现数控机床动态性能分析和评价的基础，也是建立机床运

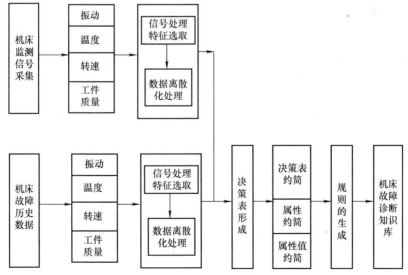

图 6-28　车铣复合机床的故障诊断预报知识库建立程序

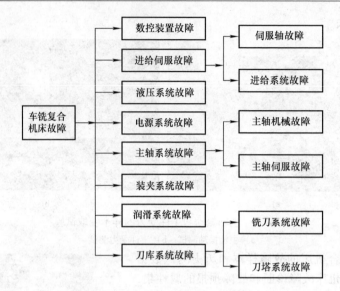

图 6-29　车铣复合机床知识库的故障知识元模型

行性能分析和评价体系的关键。在对试验系统和数据基本构成进行分析的基础上，研究样本试验数据的建库技术并设计故障预报案例库框架；研究并提出故障预报样本试验数据获取方法；提供数据样本的存储、检索、管理和维护等相关技术；研发柔性、开放性建库环境，以利于实现数据资源利用数据信息集成及可重构建库。

6-23　数字电路故障诊断技术是如何发展起来的?

答: 自从 20 世纪 70 年代初以来对数字系统维护和可靠性课题的研究受到工业界和科学界的极大重视。当前，随着系统复杂性的增加，使得系统维修困难及维护费增大，并且它在系统总成本中所占的比例还在继续增长中，因此数字系统的故障诊断和故障定位、高可靠性系统（即存在实际故障的情况下仍不失效的容错系统）、能诊断自身故障的自检查系统可望解决这一难题。虽然在理论上许多问题尚难处理，但在实践中大多数问题都有实际而有效的解决方法。

数字电路故障诊断技术的发展过程：早期的计算机是靠有经验的维修人员和专门硬件电路来诊断数字电路故障。此途径最完整的使用要算是在 1953 年埃克特（Ecket）所描述的 BINAC 计算机。BINAC 是由两个完全相同的处理器构成。这两个处理器同步地进行所有的运算操作，两个处理器的操作结果不断地用比较电路进行比较，根据比较是否一致来检测故障。当两个处理器的结果不一致时，两个处理器就立即停下来。因此，故障造成的结果被限定在最小范围内。而维修人员就能根据两个处理器的最终状态进行故障诊断。

除采用特殊的硬件电路进行检查外，许多早期的机器也有限地使用了一些检查程序。它们通常用来帮助技术人员处理间隙故障和临界故障。在"旋风 WHIRLWIND 机器"[达格特（Daggett）和里奇（Rich）1953]中所采用的循环程序控制就是一例。这一技术允许技术人员经过"停止－启动"开关控制重复执行选好的一系列机器代码程序。进行操作的同时监视一些主要的检验点，以便跟踪发现不定的临界故障或间隙故障。EDSAC 采用了自动检查程序，在电压拉偏或不拉偏时都允许执行检查程序。威尔克斯（Wilkes）等人所描述的这一技术（1953）常用来帮助检测临界故障。诚然，所有这些机器都严重地依赖着维护人员的知识水平和熟练技巧。即他必须充分熟悉机器的逻辑设计和电路设计，并且还必须会调整、启动检查程序和人工解释检查结果。随着系统规模增大和复杂性的增加，这一方法变得越来越不实用。

随着机器不断变大和复杂化，专用的测试仪器和设备从主要手段逐渐变为辅助手段。因其主要的工作越来越多地由诊断程序来完成，并变成了诊断故障的主要手段。最早的诊断程序是检验机器的功能，而不是检验设备硬件。其一般的方法是首先对伪随机操作数进行复杂的加法器指令运算（如乘法），然后把运算结果和等效程序［用简单指令（如加法和移位）组成的］对同一伪随机数运算所得的结果相比较。若结果相符，则认为复杂指令操作是正常的；相反，若结果不相同，则认为有故障。但是靠一组（或几组）伪随机数是不易提供出一个如同运算器那样复杂部件的完善功能测试的，而且，被检验的指令与等效程序中的指令的硬件也总有牵连。最后，结果不符也同样可以是由等效程序中的某条指令错误引起的，因此结论不是一定有把握。

改进的关键是去检验机器的硬件而不是检验机器的功能。这一方向的最初研究是由Eldred 于 1959 年开始的，他的研究结果已用于 Datamatic－1000 数据处理机的程序编制，此后硬件诊断得到了普遍应用。随着计算机的飞速发展和数字电路的日益复杂化和高度集成化，对于有效诊断程序的需要也日益迫切，一方面必须很有把握地检测出故障，另一方面还要快速修复系统，因而促进了诊断技术的快速发展。

6-24 为什么计算机对故障的模拟是一种很重要的维修手段？

答： 由于微电子技术的发展，计算机参与各种设备中工作，用简单的方法来维修已不太可能。计算机在设备维修中的作用越来越大。因此，计算机对故障的模拟是一个极为重要的维修手段，也是未来维修设备的一种主要手段。

计算机对故障的模拟有以下几个方面：

（1）故障模拟　故障模拟用于预测在发生特定故障时，它可以帮助我们建立故障和测试结果之间的"映象"，即所谓模拟数据。模拟数据也是构成各种故障"字典"的基础。模拟数据可以用来确定相应的测试集的诊断分辨力和完备性。

在数字系统中，故障模拟广泛使用三种方法：人工模拟（要求人们手工地分析故障系统的性能，并在逻辑图上手工的跟踪信号）；物理模拟（通过把故障元件插入正在工作着的系统电路中，观察测试程序的运行结果，以产生模拟数据）；数字模拟（借助计算机程序预测有故障系统的性能的方法）。

（2）逻辑模拟　指用计算机建立电路模型，并使电路模型运行一个过程，即针对某一输入序列，计算出电路模型中随时间变化的各信号的数值。逻辑模拟用以评价新设计和分析故障。

逻辑模拟系统的信息一般包括对被模拟电路的描述、被模拟的输入数据、存储元件的初始状态，还可包括被模拟的故障及其监测的信号。

例如：一个与门可以描述为 AND A，B。如果数据库中有它，只要给出型号与管脚连接即可。

（3）故障"字典"　故障"字典"是给出一组输出响应，并识别出相应于该组的各种故障，以及将模拟数据处理成紧凑而清晰的修理信息。

严格匹配"字典"是一种最简单的故障"字典"，它是模拟数据排列，也是直接去查找故障的表格。故障表格是以可能出现的故障为行，各相应测试为列的二维陈列。

在现场可以按下列方法来使用"字典"。首先维修人员执行检查程序，得到一些测试数据，再通过人工将这些测试结果与"字典"中的表的列数值相比较，并进行一个严格的匹配，就足以识别出一个相应的故障了。这种方法很简单，当"字典"匹配成功时，可以使一个不熟练的人在几分钟内就能诊断出机床故障。

利用故障"字典"主要可使出现模拟数据失配或不相容时知道如何处理。这主要是由于该故障表有考虑不周到的情况引起的，如间歇故障、临界故障和非逻辑故障会缺乏充分复位，以及电干扰和预测性能与实际性能不符情况。

为解决这个问题，要在故障"字典"的基础上，加上测试相位"字典"或单元"字典"来弥补不相容与不匹配。

1）测试相位"字典"是把整个测试集合划分为一些相位，每个相位是由那些面向被测对象的特定部分的测试所组成。也就是相位"字典"是由很多子"字典"所组成的。其中每个子"字典"都是通过某一种测试相位模拟数据建立起来的。

2）单元"字典"可利用测试结果的模拟数据之间的"接近"匹配来查故障。

6-25　如何利用计算机软件的模拟功能进行故障诊断？

答：由于计算机的迅速发展，其软件功能也在日益扩充、丰富，对于现场的维修可以利用一些计算机设计软件的模拟功能进行故障预测诊断，设计软件的模拟功能主要分三个不同级进行模拟。

1. 系统级

系统级模拟包括目前使用的高级通用程序，如 GPSS 和 SIMSCRIPT，并且主要是对使用系统的部件，如算术逻辑部件、存储模块、外围设备等，建立模型的系统做定时分析。

2. 寄存器传输级

在这种情况下，要模仿寄存器级的数据流，从而能评价微程序等的设计，这种形式的语言如 APL、DDL 等。

3. 门级或逻辑级

门级或逻辑级是用计算机对实际的逻辑门或模块，以及它们的连线进行功能模拟。每根信号线限于取二进制的值，时间通常被定为门的传输延迟。

有时会用到其他的形式的模拟，且大都是器件等。下面从维修、检修使用角度，介绍逻辑模拟的过程及设计软件进行模拟以获得测试数据的过程。

（1）逻辑级模拟的过程　逻辑门级模拟处理过程如图6-30所示。它要求使用某种面向问题的语言，根据逻辑块及其连线来描述逻辑图（在某些情况下，可以把这种逻辑图脱机数字化，借以产生所需的计算机输入）；然后再把这种描述编译成一种适当的数据结构，如表结构或环结构，即建立了该逻辑电路的一种拓扑网络模型。在这里所必需的逻辑模块的库存描述是从数据库中得到的。一旦模型被建立之后，就是执行问题了，而执行是由模拟控制程序来完成的。这种程序需要输入一些由用户定义的参数，如初始逻辑状态、输入值和输入序列、门延迟、定时步长、监视点、输出格式等。当参数建立之后就可以进行模拟了。

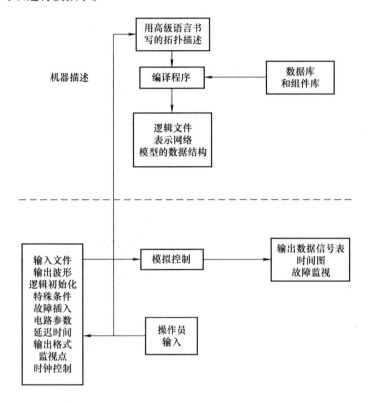

图 6-30　逻辑门级模拟处理图

模拟过程是在离散的时间间隔上追踪通过该网络的逻辑值的变化，借以产生该电路的信号时间特性。也就是说，计算机程序在每个基本机器时间间隔上计算逻辑单元的输出状态，这种处理一直持续到该逻辑永远处于静止（稳定状态），或者达到某个预先指定值为止。于是，在给定初始状态和输入序列以后，我们可以通过门级模拟产生该逻辑系统的真值表。

（2）利用设计软件 FPGA 进行电路模拟　　FPGA（Field Programmable Gate Arrays）是现场可编程门阵列软件的缩写，该软件是用于专用集成电路设计（Application Specific Integrated Circuit）的。用 FPGA 进行设计过程如图 6-31 所示。由于 FPGA 的仿真功能，因而在维修测试中，可以利用图中点画线框部分来做维修测试。

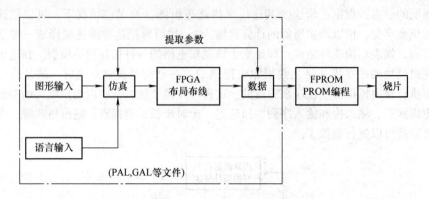

图 6-31　用 FPGA 进行设计过程

6-26　计算机智能故障诊断的过程如何进行？

答：通过应用单片机系统构成专用故障诊断系统，图 6-32 所示为用转差率控制的变频调速系统用计算机智能进行故障诊断的过程与构成系统示意图。

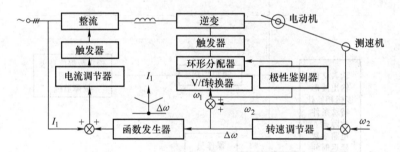

图 6-32　计算机智能进行故障诊断的过程与构成系统

1. 专家系统

专家系统是由故障模式知识库、诊断推理机构、人机交互接口和数据库等部分组成的一种智能控制系统。它的应用范围是交流调速系统的故障检测和诊断。

诊断对象及诊断系统的硬件结构采用交 - 直 - 交晶闸管电流型逆变器，调速对象为一台 1.5kW 笼型异步电动机，负载为一台 1.9kW 的直流他励发电机。

诊断系统由 8031 单片机及一些检测电路组成，如图 6-33a 所示。各点检测信号均通过 4076 多路开关，由 8031 单片机内部计数器 1 的输入端（T_1）输入。多路开关的通道由 8031 的 P1.0 ~ P1.3 口控制选择，P1.4、P1.5 作为两片 4076 的选择控制，并对各点的数据分时采集。对于直流电源、交流电源及主回路电流的幅值的采集是通过压 - 频转换、光电隔离后经多路开关送入 8031。

晶闸管的故障检测采用电压法，即检测晶闸管承受的电压。根据晶闸管承受的电压判断晶闸管的工作状态，检测电路如图 6-33c 所示，交流电源的相序检测电路如图

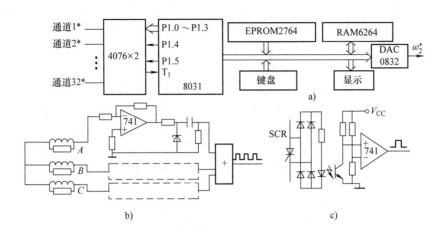

图 6-33　诊断系统结构

a）诊断系统框图　b）、c）电路图

6-33b 所示。图 6-34 为故障划分树状结构图。

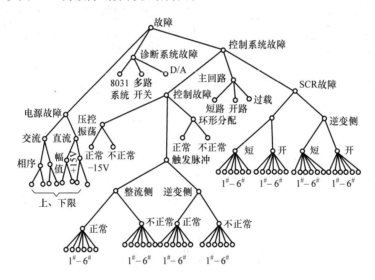

图 6-34　故障划分树状结构图

2. 故障诊断

故障检测、诊断系统的软件由监控、检测、知识库、诊断推理等部分组成。诊断分预诊、在线诊断两部分。

（1）预诊　指在系统启动前对诊断系统本身的接口及控制系统的控制、电源等部分先进行一次诊断。诊断的方法是让系统的控制部分通电（主回路不通电），对各检测点进行数据采集，若发现故障现象，则调用知识库诊断推理故障原因，并显示诊断结果。例如：若发现逆变侧无触发脉冲，而压控振荡器有脉冲输出，则说明环行分配器有可能出现故障，则显示"ORDER"，告知操作人员启动检测诊断系统。

（2）在线诊断　控制系统启动后，故障检测与诊断系统便处于在线诊断状态。为了保证故障检测实时性，数据采集采用循环查询的方式，且对各点的采样值都进行存储，并不断刷新。若发现采样值有越限现象，则认为可能出现了故障，立即进行定向跟踪。若连接几次检测结果相同，说明确实出现了故障，则调用知识库进行分析推理故障原因并显示推理结果，同时根据故障的严重程度决定是否停机，然后进入人机对话状态，软件结构框图如图 6-35 所示。例如：若测得两相电流相位大于 140° 或小于 100°，或者两者电压幅值相对误差大于 20%，则认为交流电源有故障。

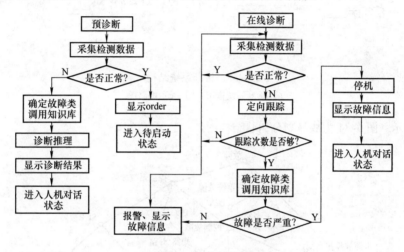

图 6-35　软件结构框图

该系统设有六位 LED 显示系统的运行状态。在系统正常运行时显示-GOOD-，并可通过键盘查阅各检测点的数值。图 6-36a 是正常运行时逆变侧晶闸管的电压波形及检测波形，图6-36b是模拟电路时拍下的晶闸管电压波形及检测电路输出的波形。此时，显示如下：

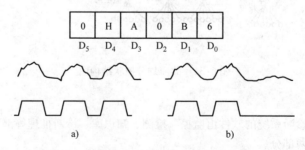

图 6-36　逆变侧晶闸管电压波形及检测波形图

a）正常运行时逆变侧电压波形及检测波形　b）模拟电路输出波形

D_5 表示停车；D_4、D_3 = HA 表示逆变侧 6 号晶闸管工作不正常，其原因是触发脉冲的故障所致；$D_2 = 0$ 表示严重故障；D_1、$D_0 = B6$ 表示逆变侧 6 号晶闸管工作失常。如果故障不严重即不影响正常运行，则按如下显示：

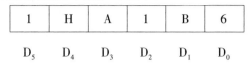

1	H	A	1	B	6
D_5	D_4	D_3	D_2	D_1	D_0

该检测电路能准确检测出各点的实际状态，诊断系统能根据检测值和知识库正确推理出故障原因。

故障检测与诊断系统能有效及时地检测诊断出控制系统的故障，从而有很高的实用价值。

6-27　数控机床故障诊断方法有哪些？

答：某公司开展数控机床故障诊断方法很有成效。

［案例 6-2］

数控系统是高技术密集型产品，它综合了计算机技术、自动化技术，以及伺服驱动、精密测量和精密机械等各领域的新技术成果，要迅速而正确查明故障原因并确定其故障部位，需借助于诊断技术。当数控机床产生故障时，要通过观察、分析并遵循故障诊断的基本原则。对于数控机床的大多数故障，下面几种方法有助于故障的诊断和排除。

1. 直观检查法

直观检查法是维修人员根据对故障发生时的各种光、声、气味等异常现象的观察，确定故障范围，并可将故障范围缩小到一个模块或一块电路板上；然后再进行排除。一般包括以下几个方面。

（1）询问　向故障现场人员仔细询问故障产生的过程、故障表象及故障后果等。

（2）目视　总体查看机床各部分工作状态是否处于正常状态，各电控装置有无报警指示，局部查看有无保险烧断，元器件有无烧焦、开裂、电线电缆脱落，各操作元件位置正确与否等。

（3）触摸　在整机断电条件下可以通过触摸各主要电路板的安装状况、各插头座的插接状况、各功率及信号导线的连接状况及用手摸并轻摇元器件，尤其是大体积的阻容、半导体器件有无松动之感，以此可检查出一些断脚、虚焊、接触不良等故障。

（4）通电　是指为了检查有无冒烟、打火，有无异常声音、气味及触摸有无过热电动机和元件存在，一旦发现立即断电分析。如果存在破坏性故障，必须排除后方可通电。

2. 参数检查法

数控参数能直接影响数控机床的功能。参数通常是存放在磁泡存储器或存放在需由电池保持的 CMOS RAM 中，一旦电池电量不足或由于外界的某种干扰等因素，会使个别参数丢失或变化，或发生混乱，使机床无法正常工作。此时，通过核对、修正参数，就能将故障排除。当机床长期闲置工作时，或无缘无故地出现不正常现象，或有故障而无报警时，就应根据故障特征，检查和校对有关参数。另外，经过长期运行的数控机床，由于其机械传动部件磨损、电气元件性能变化等原因，也需对其有关参数进行调整。有些数控机床的故障往往就是由于未及时修改某些不适应的参数所致。如果台数控铣床上采用了测量循环系统，这一功能要求有一个背景存储器，调试时发现这一功能无法实现。检查发现确定背景存储器存在的数据位没有设定，经设定后该功能正常。

3. 交换部件法

当大致确认了故障范围，可利用同样的电路板或元器件来替换有疑点部分。如两个坐标的指令板或伺服板的交换，从中可判断故障板或故障部位。这种交叉换位应特别注意，不仅要硬件接线的正确交换，还要将一系列相应的参数交换，否则不仅达不到目的，反而会产生新的故障造成判断故障思维混乱。故一定要事先考虑周全，设计好软、硬件交换方案，准确无误后再行交换检查。

4. 功能程序测试法

功能程序测试法就是将数控系统的常用功能和特殊功能，如直线定位、圆弧插补、螺纹切削、固定循环、用户宏程序等，用手工编程或自动编程方法编制成一个功能程序送入数控系统中，然后启动数控系统使之进行运行，以检查数控机床执行这些功能的准确性和可靠性，进而判断出故障发生的可能起因。本方法对于长期闲置的数控机床第一次开机时的检查及数控机床加工造成废品但又无报警的情况下，一时难以确定是编程错误或是操作错误、还是数控机床故障时的判断，是一种较有效的方法。

5. 系统自诊断功能法

充分利用数控系统的自诊断功能，一般情况下发生故障时都有报警信息出现。因数控机床使用的控制系统的不同，提供的报警信息的内容多少也不一样，故可以根据 CRT 上显示的报警信息及各模块上的发光管等器件的指示，进一步利用系统自诊断功能，通过其可显示数据系统与各部件之间的接口信号状态，从而找出故障的大致部位。另外，按照维修说明书的故障处理办法检查，大多数的故障都能找到解决方法。如数控车床 CRT 上显示的报警信息出现 EX1006：INVERTER ALARM，而该故障是指主轴变频器报警；打开电器柜，观察到主轴变频器上的显示不正常；重新关机启动后，该报警消失，主轴变频器上的显示也正常了，故障排除。

6. 隔离法

当某些故障（如轴抖动、爬行等）因一时难以区分是数控部分还是伺服系统或机械部分造成的，常采用隔离法来处理。隔离法即将机电分离，数控系统和伺服系统分开，或将位置闭环分开做开环处理等。这样可把复杂的问题简单化，较快地找出故障原因。

数控机床故障的原因往往比较复杂，同一故障现象可能有多种原因，涉及电、机、液压等方面，故需要有正确的维修方法。遵循基本维修原则和流程，并合理应用各种维修方法，就能快速而正确地解除故障。

随着我国国民经济的快速发展，数控机床在国内的应用越来越普遍，数量越来越多，已经成为企业保证产品质量和提高经济效益的关键设备。虽然数控机床的技术复杂，种类和型号众多，在使用过程中出现的故障多种多样、千差万别，但只要加强数控机床的操作人员、管理人员和维修人员的技术培训，提高技术水平，特别是通过专业的技术培训，扩大数控机床的维修队伍，以满足数控机床日益普及的现代化生产的需要，数控机床故障维修难的问题就可以迎刃而解。

6-28　加工中心换刀故障如何进行分析处理？

答：

[**案例 6-3**]　某企业对三台不同类型加工中心换刀出现故障进行具体分析处理，取得了很好效果。

1. BMC - 110T2 加工中心

如型号为 BMC - 110T2 的加工中心，系统为 FANUC - 2li - M，刀库采用链条形式。在自动换刀过程中，执行第 17 步时，停止不能动作，机床报警。维修发现，第 17 步的动作是机械手由等待位置平移至刀库。分析认为，第 17 步不执行的原因一般为前一步动作未完成或者机械已到位，但反馈信号没有反馈给系统，造成中途停止。第 16 步动作是刀链旋转至该刀对应刀套。从机械位置目测，第 16 步已经完成，但就是不执行下一步。由于第 16 步动作完成的检测感应开关位置不明确，所以利用梯形图来查找故障点较为方便。查找电气资料，第 17 步动作机械手由等待位置平移至刀库的输出信号为 Y4.4（ARM RIGHT TRAVEL），打开梯形图搜索，找到表示输出信号 Y4.4 的输出线圈；该线圈指示灯未亮，说明动作条件不满足，通过递推法向前寻找不满足的原因，即寻找输入信号；最终查到输入信号 X13.5 不亮，且该信号是引起第 17 步不动作的原因。由此可知，刀库锁信号没有反馈给系统是导致本次故障的原因，通过位置图寻找到感应开关；最终发现感应开关已损坏，更换后故障排除。

2. SVT - 125 单柱立车加工中心

国内某第一机床厂生产的型号为 SVT - 125 单柱立车加工中心，系统为西门子 802D，采用圆盘刀库。在自动换刀过程中，X 轴移向刀库门附近的换刀点准备进行抓刀动作时，刀库门不打开，换刀过程停止，并恢复原始状态；再次换刀，故障依旧。以经验来分析，造成本次故障的原因可能有：X 轴并未移到换刀点位置；位置到了，但是反馈信号没有返回系统；刀库门故障或换刀程序及系统故障。

首先检查 X 换刀点机械位置与设定位置，经检查相互符合；再检查换刀点处的感应开关信号，信号正常；接着检查刀库门，因刀库门的打开闭合是靠气动系统驱动，所以检查气动系统的压力，未发现问题，手动操作控制刀库门开关的气动开关，刀库门能正常开闭，且打开到位、闭合到位的感应信号也都正常。至此，外围故障基本排查完毕，下一步需进行系统故障的查找及排除。

同时按下【ALT + N】，进入西门子系统画面；输入口令，由普通模式进入专家模式。该换刀程序是由厂家自己设计，存储在机床制造商程序当中；专家模式下可以查看，逐步检查该换刀程序。点入【机床制造商程序】，打开【子程序 SPF】目录下的 Tool change 文档；该文档为厂家设定的换刀程序。检查该换刀程序发现，与之前备份的换刀程序相比，程序中 M31、M32 的 2 个指令码丢失，所以导致换刀中途停止。重新输入保存后，再次进行自动换刀，故障消除。

3. MVR – 30 的三菱龙门式五面体加工中心

型号为 MVR – 30 的三菱龙门式五面体加工中心，系统为 FANUC – 31i，刀库为链条形式。该加工中心的 ATC 换刀故障一般可通过画面操作自主恢复。本次故障为 ATC 变换器在自动换刀过程中突然停电，再开机时，换刀程序不执行。该故障恢复可采取两种方法：一是自动恢复，即打开 ATC 复位画面，通过软件操作来恢复；二是手动恢复，主要用 ATC 的 M 指令代码来操作。方法一不能恢复时，再采用方法二；两种方法都不能恢复时，就有可能出现了电气元件或者机械部件损坏问题，这时则需采用前面实例所说的方法找到故障点，然后进行修复。

首先采用方法一，点击按钮【Custom1】，显示出页面后，选择【主菜单】，再选择【机械菜单】，再打开【ATC 复位】，这样换刀过程状态就会显示在画面中。本次故障停止在第 4 步，即换刀器回旋刀库侧；在手轮模式下，通过操作键【步骤】→【＋方向】→【执行】，这样换刀就会自动执行复位动作到下一步，继续按键【执行】，ATC就会完成复位动作，自动换刀过程完成。也可通过操作按键【连续】→【＋方向】→【执行】，这样只需操作 1 次，机械手就会连续执行复位动作的全部步骤。

按方法一操作后，故障并未消除。接着采用方法二，松开急停，按下运行准备按钮，按方法一中的介绍，找到 ATC 复位画面，换刀过程在第 4 步停止，即换刀器回旋刀库侧，将模式切换到 MDI 模式，输入指令 M235（ATC 周期复位）运行，即取消原换刀指令，再通过资料找到换刀器回旋刀库侧的动作指令为 M107，输入 M107→INPUT→【自动启动】按钮运行，这样机械手开始工作，进行到下一步动作，接着再按方法一来恢复，这样 ATC 换刀完成，故障修复。

6-29　数控机床出现故障应如何处理？

答：

[案例 6-4]　某企业对数控机床出现故障进行具体分析并及时排除，并取得较好的效果。

1. CJK6145 数控车床通电后显示器不能进入页面执行加工程序

根据经验，造成这种故障的原因是显示器 5V 电压没供上或显示器集成电路损坏。首先考虑是否为偶然情况，对机床重新接电，机床故障依旧。检测显示器供电电压，正常情况下有 5V 和 24V 两种，结果输入电压正常。与数控系统维修人员沟通后，得知极有可能是数控系统参数丢失造成。因此，调整显示界面到系统参数页面，修改参数 1，将现有参数 01010011 修改为 01110011，机床重新接电后故障现象排除，机床恢复正常。

一般数控机床的系统和全功能数控系统不同，即便参数丢失或修改，也可以使用恢复功能使系统恢复到初始状态（设备出厂时的设置）。操作者偶然的操作失误，或修改了原有参数，都会使机床出现故障。因此，为防止系统发生参数和程序丢失造成不必要的损失，此类系统参数需要经常备份。

2. CJK6145 数控车床开机后显示 X 轴报警

根据经验，该故障原因可能是 X 轴方向行程开关或 X 轴伺服电动机连线出现问题。使用仪器依次检查各部位，X 轴方向行程开关一切正常。进一步检测发现，X 轴伺服电动机控制信号时有时无，个别连线有破损和断路现象，对故障线路进行处理并更换新电缆（线）后，机床恢复正常。这类故障可能是因设备长期使用使线路老化，或外部环境变化、操作人员或维修人员操作不当，而导致电缆（线）折断损坏。

3. CJK6145 数控车床开机后 X 轴报警

CJK6145 数控车床开机后 X 轴报警，同时屏幕显示 X 轴准备未就绪。分析故障原因可能是 X 轴伺服电动机、伺服电动机与伺服驱动器的连线及 X 轴伺服驱动控制卡故障。首先检查伺服电动机，发现电动机里有冷却液；清理冷却液后烘干电动机，接电试机，机床仍不能工作，报警没有消除。其次检查电动机和伺服驱动控制器之间连线，发现有的连线存在虚接及折断现象，重新更换损毁导线，试机后报警也没有消除。因各轴伺服驱动控制器功能相同，可以互换，故使用 Z 轴伺服驱动控制器控制 X 轴伺服电动机，以检测 X 轴驱动器是否有故障。连接后试机，报警消除，机床能够正常工作。

结论：故障原因是因 X 轴驱动器控制板出现故障，更换了 X 轴驱动器控制板后，报警消失，故障排除。

4. CNC - 350 简易数控车床接电后显示正常

CNC - 350 简易数控车床接电后显示正常，但驱动部分接电后几分钟自动断电，而且断电时机床没有显示任何报警信息。根据经验，故障原因很可能是 Z 轴驱动控制器板出现故障。打开数控系统控制柜，清除灰尘，仔细检查数控系统各线路板、接线、插头等部位，接电试机，故障依旧。用备用的同型号机床驱动控制板试机，现象相同，故判断 Z 轴驱动控制器板无问题。检查发现，当机床接电时，驱动器也有电，但几分钟后驱动器自动断电，而且驱动器里某断路器也自动掉电，因此怀疑驱动器连接线出现问题。使用万用表仔细检查驱动器各连接线，发现连线中航空插头断路。更换新的航空插头，机床接电后故障消除，机床正常工作。

结论：该故障发生原因可能是在以前的维修过程中经常插拔航空插头，使其焊点断开、虚接、插针折断或导线断开，造成了该故障，故更换了新航空插头即可解决。

6-30　数控机床出现常见故障应如何排除？

答：

[**案例 6-5**]　某公司对数控机床出现常见故障进行排除情况。

1. 编码器的故障

1）某 TH5660 数控立式机床采用了 FANUCOM 数控系统。在加工中出现 "409 SPINDLE ALARM"，主轴伺服放大器同时显示故障代码 "31"。

查阅 FANUC 伺服维修说明书，确定为内置编码器故障。拆开主轴伺服电动机后盖内的风扇，可见一个速度检测编码器及与电动机转子相连的齿轮盘。拆检编码器，其感应面有发黑的痕迹，更换编码器后设备工作正常。在更换安装时，注意编码器与齿轮盘的距离，可用 A4 纸两层的厚度来控制间距（图6-37），夹住纸后锁紧编码器的两颗固定螺钉即可。

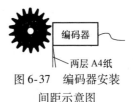

图 6-37　编码器安装间距示意图

2）TH5660加工中心在主轴旋转、主轴定位时均出现"409SPINDLE ALARM"，同时主轴伺服放大器显示故障代码"27"。

查阅FANUC伺服维修说明书，确定为外置编码器故障。该外置编码器用于检测主轴定位角度。检查发现编码器与主轴相连的同步传动带已很松弛，调整传动带后故障仍不能排除。检查编码器导线引出口，发现密封件已脱落，怀疑编码器进水，拆下编码器用低压气吹干内部的积水，重新安装并用玻璃胶密封好导线引出口，试执行M03、M04，显示正常，说明设备故障已基本排除；继续执行M19调整好主轴定位角度，设备恢复正常生产。

2. 伺服及电路故障

1）某YCM-105A立式加工中心采用FANUC 0M数控系统。在自动加工中突然出现"414 SERVO ALARM：XDETEC ERROR"，关机后再开机，报警消除，一移动X轴又出现"414"报警。

检查发现当产生"414"报警时，伺服放大器显示故障代码"8"。依据FAMUC 0M系统维修手册查诊断号720号：按［SYS/DGN］→［诊断］→键盘输入No 720→［INPUT］，查得DGN720.4＝1，为过电流报警。过电流产生的可能原因为伺服放大器、伺服电动机、放大器与电动机连接电缆故障、机械卡死等。根据机床使用情况检查伺服电动机侧，发现伺服电动机的三条动力线与盖板接触部分已露出铜线，并且可看到明显的放电痕迹。拆下动力线重新包扎后开机，移动X轴，"414"报警还是出现。用相同型号的伺服放大器更换后，设备工作正常。此次故障是由于伺服电动机动力线绝缘损坏对地产生短路，导致伺服放大器损坏。

2）某TH5660数控立式加工中心采用FANUC 0M数控系统。Z轴移动时，负载率达160%，出现"434 Z轴检测错误"。Z轴不移动负载率达100%，Z轴移动停止后，明显感觉伺服电动机还有动作（负载率变化），但坐标值不变，且伺服电动机有明显发热现象。

由于Z轴能移动，基本可以排除机械卡死的可能。查机床电路图可知，Z轴设置有制动装置，并怀疑制动装置没有动作。测量制动装置用DC 90V电源，发现整流器无电压输出，而输入电压AC 220V正常，可判断为整流器损坏，更换整流器后，Z轴工作正常。

3. 电池无电造成编码器记忆原点丢失故障

1）某HU63A数控卧式加工中心采用FANUC 18i数控系统。开机产生"300 B轴原点复归请求"及"B轴APC（绝对脉冲编码器）电池电压低"报警。

该机床的B轴带绝对脉冲编码器，原点位置依靠电池保持，只要电池电压正常，原点位置被系统记忆，开机无需作原点复归。在系统通电情况下，将电池BR-CCF2TH 6V拆下，先将B轴转动到大约在机械原点的位置，按［OFFSET/SETTING］→找到并修改PWE由→0→1，然后修改参数按［SYSTEM］→［参数］→1815→［No SEARCH］，修改第四轴1815.5（参数1815分别对应X、Y、Z及第4轴的原点设定）由1→0，其次修改1815.4由1→0→1（系统出现000报警——要求关断电源），再修改1815.5由0→1，最后关闭系统及设备电源，开机做原点复归，如B轴原点不准确，上述步骤可重复多次直至调好B轴原点为止。

2）某 YCM - 105A 加工中心采用 FANUC 0M 数控系统。开机后出现"300 X 轴原点复归要求"报警，同时显示屏显示"BAT"字符。检查编码器电池（通电情况下），发现电池正负极已生锈，更换了电池，将 X 轴用手轮摇至机械原点（机床在机械原点处设有▼标记），并修改参数 22.0（参数 22.0 ~ 22.2 分别对应 X、Y 及 Z 轴机械原点设定）由 1→0→1，系统出现"000"报警后，关机再开机做原点复归即可。

4. 检测开关故障

某 HU63A 数控卧式加工中心采用 FANUC 18i 数控系统。在自动换刀过程中，换刀手臂（ARM）从刀库刀杯中拔出少许后停止动作，出现 ATC（自动刀具交换）超时报警。查看梯形图，分析换刀手臂从刀杯拔出刀具的正常过程：刀具有/无检测开关（SQ - A156，有刀时为 1，灯指示为绿；无刀时为 0，灯指示为红）。若有刀，执行 M100（刀具拔出）后 X75.4 必须改变状态（即由 1→0）才能执行下步动作 M83（ATC 到待机位）。为确保安全，手动取下刀具后，检查接近开关 SQ - A156，用铁质工具试验该开关，其状态指示灯有变化（红/绿），但系统检测状态不变（即 X75.4 不能由 1→0），拆下该开关发现检测表面积有较厚的油泥，擦拭干净后再试验，状态指示灯及检测信号 X75.4 同步变化，说明开关已恢复正常。重新安装好检测开关，执行 ATC 各指示，恢复正常。

5. 机械故障

1）某 HU63A 数控卧式加工中心采用 FANUC 31i 数控系统。在自动加工中主轴突然停止转动且无任何报警。在 MDI 方式下输入"S500 M03;"，主轴转动正常，再输入"S600"，主轴变速液压缸动作，但主轴不旋转。检查主轴高速确认信号 X10.5 = 1，说明液压缸动作已到位，应该是变速离合器出了问题。拆开主轴后发现离合器内的一颗销钉已脱落，导致变速失效；因原装配的销钉比新销钉直径小 0.01mm 是此次故障的直接原因。更换新销钉后，故障排除。

2）某 H5C 数控卧式加工中心采用 FANUC6MB 数控系统。加工中 B 轴转动时声音异常，并产生"443"报警。用手摇脉冲发生器使 B 轴旋转，发现 B 轴时转、时不转。不转时能听见 B 轴伺服电动机在转动，之后就会产生"443""440"等报警，拆开伺服电动机减速器侧盖和 B 轴侧盖，用手摇脉冲发生器边操作边观察，发现给定旋转指令时 B 轴多数情况下不转动，而此时伺服电动机在不停地转动。查说明书，发现 B 轴为全闭环控制，怀疑 B 轴的联轴器出了问题，使得实际位置无法达到给定要求，而电动机在不停地转，超时后即出现"443"报警。拆开减速器，用手试着转动联轴器，很容易转动，发现联轴器已松开。松开紧固螺钉后，锁紧联轴器；再装好紧固装置，用手转动联轴器转动 B 轴，非常轻松，说明 B 轴没问题。装好伺服电动机及联轴器，通电开机，原点复归后手动旋转 B 轴，机床恢复正常。

3）某 HU63A 数控加工中心采用 FANUC 18i 数控系统。使用一年左右，Z 轴突然出现"爬行"现象，该机床为半闭环控制系统，机床并未产生报警。依据以往经验，首先检查与位置环相关的参数 No 1851 是否发生变化或被人为改变。核对参数与原始记录相同，将该参数在原始设置的基础上往正负方向各调整了几次，Z 轴爬行现象没有改善，排除参数的原因；再用互换法排除了伺服放大器的因素。通过以上检查基本可以确

定爬行是机械方面的故障。经检查，最终发现
Z 轴丝杠与立柱连接处螺杆副的四颗内六角圆
柱头螺钉（图 6-38）已全部松动，锁紧螺钉
后再运行 Z 轴，爬行故障消除。

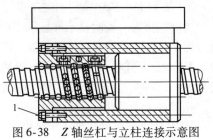

图 6-38　Z 轴丝杠与立柱连接示意图
1—内六角圆柱头螺钉

6-31　在故障诊断中采用哪些多功能分析仪
　　　　器仪表？

答： 在故障诊断中，多功能分析仪器仪表应用
情况如下：

（1）多功能分析仪　集冲击脉冲、振动分析、数据采集、趋势分析于一身的多功能分析仪器，可以进行温度测量、转速测量。其具有豪华的外观设计、触摸式屏幕、简单按键操作等特点，使用得心应手，如图 6-39、图 6-40 所示。其主要特性如下。

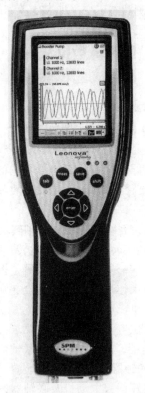

图 6-39　多功能分析仪外形　　　　图 6-40　多功能分析仪正在检测
　　　　　　　　　　　　　　　　　　　　　轴承运行状态

1）冲击脉冲方法是唯一成功的深入进行滚动轴承监测的技术。它提供了设备运行中轴承表面和润滑状态的精确信息，并贯穿整个轴承寿命周期。采用专用的冲击脉冲传感器，通过硬件和软件的共同作用，所获得的信号被放大 5 ~ 7 倍，从而直接发现轴承中、前期故障。冲击脉冲传感器采用独特的机械滤波（32kHz），从而可以检测出不平

衡、不对中、松动等低频信号，不受其他振动信号的影响。采用冲击脉冲频谱方法分析减速器问题，很容易分清是齿轮问题还是轴承问题。

2）可靠的振动分析功能，可以检测振动速度、加速度和位移，按 ISO 10816 所有指定的设备等级和报警限值均在菜单之中。

3）采用精确轴对中模块，运用独特的线扫描激光技术，可进行设备的水平和垂直方向对中；采用动平衡模块，检测单面或双面转子平衡，操作更加容易；具备启停车分析与锤击试验功能，可作为根源分析的工具。从而展示设备结构振动特征、共振频率和临界速率表象。

4）可容纳所有生产设备的运行状况数据；可直观查看设备当前状态，图解评估清晰并可拓展多种功能，客户可根据需求选择。

（2）轴承故障分析仪　目前成熟的滚动轴承测量仪，不但能定性，而且能定量判断轴承故障的原因，还可实现不停机故障检测，如图6-41所示。采用冲击脉冲技术，用冲击脉冲能量的 dBm/dBc 指标来描述，以定性、定量判定轴承故障。根据取得的值构成不同的模态，并分析轴承故障的原因，如缺油、磨损缺陷等。具有红、黄、绿三色指示显示轴承状态，现场使用十分方便。该故障分析仪有 T 型、A 型等。

图 6-41　轴承故障分析仪

（3）戴纳检测仪　戴纳检测仪用于发动机的精确检查（不需要拆卸发动机）。检查过程更安全、更快、更容易，也更清洁，如图 6-42 所示。通过减少检查时间，以及避免拆卸和装配发动机产生的维护工作，戴纳检测仪可显著地减少维护费用。测量的精度取决于探头插入到火花塞孔、燃油喷射器孔等位置的准确度。将符合要求的空气压力引入气缸后，可以确定活塞环、缸套和阀门的状态；使用真空度，可以测量连杆和活塞销轴承的磨损。还可以检查发动机部件及运行情况，如动力缸状况和磨损，包括缸套、活塞环、气孔、缸盖和阀门；气缸泄漏率及窜气；气门沉陷和传动机构；活塞销和连杆间隙（磨损和趋势）。

图 6-42　应用戴纳检测仪在检测大型发动机运行状况

6-32　如何对数控机床系统开展在线监测工作?

答: 对数控机床系统开展在线监测诊断工作如下:

1. 电动机在线综合诊断系统

(1) 特性

1) 新一代电气信号分析(ESA)技术成果,已通过 IEEE 及美国能源部的专业考核。

2) 通过在线监测的电流电压数据,诊断电源品质、电压与电流谐波、定子电气与机械故障、转子故障、气隙故障、轴承故障、对中与平衡故障、驱动装置故障等。

3) 小巧的手持式设计、自动化操作,现场使用如图 6-43 所示。

4) 自动识别转速与极频、软件自动确认转子与定子槽隙数目。

5) 输入轴承型号,软件即可自动确认轴承故障。

6) 自动确认静态与动态磁偏心。

(2) 智能诊断

1) 交流电动机转子故障分析。

2) 交流电动机转子气隙与磁偏心分析。

3) 交流电动机定子分析。

4) 耦合与负载机械特性诊断(对中、平衡、轴承、齿轮、松动等)。

5) 变频装置故障分析。

6) 直流调速系统故障分析。

7) 同步电动机诊断。

8) 直流电动机电枢诊断。

9) 直流电动机励磁绕组诊断。

10) 电源供电品质分析。

11) 谐波与功率分析。

(3) 最简单的操作

1) 控制柜(可在 PT/CT 上)连接三相电压夹头与三相电流。

2) 仪器通过按键进行数据存储。

3) 蓝牙无线技术可将数据上传到计算机。

4) 输入电动机铭牌数据。

5) 自动分析得出结论,并打印报告。

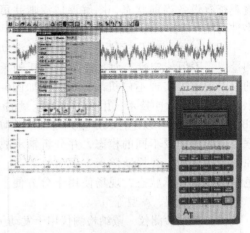

图 6-43　现场使用

2. "哨兵"（在线监测）系统

"哨兵"系统是用来监控高速往复压缩机和发动机故障的实时在线监测系统。它是一套被证明可靠性高、久经考验的系统，已问世多年。压缩机系统一旦发生性能降低，该系统能提前预知故障原因，并指明所需采取的措施，避免灾难性的事故发生。该系统可帮助用户预防突发性的停机事故，以及避免发生重大事故，并提供实时的参数及优化系统性能，如图 6-44 所示。

图 6-44　操作人员采用哨兵在线监测
系统对压缩机进行故障诊断

（1）功能

1）"哨兵"系统为压缩机系统提供精确和经济的运行。

2）"哨兵"系统提供操作界面，提供可靠的诊断信息。

3）"哨兵"系统可以与 PLC 系统对接，自动在灾难性事故到来之前停机。

4）"哨兵"系统帮助工程师（机械师）提高现场分析和诊断问题能力。

5）只要安装并启动了哨兵系统，它就会真实反映压缩机在各种操作状态下正常工作的模式，记录下整个工作循环后，"哨兵"系统就会自动进入预警监控模式。

6）"哨兵"系统不断地将当前机械和性能参数与之前真实反映获取的参数进行比较，根据参数值超高的程度发出预警或报警。预警表示监控的参数超过了初始限值，但是并不需要马上停机，因报警则表示监控的参数超过了设定的第二限值，需要马上采取措施。因为"哨兵"系统是一个预警系统，它可以检测到设备机械和性能的问题，并提前给操作人员充足的时间采取措施，有序停机并安排工作计划。

（2）"哨兵"系统提高了设备的可靠性

1）"哨兵"系统使用智能算法来改进自身预警和报警限值，但是它也可以灵活地让用户自己设置报警限值。"哨兵"系统不只是提供报警，它还可以指示出设备发生了哪些异常、其位置在哪和如何应对；发动机上监控参数，如阀门、活塞环、缸套和点火情况；压缩机上监控的参数，如阀门、活塞环、填料密封和连杆负载情况。

2）通过评估设备气缸盖的振动、排气温度和曲轴箱通风情况，"哨兵"系统会指出动力缸盖、阀门、活塞环和缸套、整体何时出故障。

3）通过监控级间压力和温度，"哨兵"系统会显示潜在的连杆负载问题变化情况，或显示某气缸发现连杆负载超出设计值等。

（3）"哨兵"系统检测设备整体经济性能和效率

1）"哨兵"系统通过检测压缩机的输出功率，然后转换成为实际的费用，这样用户就可以看到它的价值是多少。"哨兵"系统可以计算设备热效率、燃料用量和费用及压缩机功率，包括整体的和分阶段的。

2）"哨兵"系统通过检测，可显示压缩机整体性能的三个关键信息点，如"哨兵"

系统显示压缩机不能满负载工作时，会显示 1000 马力（1 马力 = 735.499W）压缩机已超过额定负载 2.5%，需立即进行调整。

3）"哨兵"系统能够提示应改进的地方，如"哨兵"系统可显示某单元油耗费用超出预算 1200 元/天；它还可以提示设备的早期问题。

（4）"哨兵"系统提高了资源利用效率

"哨兵"系统能帮助操作人员、诊断工程师和维修人员工作得更有成效。它可描述故障严重程度并且给出建议，使故障在设备损坏或意外停机前得到纠正。所以"哨兵"系统可将资源用在更有效的地方。

6-33 如何应用专业检测仪器仪表对数控机床进行在线监测？

答：专业检测仪器仪表对数控机床进行在线监测如下：

1. 袖珍测振仪

（1）特性

1）袖珍型设计，结实、便携、可靠，十分适合现场点检使用，如图 6-45 所示。

2）可测量振动位移、速度、加速度、高频加速度四种参数。

3）特别加强处理的耳机，可以屏蔽外部噪声，确保只能监听到测试中的设备信号。

4）数字显示四种参数，单键操作，使用十分简便。

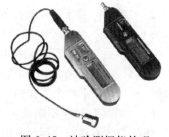

图 6-45 袖珍测振仪外观

（2）参数 具体如下：①位移：1 ~ 1999μm（峰峰值），在 10 ~ 500Hz 下；②速度：0.2 ~ 199.9mm/s（真有效值），在 10 ~ 100Hz 下；③加速度：0.2 ~ 199.9m/s^2（峰值），在 10 ~ 1000Hz 下；④高频加速度：1 ~ 199.9m/s^2（峰值），在（1 ~ 15）kHz 下。

2. 经济型现场动平衡仪

（1）特性

1）现场无须进行转子拆卸，在原始安装状态下可直接在设备上平衡，简单、快速、方便；不平衡引起的振动可迅速处理。

2）具有单面、双面平衡能力，可适用于各类转子的现场平衡。

3）两种转速相位输入模式（光电型或直接取自系统电涡流转速信号）和两种振动幅值输入模式，即仪器直接测量加速度传感器或直接读取设备自身存在的涡流位移信号，极大方便了现场使用，如图 6-46 所示。

4）结合现场需要，仪器设计了多种平衡计算选择最佳方法，如试重法、已知影响系

图 6-46 经济型现场动平衡仪

数法等。尤其是后者只需要一次停机，直接配重，减少了起停机次数，这在现场实际操作中具有很重要的意义。

5）仪器还兼备频谱分析功能，可直接测取设备振动的频谱值，从而为正确判定设备振动原因提供科学依据。

6）大屏幕液晶显示，交、直流供电。

7）仪器专为恶劣工业环境设计，结实、可靠、交互按键式操作。

（2）技术参数　动平衡工作转速：600～30000r/min（速度传感器）（标配）；30～30000r/min（电涡流传感器、低频位移传感器）（选配）；幅值量值：0～8000μm；相位跟踪：360°（内）±1°。

3. 数字式油品检测仪

（1）特性

1）现场检测油中水分，总碱值（TBN）。

2）使用黏度检测套件比对新旧油品的黏度得出油品黏度的变化，定性分析。

3）定性检测油品中的盐分及不溶物如图6-47所示。

（2）技术参数　检测种类　水分、总碱值（TBN）：2min；盐分、不溶物：1h；黏度：1min；尺寸：47cm×40cm×18cm；质量：5.5kg。

（3）典型应用　各种润滑油和燃油。

4. 快速油黏度计

主要功能如下：

1）将采样油与永久装于参考管内的已知黏度的油样做比较，无须任何计算，黏度直接在表上读取（误差±5%）。

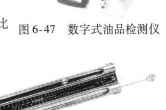

图6-47　数字式油品检测仪

2）平动活塞抽取油样，排出时自动洁净内腔如图6-48所示。

3）适用于各种液压、润滑油（cSt单位，$1cSt = 10^{-6}m^2/s$）；范围：0～400cSt。

4）仪器测量范围：0～400cSt，40℃，两种推荐读数范围8～200cSt和20～400cSt。

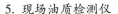

图6-48　快速油黏度计

5. 现场油质检测仪

（1）特性

1）现场快速检测各项污染物，如金属颗粒、氧化物、水、防冻液、汽油、酸等，给出定性、定量的结论。

2）决定油品是否仍可使用或需更换，对各种油品进行快速检测，避免了所有油品送实验室检测，费时费力。

3）广泛用于各种关键设备，如压缩机、发动机、齿轮箱、工程机械及其他各种机械设备如图6-49所示。

4）现场操作十分简单，只需在检测腔中滴入几滴油样，即可从其综合介电常数的变化，确定油品的污染程度。

（2）性能

1）检测油污染程度。

2）检测新购油品质量。

3）检测范围：各种润滑油、液压油。

（3）技术指标　表头指针范围：±25μA；环境温度：-25～55℃；电池供电；重复性误差：≤3%；整机功耗：≤380MW。

图 6-49　现场油质检测仪

第7章 数控机床的管理维护与技术改造

7-1 现代设备工程发展情况如何?

答: 当前,在国际上现代设备维修工程从内容到范围都有了迅猛的发展。尤其在数控设备方面,管理、维护、修理到技术改造进步更快,并朝着集成化、大型化、连续化、高速化、自动化、流程化、综合化、计算机化、超小型化、远程化、虚拟化和技术密集化的方向迈进。

设备先进了,而维修、管理工作如果滞后,势必会对企业生产管理造成严重困扰,甚至会成为企业前进的障碍。

解决这一问题的办法有两个:一是企业拥有设备自诊断能力的强化及可维修性,使设备可靠性日益增加;另一是社会上拥有维修专业力量减少企业的负担,加上设备具有良好的售后服务网络。这样,就使设备维修从内容到范围有了巨大的拓宽与进步,同时,由于现代设备在技术含量上比过去的传统设备要高得多。如数控设备涉及许多学科的知识交叉,远非传统设备所能比拟。数控机床的机电一体化与高度自动化,明显地使企业的操作人员减少,而维修工程技术人员却不断增加,两者反差日益明显,如图7-1所示。再从以上两类人员的技术素质相比,情况也非常类似。从图7-2看到,随着设备技术含量的增加,对操作人员的依赖性日益减少;反之,对维修人员的要求越来越高。另外,企业在生产上对维修费用的投入也会不断增加。

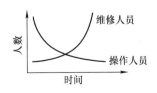

图 7-1 操作 – 维修人员
数量的变化曲线图

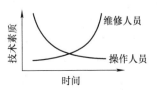

图 7-2 维修 – 操作人员
技术素质曲线图

由此可见,先进的设备需要先进的与之匹配的维修技术,当然更需要先进的管理模式。当代设备涉及知识与技术面较广,因此设备维修与管理工作就成为一门边缘的、综合的、系统的学科。设备维修、管理人员需要掌握运筹学、后勤工程学、系统工程学、综合工程学、行为科学、可靠性工程学、管理工程学、工程经济学、工程技术科学、人机工程学等知识。

设备管理业务内容包括两大类:一是技术管理,即设备的前期管理,如规划、选型决策、采购、合同管理、安装、调试与设备初期运行管理等;设备台账管理,如资产及档案管理等;设备状态管理,如状态监测、诊断与点检管理;设备维修管理,如维修模式设计、维修计划管理、维修质量验收等,以及设备环保与安全管理、设备润滑管理、备品配件管理、材料管理、改造更新管理以及专业管理（如压力容器、化学腐蚀设备、液压、气动泵站、计算机网络管理、设备故障、事故管理与设备精度管理等）。二是设备的经济管理，包括投资方案技术、经济可行性分析，风险预测评估，设备经济寿命与折旧，寿命周期费用（LCC）、寿命周期效益、设备综合效益分析，外协项目价格体系管理，备件结构模型与流动资金管理等。

7-2　结合当前形势，现代设备管理的任务是什么？

答：首先应对当前形势有一个基本认识。国家逐步推行新的企业经营机制，实行政企分离，企业自主经营，对企业设备管理工作进行宏观管理，主要表现在突出设备等资产的价值形态管理，而且将企业的设备维修部门（分厂或车间）推向市场，使其自负盈亏，改变企业"大而全""小而全"的局面。

当前国内企业不仅面临国内激烈竞争，更要面临国际市场的竞争。因此目前应尽快地将设备管理工作纳入建立效益型的经营体制之中，迅速提高设备管理人员的管理水平与业务素质。因此要求做好以下工作。

（1）实事求是做好现代设备管理的定位工作　既要克服目前出现的对设备短期使用的行为，又要明确将设备管理工作纳入企业经营的大目标中去。

（2）实施效益型的设备管理　企业要实施效益型管理，首先应完善以下工作：

1）采取先进管理的理论与方法：如用寿命周期费用分析法指导设备选型工作；用状态监测和故障诊断方法指导设备维修工作，使设备维修在 TBM 推广的基础上逐步改变为 CBM 或 RBM 维修方式；调动职工对设备管理自主活动的积极性，建立自我约束和自我激励的设备管、维、改制度。

2）做好规划，合理确定设备资产构成，保证先用适用，重视盘活闲置设备与低效资产，提高资产有效利用率。

3）保证设备满足生产要求的技术状况，降低维修费用，防止设备失修。

4）充分依靠高素质的设备管理人员、技术人员及操作、维修人员。

（3）重视设备资产形态管理　企业重视投资效益，因此企业对资产价值形态管理要强化。但实现企业盈利目标必须保证产品的质量、数量与交货期准确无误，因此设备必须技术精良，强化过时设备改造、更新、再制造等手段；同时还要盘活低效设备、闲置设备，随时调剂，有出有进，不离开经营的大目标而收到应有的效益。这两个方面的工作是保证实现企业效益型的关键。总之，重视设备的物质形态管理与价值形态管理这两个方面，才能使企业走上成功之路。

（4）建立以可靠性为中心的维修体系　在市场经济下，企业在实现经营机制转换的过程中，要把维护和修理工作建立在基于先进技术水平的科学决策上，而不能像在计划经济条件下来依靠定时计划检修这种落后的体制上。因此要建立以可靠性为主体的维修体系。可靠性为中心的维修（RCM）以主动维修为导向的维修体制。旨在消灭故障根源，减少维修工作量，最大限度地延长设备寿命。把主动维修、预测维修与预防维修三种策略形成统一的维修策略，因此，称之为可靠性维修。

企业应结合当前现状，从实际出发做好以下转变工作：如变计划预修为针对性维修；在预防性维修中增加视情维修比重；在设备的考核指标中增加新的内容（如设备资产利润率、闲置设备资产转换率等）；注意修理与改进措施相结合；重视维修性大纲的适应性与有效性；实施战略性维修框架体系中自测自问环节。这些措施有助于改变多年来形成的只重视物质形态管理、轻视价值形态管理的倾向。

7-3　现代设备工程的含义是什么？

答：现代设备工程的含义是以提高设备综合效率、设备寿命周期费用合理性与经济性，实现企业生产经营目的，运用现代科学技术、管理理论与方法，对设备的全过程寿命周期从技术、经济、管理等方面综合研究、活动的总称，包括规划工程与维修、改造工程，并与公用工程、安全、环保工程密切相关。

现代设备工程应从技术、经济和管理三要素及三者之间的关系来考虑设备寿命周期的全过程活动。

（1）技术方面　主要是对设备硬件的技术处理。主要因素有设备的设计与制造技术；设备诊断与状态监测技术；设备的维护、保养、修理与改造技术。侧重点是设备的可靠性、维修性与再制造性设计。

（2）经济方面　主要是对设备投资及运行的经济价值的分析与控制，也是从费用和效益的角度控制管理活动。主要因素有设备规划、投资和购置决策；设备能耗分析；设备大修、改造、更新的经济性评估及设备的折旧。侧重点是设备全寿命周期费用、效益评估分析。

（3）管理方面　主要是管理制度、规章、措施等。主要因素有设备规划、造型、采购等工作的管理；设备使用、维修的工作管理；设备资料、档案及信息的管理工作等。侧重点是树立现代化管理思想和建立设备综合管理系统。

现代设备工程内容体系是根据系统工程的观点、设备全寿命周期将设备终生全过程划分成七个阶段，如图7-3所示。

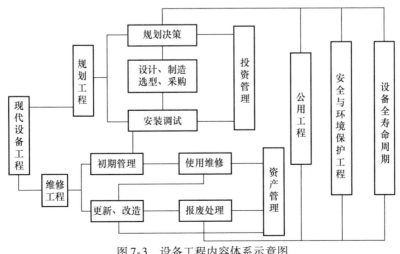

图 7-3　设备工程内容体系示意图

实践证明，设备工程作为一门新兴的综合性学科，在实现企业提高生产率，保证和提高产品质量、降低成本、安全生产和减少社会公害等方面已做出了引人注目的贡献。

7-4 现代设备工程对清洁与文明生产有哪些要求？

答： 现代设备工程对文明生产要求，包括以下几个方面。

（1）设备综合管理与环境保护 设备是工业生产的物质技术基础，设备综合管理不仅保证生产顺利进行，而且是提高企业经济效益的重要前提，同时设备管理工作又是工业安全生产和环境保护的保证。不仅管理、处理好"三废"设备是搞好环境保护的先决条件，对其他设备的管理工作也与环境保护直接相关。它能直接防止和减少噪声、废水等直接污染物的产生，降低设备的能耗，提高能源利用率等。环保性也是设备综合管理所追求的综合效能之一。在设备的一生管理中，从设备的选型、维修直至设备的报废，都必须考虑到对环境产生的影响。

（2）清洁生产 实现工业可持续发展战略，开展清洁生产，对企业设备管理提出了更高的要求。要求对设备一生、全过程实行综合管理，包括从设备的规划、方案认证、研究、设计、制造或购置到安装、使用、维修、改造、报废直至更新的全过程。

清洁生产是指既可满足人们的需要又可合理利用资源和能源并保护环境的实用生产方法和措施。其实质是一种物料和能耗最少的人类生产活动的规划和管理，将废物减量化、资源化和无害化，或消灭于生产过程之中。

开展清洁生产是实现工业可持续发展的一个重要方略，也是防止工业污染的两种模式之一，且是最有效的一种。越来越多的事实表明，环境问题的产生不仅仅是生产终端的问题，在整个生产过程及其各个环节中都有产生环境问题的可能。只有发展清洁技术、开展清洁生产、推行生产全过程控制，才会建立节能、降耗、节水、节地的资源节约型经济，实现以尽可能少的环境代价和较少的能源、资源消耗，获取较大的经济发展效益。

（3）设备综合管理是实施清洁生产的重要保证 清洁生产通过应用专门技术、改进工艺和装备及改变管理观念来实现。设备管理作为企业管理的一个重要组成部分，对企业实施清洁生产起着至关重要的作用。

设备综合管理可以使清洁设备的研制与生产受到重视，而清洁设备（如数控设备等）又是实施清洁生产的前提之一。

同时，综合设备管理是使设备管理人员观念、思想趋向现代化的重要保证。强调思维方式的改变，从产品设计到进入市场，力求少产生或不产生污染物是持续解决环境污染的重要方面。

先进的管理方式是清洁生产过程顺利进行的必要条件。

设备维修管理的主要任务是使企业设备经常处于最佳技术状态。而传统的管理方式使原材料、能源和备件等消耗较高。先进的现代化的设备综合管理方式，则使原材料消耗、能源消耗大大降低。所以只有先进的管理方式，才是清洁生产的重要保证。

7-5　现代设备工程对数控设备的管理有什么要求？

答： 在设备管理工作中，对数控设备的管理有以下几个方面特点与要求。

（1）数控设备管理机构的设置　实践证明，数控设备较多的企业对数控设备设置了明确的、又相对独立的专门管理机构，这有利于这些高端设备的生产与日常维护。这种专门管理机构可在企业组织中称为数控分厂、数控车间或数控中心。对设备都有针对性很强的管理制度、规章，便于设备部门管理和改进工作。

（2）数控设备作业区的设置　由于电网电压的波动，因此将数控设备作业区集中设置有利于电源供给并减少事故；同时，对振源的隔离也起到保护作用。还需做好在防尘、文明生产管理与刀具等工艺装备供应、保管工作。

（3）对数控设备资料的专门保管　由于数控设备技术含量高，其相关资料、手册、数据、表格较多。从设备的安装、调试资料到操作、保养、维修手册，都需要分类由专人负责管理，因为这些资料是设备维修、改造的基本依据。

在设备运行和使用中要随时注意资料的收集、归纳与整理，如液压油、润滑油、齿轮油等油品资料的收集。尤其进口数控设备的各类电器元器件资料的归档都十分重要。

另外，设备运行记录和故障、事故记录资料也要妥善保管和处理。

1）数控设备的故障诊断、状态监测、排故换件，维修调试、运转部件检测及数控系统与 PLC 系统的报警处理都比普通设备繁杂而且涉及专用的工具及备品配件。这方面的管理工作必须深入细致及十分重视，才能满足要求。

2）维修、操作、管理工程技术人员的培训及知识更新，比一般设备要求高。这方面的管理工作要跟上，而且应由企业领导直接抓，才能及时解决。

7-6　数控机床在生产使用中应注意哪些方面的工作？

答： 数控机床在生产使用中，要注意以下几个方面工作：

1）定期更换直流伺服电动机的电刷和直流主轴电动机的电刷。应对电刷定期进行检查，检查周期随机床品种不同和使用的频繁程度不同而异，一般为半年或一年检查一次。如果数控机床闲置不用达到半年，就应取出电刷，避免其化学腐蚀，影响到换向器的性能，甚至可能损坏整台电动机。

2）由于数控设备是主要的固定资产，且结构复杂，出现故障又不能轻易排除，因此有些用户就尽量少使用。其实这样的做法是不对的，也不是合理的方法，尤其对数控系统和电气装置，更应常用及通电，才能避免潮湿、漏电、损坏。数控系统一般由成千上万个电子元器件构成，故其寿命的离散性很大。其失效曲线，一般分为三个区域。第Ⅰ区域为初期运行区，系统的故障率呈指数曲线函数而变化，如图 7-4 所示，其故障率较高。第Ⅱ区域为数控系统的有效寿命区，失效率比较低，系统运行最为稳定。第Ⅲ区域为系统的老化区，这时的失效率会随着时间的推移而急剧增加，也就是该系统已到了寿命的极限，需要更换淘汰。

一般第Ⅰ区域的时间为 9～14 个月，然后进入稳定区。因此，数控机床安装、调试完成后，在数控设备的生产使用管理中，应尽量多用，而不是少用，或不用。更何况在第一年的保修期内，应尽量及早发现问题，免费维修才算合理。在夏季相对湿度较大或梅雨季节里，更应使机床经常通电，这在管理工作中尤为重要。

同时，保持机床的清洁与文明生产的环境也是数控机床生产、使用管理工作的重要方面。

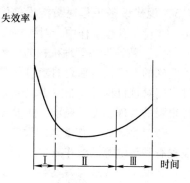

图 7-4　数控系统失效曲线图

7-7　数控机床维护保养有什么要求？

答：数控机床维护保养要求如下：

（1）可靠性要求　数控机床的可靠性是指在规定条件下（如环境温度、使用条件及使用方法等）无故障工作能力。衡量可靠性的指标有 MTBF（平均无故障时间）、MTTR（平均修复时间）、A（有效度）等三种形式。

1）MTBF 是指一台数控机床在使用中两次故障间隔的平均时间，即数控机床在寿命范围内总工作时间与总故障次数之比，即

$$MTBF = \frac{总工作时间}{总故障次数}$$

2）MTTR 是指数控机床从出现故障开始直至能恢复正常工作使用所消耗的平均修复时间，显然这个时间越短越好。

3）A 是从可靠度和可维修度对数控机床的正常工作概率进行综合评价的尺度，即指一台可维修机床，在某一段时间内维持其性能的概率为

$$A = \frac{MTBF}{MTBF + MTTR}$$

可见，A 是一个小于 1 的数，它越接近 1 越好。

需要强调指出：一是认为维修即意味着数控机床需要修理。诚然，修理是维修工作中的一项重要内容，但并非唯一内容。从提高数控机床的 A（有效度）看，"维修"包含两方面的意义，即：①日常维护（或称预防性维修），为的是延长 MTBF 时间值；②故障维修，这时要力求缩短 MTTR 值，因此，数控机床（主要是数控系统）可靠性是唯一重要指标。但就目前来看，由于 VLSI（大规模集成电路与芯片）的应用已使数控系统可靠性达 20000h 以上，因此数控机床的故障往往已转移到系统之外的因素上去了。所以在分析与判断故障时要多因素考虑。

（2）做好维修保养前的准备工作　由于数控机床是集多种学科与技术于一身的高技术密集度的产品，因此维修人员的知识面应宽。在动手维修及日常维护工作开始之前，应充分做好准备工作，包括对随机资料、维护保养手册等资料的详细阅读与掌握。

7-8　如何开展数控机床的维护保养工作？

答：开展数控机床的维护保养工作如下：

（1）数控机床的维护保养　数控机床是一种综合应用了计算机技术、自动控制技术、自动检测技术、精密机械设计和制造等先进技术的高新技术的产物，是技术密集程

度及自动化程度都很高的、典型的机电一体化产品。与普通机床相比，数控机床不仅具有零件加工精度高、生产效率高、产品质量稳定、自动化程度极高的特点，而且它还可以完成普通机床难以完成或根本不能加工的复杂曲面的零件加工。但在企业实际生产中，数控机床是否能达到加工精度高、产品质量稳定及提高生产效率的目标，这不仅取决于数控机床本身的加工精度和性能，很大程度上也与能否正确地对数控机床进行维护、保养密切相关。数控机床的结构特点决定了它与普通机床在维护、保养方面存在很大的差别，只有正确做好对数控机床的维护、保养工作，才可以延长其元器件的使用寿命及延长其机械部件的磨损周期，防止其意外恶性事故的发生，达到其长时间稳定工作的目的；也才能充分发挥数控机床的加工优势和技术性能，确保数控机床能够正常工作。因此，对数控机床的维护与保养非常重要，必须予以高度重视。对维护过程中发现的故障隐患应及时清除，避免停机待修，从而延长设备平均无故障时间，增加可利用率。开展点检是数控机床维护的有效办法。大型数控机床外观如图 7-5 所示。

（2）数控机床维护保养　预防性维护的关键是加强日常保养，主要的保养工作有下列内容：

1）日检及维护：如图 7-6 所示，其主要项目包括液压系统、主轴润滑系统、导轨润滑系统、冷却系统、气压系统。日检就是根据各系统的正常情况来加以检测。如当进行主轴润滑系统的过程检测时，电源灯应亮，液压泵应正常运转；若电源灯不亮，则应保持主轴停止状态，及时与设备管理员联系，并进行维修。

　　　图 7-5　大型数控机床外观　　　　　　　图 7-6　日检及维护

2）月检及维护：

a. 主要项目包括对机床零件、主轴润滑系统进行正确的检查，特别是对机床零件要清除铁屑，以及进行外部杂物清扫。

b. 对电源和空气干燥器进行检查。电源在正常情况下，额定电压 180～220V，频率 50Hz，如有异常，要对其进行测量、调整。空气干燥器应该每月拆一次，然后进行清洗、装配。

3）季检及维护：

a. 对机床床身进行检查。例如：对机床床身进行检查时，主要看机床精度、机床水平是否符合手册中的要求，如有问题，应马上和设备管理员联系。

b. 对机床的液压系统、主轴润滑系统及 X 轴进行检查，如出现问题，应该更换新油，然后进行清洗工作。

7-9 数控机床液压系统出现异常现象如何处理？

答： 全面地熟悉及掌握了预防性维护知识后，还必须对其有更深的了解及掌握必要的解决问题的方法。如当液压泵不喷油、压力不正常、有噪声等现象出现时，应知道主要原因及相应的解决方法。对液压系统异常现象的原因与处理，主要应从三个方面加以了解。

（1）液压泵不喷油　主要原因可能有油箱内液面低、液压泵反转、转速过低、油黏度过高、油温低、过滤器堵塞、吸油管配管容积过大、进油口处吸入空气、轴和转子有破损处等。对主要原因相应的解决方法有注满油且确认标牌、当液压泵反转时变更过来等。

（2）压力不正常　即压力过高或过低。其主要原因也是多方面的，如压力设定不适当、压力调节阀线圈动作不良、压力表不正常、液压系统有泄漏等。相应的解决方法有按规定压力设置拆开清洗、换一个正常压力表、对各系统依次检查等。

（3）有噪声　噪声主要是由液压泵和阀产生的。当阀有噪声时，其原因是流量超过了额定标准，应该适当调整流量；当液压泵有噪声时，原因及其相应的解决方法也是多方面的，如油的黏度高、油温低，解决方法为升高油温；油中有气泡时，应放出系统中的空气等。

7-10　数控机床机械部分的维护保养如何开展？

答： 数控机床机械部分的维护保养。数控机床机械部分的维护保养主要包括机床主轴部件、进给传动机构、导轨等的维护保养。

（1）主轴部件的维护保养　主轴部件是数控机床机械部分中的重要组成部件，主要由主轴、轴承、主轴准停装置、自动夹紧等组成。数控机床主轴部件的润滑、冷却与密封是机床使用和维护过程中值得重视的几个问题。

1）良好的润滑效果，可以降低轴承的工作温度和延长使用寿命。为此，在操作使用中要注意到：低速时，采用油脂、油液循环润滑；高速时采用油雾、油气润滑方式。但是，在采用油脂润滑时，主轴轴承的封入量通常为轴承空间容积的 10%，切忌随意填满，因为油脂过多，会加剧主轴发热。对于油液循环润滑，在操作中要做到每天检查主轴润滑恒温油箱，看油量是否充足，如果油量不够，则应及时添加润滑油；同时要注意检查润滑油温度是否合适。

为了保证主轴有良好的润滑及减少摩擦发热，同时又能把主轴组件的热量带走，通常采用循环式润滑系统，如图 7-7 所示。用注油泵强力供油润滑，使用油温控制器控制油箱油液温度。高档

图 7-7　数控机床循环式润滑系统外观图

数控机床主轴轴承采用高级油脂封存方式润滑，每加一次油脂可以使用 7 ~ 10 年。新型的润滑冷却方式不仅要减少轴承温升，还要减少轴承内外圈的温差，以保证主轴热变形小。

常见主轴润滑方式有两种：油气润滑和喷注润滑。油气润滑方式近似于油雾润滑方式，但油雾润滑方式是连续供给油雾，而油气润滑是定时定量地把油雾送进轴承空隙中，这样既实现了油雾润滑，又避免了油雾太多而污染周围空气；喷注润滑方式是用较大流量的恒温油（每个轴承 3 ~ 4L/min）喷注到主轴轴承，以达到润滑、冷却的目的。这里较大流量喷注的油必须靠排油泵强制排油，而不是自然回流。同时，还要采用专用的大容量高精度恒温油箱，油温变动控制在 ±0.5℃。

2）主轴部件的冷却主要是以减少轴承发热，有效控制热源为主。

3）主轴部件的密封则不仅要防止灰尘、屑末和切削液进入主轴部件，还要防止润滑油的泄漏。主轴部件的密封有接触式和非接触式两种。对于采用油毡圈和耐油橡胶密封圈的接触式密封，要注意检查其老化和破损；对于非接触式密封，为了防止泄漏，重要的是保证回油能够尽快排掉，还要保证回油孔的通畅。

（2）进给传动机构的维护保养　进给传动机构的机电部件主要有伺服电动机及检测元件、减速机构、滚珠丝杠螺杆副、丝杠轴承、运动部件（工作台、主轴箱、立柱等）。这里主要对滚珠丝杠螺杆副的维护与保养加以说明。

1）滚珠丝杠螺杆副轴向间隙的调整。滚珠丝杠螺杆副除了对本身单一方向的进给运动精度有要求外，对轴向间隙也有严格的要求，以保证反向传动精度。因此，在操作使用中要注意由于丝杠螺杆副的磨损而导致的轴向间隙，可采用调整法加以消除。

① 双螺母垫片式消隙（图 7-8）。调整方法：改变垫片 3 的厚度，使螺母 2 相对于螺母 1 产生轴向位移。在双螺母间加垫片的形式可由专业生产厂根据用户要求事先调整好预紧力，使用时装卸非常方便。此法能较准确调整预紧量、结构简单、刚度好、工作可靠，但调整不方便，滚道磨损时不能随时进行调整。

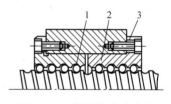

图 7-8　双螺母垫片式消隙
1、2—螺母　3—垫片

② 双螺母螺纹式消隙（图 7-9）。调整方法：转动调整螺母 3，使螺母 2 产生轴向位移。利用一个螺母上的外螺纹，通过圆螺母调整两个螺母的相对轴向位置实现预紧，调整好后用另一个圆螺母锁紧，此法结构简单、调整方便。滚道磨损时可随时进行调整，但预紧量不够精确。

③ 齿差式消隙（图 7-10）。调整方法：在螺母 2 和 3 的凸缘上各装有外齿轮，分别与紧固在套筒两端的内齿圈 1 和 4 相啮合。

调整时，先取下内齿圈，让两个螺母相对于套筒同方向都转动一个齿，然后再插入内齿圈，则两个螺母便产生相对角位移，其轴向位移量为

$$s = \frac{p}{z_1 z_2}$$

式中：s 为轴向位移量；z_1 和 z_2 为齿轮的齿数；p 为滚珠丝杠的导程。此法能精确微调预紧量，滚道磨损时调整方便。

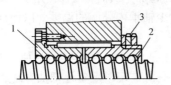

图 7-9　双螺母螺纹式消隙示意
1、2—螺母　3—调整螺母

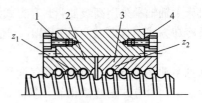

图 7-10　齿差式消隙示意
1、4—内齿圈　2、3—螺母
z_1、z_2—齿轮的齿数

2）对滚珠丝杠螺杆副的密封与润滑的日常检查是在操作使用中都要注意的问题。对于丝杠螺杆副的密封，要注重检查密封圈和防护套，以防止灰尘和杂质进入滚珠丝杠螺杆副；对于丝杠螺杆副的润滑，如果采用油脂，则定期润滑；如果使用润滑油，则要注意经常通过注油孔注油。

（3）机床导轨的维护保养　导轨的维护保养主要是导轨润滑和导轨防护。

1）导轨的润滑。导轨润滑的目的是减少摩擦阻力和摩擦磨损，以避免低速爬行和降低高温时的温升。对于滑动导轨，采用润滑油润滑；对于滚动导轨，则润滑油或者润滑脂均可。导轨的油润滑一般采用自动润滑，操作使用中要注意检查自动润滑系统中的分流阀，如果它发生故障则会造成导轨不能自动润滑。此外，必须做到每天检查导轨润滑油箱的油量，如果油量不够，则应及时添加润滑油；同时要注意检查润滑液压泵是否能够定时起动和停止，并且要注意检查定时起动时是否能够提供润滑油。

2）导轨的防护。在使用中要注意防止切屑、磨粒或者切削液散落在导轨面上，否则会引起导轨的磨损加剧、擦伤和锈蚀。为此，要注意导轨防护装置的日常检查，以保证对导轨的防护。

（4）回转工作台的维护保养　数控机床的圆周进给运动一般由回转工作台来实现，对于加工中心，回转工作台已成为一个不可缺少的部件。因此，在操作使用中要注意严格按照回转工作台的使用说明书要求和操作规程正确操作使用。特别注意回转工作台转动机构和导轨的润滑。

7-11　数控机床辅助装置如何开展维护保养？

答： 数控设备辅助装置的维护保养主要包括数控分度头、自动换刀装置、液压、气压系统的维护保养。

（1）数控分度头的维护保养　数控分度头是数控铣床和加工中心等的常用附件，其作用是按照 CNC 装置的指令做回转分度或者连续回转进给运动，使数控机床能够完成指定的加工精度。因此，在操作使用中要注意严格按照数控分度头的使用说明书要求和操作规程正确操作使用。

（2）自动换刀装置的维护保养　自动换刀装置是加工中心区别于其他数控机床的特征结构。它具有根据加工工艺要求自动更换所需刀具的功能，以帮助数控机床节省辅助时间，并满足在一次安装中完成多工序、多工步加工要求。因此，在操作使用中要注意经常检查自动换刀装置各组成部分的机械结构的运转是否正常工作、是否有异常现象，检查润滑是否良好等，并且要注意换刀可靠性和安全性检查。

（3）液压系统的维护保养

1）定期对油箱内的油进行检查、过滤、更换；检查冷却器和加热器的工作性能，控制油温。

2）定期检查更换密封件，防止液压系统泄漏。

3）定期检查清洗或更换液压件、滤芯，定期检查清洗油箱和管路。

4）严格执行日常点检制度，检查系统的泄漏、噪声、振动、压力、温度等是否正常。

（4）气压系统的维护保养

1）选用合适的过滤器，清除压缩空气中的杂质和水分。

2）检查系统中油雾器的供油量，保证空气中有适量的润滑油来润滑气动元件，防止生锈、磨损造成空气泄漏和元件动作失灵。

3）保持气动系统的密封性，定期检查更换密封件。

4）注意调节工作压力。

5）定期检查清洗或更换气动元件、滤芯。

7-12　数控机床数控系统如何进行使用维护？

答：数控系统是数控设备电气控制系统的核心。每台设备数控系统在运行一定时间后，某些元器件难免出现一些损坏或故障。为了尽可能地延长元器件的使用寿命，防止各种故障，特别是恶性事故的发生，就必须对数控系统进行日常维护保养。主要包括数控系统的正确使用和数控系统的日常维护。

1. 数控系统的正确使用

（1）数控系统通电前的检查

1）数控装置内的各个印制电路板安装是否紧固，各个插头有无松动，如图 7-11 所示。

2）数控装置与外界之间的连接电缆是否按随机提供手册的规定正确而可靠地连接。

3）交流输入电源的连接是否符合 CNC 装置规定的要求。

4）数控装置中各种硬件的设定是否符合要求。

（2）数控系统通电后的检查

图 7-11　数控系统装置外观图

1）数控装置中各个风扇是否正常运转。

2）各个印制电路板或模块上的直流电源是否正常、是否在允许的波动范围之内。

3）数控装置的各种参数（包括系统参数、PLC 参数等），应根据随机所带的说明书一一予以确认。

4）当数控装置与机床联机通电时，应在接通电源的同时，做好按压紧急停止按钮的准备，以备出现紧急情况时随时切断电源。

5）用手动以低速移动各个轴，观察机床移动方向的显示是否正确。然后让各轴碰到各个方向的超程开关，用以检查超程限位是否有效，数控装置是否在超程时发出报警。

6）进行几次返回机床基准点的动作，用来检查数控机床是否有返回基准点功能，以及每次返回基准点的位置是否完全一致。

7）按照数控机床所用的数控装置使用说明书，用手动或编制程序的方法来检查数控系统所具备的主要功能，如定位、各种插补、自动加速/减速、各种补偿、固定循环等功能。

2. 数控系统的日常维护保养

1）根据不同数控设备的性能特点，制定严格的数控系统日常维护的规章制度，并且在使用和操作中严格执行。

2）应尽量少开启数控柜和电控柜的门。机加工车间空气中一般都含有油雾、漂浮的灰尘甚至金属粉末，一旦撒落在数控装置内的印制电路板或电子器件上，容易引起元器件间绝缘电阻下降，并导致元器件及印制电路的损坏。因此，除非进行必要的调整和维修，否则不允许加工时敞开柜门（图 7-12）。

3）定时清理数控装置的散热通风系统。应每天检查数控装置上各个冷却风扇工作是否正常。视工作环境的状况，每半年或每季检查　图 7-12　数控机床数控柜及电控柜外观图
一次风道过滤器是否有堵塞现象，如过滤网上灰尘积聚过多应及时清理，否则会引起数控装置内温度过高（一般不允许超过 60℃），致使数控系统不能可靠地工作，甚至发生过热报警现象。

4）定期检查和更换直流电动机电刷。虽然在现代数控机床上有交流伺服电动机和交流主轴电动机取代直流伺服电动机和直流主轴电动机的倾向，但对于使用直流电动机的用户而言，电动机电刷的过度磨损将会影响电动机的性能，甚至造成电动机损坏，为此，应对电动机电刷进行定期检查和更换，检查周期随机床使用频繁度而异，一般为每半年或一年检查一次。

5）经常监视数控装置使用的电网电压。数控装置通常允许电网电压在额定值的 ±（10% ～15%）的范围内波动，如果超出此范围就会造成系统不能正常工作，甚至会引起数控系统内的电子部件损坏。为此，需要经常监视数控装置使用的电网电压。

6）存储器使用的电池需要定期更换。存储器如采用 CMOS RAM 器件，为了在数控系统不通电期间能保持存储的内容，设有可充电电池维持电路。在正常电源供电时，由 +5V 电源经一个二极管向 CMOS RAM 供电，同时对可充电电池进行充电；当电源停电时，则改由电池供电维持 CMOS RAM 信息。在一般情况下，即使电池仍未失效，也应每年更换一次，以便确保系统能正常工作。电池的更换应在 CND 装置通电状态下进行。

7）备用印制电路板的维护。印制电路板长期不用是容易出故障的，因此，对于已购置的备用印制电路板应定期装到数控装置上通电运行一段时间，以防损坏。

8）数控系统长期不用时的保养。为提高系统的利用率和减少系统的故障率，数控机床长期闲置不用是不可取的。若数控系统处在长期闲置的情况下，必须注意以下两点：

① 要经常给系统通电，特别是在环境温度较高的梅雨季节更是如此。应在机床锁住不动的情况下，让系统空载运行，利用电气元件本身的发热来驱散装置内的潮气，保证电子元件性能的稳定可靠。在空气湿度较大的地区，经常通电是降低故障率的一个有效措施。

② 如果数控机床的进给轴和主轴采用直流电动机来驱动，应将电刷从直流电动机中取出，以免由于化学腐蚀作用，使换向器表面腐蚀，造成换向性能变坏，导致整台电动机损坏。

9）数控系统发生故障时的维护。一旦数控系统发生故障，操作人员应采取急停措施，即停止系统运行，并且保护好现场，协助维修人员做好维修前期的准备工作。

7-13　数控机床强电控制系统如何进行维护保养？

答： 数控机床电气控制系统除了 CNC 装置（包括主轴驱动和进给驱动的伺服系统）外，还包括机床强电控制系统。机床强电控制系统主要是由普通交流电动机的驱动和机床电器逻辑控制装置 PLC 及操作盘等部分构成。这里简单介绍机床强电控制系统中普通继电接触器控制系统和 PLC 可编程控制器的维护与保养。

（1）普通继电接触器控制系统的维护与保养　经济型数控机床采用普通继电接触器控制系统。其维护与保养工作，主要是采取措施防止强电柜中的接触器、继电器产生强电磁干扰。数控机床的强电柜中的接触器、继电器等电磁部件均是 CNC 系统的干扰源。由于交流接触器，交流电动机的频繁起动、停止时，其电磁感应现象会使 CNC 系统控制电路中产生尖峰或波涌等噪声，干扰系统的正常工作。因此，一定要对这些电磁干扰采取措施予以消除。例如：对于交流接触器线圈，可在其两端或交流电动机的三相输入端并联 RC 网络来抑制这些电器产生的干扰噪声。此外，要注意防止接触器、继电器触头的氧化和触头的接触不良等。

（2）PLC 可编程控制器的维护与保养　PLC 可编程控制器也是数控机床上重要的电气控制部分。数控机床强电控制系统除了对机床辅助运动和辅助动作进行控制外，还包括对保护开关、各种行程和极限开关的控制。在上述过程中，PLC 可编程控制器可代替数控机床上强电控制系统中的大部分机床电器，从而实现对主轴、换刀、润滑、冷却、液压、气动等系统的逻辑控制。PLC 可编程控制器与数控装置合为一体时则构成了内装式 PLC，而位于数控装置以外时则构成了独立式 PLC。由于 PLC 的结构组成与数控装置有相似之处，所以其维护与保养可参照数控装置的维护与保养。

7-14　数控车床如何开展点检及保养工作？

答： 数控车床开展点检及保养工作具体如下：

1. 日常点检及保养

（1）接通电源前

1）检查切削液、液压油、润滑油的油量是否充足。

2）检查导轨、车床防护罩是否齐全有效。

3）检查切削槽内的切削是否已处理干净。

4）检查工具、检测仪器等是否已准备好。

（2）接通电源后

1）检查操作盘上的各指示灯是否正常，各按钮、开关是否处于正确位置。

2）显示屏上是否有任何报警显示。若有问题应及时予以处理。

3）检查液压装置的压力表是否指示在所要求的范围内。

4）检查电气柜中冷却装置是否工作正常，风道过滤网有无堵塞。

5）刀具是否正确夹紧在刀夹上；刀夹与回转刀台是否可靠夹紧；刀具是否有损伤。

6）若机床带有导套、卡簧，应确认其调整是否合适。

（3）机床运转后

1）检查液压系统油箱液压泵有无异常噪声，压力表指示是否正常，管路及各接头有无泄漏。

2）运转中，主轴、滑板处是否有异常噪声。

3）有无与平常不同的异常现象，如声音、温度、裂纹、气味等。

（4）机床停机后

1）做好各导轨面的清洁工作，检查润滑油是否充分，导轨面有无划伤损坏。

2）除去工件或刀具上的切屑。

3）做好车床清扫卫生，清扫铁屑，擦净导轨部件上的冷却液，防止导轨生锈。

2. 月检查及保养

1）检查主轴的运转情况，主轴以最高转速一半左右的转速旋转 30min，用手触摸壳体部分，若感觉是温的即为正常。并了解主轴轴承的工作情况。

2）检查 X、Z 轴的滚珠丝杠，若有污垢，应清理干净。若表面干燥，应涂润滑脂。

3）检查 X、Z 轴超程限位开关、各急停开关是否动作正常。可用手按压行程开关的滑动轮，若显示屏上有超程报警显示，说明限位开关正常。同时将各接近开关擦拭干净。

4）检查刀台的回转头、中心锥齿轮的润滑状态是否良好、齿面是否有伤痕等。

5）检查导套内孔状况，看是否有裂纹、毛刺，导套前面盖帽内是否积存切屑。

6）检查切削液槽内是否积存切屑。

7）检查液压系统，如压力表的工作状态、液压管路是否有损坏、各管接头是否有松动或漏油现象。

8）检查润滑油装置，如润滑泵的排油量是否合乎要求，润滑油管路是否损坏、管接头是否松动、漏油等。

3. 季度检查及保养

以设备操作者为主，维修人员配合进行检查及保养。

1）主轴检查项目（图 7-13）如下：

① 主轴孔的振摆。将千分表探头嵌入卡盘套筒的内壁，然后轻轻地将主轴旋转一周，指针的摆动量小于出厂时精度检查表的允许值即可。

② 主轴传动用 V 带的张力及磨损情况。

③ 编码盘用同步带的张力及磨损情况。

2）检查刀台主要看换刀时其换位动作的平顺性。以刀台夹紧、松开时无冲击为好。

3）检查导套装置主轴以最高转速的一半运转 30min，用手触摸壳体部分无异常的发热及噪声为好。此外用手沿轴向拉导套，检查其间隙是否过大。

4）加工装置检查内容有：

① 检查主轴分度用齿轮系的间隙。以规定的

图 7-13　数控车床主轴检查

分度位置沿回转方向摇动主轴，以检查其间隙，若间隙过大应进行调整。

② 检查刀具主轴驱动电动机侧的齿轮润滑状态。若表面干燥应涂敷润滑脂。

5）检查润滑泵装置浮子开关的动作状况。可从润滑泵装置中抽出润滑油，看浮子落至警戒线以下时是否有报警指示，以判断浮子开关的好坏。

6）检查各插头、插座、电缆、各继电器的触点是否接触良好；检查各印制电路板是否干净；检查主电源变压器、各电动机的绝缘电阻，应在 $1M\Omega$ 以上。

7）检查断电后保存机床参数、工作程序用的后备电池的电压值，看情况予以更换。

8）清洗滚珠丝杠上旧的润滑脂，涂上新油脂。

9）检查液压油路。清洗溢流阀、减压阀、过滤器，清洗油箱底，更换或过滤液压油。

10）检查主轴润滑恒温油箱。清洗过滤器，更换润滑脂。

4. 数控车床的精度检查

（1）静态精度　静态精度是机床静止状态的基本精度，它可用来判断机床组装后的精度。

1）床身导轨面的直线度。在机床装配前，最初调整的精度就是床身导轨面的直线度。以它作为基础再组装主轴箱、床鞍、刀架等。在刀架上安装精密水平仪。当 Z 轴移动时，读取最大值。若在移动过程中出现超差，可继续对水平调整螺栓进行调整，直到精度达到要求。因为，水平方向的直线度直接影响加工工件的精度，必须应用水平调整螺栓调整。

2）主轴中心线与 Z 轴的平行度。在主轴锥孔中插入专用试验心轴，在垂直方向及水平方向两个方向进行测量，具体方法如图 7-14 所示。

3）主轴中心线与 X 轴之间的垂直度。外圆加工需要圆柱度，端面加工需要平面度，如图 7-15 所示。

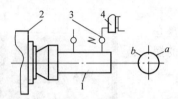
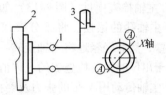

图 7-14　主轴中心线与 Z 轴的平行度检查　　　图 7-15　主轴与 X 轴的垂直度检查
1—试验心轴　2—主轴　3—千分表　4—刀架　　　1—千分表　2—主轴　3—刀架

对机床来说，不仅需要注意单项精度，而且需要注意各项精度的相互关系。任何一项精度超过允许值，都需要调整。遇到如下情况时必须进行机床的静态精度检查：用户买进机床时，必须掌握各项精度情况，以备验收及存档用，且各项精度必须在允许值范围内。当机床移动后机床状态发生了变化，必须复检上述三项精度。由于操作错误或机床故障造成"撞车"后，若机床失掉原有精度，必须尽快修理并恢复精度。

（2）动态精度　动态精度是实际加工时的精度，动态与静态精度之差反映了机床的特性。

1）外圆、端面切削时的要点。内外圆切削的圆柱、端面切削的平面度是锥度加工、圆弧加工的基本加工精度。依靠外圆和端面切削状况可判断出机床的动态精度。

2）加工尺寸的变动。加工尺寸变动原因主要是机床热变形和切削液温度的变化。机床热变形主要是滚珠丝杠的热变形和主轴热变形引起的。这些变形随着时间和机床运转状况而变化，必须对这些变形进行适时补偿。在加工前机床的热平衡是十分必要的，切削液的影响也很重要。因为切削液直接与工件接触，因此，必须对切削液的温度进行控制。

7-15　数控磨床如何进行维护保养？

答：数控磨床的维护保养具体如下。

1. 日常点检及保养

1）及时检查各润滑部位的润滑情况。

2）检查安全防护装置是否齐全，紧固件是否松动。

3）检查各手柄、开关位置是否正确。

4）检查润滑、冷却液是否正常。如油箱、液压泵是否有异常噪声，压力指示是否正常，管路及各接头有无泄漏，工作油面高度是否正常。

5）移动部分是否灵活，有无异常声响、异常振动。

6）数控系统有无报警，回零是否正常。

7）检查砂轮是否完好，防护罩是否松动。

8）检查砂轮平衡情况，以防产生振动。

9）检查砂轮主轴是否有异常振动、响声，温升是否超过30℃。

10）检查电气柜散热通风装置，确保各电柜冷却风扇工作正常，风道过滤网无堵塞。

11）检查导轨情况，看导轨固定螺钉是否有松开现象，导轨面有无划伤损坏和润滑油是否充分。

2. 每月点检及保养

1）清理电气控制箱内部，使其保持干净。

2）清洗空气滤网，必要时予以更换。

3）检查液压装置、管路及接头，确保无松动、无磨损。

4）检查各电磁阀、行程开关、接近开关，确保它们能正常工作。

5）检查液压箱内的过滤器，必要时予以清洗。

6）检查各电缆及接线端子是否接触良好。

7）确保各联锁装置、时间继电器、继电器能正常工作，必要时予以修理或更换。

8）确保数控装置能正常工作。

9）检查传动带松紧，不得过紧或过松。

3. 季度点检及保养

1）清理电气控制箱内部，使其保持干净、干燥。

2）清洗溢流阀、减压阀、过滤器，清洗油箱底，更换或过滤液压装置内的液压油。

3）检查各电动机轴承是否有噪声，必要时予以更换。

4）检查机床的各有关精度。

5）外观检查所有各电气部件及继电器等是否可靠工作。

6）测量各进给轴的反向间隙，必要时予以调整或进行补偿。

7）检查一个试验程序的完整运转情况。

8）清洗滚珠丝杠上旧的润滑脂，涂上新油脂。

7-16 数控加工中心如何进行维护保养？

答：数控加工中心的维护保养，外观如图 7-16 所示。

1. 日常点检及保养

1）清除工作台、基座等处的污物和灰尘；擦去机床表面上的润滑油、切削液和切屑；清除没有罩盖的滑动表面上的一切东西；擦净丝杠的暴露部位。

2）清理、检查所有限位开关、接近开关及其周围表面。

图 7-16 数控加工中心外观

3）检查各润滑油箱及主轴润滑油箱的油面高度，使其保持在合理的范围内。

4）确认各刀具能在其应有的位置上更换。

5）确保空气滤杯内的水完全排出。

6）检查液压泵的压力是否符合要求。

7）检查机床主液压系统是否漏油。

8）检查切削液软管及液面，清理管内及切削液槽内的切屑等脏物。

9）确保操作面板上所有指示灯为正常显示。

10）检查各坐标轴是否处在原点上。

11）检查主轴端面、刀夹具及其他配件是否有毛刺、破裂或损坏现象。

2. 每月点检及保养

1）清理电气控制箱内部，使其保持干净。

2）校准工作台及床身基准的水平，必要时调整垫铁，拧紧螺母。

3）清洗空气滤网，必要时予以更换。

4）检查液压装置、管路及接头，确保无松动、无磨损。

5）清理导轨滑动面上的刮垢板。

6）检查各电磁阀、行程开关、接近开关，确保它们能正常工作。

7）检查液压箱内的过滤器，必要时予以清洗。

8）检查各电缆及接线端子是否接触良好。

9）确保各联锁装置、时间继电器、继电器能正常工作，必要时予以修理或更换。

10）确保数控装置能正常工作。

3. 季度点检及保养

以设备操作者为主，维修人员配合进行检查及保养。

1）清理电气控制箱内部，使其保持干净。

2）清洗溢流阀、减压阀、过滤器，清洗油箱底，更换或过滤液压装置内的液压油。

3）清洗主轴润滑恒温油箱的过滤器，更换润滑脂。

4）检查各电动机轴承是否有噪声，必要时予以更换。

5）检查机床的各有关精度。

6）检查所有各电器部件及继电器等是否可靠工作。

7）测量各进给轴的反向间隙，必要时予以调整或进行补偿。

8）检查一个试验程序的完整运转情况。

9）清洗滚珠丝杠上旧的润滑脂，涂上新油脂。

7-17　数控机床维护维修及保养工作中，安全有何要求?

答：数控机床维护维修及保养工作中，安全须知如下：

1）准备好要用的工具、夹具，并确保工具、夹具符合安全要求。

2）在修理调整前，要关掉机床总电源及取下总保险。

3）机床调整中，挂上"修理调整，切勿开动"的安全指示牌，如图 7-17 所示。

4）调整时，拆下来的机床零件，要放在固定地点。

图 7-17　挂上安全指示牌示意

5）机床调整后，要检查是否有工具或小零件掉在机床里。

6）调整后，要加油润滑，并把安全防护装置装好，然后进行空车运转；保证调整质量，使其符合生产和安全的要求。

7-18　数控机床维修工作包含哪些内容?

答：数控机床维修工作所包含的内容有修理、排除故障和日常维护等。

1）为了保证与提高数控机床的可靠性，必须尽量延长数控机床的平均无故障时间（MTBF），而 MTBF 是指一台数控机床在使用中的两次故障间隔的平均时间，也就是数控机床在寿命范围内总工作时间与故障总次数之比，因此 MTBF 的值越大越好。数控机床从出现故障起一直到故障排除进入正常使用所消耗时间的平均值为平均修复时间（MTTR），而平均修复时间越短越好。

为了延长 MTBF 就应加强日常维护（即预防性维修）。而对故障的维修则力求缩短MTTR。数控机床过去的排故次数较多的部位是数控系统，而目前由于采用了高速微处理器及超大规模集成电路，使数控系统的可靠性有了极大的提高，因而排故的部位已转移到其他部位，如操作面板上的接插件，开关或某些机械零件的损坏和失灵。因此维修工作的作业内涵也随着时代的发展而不同。

2）由于数控机床是机电一体化的技术密集型产品，本身集机、电、液、气、光于一体，并形成知识的密集点。对维修人员要求必须拓宽知识面及有关知识的深度，除了了解机械加工工艺，还应了解机械结构、强电、弱电工作原理与装置的结构与布局；还要懂计算机的工作原理与硬件结构、软件的配置及作用。

3）在数控机床使用中也要注意养成日常维护的习惯，如少开数控柜的密封门，避免油雾、粉尘或金属粉末落入。定期更换直流电动机电刷以免化学腐蚀和磨损失效。尽力提高机床利用率，避免长期闲置，一旦不用时也要经常通电。

日常维护内容基本分三类：一是每日必须检查的内容，如导轨表面、润滑油箱、气源压力、液压系统、CNC、I/O 单元，各种防护网及清洗各种过滤网等；二是每半年或每年的检查与维护作业，如滚珠丝杠油脂更换涂覆，更换主轴油箱用油，伺服电动机电刷的清理，更换润滑油和清洗液压泵；三是不定期的维护作业，如导轨镶条的检查与压紧或放松，冷却水箱液面高度与过滤器的清洗，排屑器是否畅通、主轴传动带的松紧调整等。

4）数控机床的故障判断与妥善处理也是维修工作中应注意的一方面。尤其对故障现场应做充分调研，了解故障的表现及工作寄存器和缓冲工作寄存器中相关内容，了解正在执行程序段内容及自诊断报警的内容。分析中要利用机床的技术档案与各种有关资料（包括运行记录与维修记录），找出造成故障的诸多因素。

当确定故障产生的原因时，必须通过试验逐一寻找故障源。若印制电路板上有报警红灯，按 CNC 复位键后，板上报警消失，则可断定为软件故障。

对各轴的控制电缆也要注意接触是否良好，否则会造成运动时的抖动现象。

7-19　数控机床维修中，设备工作环境条件有哪些方面需要注意？

答：对出现故障的数控机床，在分析其系统故障原因之前的现场调查中，首先要注意调查和了解设备所处的工作环境条件。设备所处的工作环境条件应注意几个方面：

（1）工作场地环境　通常数控机床在设备进厂安装前，根据产品说明书规定对工作场地所占面积和离开周围障碍的距离、地基基础结构、工作环境温度、相对湿度、设备高度、配置设施分布、供电系统电压波动范围、功率大小、配置系统、压缩空气管道、液压系统和电控箱尺寸等提出要求，并根据现场情况进行贯彻执行。

一般来说，数控机床对温度、噪声和其他设备所引起的振动等有一定要求，所以综合考虑工作场地必须保持文明生产与设备保养等要求。

数控机床工作间的粉尘过多，则会严重损坏和侵蚀系统的外露部分，引发事故。尤其要注意保持设备的信号反馈装置的清洁，如非密闭式光栅尺、传动副、旋转编码器和非封闭式按键开关与低压电压、液压、气动和光学装置的各个部位。

（2）电网电压和供电系统　如果电网电压波动频繁而且幅度很大，这些对机床的数控系统、PLC 系统不利。尽管在系统供电中有些系统采取了不少隔离、稳压和限流等措施。

应该对数控机床的供电单独采取稳压和净化措施。此外，在以下几个方面应给予注意：AC 电源接地的情况；若接地地线电阻大于 20Ω，或与其他设备连接到同一个接地端，则可能接地失效或给 PLC 机或数控系统带来干扰。此时，采取的措施是在 PLC 或数控系统接地端加一个 $1\sim10\mathrm{k}\Omega$ 的电阻之后接地，而且在干扰源上加浪涌吸收器，且浪涌吸收器要可靠地接地。此外，还要注意外接负荷卸载情况；数控系统（或 PLC 系统）在交流电源供电时，如图 7-18 所示，可加"RUN"接点。由于"RUN"接点是起停电路，故当系统故障出现时，"RUN"即断电，使外接负荷卸载。

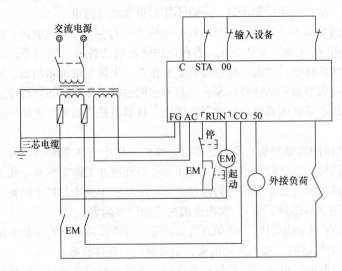

图 7-18　交流供电电源使 RUN 接点卸载图

同时要注意输出接线中，接线截面、漏电流影响，其中对抗漏电流 $R-C$ 值按下式计算：

$$\frac{Z_P}{Z_P + Z_L} I_{OL} < I_{L\min}$$

$$\frac{(Z_P + Z_L)}{Z_P + Z_L} < I_{O\max}$$

式中：Z_P 为对抗漏电流；I_{OL} 为系统之漏电流（为 $3\sim5\mathrm{mA}$）；$I_{L\min}$ 为 Z_L 的最小保持电流或最小动作电流；$I_{O\max}$ 为最大输出电流。

图 7-19 示出对抗漏电流的 $R-C$ 回路。

（3）操作人员水平　数控机床的操作与普通机床的操作相比较有很多不同。在加工过程中，数控机床的操作者并不像普通机床操作者那样直接通过手柄去改变刀具加工轨迹或用手柄去改变主轴及进给速度。因此，操作者要在熟悉机床、刀具、工件工艺系统的基础上熟悉编制加工程序、调用程序，及时通过键盘输入各种指令（按机床数控系统功能而定）并对机床的初始运行进行监控。

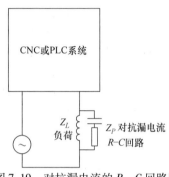

图 7-19　对抗漏电流的 $R-C$ 回路图

当故障出现时，操作者要按故障的表现，初步分析和判断故障的可能发生源。当不能对故障排除时，要对现场的状态做出保持并向专门维修人员反映真实情况和发生过程。

为达到上述要求，对操作者的要求比较高，更需要操作者不断提高业务水平，熟悉操作和维修的基本知识。通常，企业经常（或定期）组织培训学习班，从编程、应用、调试、技术管理到一般维修、保养知识许多方面，对操作者进行测试、考核。显然，数控机床的操作者应具备机床结构、加工工艺、微机、数控技术，以及机、电、气、液等许多学科的基本知识。这些要求，均比普通机床的操作者要求有更广、更扎实的知识面和深度。

7-20　数控机床集成电路，在使用中应注意哪些方面?

答：数控机床集成电路在使用中应注意下列内容：

（1）微处理器　微处理器简称为 μP 或 MPU，是微型计算机中的中央处理单元（CPU），因此通常和 CPU 同称。

由微处理器（μP）+ 内存储器（RAM、ROM）+ 输入/输出（I/O）接口电路 + 控制部件就可组成微型计算机，俗称微机。

在一些超大规模电路中，将微处理器、内存储器、I/O 接口及各种控制部件制作在同一块芯片中，制成了单片计算机，简称单片机。

根据微处理器运行位数的多少，也可称位片机，如一位机、四位机。

而由微机 + 外存储器 + 输入/输出设备 + 电源就构成了一个微型计算机系统，或称微机系统。

　　微处理器是一个系统中的核心部件。而每一个系统型号的微处理器有其自身的指令系统及功能特性，往往还配有一个系列支持器件、软件，因此对控制系统比较熟悉的人员，当知道某一系统的 CPU 是什么型号时，往往对其系统也就有了一定的了解，这也是人们常常要问一个系统中的 CPU 是什么型号的原因。微处理器多为 40 线芯片。

　　（2）存储器　存储器是用来存储程序指令和数据的。存储器有磁芯存储器、磁泡存储器、半导体存储器等。目前主要使用的为半导体存储器。

　　在半导体存储器中可分为读写存储器（RAM）和只读存储器（ROM）。

　　读写存储器又可分为动态存储器（DRAM）和静态存储器（SRAM）等。

　　只读存储器又可分为掩模编程只读存储器（ROM）、可编程只读存储器（PROM）、光擦除只读存储器（EPROM）、电改写只读存储器（EEPROM）等。存储器多采用 24 ~ 28 线芯片，在使用中往往由型号相同的多片存储器组成一个存储区，共用数据线、地址线、读写线，因而比较容易识别。在测绘中，可以 CPU 和存储器为中心向四周扩散。

　　（3）数字电路　数字电路也称之为逻辑电路，用来进行数据的传送、变换或处理，功能品种繁杂，但目前在国际上已形成标准化，并形成各种系列化的产品。

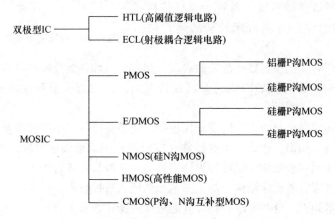

在数控设备中多用 TTL 电路、CMOS 电路。在这两类电路中又可如下分类：

　　上述电路中由于皆以"74"为其前缀，因此又可统称为 74 系列，采用塑料封装，使用温度范围为 0 ~ 70℃，属于民用级产品。

　　还有与之相应的以"54"为前缀的称 54 系列。采用陶瓷封装，使用温度范围为

−55~125℃，器件的功能和引脚排列和 74 系列相同序号的芯片相同，但性能要比 74 系列的高，属于军用级产品。

在数控设备中使用最多的为 74 系列中的 LS – TTL 电路和 ALS – TTL 电路。

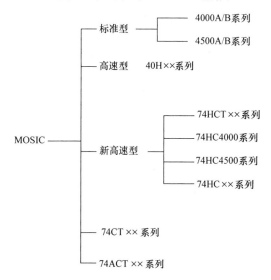

在实用中 4000B、4500B、74HC××、74HCT×× 系列占主流。4000B、4500B 系列已成为国际通用标准系列。虽然速度较 TTL 电路低，但其功耗最小，功能品种也较多。74HC××、74HCT×× 系列功耗比 LS – TTL 电路低，但速度却相当于 LS – TTL 电路，其中 74HCT×× 系列由于其功能和引脚排列做得和 LS – TTL 电路一样，因而可直接替代 LS – TTL 电路。

（4）接口电路及模拟电路　凡是进行电平转换、负载转换、信号转换的皆可收入接口电路，可包括电平转换驱动、显示驱动、长线接口、电压比较器、施密特触发器电路、A/D、D/A 及专用电路等。

模拟电路可包括集成运算放大器、集成稳压电源、时基电路、锁相电路、音响电路及专用电路等。这些电路在目前还没有形成国际性的标准化系列，由于功能品种繁杂，各厂商的命名又不尽相同，因此要知道此类产品的功能特性只有根据型号从器件手册中或有关资料中查找。

（5）专用集成电路及厚膜电路　这里是指某厂商为某一功能而制造的非标产品，往往只用于本厂商的产品中，而不对外出售。有的产品有正规的型号，但众多器件手册中查找不到，有的产品则连正规的型号也没有，只有代号。维修人员对于此类器件，只能依靠厂家提供的一些资料进行分析，但往往在资料中只提供一个框图或符号，而不能得知其中的逻辑原理或线路；其功能只能通过对整体线路的分析估计出。

7-21　如何分析数控机床的参数设置与运行的关系?

答：目前，我国生产的数据机床及从国外引进的数控机床，其配套用的控制系统占比例较大的有三个公司的产品：美国 AB 公司、日本 FANUC 公司、德国 SIEMENS 公司。这些公司在软件方面都有很多的参数要进行设定。以日本 FANUC 公司的 6TB 系统为例，它有 294 项参数要进行设定，其中有很多项的参数又是八位的，每一位都有其独立的含义。估算起来，一台数控机床就有近千个参数需要设定。这些参数设定的正确与否将直接影响机床的正常工作及其性能的充分发挥。因此，了解和掌握这些参数无论是对机床制造厂还是对用户都是非常重要的。特别是用户如果能熟练地掌握和应用这些参数，将会使现有的数控机床的使用和性能的发挥上升到一个新水平。实践证明：充分地了解其参数的含义，也会给数控机床的维修带来很大的方便，并大大地减少排除故障的时间。

某些参数也是衡量数控机床制造精度的参考数据。例如：在参数设定中，如果齿隙补偿量设定值较大，那么就可以断定这台机床不是一台好机床；如果升、降速的时间常数设定过大，就可以断定这台机床的装配精度不高，或者是机床的重要部件加工精度不高等。因此了解掌握其参数的意义是非常重要的。

此外还要强调指出：数控机床在使用相当长一段时间后，对传动系统的间隙需要通过参数的重新调整与设定，才能使机床正常地工作下去；否则，将因约束条件不能满足而停机报警。此时的故障，从性质上看不属于硬件故障，因此要从软件分析着手，不能轻易地大动大拆，以免造成更大的故障。而在软件故障中，首先要从参数的设置进行审核、检查。因此，参数的设置与机床故障产生之间有密切联系，同时对维修来说更为重要。

7-22　如何排除 NC 系统的失控状态？

答： 无论是 FANUC 6TB 系统还是 5T 系统都会出现失控状态。这种状态的表现形式为系统通电后能进入准备状态，无任何报警产生，光屏显示也正常；各种操作开关，按钮也起作用。但是，各种功能均处于不正常状态，例如：可以点动快移，但开关不起作用；循环启动按钮有效，但进给率都不正常等。这种情况称为失控现象，故障的排除方法就是进行全机清零，然后输入正确的参数，系统就会进入正常状态。其原因是诸多的参数中有些是相互关联的，如果出现不匹配的设定或者设置错误，就会出现这种现象。

又如：机床只能向坐标的负方向运动，向正方向运动就产生超程报警。这个故障出现在某加工中心上，该加工中心的控制系统是日本 FANUC OM 系统。现象是机床通电后一般要进行回零操作（返回参考点），机床在正方向移动很短一段距离就产生正向超程报警，按复置按钮不能消除；停电后再送电，机床准备正常，进行回零操作还是报警。从现象来看好像是通电后机床所处位置就是机床零点，故再向正向移动就产生超程保护，所以只能向负方向运动。故导致铣头越来越靠近工作台，以致最后再不敢开动机床。此故障的排除方法是：机床通电后首先修改参数，将参数 LT1X1、LT1Z1，也就是参数 143、144 项（其他型号的 NC 系统只要找到对应的参数即可）的设置量改为 +99999999；然后进行回零操作，回零操作正确，完毕后再将上面提到的参数改回到原设定量即可。

再如：机床不能完成参考点返回，即机床通电后进行返回参考点操作就撞超程保护开关，产生超程报警。因数控机床通电后一定要进行返回参考点的操作，不完成该项操作，机床就不能正常继续工作。因此，不能完成返回参考点的操作，机床就是处于不报警的"报警"状态，是不能进行任何一种操作的。此故障的排除方法是检查参数第000项的第7位，此项参数的正确设置为"1"，如果为"0"，则改为"1"即可。产生此故障的原因是由于受某种干扰造成的。干扰使参数改变的现象在实际中经常发生，特别对于状态型参数尤为明显。

7-23　当数控机床出现无报警的故障应怎样排除？

答：数控机床出现无报警故障，其排除方法如下：

1）数控机床的控制系统中都设有故障自诊断功能，在一般情况下发生故障时也都有报警信息出现。根据机床所使用的控制系统不同，提供的报警内容不一，可按说明书中的故障处理方法检查，且大多数的故障都能找到解决方法。机床在实际使用中也有些故障既无报警，现象也不是很明显；有些设备出现故障后，不但无报警信息，而且缺乏有关维修所需的资料；有些机床在使用中出现故障后如果稍不注意，还会造成工件批量报废，所以处理时更难。对这类故障处理时，若修理人员缺乏一定的工作经验，处理时常会做出错误的判断，造成不必要的经济损失或延长修理时间。所以对这类故障我们认为：必须根据具体情况，仔细检查，从现象的微小之处进行分析，找出它的真正原因。

2）要查清这类故障的原因首先必须从纵横交错的各种表面现象中找出它的真实情况，再从确认的故障现象中找出发生的原因。全面地分析一个故障现象是决定判断是否正确的重要因素。在查找故障原因前，首先必须了解以下情况：

① 故障是在正常工作中出现还是刚开机就出现的。

② 出现的次数，是第一次还是已多次发生。

③ 确认机床的加工程序不会有错。

④ 其他人员有否对该机床进行了修理或调整。

⑤ 请修时的故障现象与现场的情况是否有差别。

3）以下是在维修中遇到的一些无报警故障的处理分析方法。

[案例7-1]　THY5640立式加工中心，在工作中发现主轴转速在500r/min以下时主轴及变速箱等处有异常声音，观察电动机的功率表发现电动机的输出功率不稳定，指针摆动很大。但使用1201r/min以上时异常声音又消失。开机后，在无旋转指令情况下，电动机的功率表会自行摆动，同时电动机漂移自行转动，正常运转后制动时间过长，机床无报警。

根据查看到的现象，引起该故障的原因可能有主轴控制器失控，机械变速器或电动机上的原因也不能排除。由于拆卸机械部分检查的工作量较大，因此先对电气部门的主轴控制器进行检查，控制器为西门子6SC-6502。首先检查控制器中预设的参数，再检查控制板，都无异常；经查看电路板较脏，按要求对电路板进行清洗，但装上后开机故障照旧。因此控制器内的故障原因暂时可排除。为确定故障在电动机还是在机械传动部分，必须将电动机和机械脱离，脱离后开机试车发现给电动机转速指令接近450r/min时开始出现不间断的异常声音，但给1201r/min指令时异常声音又消失。为此对主轴部分进行了分析，发现低速时给定的450r/min指令和高速时给定的4500r/min指令，电动机都是执行最高转速运转，只是在低速时通过齿轮进行了减速，所以判断故障在电动机部分。又经分析，异常声音可能是由轴承不良引起。将电动机拆卸进行检查，发现轴承已坏，在高速时轴承被卡造成负载增大使功率表摆动不定，出现偏转。而在停止后电动机漂移和制动过慢；经检查是编码器损坏，更换轴承和编码器后所有故障全部排除。

该故障主要是表现在主轴旋转时有异常声音，因此在排除时应注意查清声源，再进行针对性检查。而一般有异常声音常见为机械上相擦、卡阻和轴承损坏。

[案例 7-2] 加工中心主轴定向不准或错位。

加工中心主轴的定向通常采用三种方式：磁传感器、编码器和机械定向。使用磁传感器和编码器时，除了通过调整元件的位置外，还可通过对机床参数调整。发生定向错误时大都无报警，只能在换刀过程中发生中断时才会被发现。如某台改装过的加工中心出现了定向不准的故障，开始时其在工作中经常出现中断，但出现的次数不是很多；重新开机又能工作，但故障反复出现。在故障出现后对该加工中心进行了仔细观察，发现故障发生的真正原因是主轴在定向后出现位置偏移，但奇怪的是主轴在定向后如用手碰一下（和工作中在换刀时当刀具插入主轴时的情况相近）主轴会产生向相反方向漂移，检查了电气部分又无任何报警，其机械部分结构又很简单。该加工中心的定向使用编码器，所以从故障的现象和可能发生的部位来看，电气部分的可能性比较小；而机械上最主要的应是连接问题。故决定检查机械连接部分，在检查到编码器的连接时发现编码器上连接套的紧定螺钉松动，使连接套后退造成与主轴的连接部分间隙过大造成旋转不同步。后将紧定螺钉按要求固定好，故障消除。

在发生主轴定向方面的故障时应根据机床的具体结构进行分析处理，先检查电气部分；如确认正常后，再考虑机械部分。

[案例 7-3] 数控机床在使用中出现手动移动正常，自动回零时移动一段距离后不动，重开手动移动又正常。

机床使用经济数控、步进电动机，手动移动时由于速度较慢移动正常；自动回零时快速移动且距离较长，出现了机械卡住现象。根据故障进行分析，应主要是机械原因。后经询问，得知该机床因发现加工时尺寸不准，将另一台机床上的电动机拆来使用，后出现了该故障。经仔细检查是因变速箱中的齿轮间隙太小引起，重新调整后运转正常。

这是一例人为因素造成的故障，所以在修理中如不加注意经常会发生这类情况。由此可见在工作中应引起重视，避免这种现象的发生。

7-24 软件发生故障的原因是什么？

答：一般情况下软件发生故障是由软件变化或失效而形成的。机床软件存储于 RAM 中，以下情况可能造成软件故障：

1）调试方式的误操作，即因可能删除了不该删除的软件内容，或写入了不该写入的软件内容，故使软件丢失或变化。

2）用于对 RAM 供电的电池电压降至规定值以下，机床停电状态拔下电池或从系统中拔出不含电池但需电池供电的 RAM 插件，使电池电路断路或短路、接触不良，以及 RAM 得不到维持电容的电压，造成软件丢失或变化。前一种情况多发生于长期放置后重新起动的机床和验收后使用多年未换电池的机床，另外也多发生于频繁停电地区的机床；第二种情况多发生于硬件维修中误操作之后；第三种情况多由电池装夹接触不良、电化锈蚀后接触不良、接线断裂及电池供电线路故障引起。系统往往有电池电压监控，但要注意许多系统电池报警后仍能维持工作一段时间；若在此期间漠然视之，则时间一到，系统即不能再保持正常运行，可能连报警也提供不出。还要注意到电池电源在正常情况下耗电电量很小，有的系统工作中还在对它充电，因此使用寿命长，维修中很容易忽视检查；而且电池拿下后只有放置较长时间或关机在机上使用较长时间，才能检查出电池电压的真实情况。

3）电源干扰脉冲串入总线，会引起时序错误，导致数控装置或程控装置停止运行。

4）运行过程复杂的大型程序由于大量运算条件的组合，可能导致计算机进入"死循环"，或机器数据及处理中发生了引起中断的运算结果，或以上两者引起错误的写操作破坏了预先写入 RAM 区的标准控制数据。

5）操作不规范时也可能由于各种联锁作用造成报警、停机，使后续操作失效。

6）程序含语法错误、逻辑错误、非法数据，在输入中或运行中出现故障报警，已经长期运行过的准确无误的软件，是鉴别软件错误还是硬件故障的最好资料。而且应注意到，在新编程序输入及调整过程中，程序出错的概率很高。

7-25　对软件故障应采用什么方法予以排除？

答：遇到数控机床出现软件故障后，一般采取以下方法予以排除：

1）对于软件丢失或变化造成的运行异常、程序中断、停机故障，可采取对数据、程序更改补充法，也可采用清除再输入法。

这类故障主要指存储于 RAM 中的 NC 机床数据、设定数据、PLC 机床程序、零件程序出错或丢失。这些数据是确定系统功能的依据，也是系统适配于机床所必需的。其出错后会造成系统故障或某些功能失效；PLC 机床程序出错还可能造成故障停机。对这种情况进行检索，找出出错位置或丢失位置，更改补充后即可排除故障；若出错较多或丢失较多，采用清除重新写入法恢复更好。还需注意到，许多系统在清除所有的软件后会使报警消失。但执行清除前应有充分准备，必须把现行可能被清除的内容记录下来，以便清除后恢复它们。

2）对于机床程序和数据处理中发生了引起中断的运行结果而造成的故障停机，可采取硬件复位法、开关系统电源法排除。

NC RESET 和 PLC RESET 分别可对系统、PLC 复位，使后继操作重新开始，但它们不会破坏有关软件及正常的中间处理结果，不管任何时候都允许这样做，以消除报警。也可采用清除法，但对 NC、PLC 采用清除时，可能会使数据、程序全部丢失，这时应注意保护不欲清除的部分。

开关系统电源一次的作用与使用 RESET 法类似，即在系统出现故障后，应先试一次（回位）。

故障举例：TC1000 型加工中心，一次故障现象是光屏显示紊乱，重新输入机床数据，机床恢复正常。但停机断电后数小时再起动，故障再现。经检查是 MS140 电源板上的电池电压降至下限以下，换电池后重新输入数据，故障消失。

7-26　如何应用"观察检查法"来发现数控机床故障？

答：凡利用人感官和诊断仪器仪表在现场中对数控机床的 CNC 系统、PLC 系统、电源、驱动等各部位所产生的故障现象进行分析、判断故障的，均列入观察检查法。

（1）目视检查　目视检查在故障现场最能直接感觉到发生问题的所在。如 IND-RA-MAT 的交流驱动器，通电后在 Y 轴调节驱动板发生故障时，如果某一电解电容器击穿，则可能在该驱动板上冒烟。排除故障只需要打开调节驱动板外罩，更换一只新电容即可。

（2）预检查　有许多故障在预检查中可以迅速发现并准确予以判断。这时需要维修工程技术人员仔细观察，了解和发现现场的故障现象，通过与操作人员的详细交谈，也可以详尽地了解故障现场的背景情况。这些对迅速准确地排除故障有较大的帮助，并用以下实例予以说明。

1）某单位的一台数控磨床，在砂轮修正后出现停机故障，也无报警显示。检查 NC 程序和 PC 程序即发现为操作错误，它是由操作者将钥匙开关位置放在不正确状态下造成的。

2）某厂 8N 系统调试时在用户编制程序中，出现多种 10 排孔的错误，原以为是机床的故障。经分析判断后检查，发现 R 参数计算出错使编程错误。

（3）电源检查　电源系统的检查，首先从电源板上的 LED 指示状态开始，之后检查进线保险是否完好，再检查输入电压及范围，以及测量内部 5VDC 是否正常。

由于电网电压波动较大，由此造成 CNC 系统电源部分损坏较为普遍。有时还有电力紧张限电对电闸检查也较为频繁，或有较大电力设备在周围起动等，都会造成电源部分故障。

上述情况通常会造成 NC 电源板上 MS141 上 NC 起动故障。

（4）接地检查与插头和连接电缆检查　首先应将接到 NC 上的所有电缆进行检查，看其是否屏蔽，并按说明书规定检查其是否已接地。接地导线不应存在回路，导线是否有足够的截面面积以保证接地电阻极小。

检查电路板连接是否正确，所有的集成电路稳装在其插座上而无管脚弯曲，以及是否按接口说明书设计与安装电缆。

（5）机床数据检查　检查机床数据与数据设置是否正确。在必要情况下，可执行 CPU 板上机床数据清除或初始化；之后重新输入机床数据，检查是否可将故障消除。

7-27 对 LTC - 50 数控车床加工过程故障应如何处理？

答：

[**案例 7-4**] 某企业数控车床出现故障，采取措施排除。

1. 故障现象

LTC - 50B/W 车床采用 FANUC 0i - TC 系统，主轴驱动器型号 A06B - 6111 - H045# H550。机床加工过程中无报警，操作人员反映加工时有较明显颤纹，且单件加工时间变短，但可通过操作降低机床进给倍率，产品加工勉强可达到要求。

2. 故障处理

由于程序中采用的进给方式为每转进给，提高主轴转速后，使 X、Z 伺服轴移动加快，可缩短加工时间。因此怀疑是人为修改了加工程序，提高了程序中主轴转速，但确认加工程序未改动。判断是进给倍率旋钮故障及其连接线路短路。通过观察屏幕上输入状态的变化，检查进给倍率旋钮转换正常，无错接信号。进一步检查发现，在 MDI（手动输入）状态下，输入主轴转动指令，执行中主轴实际转速高于输入转速。按下急停按钮，用手盘动主轴卡盘，与其他正常机床比较，屏幕上反映出的转速并没有明显区别。原因可能出在主轴驱动器，与其他机床对换主轴驱动器后，故障依旧，则排除了主轴驱动器问题。检查与主轴相关的外置编码器，拆下编码器航空插头，发现插头上有液体滴下，编码器插孔处有些油状液体，打开线路插头，有油污流出，用压缩空气吹尽油污，清理干净后，重新插接编码器；进行试加工，运行恢复正常，加工工件颤纹消失。

3. 总结

机床在日常加工过程中，其护罩的孔隙会流过皂化液及少许油污，日积月累油污会顺着线路流入到下端的编码器插头内。油污内夹杂有皂化液及加工中出现的金属粉末等异物，进入插孔内可造成某些插脚之间出现非正常导通。经主轴外置编码器反馈电缆→主轴驱动器 JYA3 插孔→JY7B，接至机床数控系统，就得到了错误的主轴转速。当加工程序采用进给时，主轴转速上升，进给加快，导致整个工件加工时间缩短，工件加工出现偏差。改进措施是可使用优良的机床护罩，同时在线路上做一扇形罩，防止油污再流入线路插头。

7-28 加工中心换刀出现故障应如何处理？

答：

[**案例 7-5**] 某公司加工中心换刀出现故障，采取措施排除。

1. 故障现象

某加工中心采用 PHILIPS CNC 5000 数控系统。一次加工过程中，当执行某换刀指令时换刀系统不动作，CRT 显示 E98 号报警（换刀系统在机械臂位置检测开关信号为 0）和 E116 号报警（刀库换刀位置错误）。

2. 故障排除

根据报警信息，判断故障发生在换刀系统和刀库两部分。正常换刀时，机床机械臂位置检测开关信号应为 1。而该换刀系统在机械臂位置检测开关信号为 0，表示无检测开关信号送到 CNC 单元的输入接口；机床保护功能导致换刀被中断。另外，刀库换刀位置不正确也会导致换刀中断。分析数控机床自动换刀装置原理和结构，无位置检测开关信号输出的原因有：①液压或机械原因造成动作不到位，检测开关检测不到信号；②检测开关失灵。

先通过使用一薄铁片感应接近开关，确认开关良好。接着检查换刀系统机械手的两个开关，发现机械臂停在中间位置（没有靠近两个开关）。"臂移出"开关21S1和"臂缩回"开关21S2均得不到感应，导致两个开关输出信号都为0（正常时"臂伸出"开关信号应为1才能换刀）；另外，确认两个开关均良好。检查机械装置，"臂缩回"动作由电磁阀21Y2控制，用旋具顶电磁阀21Y2的阀芯，机械臂可缩回到正确位置，机床恢复使用。

3. 总结

由于手动电磁阀21Y2阀芯可使换刀装置定位正常，应排除液压和机械阻滞造成换刀不到位的可能性。查看机床操作使用说明书，可知机床操作"连续运行中，两次换刀间隔不得小于30s"。使用秒表计时试验，观察到两次换刀时间间隔只有22s。一般PLC在执行换刀指令时，要对换刀指令的执行进行扫描循环，完成一次扫描循环所需要的时间为一个扫描周期。机床完成整个换刀程序需要不断扫描循环，若换刀时间间隔过短（该机床要求两次换刀间隔不得小于30s），换刀动作还没完成，PLC的扫描循环就结束了，机床就不执行换刀动作。另外，如果两次换刀时间间隔小于机床所规定的要求值，即使PLC的输入信号正常，输出动作执行无误，但PLC在检测到错误信号时，也会输出中断信号，使得PLC被迫中断执行程序而引起换刀故障。据此判断故障原因是两次换刀时间间隔只有22s，导致换刀动作与程序执行指令不同步。修改相应程序后，将两次换刀时间间隔适当延长，故障排除。

由于此类故障较特殊，故一定要弄清原理后再进行处理。要多观察故障现象，多询问操作者，弄清故障的种类、频繁程度及重复性，以及机床运转情况。还要利用机床报警信息和自诊断功能判断故障。

7-29　数控系统参数丢失应如何恢复？

答：

[案例7-6]　某公司一台数控机床发生参数丢失，采取措施得到恢复。

机床在使用过程中，往往因意外或误操作，导致系统参数部分或全部丢失，造成机床某些功能缺失，轻则影响加工精度，重则整机瘫痪，为此必须对系统参数进行恢复。

1. 实例

由于现场操作者误操作，数控车床发生如下报警。根据报警提示，判断是机床参数丢失，使用存储卡，恢复系统参数。

ALARM MESSAGE

1002 A0. 3 EMERGENCY STOP

1005 A1. 4 HARDWARE LIMT

506 OVER TRAVEL：+1

506 OVER TRAVEL：+2

417 SERVO ALARM：1 AXIS DGTL PARAM

417 SERVO ALARM：2 AXIS DGTL PARAM

2. 数据恢复方法

1）在引导系统画面进行数据恢复。

① 将存储卡插入 NC 单元或显示器旁边的接口上；

② 同时按住显示器下端最右面两个软键，给系统上电，进入引导画面：

③ 在系统引导画面用 UP 或 DOWN 键选择第一项 SYSTEM DATA LOADING，进入系统数据恢复画面；

④ 选择存储卡上所要恢复的文件；

⑤ 按下 YES 键，将所选择的数据恢复到系统中；

⑥ 按下 SELECT 键退出恢复过程。

2）在数控系统，进入 ALLIO 画面进行数据恢复。

① 将存储卡插入存储卡接口（NC 单元上或显示器旁边）；

② 系统上电，选择 EDIT 状态方式；

③ 按 SYSTERM 再进入到 ALLIO 画面，选择所要备份的文件（有程序、参数、间距、伺服参数和主轴参数等供选择），按下"操作"菜单，进入操作画面，再按下"read"键，再按执行即可。

3）采用 EC104DNC 集成控制系统恢复数据。数控基地所有数控机床均通过 EC104DNC 智能终端组建了基于以太网的 DNC 集成控制系统。由 DNC 系统服务器统一管理数控 NC 程序及系统参数，支持多台数控机床同时进行双向通信、记录系统使用信息、DNC 在线加工及断点续传等，明显提高了 NC 机床工作效率。利用 DNC 集成控制系统通信功能，可将每台机床的系统参数上传至 DNC 服务器备份，当机床参数丢失时再从服务器下载系统参数进行恢复。这种方法操作更为方便，而且所有联网的数据机床无论何种数控系统均可使用，且操作方法及步骤相同。

① 通过串行通信的 RS232 串口，将 EC104DNC 系统的智能终端与数控机床的通信接口连接在一起如图 7-20 所示。其中 9 针引脚的 1、4、6 脚短接，7、8 脚短接；25 孔引脚的 6、8、20 脚短接，4、5 脚短接；将屏蔽线焊接在插头的金属体上。

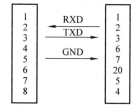

图 7-20　通信接口接头连接

② 在机床操作面板，选择 MDI 模式设置机床参数。按 OFFSET/SETTING，出现参数设置页面，设置"参数写入"=1、"TV 校验"=0、"穿孔代码"=1、"输入装置"=0、"I/O 通道"=0、"自动加顺序号"=1、"纸带格式"=0、"顺序号停止"=0（程序号）、"顺序号停止"=1（顺序号）；按 SYSTEM，出现机床参数设置页面，设置 0000 号参数=00000010、0020 号参数=0（选择 I/O CHANNEL 为 0 通道）、0024 号参数=0（选择 I/O CHANNEL 为 0 通道）、0100 号参数=00100100、0101 号参数=00000001、0102 号参数=00000000，即选择通道 0（CH0）、0103 号参数=00000011（设置 BAUDRATE=9600bps）、0110 号参数=00000001、3204 号参数=

00000100。参数设置完毕，断电重启系统。

③ 将备份参数拷入 EC104DNC 集成控制系统，放置在可采用任意路径方式调用程序的 D 盘的 nc - down 文件夹下。

④ 在数控系统中 EDIT 状态下，进入 ALLIO 画面，选择所要备份的文件（有程序、参数、间距、伺服参数和主轴参数等供选择）。按下"操作"菜单，进入操作画面，再按下"N 读取"软键，输入 nc - down 下的文件名，再按执行即可。

上述过程完成后，关闭系统电源，2min 后重新开机，机床参数恢复完毕。经过试车，机床所有功能恢复正常。

7-30　对数控车床超程检测程序应如何改进？

答：

[案例 7-7]　某公司对数控车床超程检测程序进行改进。

一般情况下，数控机床生产厂家为防止伺服轴的滚珠丝杠螺母脱落，会在伺服轴的两个行程末端各安装一个限位开关，进行正、负两个方向的硬件超程检测。并且编制超程检测的控制程序，以便发生超程时系统能立即终止超程轴或机床的所有运动，同时给出报警提示。CK0625 数控车床因其伺服轴的行程较短，厂家在每个轴上各只安装一个防止超程的限位检测开关。正常情况下，这种设计可起到超程保护的作用，但当操作者误操作时，这种保护设施就会形同虚设，出现丝杠螺母脱落的现象。

1. 超程保护措施

该数控车床配备 FANUC - 0i - mate - TD 系统，伺服驱动为 FANUC βi 系列伺服单元，主轴采用三菱 D700 变频器进行驱动。为防止硬件超程，机床厂家采用以下双重保护措施。

（1）硬件保护　机床厂家在 X 和 Z 两个伺服轴上各安装 1 个限位开关，硬件连线如图 7-21a 所示，其中 SQ1 检测 X 轴的超程，SQ2 检测 Z 轴的超程。厂家在每个轴的正、负方向上各安装了 1 个撞块，开关静止不动，撞块随着伺服轴运动。因此，若两者安装位置恰当，X 轴正向运行并到达极限位置时，其中的一个撞块（X 轴的正向限位撞块）就会撞击 SQ1，起到该轴正向超程检测的作用；反之，当轴向反向运行至极限位置时，另一个撞块（X 轴的负向限位撞块）则会撞击 SQ1，Z 轴同理。SQ1 和 SQ2 只是起到超程检测的作用，至于伺服轴超程后能否立即停下来，则完全由数控系统控制。

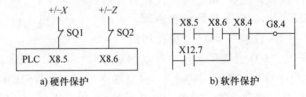

图 7-21　CK0625 数控车床超程保护

（2）软件保护　将各轴限位开关的接口信号 X8.5 和 X8.6 与急停按钮的接口信号 X8.4 串联，共同影响数控系统的急停信号，如图 7-21b 所示，其中 X12.7 是超程释放按钮的接口信号地址，G8.4 是数控系统急停信号（*ESP）的接口地址。只要 X8.5、X8.6 和 X8.4 三个信号中的任一信号的状态为 0（某轴硬件超程或按下急停按钮），都会使 G8.4 变成 0，数控系统就会令数控机床立即停止所有运动，同时显示器出现 EMG 闪烁的急停报警信息。

根据图 7-21b 程序，一旦某轴硬件超程引起机床出现急停情况，就要通过按住机床操作面板上的"超程释放"按钮，使其对应的接口信号 X12.7 变为 1，进而使 G8.4 重新恢复成 1。此时，数控系统将自动脱离急停状态，"EMG"闪烁的急停报警信息也会自动消失，系统就会允许机床的各种运动。若按住机床操作面板上反方向的轴运行按钮，将轴向超程反方向移动至安全区域后，再松开"超程释放"按钮即可。

2. 存在的问题

1）超程时，系统只能给出"EMG"闪烁的急停报警信息，并不提示引起急停的原因，操作者往往需要自行判断原因。如急停按钮被按下还是某轴超程，则处理难度大，工作效率降低。

2）根据上述工作原理及超程解除的过程可知，某轴超程后，若失误按错方向按钮，将导致超程轴继续向超程方向移动，易造成螺母从丝杠上脱落（该机床已发生多次）。

3. 改进措施

（1）FANUC 系统超程检测功能　FANUC 0i mate - TD 系统具有完善的超程检测功能，系统自身具有超程检测信号（轴超程信号）。技术改进的思路是在原梯形图中加入系统的超程检测信号，利用检测信号进行控制。机床每个伺服轴正、负两个方向若均配备超程检测开关，则技术改进容易实现。

FANUC 系统的超程检测信号及接口地址为 *+L1 ~ *+L4 < G114 > 和 *-L1 ~ *-L4 < G116 >，+/- 表明方向、数字与伺服轴相对应。由于每个控制轴的每个方向都具有该信号，因此，数控系统可通过这些信号的状态判断每个伺服轴在哪个方向上已到达行程极限。超程检测信号为 0 时，系统控制单元动作如下：

1）自动操作时，即使只有 1 个轴超程信号变为 0，所有轴均减速停止，产生"超程"报警且运行停止。

2）手动操作时，仅移动信号为 0 的轴减速停止，产生"超程"报警，停止后的轴可向反方向移动。

3）一旦超程信号变为 0，其移动方向被存储，即使信号变为 1，在报警清除前，该轴将不能再向超程方向运动。

利用上述数控系统对超程检测信号的三个反应，尤其是反应 3），无须改动硬件，只要在梯形图中增设超程检测程序，即可有效防止超程后因误操作造成丝杠螺母的脱落。

（2）程序改进（图 7-22）　G114 和 G116 为轴超检测程信号，F106 是伺服轴移动方向信号，FANUC 系统共有 4 个这类信号，F106.0、F106.1、F106.2 和 F106.3 分别为第 1、2、3 和 4 轴移动方向信号。当此类信号的状态为 1 时，表示相应轴在负方向移动，0 表示相应轴在正方向移动。K3.0 ~ K3.3 为 PLC 内的保持型继电器，其功能是即使系统下电，它们的状态也会保持为下电前的状态。改进后控制程序具有以下特点：

1）解除超程时，即使按错方向键，数控系统也不允许超程轴继续向超程方向运行，从根本上杜绝了滚珠丝杠螺母脱落问题。

2）超程时，数控系统会在显示器上显示"506#超程：＋XX轴"或"507#超程：－XX轴"的报警信息，操作者可很快了解故障原因。

程序修改后，经过反复超程验证，改进效果理想。

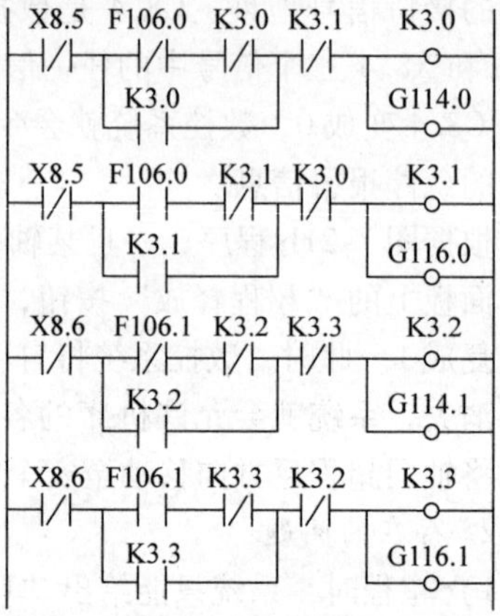

图7-22　改进后的超程保护梯形图

7-31　数控机床修理质量有何规定？

答：数控机床设备修理质量规定是衡量设备整机技术状态的规定，包括修后应达到的设备精度、性能指标、外观质量及安全环境保护等方面的技术要求。它是检验和评价设备修理质量的主要依据。

通常设备的性能按设备说明书的规定；设备的几何精度及工作精度应按产品工艺要求制定标准；而设备零部件修理装配、运转试验、外观等的质量要求，则在修理工艺和分类设备修理通用技术条件中加以规定。

1. 制定设备修理质量规定的原则

制定设备修理质量前，应先确定其产品对象，制定时应遵循以下原则：

1）以出厂标准为基础。

2）修后的设备性能和精度应满足产品、工艺要求，并有足够的精度储备，如产品工艺不需要设备原有的某项性能或精度，可以不列入修理质量标准或免检；如设备原有的某项性能或精度不能满足产品、工艺要求或精度储备量不足，在确认可通过采取技术措施（如局部改装，采取提高精度修理工艺等）解决的情况下，可在修理质量标准中提高其性能及精度指标。

3）对于整机有形磨损严重，已难以修复到出厂精度标准的机床，如由于某种原因需大修时，可按出厂标准适当降低精度，但仍应满足修后加工产品和工艺的要求。

4）达到环境保护和安全法规的规定。

2. 设备修理质量规定的内容

综合各类设备的修理质量规定，主要包括以下五个方面的内容。

1）外观质量。设备外观质量要求的基本内容是：a. 对设备外表面和外露零件的整齐、防锈、美观的技术要求。b. 对涂漆的技术要求。

2）设备空运转试验规程。

3）设备负荷试验规程。

4）设备几何精度标准。

5）工作精度标准。

7-32　数控机床修理竣工验收应如何进行？

答：数控机床修理竣工验收要求如下：

1. 修理竣工验收程序及技术经济要求

数控机床大修理完毕经修理单位试运转并自检合格后，按图 7-23 所示的程序办理竣工验收。

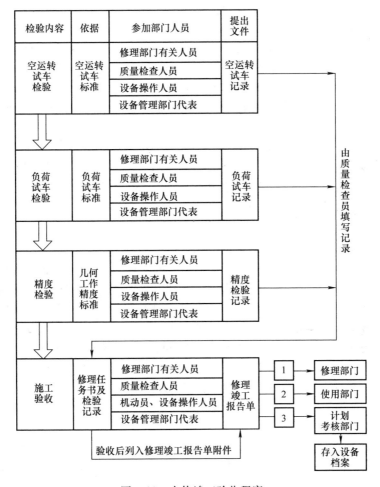

图 7-23　大修竣工验收程序

按规定进行空运转试车、负荷试车及工作、几何精度检验均合格后方可办理竣工验收手续。验收工作由企业设备管理部门的代表主持，由修理单位填写设备大修、项修竣工报告单一式三份，随附设备解体后修改补充的修理技术文件及试车检验记录。参加验收人员要认真查阅修理技术文件和修理检验记录，并互相交换对修理质量的评价意见。各方按修理技术任务书的规定要求一致认为已达到要求后，在修理竣工报告单签字验收。如验收中交接双方意见不一，应报请企业总机械动力师（或设备管理部门负责人）裁决。如有个别遗留问题，必须不影响设备修后正常使用，并应在竣工报告单上写明经各方商定的处理办法，由修理单位限期解决。

设备修理竣工验收后，由修理单位将修理技术任务书、修换件明细表、材料明细表、试车及精度检验记录等，作为附件随同设备修理竣工报告单报送修理计划部门，作为考核计划完成的依据。关于修理费用，如竣工验收时修理单位尚不能提出统计数据，可以在提出修理费用决算书后，由计划考核部门按决算书上的数据补充填入设备修理竣工报告单内。然后由修理计划部门定期办理归档手续。

设备修理完毕后，以使用单位机械动力师为主，与设备操作人员和修理工一起共同检查、确认已完成规定的修理内容和达到规定的技术要求后，在设备修理竣工报告单上签字验收。设备修理的竣工报告单应附有换件明细表及材料明细表，其人工费可以不计，备件、材料费及外协劳务费均按实际数计入竣工报告单。此单由车间机械动力师报送修理计划部门，作为考核修理计划完成的依据，并由修理计划部门定期办理归档手续。

2. 用户服务

设备修理竣工验收后，修理单位应定期访问用户，对运行中发现的问题，应及时利用生产间隙时间进行返修，直至用户满意为止。设备修理后应有保修期，一般由双方共同确认具体期限，但一般应不少于半年。

7-33　数据机床修理工艺如何制定？

答： 数据机床修理工艺也称设备修理工艺规程，其中具体规定了设备的修理程序、零部件的修理方法、总装配试车的方法及技术要求等，以保证达到设备修理整体质量标准。它是设备修理时必须认真执行的修理技术文件。编制修理工艺应从设备修前的实际技术状况和本企业维修装备及技术水平出发，既要考虑技术上的可行性，又要考虑经济上的合理性，以达到保证修理质量、缩短停歇天数和降低修理费用的目的。

1. 典型修理工艺与专用修理工艺

（1）典型修理工艺　指对某一类型的设备或结构型式相同的零部件，按通常可能出现的磨损情况编制修理工艺，它具有普遍指导意义，但对某一具体设备则缺少针对性的设备修理工艺即是典型修理工艺。

由于各企业修理用技术装备的条件不同，对于同样的零部件，采用的修理工艺也不尽相同。因此，各企业应按自己的具体条件并参考有关资料，编制出适用于本企业的典型修理工艺。

（2）专用修理工艺　指企业对某一型号的设备，针对其实际磨损情况，为该设备修理专门编制的修理工艺。它对以后的修理仍有较大参考价值，但应根据实际磨损和技术进步情况做必要的修改和补充。

一般来说，企业可对通用设备的修理采用典型修理工艺，并针对设备的实际磨损情况编写补充工艺和说明。对无典型工艺的设备，则编制专用修理工艺，后者经实践验证后，可以补充完善成为典型修理工艺。

2. 修理工艺的内容

设备修理工艺一般应包括以下内容：

1）整机及部件的拆卸程序，以及拆卸过程中应监测的数据和注意事项。

2）主要零部件的检查、修理工艺，以及应达到的精度和技术条件。

3）总装配程序及装配工艺，以及应达到的配合间隙和技术要求。

4）关键部位的调整工艺和应达到的技术条件。

5）需用的工具、检具、研具和量具、仪器明细表，其中对专用的工具、检具、研具应加注明。

6）试车程序及需要特别说明的事项。

7）施工中的安全措施等。

对结构较简单的设备，修理工艺的内容可适当简化。

3. 编制时应注意的事项

1）零部件的磨损情况是选择修理工艺方案时依据的条件之一，但不可能在修前对所有零部件的磨损程度完全了解。因此，编制修理工艺时既要根据已掌握的修前缺损状况，也要考虑设备正常磨损的规律。

2）选择关键部件的修理工艺方案时，应考虑在保证修理质量的前提下力求缩短停歇天数和降低修理费用。

3）采用先进适用的修复技术时，应从本企业技术装备和维修人员技术水平出发。对本企业尚未应用过的修复技术，必要时应事先进行试验，以免施工中出现问题而贻误修理工作。

4）尽量采用通用的工具、检具、研具，确有必要使用专用工具、检具、研具时，应及早发出其制造图样。

5）修理工艺文件宜多用图形和表格的形式，力求简明。

6）重视实践验证。在设备修理过程中，应重视对修理工艺的验证。为此，应做好以下工作：a. 设备解体检查后，发现修理工艺中有不切实际的应及时修改。b. 在修理过程中，注意观察修理工艺的效果，修后做好分析总结，以不断改进和提高工艺水平。

7-34　设备高级修复技术有何特点？

答： 一般失效的机械零件及设备大部分都可以修复，故在机修工作中合理利用修复技术，具有重要意义。在实际中修复零件比更换新件要经济，既可以减少备件储备，减少更换件的制造，也可以节约资源和费用及减少故障维修的停歇台时。修复工艺所需的装备一般费用不大，大部分企业可以负担得起，因此企业维修部门应配备一定的技术力量和设备，发展自己的修复技术；同时利用社会化、专业化的设备维修企业的技术专长，会收到很好的技术及经济效果。

修复工艺的种类很多，较普遍使用的方法有刮研、研磨、机械修复法、塑性变形、电镀喷涂、焊接、粘接等。选择修复工艺主要应考虑以下因素：a. 对零件材质的适用性；b. 能达到修补层的厚度；c. 对零件物理性能的影响；d. 对零件强度的影响；e. 对零件精度的影响；f. 一些修复工艺还会受到零件结构的限制。

近些年来，电镀、喷涂、焊接、粘接等技术有了很大的发展，并已广泛地应用于设备维修中，从而大大提高了零件修复的技术水平和适用范围。

1. 传统的修复

1）一般设备修理经常用到的一些方法，如电焊（气焊、氩弧焊）、镶套、镶堵等。

2）电焊（气焊、氩弧焊）等方法在设备维修中很适用，具有方便快捷、维修成本低等优点，但由于零件升温的原因而无法保证零件的原有精度和强度。

3）镶套、镶堵、加铜片、打毛点等方法，使维修成本低、维修停歇时间短，这些方法已广泛应用在设备维修中。但采用这些方法，会影响零件的原有强度，以及其原有尺寸精度、几何精度、硬度、耐磨性、耐腐蚀性、表面粗糙度及力学性能参数都会降低。所以传统的修复方法无法满足零件修复的特殊要求，也无法在高层次修理中广泛应用。

2. 高级修复技术

近 10 年国内出现了一种机械零件特殊修复技术，它出多种具有先进技术的专用设备、专门工艺和超强特殊材料复合而成。在对设备（零部件）维修时，始终处于常温状态，由于不升温，零部件修复中不会发生变形，无内应力产生，且使原有的尺寸精度、几何精度保持不变。

（1）特色　根据不同材质、不同形状零件的不同精度要求、性能要求、损伤情况，复合修复技术可进行针对性修复，即面对不同零部件，制订不同的修复方案。

1）零部件修复后的安全性能。零件在修复过程中，始终处于常温状态，无内应力产生，即在以后的工作运行中，不会因内应力释放而存在潜在的断裂等安全隐患。

2）零部件修复后的力学性能。高级修复技术可以根据零件局部磨损处的情况，在修复磨损处仍能达到或高于原母材的力学性能，从而提高了零件的使用寿命。

（2）应用范围　可广泛应用于缸筒、活塞、液压缸、导杆、铜瓦、曲轴、滚筒、轧辊、箱体、缸体、齿轮键槽、转子轴承位等各类机械零件的断、裂、磨损、棱角崩损、加工超差、锈蚀等方面的修复；可对大型精密设备零件进行现场不解体修复；可对碳钢、合金钢、不锈钢、铸铁、铸铜、铸铝等各种进口、国产材质及不明材质进行修复；可对表面镀铬、镀钛、镀铜等复合材质及橡胶、塑料等非金属进行修复；也可对相同或不同材料进行连接、固定、密封及管道、容器的带压堵漏；还可用于零件表面的改性，使其分别具有减摩、耐磨、耐高温、防腐、防锈、防老化等各种突出性能。

（3）效果

1）零件在修复过程中，始终处于常温状态，不产生内应力、无热变形现象，无断、裂的潜在隐患。

2）结合强度高、致密不落胶、耐磨、耐冲击及抗压、防渗性能可靠。

3）特殊补材、性能优异。硬度可达 58HRC 以上，耐磨性为 45 钢调质的 1～1.5 倍，耐腐性为不锈钢的 1～1.5 倍。

4）工艺先进，对修复零件材质、形状无特殊要求。各种确定材质及不明材质及表面镀铬、镀铜等复合材质的各种损伤类零件均可修复。

5）对零件磨损的局部进行改性。即通过选择不同性能特点的修补材料，使零件修复处的力学性能高于修复前的材质性能。

6）修复位置准确、灵活，各种形状、各种斜面及无法解体的狭小空间均可修复。

修复量精确可控，修复处的表面粗糙度值低，修复后可进行机械加工，也可不进行加工直接装机使用。

7）修复周期短、修复速度快、可现场不解体修复，特殊情况也可边修复边生产。

7-35　高频熔焊的高级修复技术在数控机床应如何应用？

答：高频熔焊的高级修复技术应用如下：

（1）工作机理　高频熔焊多金属缺陷修复是利用一台高频熔焊多金属缺陷修补机（简称多金属缺陷修补机，该设备为北京某公司的专利产品）对多种金属零部件表面的缺陷（如铸件的气孔、砂眼、不同金属零部件在使用过程中产生的剥落、磨痕等）进行修补、修复。多金属缺陷修补机的工作原理是，在该设备工作时，可以 $10^{-3} \sim 10^{-1}$ s 的周期电容充电，并在 $10^{-6} \sim 10^{-5}$ s 的超短时间高频放电，以各种金属补材作为修补机的电极，与待修金属基体缺陷部位接触时会由高频放电电压将气体击穿形成等离子气，从而产生 6000℃ 以上高温的电火花，使电极（金属补材）与待修基体金属材料接触部位瞬间发生熔融，并进而过渡到待修件的表面层。由于补材与基材之间产生了合金化的作用，从而向待修件内部扩散、熔渗，形成了扩散层，得到了高强度的冶金结合。

由于在施焊过程中每一次放电时间与下次放电时间相比极短，修补机有足够的相对停止时间，因而热量会通过基材的基体迅速扩散到外界，所以基体的被修补部位不会有热量的聚集。虽然基材的升温几乎保持在室温，但由于瞬间熔化的原因，电极补材的温度可达到 1000℃ 左右。

利用高频放电修补加工时，虽然热量输入低，但其熔融区的结合强度很高。这是由于电极补材瞬间产生的高温使补材金属熔融，并迅速过渡到与基材金属的相接触部位，其修补部位表层深处形成了由补材向基材"生根"似的牢固的扩散层，有些还可能形成冶金结合，从而呈现出很高的结合性能。

（2）技术特点　高频熔焊可修复的材料有低碳素钢、中碳素钢、工具钢、模具钢、铸铁、铸钢、不锈钢、铝合金、铜合金、镍、铜等及几乎所有的导电体，因此高频熔焊修补机也称为多金属缺陷修补机。

高频熔焊多金属缺陷修补机修复技术的特点为：a. 操作简单、经过短期培训即可进行操作；b. 修补机可以携带，只要有 220V 的交流电源，在任何地方都可以进行施工、进行修复；c. 大型设备、铸件及模具可不拆卸即能现场作业；d. 对待修件基体输入热量低，不会出现残余应力、变形、裂纹、气孔、咬边等缺陷；e. 对待修件不需预热和保温；f. 由于补材与基体形成扩散层，结合强度高，不会脱落；g. 由于电极旋转，不会产生粘连现象，操作容易，能形成高品质的修补层；h. 若利用氩气等惰性气体保护，可以得到更高品质的修补层；i. 修补余量可以控制得很小，从而减少了机加工时间；j. 修复层在使用中产生磨损，在同一部位还可进行多次修补；k. 该机可以一机多用，修补铝、铜、不锈钢、铸铁、铸钢及碳化钨硬质合金的涂层；l. 在修补加工时不产生噪声、粉尘、废液、强光及异臭味，不影响操作人员健康。

（3）高频熔焊多金属修补机的应用范围

1）适用于各种牌号铝及铝合金制件缺陷的修补。

2）适用于各种牌号铜及铜合金制件缺陷的修补。

3）适用于各种牌号的灰铸铁及合金灰铸铁制件缺陷的修补。

4）适用于各种牌号的球墨铸铁及合金球墨铸铁制件缺陷的修补。

5）适用于各种牌号的铸钢、不锈钢制件缺陷的修补。

6）适用于各种牌号的合金钢、模具钢制件的缺陷修补。

7）以上各种材料制件的缺陷，包括铸件的气孔、砂眼、疏松、冷隔、扎刀、崩角及模具的龟裂、磨损的修补。

8）可修补的金属制件类型包括：a. 各种受力、受压、受冲击、受高温、受腐蚀等状态下工作的铸件，如泵、阀、管道、发动机体、齿轮箱等；b. 各种表面质量要求严格的铸件，如机床导轨面、卡盘面、曲轴轴颈、凸轮轴表面、缸套、活塞等表面。

（4）高频熔焊多金属修补机结构说明　图7-24所示为高频熔焊多金属缺陷修补机实物外观图。图中标示的序号含义及功能如下：①能量输出转换开关——Ⅰ档为低能量输出档，Ⅱ档为高能量输出档；②负极输出端子——连接负极导线，与补焊工件相连接；③正极输出端子——连接旋转焊炬。焊炬内装夹焊丝；④电源开关——按下电源开关，电源内置指示灯亮，设备接通电源；⑤轻熔按钮——按下此按钮，内置指示灯闪亮，设备在轻熔状态下工作；弹起按钮，内置指示灯熄灭，设备脱离轻熔状态；⑥转速调节按钮——用于调节焊炬转速；⑦占空比调节旋钮——旋转此按钮调节占空比数值；⑧钢铁材料按钮——按下此按钮，内置指示灯亮，设备在钢铁材料熔焊状态下工作；弹起按钮，内置指示灯熄灭，设备脱离钢铁材料熔焊工作状态；⑨非铁金属按钮——按下此按钮，内置指示灯亮，设备在非铁金属熔焊状态下工作；弹起按钮，内置指示灯熄灭，设备脱离非铁金属熔焊工作状态；⑩保护转换按钮——设备内置两个过载保护装置，按下或弹起各起动一个保护装置；⑪保护气体输出端口——输出氩气，与焊炬气体接头连接；⑫正极端子——配合正极使用（正极信号输出）；⑬保护气体输入端口——用于氩气输入；⑭散热风扇——用于机箱散热；⑮电源插座——与220V电源连接，内置8A熔丝管。

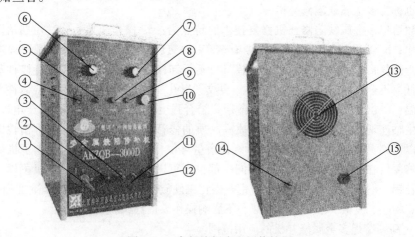

图7-24　高频熔焊多金属修补机

（5）焊炬结构 旋转焊炬结构如图7-25所示。

（6）高频熔焊多金属修补机操作步骤：

1）接通220V电源及外置氩气，并将氩气流量调至5~7L/min。

2）打开电源开关④。

3）将负极输出端子②的导线与被焊件固定连接。

4）使①处于Ⅰ档位。

5）如焊补铝、铜等非铁金属时，使⑨灯亮，⑤⑧灯灭；如焊补铸铁、钢等材料时，使⑧灯亮，⑤⑨灯灭。

6）将转速调节旋钮⑥调至500~600，占空比调节旋钮⑦调节至70~80。

7）旋开焊炬前端盖，将相应的钢铁材料焊条或非铁金属（如铝、铜）焊条夹装在焊炬上，旋紧前端盖后，焊条伸出长度不应大于20mm。

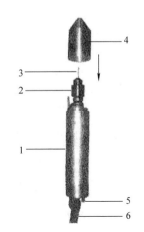

图7-25 旋转焊炬结构
1—旋转焊炬总成 2—旋转卡头
3—焊丝 4—前端盖 5—焊炬开关
6—导线及通气管

8）首次起动焊炬，按动焊炬开关三次后，焊炬开始旋转，将旋转的焊条与焊补基体缺陷表面轻轻接触，同时使手握的焊炬在焊条方向做往返运动，直至将缺损部位焊补至与基体相同。

7-36 电刷镀高级修复技术在数控机床应如何应用？

答：电刷镀技术是应用电化学沉积原理，在金属表面选定部位快速沉积金属镀层的一种表面处理技术。我国于20世纪90年代从美国引进了该技术，主要应用于飞机、坦克、军舰等国防工业的精密零部件维修。同时开始向制造业推广，但由于其修复层厚度（小于0.1mm）的局限性及修复材质等方面的原因，使其很难适用于大部分零部件的磨损修复需求。

由于活化液的研发成功，结束了电刷镀技术只能在单一材质上沉积金属镀层的历史，从根本上拓宽了其应用范围。该活化液在电刷镀工艺上的应用，使电刷镀技术可以在两种及两种以上材质上同时沉积金属镀层；也可以在不明材质及惰性材质上沉积镀层，使一些材质不明的进口零件及表面镀铬的复合材质零件的成功修复成为现实。更为重要的是，该项发明实现了电刷镀技术与其他特种修复技术的复合应用。

（1）工作机理 电刷镀修复技术在多年的推广应用过程中，已取得了明显的技术及经济效益。它是采用专用的直流电源设备，刷镀时镀笔接电源正极作为刷镀时的工作阳极，工件接电源的负极作为刷镀时的阴极。电刷镀的镀笔采用高纯石墨作阳极材料，在石墨块外包裹棉花和耐磨的涤棉套。在电刷镀进行工作时，使浸满镀液的镀笔以一定的相对运动速度在工件表面上往返旋转移动，并保持一定的压力，在镀笔与工件接触的部位，镀液中的金属阴离子在电场力的作用之下，获得电子被还原成金属原子，这些金属原子沉积并结晶在工件上形成金属镀层。随着刷镀时间的延长，镀层结晶增厚而形成了电刷镀金属镀层，电刷镀基本原理如图 7-26 所示。

（2）工作特点 由于脉冲技术成功地应用于电刷镀电源的制造中，使电刷镀电源成为原直流电源的替代产品。电刷镀电源使得镀层结合强度有了显著提高，内应力有了显著降低，对原有难镀材质成功进行了施镀。其特点如下：

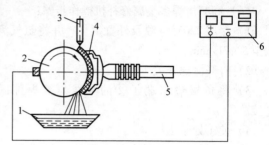

图 7-26 电刷镀基本原理
1—溶液 2—工件 3—注液管
4—阳极及包套 5—镀笔 6—电源

1）广泛与常温冷态重熔技术复合应用，可修复各类零件的磨损、划伤；零件在修复过程中，始终处于常温状态，无内应力、无变形。

2）修复量控制精确，可进行复杂曲面的随形修复。

3）可有效提高修复位置的材料的力学性能并降低表面粗糙度值，硬度为 52 ~ 58HRC，耐磨性为 45 钢调质处理的 1 ~ 1.5 倍，防腐性是不锈钢的 1 ~ 1.5 倍。

4）可在零件的任意磨损位置局部施镀修复，未磨损区域不会出现多余的尺寸变化。

5）不解体修复各类精密复杂零部件。

7-37 胶粘高级修复技术在数控机床应如何应用？

答：胶粘修复技术也简称胶粘技术，是胶接与表面粘涂技术的简称。该技术是用胶粘剂将各种材质、形状、大小、薄厚相同或不同的物件连接成为一个连续牢固整体的方法。

（1）工作原理 胶粘技术是一种新型化学连接技术，了解胶粘的本质与胶粘的基本原理，可指导胶粘剂的正确选用和胶粘工艺的合理实施。到目前为止，虽然胶粘理论的研究已取得很大进展，但要彻底认识胶粘的本质仍需进行较深入的研究。

（2）被粘物表面特征 对于胶粘剂粘涂的零件，胶粘作用仅发生在表面及其薄层，因此零件表面性质和表面特性对胶粘强度有很大的影响。无论选用什么种类的胶粘剂，了解表面特性及采取必要的处理方法都是十分重要的。

1）固体表面特性。任何固体表面层的性质与其内部（基体）都是完全不同的，其差别甚为显著。固体的表面层由吸附的气体、水膜、氧化物、油脂、尘埃等组成，因而是很不洁净的。

2）固体表面的粗糙性。任何固体表面，其宏观可能是光滑的，而微观上则是粗糙的，凸凹不平的，两固体表面的接触，其接触面积仅为几何面积的 1% 。

3）固体表面的高能性。固体表面能量高于内部的能量。

4）固体表面的吸附性。由于固体表面的能量高，常吸附一些杂物，即使是新制备的表面也很难保持绝对的清洁，即充分显示了固体表面的吸附性。

5）固体表面的多孔性。固体表面布满了很多孔隙，很多材料其基体就是多孔的，一般表面因粗糙、氧化、腐蚀等会形成多孔的表面。

（3）胶粘作用的形成

1）浸润。当一滴液体与固体表面接触后，接触面自动增大的过程，即浸润，是液体与固体表面相互作用的结果。

2）化学键理论。该理论认为胶粘剂与被黏物在界面上产生化学反应，形成化学键结合把两者牢固地连接起来。由于化学键力要比分子间力大 1 个或 2 个数量级，所以能获得高强度的牢固黏接。

3）扩散理论。认为胶粘剂与被黏物分子间互相扩散，使两者之间的界面逐渐消失，并相互"交织"而牢固地黏合。

4）静电理论。认为在胶粘剂与被黏物接触的界面上产生双电层，由于静电的相互吸引而产生黏接力。

以上所述胶粘理论，虽不够完善，存在着局限性，但对于认识与分析胶粘剂可提供一定的帮助。

（4）胶粘技术的特点　胶粘与其他连接方式，如铆接、焊接、螺纹连接、键接等比较，具有许多新特点。

1）胶粘可以连接各种不同类的材料。金属与金属、金属与非金属都可以相互胶接；各种材料的表面缺陷均可进行表面粘涂。

2）胶粘时零件不产生热应力与热变形。胶接与表面粘涂时，通常都在较低的温度下进行，因此，对薄壁零件、受热敏感的零件及不允许焊接的零件，采用胶粘技术是非常有利的。

3）胶粘可提高抗疲劳寿命。对于结构粘接承受载荷时，由于应力分布在整个胶合面上，这就避免了高度的应力集中，特别是薄板的连接，如采用铆接或点焊，由于应力集中在铆钉或焊点上，容易产生疲劳破坏。因此目前在飞机制造中，某些结构，如蜂窝结构等均把铆接改为胶接，其疲劳寿命可提高 3 ~ 10 倍。所以，现代的飞机制造业、宇航器等胶接已逐步地代替了铆接。

4）胶粘比铆、焊及螺纹连接可减轻结构的质量。在飞机及宇航器的制造中，胶接代替铆接后，质量可减轻 20% ~ 30%；大型天文望远镜采用胶粘结构其质量也可减轻 20% 左右。

5）胶粘比焊接、铆接的强度要低，特别是冲击强度和剥离强度较低。表面涂粘与基体的结合强度为抗拉强度一般为 30 ~ 50MPa，与热喷涂层的结合强度大体相同。

6）工艺简单，不需要专门和复杂的设备，可现场施工，生产效率高，加工成本低、经济效益显著。

7）胶粘与表面粘涂其使用温度。有机胶粘剂一般在 150℃ 左右，少数可达 250℃ 以上，无机胶粘剂可达 600 ~ 1700℃，但胶层较脆。

（5）胶粘技术的发展　胶粘技术的发展经历了较长的历史，最早使用的胶粘剂，主要是天然高分子材料，如淀粉、骨胶、橡胶、松香、树胶等。由于它们的胶粘强度不高，且耐水、耐高温、耐老化、耐介质性能差，因而在使用上受到了很大的限制。到 20 世纪 30 年代，随着现代化工的发展促进了合成高分子材料、合成胶粘剂的产生和发展，使得胶粘技术得到迅速的发展与提高。

近 30 年来，国内外胶粘剂与胶粘技术的发展十分迅速，胶粘剂的品种不断更新，胶粘剂的产量逐年增加，而且性能也有显著的提高。因而在机械、航空航天、石油、化工、船舶、电子、电器、建筑、农机等行业应用广泛，已经与人们的生产、生活密切相关，在技术发达的国家，如美国、胶粘剂每年销售额都在 100 亿美元以上。

我国的胶粘剂行业，近几十年也在持续快速发展，应用领域不断扩大。一些传统的产品制造工艺与设备的维修工艺将会由于胶粘剂的发展与胶粘剂的应用而得到更新，一些传统的维修观念也将会得到改变。随着不同性能和功能的新型胶粘剂（如高强度、阻燃、高黏合性、耐高温、耐高电压、高耐磨性、快速固化和低应力等）相继研制成功及胶粘工艺的不断改进，使胶粘技术得到更迅猛发展，已经成为机械制造及特种修复技术中不可缺少的新技术。

（6）胶粘技术在设备修复中的应用　由于胶粘技术的优良特点，随着胶粘剂及胶粘技术的发展，胶粘技术的应用越来越广泛，几乎遍及所有的制造领域，另外在建筑工程、包装、光学工业、娱乐设施等领域也已在应用，在此仅对胶粘技术在机械制造及再制造中的应用进行介绍。

胶粘技术在机械制造及再制造，尤其在机械零部件维修中的应用十分广泛。胶粘技术可用于结构连接、固定、密封、堵漏、绝缘、导电，还可用于机械零件的耐磨、减摩、耐腐蚀修复与保护涂层；也能用于修补零件上的各种缺陷，如裂纹、划伤、尺寸超差、铸造缺陷等。其施工工艺简便、可靠，对所修零件无热影响区和变形，可现场作业，从而减少生产中的停机时间，是一种快速和廉价的修复技术。

1）零件断裂的胶粘。各种机械设备的零件由于在使用中承受的载荷超过设计指标或因制造及使用不当，产生断裂或裂纹是经常发生的，传统的工艺方法是采用焊接，而焊接给零件会带来热应力与热变形，特别是薄壁件更有甚之。对一些易于发生爆炸危险的设备，如储油罐及煤矿等井下设备，绝对不能用焊接法进行修复，而采用胶粘法与表面粘涂法则显得十分安全、可靠和方便。

2）零件磨损及加工尺寸超差的修复。机械零件在使用中会产生磨损，如液压缸、导轨面、箱体轴承座孔、轴类零件配合面的磨损，各种轴孔零件加工时的尺寸超差等。传统的修复工艺有堆焊法、热喷涂等。这些方法除了必备专用设备外，其各种工艺都有一定优点和局限性，如采用堆焊和热喷涂工艺，除了工件表面会达到很高的温度外，在有些情况下，根本无法堆焊与喷涂。而采用表面粘涂技术恢复磨损表面的尺寸简单易行，既无热影响，胶层厚度又不受限制；既经济，效果又好；因而对磨损表面可用奥可 AK02 - 1 耐摩擦磨损修补胶或 AK02 - 3 自润滑减摩修补胶。

3）零件划伤的修补。各种液压设备的液压缸及柱塞，机床导轨在使用中经常会遇到的划伤，都可以采用表面粘涂的方法进行修补。目前对各种液压设备，水压设备及机床导轨划伤的修复，尤其是对进口设备划伤表面的修补，其效果十分明显，并已经取得了很大的技术及经济效益。

4）铸造缺陷的修补。铸造缺陷，如气孔、砂眼、缩松，一直是铸造行业引起铸件报废而带来很大损失的一个大问题。一般在铸件中发现气孔与砂眼大多采用回炉处理，但若采用表面粘涂技术修补铸造缺陷，既简便易行，又省工、省时且节约资金，其效果良好；而且修补部位可与各种铸件保持基本一致的颜色与强度。目前在液压泵、水泵、发动机缸体、变速箱体、机床床身等铸造中，广泛使用奥可 AK01 系列铸造缺陷修补胶粘剂对气孔、砂眼进行填补，并取得了非常明显的经济效益。

（7）胶粘剂的组成　在胶粘技术中，胶粘剂的性能及胶粘剂的选用是决定修复质量好坏的关键因素之一，而胶粘剂的性能则决定于胶粘剂的组成。

目前在工业企业广泛应用的胶粘剂，为了获得优良的综合性能或特殊的性能要求，一般都是采用多种组分优化配成，通常胶粘剂的组成主要是由粘料（基料）、固化剂、促进剂、偶联剂、增韧剂、填料等组成。

7-38　开展数控机床技术改造具有什么意义？

答： 数控机床技术改造工作的意义如下：

1）可根据技术发展的水平及时地提高机床的自动化水平和效率，提高数控机床的质量与档次。

2）可以大大地节约设备投资费用，尤其对于大型机床和特种机床，节省的费用更为可观。

3）能更好地满足用户实际的生产需求，具有较强的针对性，避免了机床多余的功能。

4）能充分地利用技术工人的经验知识、更好地培养他们的能力。

5）可大量节约在铸造、切削加工时所消耗的能源，并可减少对环境的污染。

另外，数控改造中应有的措施：

1）被定为改造对象的数控机床，其机械精度一定要达到相应水平，改造才具有价值和实际意义。否则数控系统及伺服部分水平再高也没有作用，使改造失败。

2）改造实施前，应对改造的规模、应达到的要求与目的及期望值要有明确的要求，以确定选型及等级，如 I/O 点数、存储容量、根据实际需要确定改造档次。一般对进口设备改造仍采用进口数控系统；对国产设备改造仍采用国产数控系统。

3）在改造专业队伍中，至少要有一名对整个数控机床包括控制机、PLC 系统、伺服系统、机械系统比较熟悉的专家做出总体规划，并从选型、订货、材料准备、布线、PLC 编程、机械改装、调试、验收等重要环节做出妥善安排，以协调各方面的工作，这样往往可以缩短改造周期且可保证改造质量。

4）数控改造组以 3 或 4 人为宜，分工要明确，涉及机械改装、电气布线、PLC 编程等主要方面时，要有用户很好地配合。

5）资料收集、编辑和保存应贯彻改造全过程。严格遵守先有图样，按图施工原则，修改处应及时记录，整个工程线路十分繁杂，往往全部调试结束以后，再开始整理就难免疏漏。应给用户留下完整的、准确的改造资料，至少包括使用手册、编程手册、PLC 梯形图、硬件接线图等。

7-39　大型专用数据设备的技术改造中应注意哪些方面？

答：大型、重型数控设备生产厂家是按用户的需求设计制造，因此在系统和结构上都有一些特殊之处。在接受大型专用数控设备改造任务时，应注意以下几个方面。

1）了解和掌握用户对设备已经使用的情况、目前设备出现的问题，需要改造的是哪些方面、要求达到什么目标等。最好对设备生产厂的有关情况与技术资料搜集得比较全面，以弄清该大型专用设备的一些特殊问题及力求全面掌握设备的参数。

2）对数控改造者而言，最关心的是原机床的接口软件（包括 PLC、PAL、PMC 等）和电气连接图。该软件和硬件连线关系到数控系统和特定机床的匹配。而伺服系统和机床的连接相对比较直观。

对于大型数控设备有哪些需要加以注意，现以某汽轮机公司的大型机座加工中心的维修、技术改造为例说明。

① 大、中型数控机床的主轴，一般都具有齿轮变速传动方式。这是为了保证低速时可传递较大的转矩，同时又能扩大恒功率区域的变速范围。齿轮变速存在一个"挂档"的问题。在挂档时为预防顶齿现象常采取电动机瞬动来完成。因此要注意：大惯量部件的延时，需用时间继电器检测。另外，挂档限位开关应回答计算机挂档成功与否，但由于挂档的瞬间点动需向接口输出短时运动命令，却在 PLC 中很难实现，这是因为 PAL 系统无法处理电动机的运动问题；因此，在面板上要保留手动挂档按钮开关。总之对这种问题要妥善处理。

② 夹紧、放松问题在大型专用设备中比较突出，为了在大惯量条件下准确定位，坐标轴在到达目的位置时应立即夹紧，运动时立即放松。为了避免夹紧时抖动，有时需要对坐标轴分成低夹及高夹。这些功能的要求就增加了接口软件编号的难度。

③ 通常出现的 NC 程序与 PLC 程序的耦合问题，如 C 轴的低夹与高夹的判断公式为：终点位置 – 现行位置 + 跟随误差。但这些系统参数在 PLC 数据区中是不具备的，因此对一般改造用户来说，如何提取这些系统参数将存在一些困难。

④ 单方向趋近对大型专用数控机床准确定位格外重要，大多数控系统均有此功能，因此在改造中要充分利用。

⑤ 某些参数的选择范围对大型机床有一定的要求，如系统位置环增益选择较低，往往使 K_v 值大大低于 1。这样可使系统稳定，调整时方便。缺点是跟随误差稍大一些。

3）振荡轴的软件维修。机械部分磨损后，将使到位参数不能满足要求而会引起某坐标轴的振荡。一般对新型数控系统而言比较简便，只需修改一下到位参数即可。但对旧设备尤其较早的数控系统就比较难办，要找出原 NC 系统中的有关参数，将其到位参数和夹紧参数适当扩大，即可临时性解决轴的振荡问题。但要彻底解决还必须使机械部分的磨损得以修复才行。

4）对数控系统的选型问题。由于旧设备原先所配备的数控系统已老化、型号早已淘汰，所以对新系统的选择要参考原系统的生产厂家目前已有的产品。原则上系统还是采用原系统生产厂家的新产品，这对改造和今后的使用与维修都比较方便。

5）PAL（PLC）编程环境与方法随着 NC 技术的进步与发展已将 PAL 操作系统移至 ODS（Offline Development System）并可运行于 PC 上。PAL 开发完毕后通过串行接口送入 CNC 中的存储器。出于机床保密和安全运行起见，后续很少再对接口软件进行修改；但可利用 ODS 方便地对机床的参数进行设置和编辑工作。

6）参数宏调用。在大型、专用机床的数控改造中，为实现一些特殊功能要求，可以采用参数宏调用。目的是在零件加工程序和 PLC 程序之间传递信息。另外在某些情况下，用户可自定义一些 G 码与 M 码，实际上就是调用一个专用子程序完成特定功能。

7）数控机床的个性化改造。由于大型机床往往是非标单台制造设备，因此，在数控改造中更适宜采用个性化改造（CNC individualizing machine tool）。

个性化改造大致包括以下含义：

① 机床参数设置，如系统扫描时间这一参数的选定；再如参数宏调用完成的特殊功能等。

② 机床面板。进行机床个性化改造时，可以设计制造出更适合具体机床需要的操作面板方便于用户，包括对其中字母键、数字键与功能键的安排与 CNC 及 PLC 的开窗大小有关的一系列个性化考虑。

③ 诊断页的组成。在改造中除保存原有的诊断、显示页之外，还可以增添许多有助于今后维修和故障排除的个性需要页面，不受局限。

④ 专用软件与代码的设置。数控系统的改造安装者可根据操作者和数控机床的特殊情况而设立专用软键，以完成某一特定功能，或指定 G 代码和 M 代码通过零件加工程序完成特定功能。使该设备做到名副其实的个性化。

总之，数控机床个性化改造具有良好的发展前途，但它对数控系统制造商和数控改造者均提出较高的要求。

对数控系统制造商而言，在设计 CNC 软件时，必须留出较大的变量，供 PLC 和机床参数使用，即向开放式数控系统发展。对数控改造者而言，则要求他们对 CNC 工作原理、机床电气和机床结构及加工程序编制要有深刻的了解；对 PLC 编程有较好地掌握，以及对各个参数的含义及选择要熟悉。只有这样才可能正确有效地将 CNC、伺服系统、机床电气系统和机械部分集成于一体，最终交给用户一台经过改造或等于再制造（Remanufacture）的具有个性特色的大型、专用数控机床，使企业从中获得更大的经济效益，以及资产获得有效的增值。

7-40　数控立式铣床进行技术改造时应注意哪些方面？

答：如果该数控立式铣床控制与伺服系统已老化，但其机械部件精度仍较好，值得进行技术改造后继续使用，则可考虑用较先进的控制与交流伺服系统对该机床进行数控改造。

为了说明以上问题，可通过西安某数控工程研究所对日本牧野（MAKINO）老式数控立式铣床的改造为例，了解整个改造方案的安排和应考虑的问题。

1）该公司原有 MAKINO 数控立式铣床一台，配有日本 FANOC 220A 硬件数控系统及电液伺服系统。由于系统老化，该机多年停用，但机械部分精度较高。因此在改造方案中拟定以先进的 CNC 数控系统及电气伺服系统进行取代原有淘汰的系统。

2）经选型，决定采用美国 AB 公司 20 世纪 90 年代生产的 9/260 CNC 系统及 AB 全数字式交流伺服系统。该系统具有高性能、低价格及强抗干扰特点，系统由 M68030 32 位处理器组成，具有表面安装（SMT）技术、I/O 光缆通信、可编程机床接口（PAL）及可调整机床参数（AMP）。系统还配有离线开发系统（ODS）运行于 IBM 个人计算机及兼容机，在 ODS 环境下进行用户梯形图软件开发、I/O 定义点、机床参数设定及零件加工程序编制。最后经 RS232 串行通信送入 9/260 CNC 闪烁存储器（flash memory），比 EPROM 读写时间快 10 倍，无须固化，使用方便。

3）硬件配置方案如下：

① CNC 装置　A - B 9/260 1 套 9″CRT。

② I/O 组件　高密 I/O 板 1 块，数字 I/O 1 套。

③ 伺服放大器　X、Y、Z 三套全数字式，交流。

④ 电动机　X、Y 轴 11N·m 各 1 台；Z 轴 19N·m 1 台；电气抱闸光电码盘一体安装。

⑤ 软件　ODS 软盘。

以上总硬件费用为 2. 55 万美元。

原数控立铣手工变速操作系统保留；编程控制正、反转；润滑功能在通电后自动间隙进行；冷却液有自动及手动两种方式；机床工作台 X 方向行程 800mm，Y、Z 方向行程 350mm；每个坐标轴设左右极限开关各 1 个，左右紧停开关各 1 个等，得以保护机床。

因该机较老，传动链采用齿轮变速，且有一定的噪声及间隙，为克服传动链带来的误差，最后经螺距补偿提高了其精度。

在改造中增加机床零点校准，以补偿零点漂移。改造后的总体结构如图 7-27 所示。图中可见 CRT 显示屏及操作面板均安装在操作者手边，符合人机工程要求。保留原有的部分电气装置，对新添的 CNC 装置及伺服驱动系统单独安置。虽然机床操作面板、机床电气柜、CNC 柜、伺服柜及 CRT 箱等部分皆有电气线路，相互之间连线显得复杂，但一经调试完毕，对系统运行稳定和今后维修都有利。

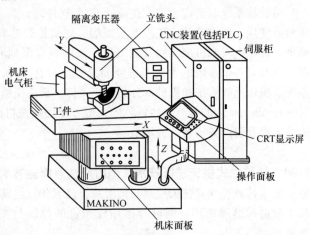

图 7-27　日本 MAKINO 立铣数控改造外观示意图

4）改造的内容包括以下方面：

① CNC 柜与伺服柜之间连接，即将 CNC 与伺服系统相连。与机床及机床电气连线部分接至柜后航空插头。

② 机床操作面板及 CRT 相连接，并接至机床电气柜，有些可直接进 CNC 柜。

③ 电动机及光电编码器和 CNC、伺服柜相连接。

④ 电动机和机床机械连接盖板的设计及首级齿轮的设计与加工。

⑤ 梯形图编写、机床参数的确定。

⑥ 联调、调试、试切验收零件。

⑦ 文件整理、交接。

这次改造由于采用全数字式交流伺服，光电编码器既作为位置反馈，又作为速度反馈（其框图见图 7-28，电气连接图见图 7-29）

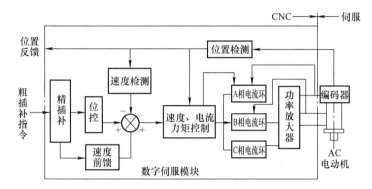

图 7-28　位置环、速度环框图

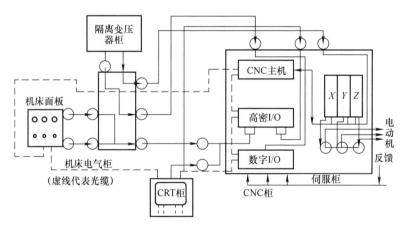

图 7-29　电气连接图

由图中可见，数字伺服模块中的连接类似模拟伺服中的三环控制。其区别在于模拟伺服中，电流和速度环在硬件调节器（如 PWM 调节器）中闭合，位置环仍在计算机内闭合。而全数字式交流伺服则是三环均在计算机内闭合，由软件调节。在改造中，位置环比例增益参数、速度环及电流环的比例积分参数可供用户选择。另外还有速度前馈参数，其目的是减少系统静态误差，提高精度。系统采样周期也由用户自行选择，典型的 CNC 采样周期为 10ms，这里选 12ms。主要取决于用户程序（梯形图）的规模。

机床电气柜位于机床后部，保留原有的变压器、空气开关、熔断器、执行继电器及光线槽，使改造工作量大为减少。隔离变压器位于机床之外，便于散热，并减少电磁干扰。

CRT 原在 CNC 柜上部，距操作者太远很不方便，故移至操作者手边改为小箱式。小箱上也设置了一些按钮开关。但机床主要操作面板仍位于工作台下方，如最常用的手动按钮，手摇脉冲发生器，回零、超调及急停等按钮开关均位于此面板。

5）在数控改造中，既要考虑系统的先进性，又要考虑系统的连续性，既要照顾到操作者的已有习惯。因此必要时应保留一些过去常用的按钮。这些还和 I/O 的规模（即 I/O 点数）有关，即多一个开关，I/O 就要增加一个点，因此在总体设计时必须充分考虑。订货时对 I/O 点数应保有余量，避免万一不够用而影响整个改造的水平。这是因为增补 I/O 会延误工期，并在经济上受损。

原 MAKINO 数控立铣采用电液驱动，现改为交流伺服，故连接盖板及首级齿轮必须精心设计、精确加工。盖板应由数控机床加工，而齿轮必须经过磨削工序才能保证传动精度。

6）在用户软件编制及调试方面，由于 AB 公司提供了 ODS 开发环境，则梯形图编制及调试可在 PC 上进行。一般采用 486 以上个人计算机皆可。将其串行口和 9/260 CNC 串行口对接，即可对梯形图进行编译及传送。在调试过程中，若发现梯形图有错误，则修改后再编译、传送，直到合乎要求为止。因此省去了固化及擦抹过程，提高了效率。

梯形图的编写及调试占总工作量一半左右。在布线、硬件连接完成以后，最主要的工作量就是机床参数的选择及梯形图的编写。该梯形图与普通 PLC 梯形图编写有许多类似之处，但也有其特殊性，主要差别在于该系统的可编程序控制器受到 CNC 装置的限制。它是 CNC 和机床之间的软接口。除伺服放大器之外，一般 PLC 和 CNC 连接起来主要处理 S、M、T 等开关应答信号，也就是说它是将操作面板及限位开产等输入信号送入 CNC 控制机、输出指示灯、继电器执行信号，去控制冷却、润滑、主轴正反转等。用户梯形图经编译后变成二进制文件插入数控制程序中。一般而言每个采样周期处理机都要扫描一遍梯形图，但当开关量处理工作量太多的情况下，就会影响伺服控制及插补等主要任务的进行。因此可以将一些实时性不太强的梯形图开关量移入后台，即可以几个周期扫描一次，而不必每个周期都扫。虽然采样周期加长，但比起机械触点式继电器吸合（100 ~ 200ms）来说仍然要快得多。

7）改造后的验收分步进行，即先对功能验收，包括图形显示、刀具轨迹跟踪、蓝图编程、加工中断后自动返回断点、固定循环及数控通用功能等。

7-41 数控机床技术改造与机床数控化改造有何不同？

答：数控机床的技术改造与机床数控化改造是有很大区别的。一台数控机床从出厂、使用、维修直至报废的全过程，力求为企业创造更多的经济效益。而平时给予维护的费用（投入）要合理，使设备技术状态良好得以安全运行。

同时，争取延长设备的寿命要符合两个条件：一是设备在合理地投入资金后，经改造应能不断地提高生产率与产品质量；二是投入技术改造费用后，设备能获得再制造的效果，使投入资金在短期内迅速回收。

由于数控机床的机械结构及其附加配置都比较好，具有较高的刚度，且抗磨损与抗冲击能力较强，所以维修的投入较少。而数控系统包括主控柜、伺服系统、位检及速度控制系统、PLC 系统等经过不断改造与质量的提高，可靠性也比较高、维护费用也不大。但问题在于数控系统的更新换代较快，因而过时产品的零备件往往短缺（生产厂已不再生产）。因此一旦出现故障，则束手无策。何况电子元器件有老化和变质的可能，因此实践证明一台数控机床经过 10～15 年后，及时地进行更换数控系统改造的投入比"东拆西补"式的维修要合算得多。

一台普通机床在企业中出于生产的需要，必须改造成为数控机床时，则称为机床的数控化改造。这种类型的机床改造，首先要考虑该机床的机械加工精度与刚度是否符合要求。由于其本身属于非数控机床，所以局限性很大，通常都采用简易数控系统。这样，可以使较少的投入获取较大的收益。由于普通设备本身价值不高，技术改造当然在资金投入方面要成一定的比例才适宜。同时，普通机床的刚性与加工精度改造成简易数控完全可以满足。而数控机床的数控系统更换，通常是采用全功能的，且符合当代先进水平的新型系统，这种选型上的区别也是两类不同改造的重要区别。

金属切削机床的数控化改造在经济不发达地区或产品精度和产量不高的情况下比较适用。随着经济的不断发展，数据机床的技术改造将会逐渐增多。

最后，应指出这两类不同机床的改造在改造方案实施过程中最大的区别在于：前者侧重于硬件，而后者侧重于软件。

7-42　数控机床改造应注意哪些方面？

答： 与一般普通机床的改造相比较，数据机床的改造除应遵照设备改造的原则与目标之外，尚有一些微电子技术改造的特殊要求，因此在拟订技术改造方案时，必须认真、细致地考虑和注意这方面的特殊性。

1. 一般设备的改造原则

有以下四个方面：

（1）针对性原则　这个原则要求对设备在生产中所处的地位做实际分析，确认该设备是否处于生产中的薄弱环节。从工艺要求提出技术改造方案。

（2）技术先进适应性原则　由于设备的技术改造目的是使设备通过改造，恢复或提高原有的技术性能。因此，要根据生产产品的生产纲领和工艺特点，确定切合实际的改造技术指标。防止盲目追求，甚至于功能过剩。

（3）经济性原则　拟订技改方案时，应仔细地进行技术、经济可行性分析。争取小投入、大产出。

（4）可能性原则　根据设备在技术改造中的技术难度与改造工作量，设备的技术改造通常可分为三种类型，即大型技术改造、中型技术改造和小型技术改造。但无论哪个类型的改造，都要因时、因地考虑其可能性。如小型改造，可考虑本企业的技术人员与技术工人完成的可能性；中型改造则可兼顾其他单位协作的可能性；大型改造则要考虑社会技术改造专业队伍（企业、院所或专业公司）参与或承包的可能性。

2. 设备改造的目标

有以下四个方面：

1）提高加工效率和产品质量。

2）提高设备运行的安全性。

3）降低设备能耗与产品原材料消耗。

4）保护环境，消除或减少污染。

3. 其他要求

除以上原则、目标外，对数控设备还有以下要求：

1）对改造前的设备从机械结构到数控系统要做出正确的评估。确定改造的必要性。

2）简易数控化改造特别要强调技术、经济可行性分析原则。数控机床的数控系统更新改造，对不同系统至少要有 2 种或 3 种对比方案，且要充分论证。最好能参考其他单位改造成功的经验。

3）选择和确定系统时要优先考虑本单位已有数控系统的类型与备品配件的存量。这样的设备改造后，才能便于管理、维护、保养和修理。

4）操作人员配置的基础与培训的因素影响，在该设备改造及拟订改造方案时，也要注意和考虑。

总之，数控机床的改造比一般普通机床的改造要复杂且工作量大。企业无论是进行传统设备的数控化改造还是数控机床本身的改造，都要认真听取操作者、维修技术人员、数控专家的具体意见，还要征求专业化公司和生产厂家的意见，使方案做得尽量完善。

7-43　数控机床选型时应考虑哪些方面？

答：当选用数控机床时，应考虑以下十个方面：

1）确定典型加工零件以确定使用范围，同时也要留有适当的发展与拓宽空间。

2）确定机床规格，按典型加工工件尺寸留有适当余量确定机床工作台 X、Y、Z 的行程与尺寸。

3）确定主轴电动机功率，按典型加工件的实际情况（即毛坯尺寸与余量的大小等因素）考虑选用的数控机床主轴功率有时会有很大差别，所以既不能大马拉小车，也不能转矩不足。

4）确定机床的精度，应按典型工件加工关键部位的精度要求为基本依据。

5）正确选择数控系统。

6）工时与节拍的估算，也就是说要对技术（工艺）、经济（批量、效率）可行性进行分析与估算。

7）选择合理的自动换刀装置和配置适当的刀柄。

8）确定数控机床的驱动电动机，要分别考虑进给驱动与主轴驱动电动机。

9）确定机床的选择性功能。

10）确定机床附件与技术服务质量。

7-44 选用数控机床时应如何确定机床精度?

答：在选择机床精度等级时，首先要根据典型零件关键部位的加工精度要求而定，因为国产的数控加工中心精度分为普通型与精密型两类，见表 7-1，机床的其他精度均与表中所列数据有一定的对应关系。其中定位精度与重复定位精度综合反映了该轴各运动部件的综合精度。尤其是重复定位精度，反映了该控制轴在行程内任意定位点上的稳定性。目前由于数控软件功能丰富，一般都具备螺距误差补偿功能与反向间隙补偿功能，可以对进给传动链上各环节系统误差进行稳定的补偿。但由于这些系统误差中有一部分是随机的，如随着运动速度的不同、负载的大小不同、热变形及刚度的接触变化等，不可能均由补偿功能去补偿。因为电气补偿仅能完成有限量的弥补。因此，虽经调整仍不可能获得较高的重复精度。

表 7-1 机床精度主要项目表 （单位：mm）

精度项目	普通型	精密型
单轴定位精度	±0.01/300 或全长	0.005/全长
单轴重复定位精度	±0.006	±0.003
铣圆精度	0.03~0.04	0.02

铣圆精度是综合评定数控机床有关轴随动伺服特性与数控插补功能的重要指标。

从机床的定位精度可以估算出该机床加工中的相应精度。普通数控机床进给伺服驱动机构大多采用半闭环方式，因此对滚珠丝杠受温度变化造成的位置伸长无法检测，故而影响加工工件的精度。原因在于滚珠丝杠伸长端会造成工作台的偏移，这是传动链结构所决定的。这种情况在使用回转工作台时，会使误差成倍增加。

7-45 选择数控机床时应考虑数控系统的哪些因素?

答：首先应考虑到数控系统在功能和性能上应与所确定的机床相匹配。同时也要考虑以下几个方面的因素：

1）按数控机床的设计指标来选择和确定机床数控系统。目前可供选择的机床数控系统，其性能高、低及功能差别都很显著。如日本 FANUC 公司的 15 系统与 0 系统的最高切削进给速度相差 10 倍（当脉冲当量为 1μm 时）。同时，其价格差别也很大。因此，总的来说，必须从实际需要出发，考虑经济性与可行性。

2）按数控机床的性能去选择数控系统。虽然数控系统的功能很多，但可以大致分为两类不同的配置。一是基本功能；在购置时必须配置的功能。另一类是选择功能；要按用户自身的特殊需要去选择配置。而往往选择功能在售价中所占的比例较高。因此，对选择功能应经过仔细分析，不要盲目选择以免造成浪费。

3）选择机床数控系统时，一定要周密考虑，在一次订货中力争全而不漏。避免机床在安装、调试中出现困难，影响使用且有可能延误周期造成不应有的损失。

4）要考虑和照顾到已有数控机床所配置的数控系统生产厂家与型号，争取一致，以便于管理、维护、使用与培训。

7-46　数控机床使用时对生产工时应如何估算？

答：

对每个典型零件，按工艺确定合理的、先进的加工路线、挑选出适合于数控机床上加工的工序内容；再按所配置的刀具计算和确定切削用量值及相应的每道工序的机动时间与辅助时间（一般取 $t_{辅}=10\%\sim20\%\,t_{机动}$）。小型加工中心换刀时间为 $10\sim20\mathrm{s}$。故单工序时间（单位为 s）为 $t_{工序}=t_{机动}+t_{辅}+（10\sim20）$。

例如：某典型零件上要求加工两个 $\phi30H8$ 的孔（图 7-30）。其切削用量见表 7-2。零件总工时为 $t_{总}=314\mathrm{s}$。

若按 300 个工作日、两班制考虑，每天有效工作时间 $14\sim15\mathrm{h}$ 计算，就可以算出机床的年生产能力。在算出所占工时和节拍后，考虑设计要求或工序平衡要求，可以重新调整加工中心的加工工序数量，并达到整个加工过程的平衡。对典

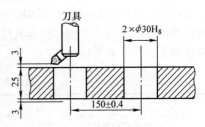

图 7-30　工时节拍估算典型零件图

型零件品种较多又希望经常开发新零件的加工时，在机床的满负荷工时计算中必须考虑更换工件品种时所需的机床调整时间。作为选机估算，可以根据变换品种多少乘以修正系数；这个修正系数也可根据用户单位的使用技术水平高低估算得出。

表 7-2　切削用量表

工序内容	主轴转速 /(r/min)	进给速度 /(mm/min)	走刀长度 /mm	$t_{切}$ /s	$t_{辅}$ /s	刀具准备 /s
钻 $\phi29\mathrm{mm}$	300	90	31＋10（钻尖长度）	27×2	8	15
半精镗 $\phi29.8\mathrm{mm}$	600	50	31	37×2	11	15
精镗 $\phi30\mathrm{mm}H8$	500	35	31	53×2	16	15

7-47　数控机床使用时应如何考虑 ATC 自动换刀配置？

答：ATC 自动换刀装置是数控加工中心、车削中心和带交换冲头数控冲床的基本特征。尤其对数控加工中心而言，它的工作质量关系到整机结构与使用质量。ATC 装置的投资往往占整机的 $30\%\sim50\%$。因此，用户十分重视 ATC 的工作质量和刀库贮存量。ATC 的工作质量主要表现为换刀时间和故障率。

1）现场经验表明，加工中心故障中有 50% 以上与 ATC 有关。因此，用户应在满足使用要求的前提下，尽量选用结构简单和可靠性高的 ATC，这样也可以相应降低整机的价格。

ATC 刀库中贮存刀具的数量，由十几把到 40 把、60 把、100 把等，一些柔性加工

单元（FMC）配置中央刀库后刀具贮存量可以达到近千把。如果选用的加工中心不准备用于柔性加工单元或柔性制造系统（FMS）中，一般刀库容量不宜选得太大，因为容量大、刀库成本高、结构复杂，不仅故障率相应增加，而且刀具的管理也相应复杂化。有一些新的机床用户往往把刀库作为一个车间的工具室来对待，在更换不同工件时想用什么工具就从刀库里取用，而这些工具又必须是人工事先准备好后装到刀库中去的。这样的使用方法如果没有丰富的刀库工具自动管理功能，对操作者反而是一种沉重的负担。因此，在单台加工中心使用中，当更换一种新的工件时，操作者要根据新的工艺资料对刀库进行一次清理，即刀库中无关的刀具越多，整理工作也就越大，也越容易出现人为的差错。所以，用户应根据典型工件的工艺分析算出需用的刀具数，再确定刀库的容量。一般加工中心的刀库只考虑能满足一种工件一次装夹所需的全部刀具（即一个独立的加工程序所需要的全部刀具）。根据国外对用中小型加工中心加工典型工件的工艺分析，认为这类机床刀库贮存刀具数在 4 ~ 48 把之间（表 7-3）。表中的统计数据和我国的使用经验很接近。总之，在立式加工中心上选用 20 把左右刀具容量的刀库，在卧式加工中心上选用 40 把左右刀具容量的刀库基本上就能满足要求。对一些复杂工件，如果考虑一次完成全部加工则所需刀具数就会超过刀库容量，但全面考虑综合工艺因素，如插入消除内应力的热处理工序，粗、精加工分成 2 道或 3 道工序进行，工件装夹倒换工艺基准等，故每道工序所需的刀具数就不会超过 40 把，加上复合刀具，小动力头等多刀、多刃刀具应用日益广泛，也等于扩大了刀库的容量。何况编制超过 50 把刀具的工序，对编程员、调试人员及操作者都有较高的要求，工作难度大为增加。

表 7-3　所需库存刀具数表

所需刀具数/把	<10	<20	<30	<40	<50
工件数在总工件数中所占百分比（％）	18	50	17	10	5

2）主机和 ATC 选定后，接着就要选择所需的刀柄和刀具。加工中心使用专用的工具系统，各国都有相应标准系列。我国也由某工具研究所编制了 TSG 工具系统刀柄标准。

① 标准刀柄与机床主轴连接的接合面是 7∶24 锥面。刀柄有多种规格，常用的有 ISO 标准的 40 号、45 号、50 号，个别的还有 35 号和 30 号。另外还必须考虑换刀机械手夹持尺寸的要求和主轴上拉紧刀柄的拉钉尺寸的要求。目前国内机床上使用的规格较多，而且使用的标准有美国的、德国的、日本的。因此，在选定机床后选择刀柄之前必须了解该机床主轴用的规格，机械手夹持尺寸及刀柄的拉钉尺寸。

② 在 TSG 工具系统中有相当部分产品是不带刀具的，这些刀柄相当于过渡的连接杆。它们必须再配置相应的刀具（如立铣刀、钻头、镗刀头和丝锥等）和附件（如钻夹头、弹簧卡头和丝锥夹头等）。

③ 全套 TSG 系统刀柄有数百种，用户只能根据典型工件工艺所需的工序及其工艺卡片来填制所需工具卡片（举例见表 7-4）。

表7-4　加工中心用工具卡片

机床型号		JCS－018	零件号	X－0123	程序编号		03210	制表
刀具号 （T）	工步号	刀柄型号	刀具型号	刀具		偏置值 （D·H）		备注
				直径/mm	长度			
T1	1	JT45-M3-60	φ29mm 锥柄钻头	φ29	实测	H01		
T2	2	JT45-TZC25-135	8mm×8mm 镗刀头	φ29.8	实测	H02		
T3	3	JT45-ToW29-135	镗刀头 TQW2	φ30H8	实测	H03		

　　加工中心用户根据各种典型工件的刀具卡片，可以确定需配刀柄、刃具及附件等的数量。目前，国内加工中心新用户对刀具情况不太熟悉，工具厂又希望组织批量生产，为此机床制造厂有时就根据自己的使用经验，给用户提供一套常用的刀柄。这套刀柄对每个具体用户不一定都适用，因此用户在订购机床时必须同时考虑订购刀柄（或者在主机厂的一套通用刀柄基础上再增订一些刀柄）。最佳的订购刀柄办法还是根据典型工件确定选择刀柄的品种和数量，这是最经济的。

　　另外，在没有确定具体加工对象之前，很难配齐刀柄。如一台工作台面900mm×900mm的卧式加工中心，在多年使用中已陆续添置到近两百套刀柄，外加少量专用刀柄，才能基本满足通常零件加工要求。

　　④ 选用模块式刀柄和复合刀柄要综合考虑。选用模块式刀柄，必须按一个小的工具系统来考虑才有实际意义。否则在经济上是不可行的。

　　只有对生产年产几千到上万件时，才考虑复合刀具使多道工序并为一道工序，否则也是不合算的。

　　⑤ 选用复合式刀具预调仪。为提高数控机床的开动率，加工前对刀具的准备工作尽量不占机床工时，所以测定刀具径向尺寸与轴向尺寸的工作应预先在刀具预调仪上完成。

　　最好一台刀具预调仪能为多台数控机床服务，同时刀具仪的精度选择要合理，并切合实际应用的需要。这项工作要纳入机床管理之中，而且作为管理工作的一个重要环节。

7-48　数控机床伺服驱动电动机及主轴驱动电动机的选用应如何考虑？

答：数控机床伺服驱动电动机及主轴驱动电动机选用条件如下：

　　1）原则上按负载条件来选用伺服驱动电动机。电动机轴上所加的惯量负载与阻尼转矩皆应满足以下条件：

　　① 当机床空载运转时，在全部速度范围内，也就是说应在转矩－速度特性曲线的连续工作区内。

　　② 最大转矩负载、加载周期及过载时间皆应在提供的特性曲线允许范围内。

　　③ 电动机在加、减速过程中的转矩应在加、减速区（或间断工作区）范围内。

　　④ 对要求频繁起动、制动及周期性变化的负载，必须检查它在一个周期中的转矩方均根值，并应小于电动机的额定转矩。

⑤ 加在电动机轴上负载惯量大小对电动机的灵敏度和整个伺服系统精度将产生影响。通常，当负载惯量小于电动机转子惯量时，上述影响不大；但当负载惯量达到甚至超过转子惯量的 3 倍时，会使灵敏度和响应时间受到很大影响，甚至会使伺服放大器不能在正常调节范围内工作。所以这类惯量应尽量避免使用。

2）主轴驱动系统电动机选择时应注意的几个原则：

① 要满足机床设计和切削功率的要求。

② 按主轴加减速时间计算出的功率不应超过电动机的最大输出功率。

③ 主轴必须频繁起、停的情况下，应计算出平均功率不大于电动机连续额定输出功率。

④ 要求有恒表面速度控制的场合，所需要的切削功率和加速时所需功率之和，应在电动机提供的功率范围之内。

对所选择的电动机的计算式可见表 7-5。

表 7-5　电动机选择计算表

伺服进给驱动电动机计算式		主轴驱动电动机计算式	
负载惯量比	$1 \leqslant \dfrac{J_L}{J_M} < 3$	车削时初速度/（mm/min）	$V_0 = \pi \cdot D_W \cdot n_s$
负载转矩/（N·m）	$T_L = \dfrac{F \cdot L}{2\pi\eta} + T_C$	车削时进给速度/（mm/min）	$F_m = F_r \cdot n_s$
负载力/N	$F - \mu \ (W + F_g)$	车削要求主轴输出功率/kW	$P_s = Q \cdot M_{Ri}$
圆柱体惯量/（kg·cm²）	$J = \dfrac{\pi r}{32} \cdot D^4 \cdot L$	铣削速度/（mm/min）	$V_c = \pi \cdot D_m \cdot n_s$
轴向移动物惯量/（kg·cm²）	$J = W \cdot \left(\dfrac{L'}{2\pi}\right)^2$	铣削进给速度/（mm/min）	$F_m = F_1 \cdot N_n$
圆柱体围绕中心运动惯量/（kg·cm²）	$J = J_0 + W'R^2$	铣削要求主轴输出功率/kW	$P_s = Q/M_{Rm}$
相对电动机轴机械变速惯量/（kg·cm²）		$J = \left(\dfrac{z_1}{z_2}\right)^2 \cdot J_0$	

注：T_L—折算到电动机轴上的负载转矩（N·m）；F—轴向移动工作台的力（N）；L—电动机轴每转的机械位移量（m）；T_C—传动链阻尼折算到电动机轴上的值（N·m）；η—驱动系统效率；W—滑动部分总重力（N）；F_g—齿轮作用力（N）；μ—摩擦因数；J—惯量；D—圆柱体直径（cm）；L'—圆柱体长度（cm）；R—回转半径（cm）；W'—圆柱体重量（kg）；$z_1 : z_2$—齿轮齿数比；D_W—工件直径（mm）；n_s—主轴转速（r/min）；F_r—每转进给量（mm/r）；P_s—主轴输出功率（kW）。

7-49　什么是投资风险?

答：风险即可能发生的预期结果与实际不良结果之间的差异，差异越大，风险也越大。投资风险是普遍存在的，有些不会造成多大损失；但有些则会造成巨大损失，则必须重视和防范。

投资风险具有下列特征：

（1）客观性与普遍性　投资风险是一种随机出现的客观事件，独立存在于人们主观意愿之外。因为人们的认识可以不断逼近于客观现实，但差距永存。同时，人们经常将主观愿望定得超出客观实际可能范围，何况人与组织的能力皆有限度，客观上有许多不可控因素存在，又不能自始至终地按目标控制自己的行为及对可控因素加以控制。

风险的普遍性具有无时不有、无处不存的特性；按程度可划分为微观风险、宏观风险、一般风险与个别风险。经济上可划分为投资风险、金融风险、市场风险、价格风险、成本风险和财务风险等。

（2）偶然性与必然性　单项投资风险发生具有偶然性，风险发生时间、地址、概率、损失大小等是不确定的。而大的风险则具有必然性和规律性，出现的概率和损失可以比较准确地测算。

（3）变动性　在一定条件下，投资风险可以转化。包括风险性质的变动，如火灾，对财产所有者是纯粹风险，而对承担火灾风险的承保者则是投资风险。风险量的变动，如通过风险转移、分散、消退等，可降低风险损失程度。再有就是不断产生新风险；任何活动从开始之日起，便可能伴随产生新风险。

7-50　什么是风险管理？

答： 风险管理是一种化险为夷、减少损失的手段。

风险管理包括风险预测与风险分析、建立风险基金、消化和对风险损失补偿、负责企业保险与索赔等主要方面。

风险管理程序包括风险识别→风险估测与分析→风险决策→风险防范措施实施及评价。

（1）风险识别　这是风险管理的第一步，是指对企业潜在风险进行判断、归类、确定风险性质、原因与过程。常用风险识别方法有风险树法和风险列举法等。

风险树法是对风险的多种可能性进行分析、判断的方法。利用图解，从左到右，从粗到细，从笼统、综合到明确、具体层层分解，找出风险及形成原因，同时辅以因果图法、ABC分析法等。

风险列举法主要是根据企业财务成本资料及作业流程进行分析。列举每一个环节可能存在的风险，尤其要结合内、外环境及以往的教训，抓住关键环节进行分析。

无论使用哪种方法，总的要求是必须工作严谨、细致，方法与程序科学，才能提高效率、降低成本达到预期的目的。

（2）风险估测　这是在风险识别的基础上，对风险发生的可能性及损失程度进行定量分析与计算。

风险估测的方法有概率统计法、财产损失评估法、蒙特卡洛模拟法等。

（3）风险防范方法　常用的方法有风险回避法、风险控制法、风险转移法和风险自担法等。

风险回避法是指主动放弃可能带来风险的方案，避而与该方案联系的风险。

风险控制法是风险管理中最积极的防范方法，尤其对组织内由可控因素造成的风险。该方法主要从损失预防和损失减少两个方面采取措施，两者的区别是"预防"在事前，"减少"在事中或事后。

风险转移法是指企业为避免承担风险损失而有意将风险损失与相应的风险收益转移给他人。可采取控制型非保险转移、财务型非保险转移、保险等方式。

风险自留也称为风险自担法。这是一种由自己承担风险损失的财务型风险管理法。常采用将损失打入营业成本，建立意外损失基金，安排应急贷款即"预留贷款"等措施。

7-51　数控设备在投资中应怎样考虑投资风险与防范？

答：如果企业对数控设备进行投资，无论投资规模大小都应首先进行细致、认真的技术、经济可行性调研的论证报告，并请专家会审。结合企业产品工艺结构与特点，提出多种方案，在技术上不仅先进且可行；在经济上需要投入，但又能在一定时间内回收。

通常，投资风险有四个方面：

1）投资购买数控设备对企业是一件举足轻重的大事。应本着人才配置优先落实，后行投资的原则。由于数控设备的知识密集特点，企业要购置这些贵重设备前，应先充分考虑人才配置是否落实。这是避免风险的最初分析与考虑的问题。反之，如果盲目购进设备而缺乏设备使用（编程与操作人员）调试与维修人员，肯定会使设备闲置，造成风险失控的危险。

2）要考虑企业生产环境对先进设备适应与配套的平衡协调问题。有些企业仅根据产品工艺流程与工程结构及年生产目标与市场销售情况而决策对数控设备的投资是不够全面的，有可能会遭遇到企业内生产环境与配套技术、设备的不平衡、不协调而承担很大的投资风险，使企业面临绝境。如电网改造、气源、液源的配套工程，如果没有详尽计算，甚至会超过对设备的投资。

3）投资采购或引进数控设备的投资方案应与本企业已有设备的数控化改造方案相比较。尤其对投资规格不大的中、小企业更要重视这种分析与比较；之后再决策，可以避免不必要的风险投资损失。

4）对数控技术相关发展的试验阶段新装备的投资更要注意调研技术、经济可行性分析。20 世纪 90 年代，我国许多企业追求建设"柔性制造系统生产线""计算机集成制造系统"，而忽略了这些相关技术尚处在实验、开发与研究的阶段。因此，有些企业从国外引进的 FMS 系统，投资很大但效益甚微。由于企业的这些系统常年闲置与配套工作跟不上，会给企业造成巨大财务与精神压力。像这种投资风险就是在预测判断方面不够细致，对新技术的开发与使用不够了解。也有生产计划临时变更使企业造成失算等，这些都应该吸取教训。

参 考 文 献

[1] 杨申仲，等．现代设备管理［M］．北京：机械工业出版社，2012.

[2] 中国机械工程学会设备与维修工程分会．设备管理与维修路线图［M］．北京：中国科学技术出版社，2016.

[3] 杨申仲．精益生产实践［M］．北京：机械工业出版社，2010.

[4] 王建忠．数控机床机械故障原因分析与处理［J］．设备管理与维修，2016（4）：100.

[5] 李琪，杨涛．840D 数控系统轴伺服故障报警处理［J］．设备管理与维修，2014（1）：31.

[6] 金玉．数控机床故障诊断方法［J］．设备管理与维修，2016（12）：35 – 36.

[7] 崔文强．加工中心换刀故障典型实例分析［J］．设备管理与维修，2015（10）：98 – 99.

[8] 蒿敬恪．简易数控设备典型故障处理［J］．设备管理与维修，2016（6）：45 – 46.

[9] 秦伟．LTC – 508/W 车床故障处理一例［J］．设备管理与维修，2013（9）：67.

[10] 易贵辉，文世滨．加工中心换刀故障处理［J］．设备管理与维修，2013（9）：66.

[11] 严瑞强，黄河．FANUC – 0i 数控系统参数恢复［J］．设备管理与维修，2013（9）：43.

[12] 李虹，王洪义，陆江．CK0625 数控车床超程检测程序改进［J］．设备管理与维修，2013（6）：35 – 36.